普通高等教育"十一五"国家级规划教材
高等学校计算机教材

SQL Server 实用教程

（第 5 版）（SQL Server 2016 版）
（含视频教学）

郑阿奇　主编
刘启芬　顾韵华　编著

電子工業出版社
Publishing House of Electronics Industry
北京 · BEIJING

内容简介

本书以 Microsoft SQL Server 2016 中文版为平台，系统介绍 SQL Server 2016 基础、实验和综合应用等内容。

本书在介绍数据库的基础知识后，系统介绍数据库创建、表的创建和操作、数据库的查询和视图、T-SQL 语言、索引和数据完整性、存储过程和触发器、备份与恢复、系统安全管理、事务锁定和自动化管理等。实验通过教程实例训练 SQL Server 基本操作和基本命令。综合应用以 PHP、Java EE、Visual C#、Python 和 ASP.NET（含 Ajax）等平台开发环境的构建的基础，系统介绍对 SQL Server 学生成绩数据库的典型操作方法，同时实现学生成绩管理系统精心设计的功能，更方便教学和学生模仿。

本书配有教学课件和配套的客户端/SQL Server 2016 应用系统数据库和所有源程序文件。需要者请到华信教育资源网（http://www.hxedu.com.cn）免费注册下载，本书配套视频教学文件，通过扫描对应位置的二维码播放。

本书是普通高等教育“十一五”国家级规划教材，可作为大学本科、高职高专数据库课程教材和社会培训教材，也可供广大数据库应用开发人员参考。

图书在版编目（CIP）数据

SQL Server 实用教程：SQL Server 2016 版：含视频教学 / 郑阿奇主编. —5 版. —北京：电子工业出版社，2019.1
ISBN 978-7-121-35307-9

Ⅰ. ①S…　Ⅱ. ①郑…　Ⅲ. ①关系数据库系统－高等学校－教材　Ⅳ. ①TP311.132.3

中国版本图书馆 CIP 数据核字（2018）第 242482 号

策划编辑：程超群
责任编辑：王　炜
印　　刷：北京天宇星印刷厂
装　　订：北京天宇星印刷厂
出版发行：电子工业出版社
　　　　　北京市海淀区万寿路 173 信箱　邮编　100036
开　　本：787×1 092　1/16　印张：22.75　字数：655 千字
版　　次：2002 年 8 月第 1 版
　　　　　2019 年 1 月第 5 版
印　　次：2022 年 7 月第 8 次印刷
定　　价：59.00 元

凡所购买电子工业出版社图书有缺损问题，请向购买书店调换。若书店售缺，请与本社发行部联系，联系及邮购电话：（010）88254888，88258888。

质量投诉请发邮件至 zlts@phei.com.cn，盗版侵权举报请发邮件至 dbqq@phei.com.cn。

本书咨询联系方式：（010）88254577，ccq@phei.com.cn。

前　言

Microsoft SQL Server 是目前最流行的关系型数据库管理系统（DBMS），为了方便介绍 SQL Server 数据库管理系统课程，2002 年结合教学和应用开发实践，编写了《SQL Server 实用教程》；2005 年推出了《SQL Server 实用教程（第 2 版）》；2009 年将《SQL Server 实用教程（第 3 版）》升级到 SQL Server 2005 版；2014 年《SQL Server 实用教程（第 4 版）》采用 SQL Server 2008 版，其后，为了方便用户选择，又开发了《SQL Server 实用教程（第 4 版）》（SQL Server 2012 版）和《SQL Server 实用教程（第 4 版）》（SQL Server 2014 版），除了基本内容适应不同平台的需要外，实验和综合应用开发实例则有不同侧重，在应用内容系统性的基础上，突出了 SQL Server 的基本操作方法。

本书以 SQL Server 2016 中文版为平台，系统介绍 SQL Server 基础、实验和综合应用等内容。基础部分在介绍数据库的基础知识上，分别介绍了数据库创建、表的创建和操作、数据库的查询和视图、T-SQL 语言、索引和完整性、存储过程和触发器、备份与恢复、系统安全管理、事务锁定和自动化管理等。实验部分训练教程部分的实例，其数据库操作自成系统。综合应用部分通过创建 SQL Server 2016 实习数据库及其数据库常用对象，将数据库、表、视图、游标、完整性、触发器、存储过程等包含在其中。综合应用以 PHP、Java EE、Visual C#、Python 和 ASP.NET（含 Ajax）等平台开发环境的构建的基础，系统介绍对 SQL Server 学生成绩数据库的典型操作方法，同时实现学生成绩管理系统精心设计的功能，更方便教学和学生模仿。

本书配有教学课件和配套 SQL Server 综合应用所有源程序文件。需要者请到华信教育资源网（http://www.hxedu.com.cn）免费注册下载，本书配套视频教学文件，通过扫描对应位置的二维码播放。

另外，通过网络还提供下列资源：PHP、JavaEE、Visual C#（2015，2013，2008）、Visual C++ 6.0、VB 6.0、ASP.NET（4.5，4，3.5）、PB、Delphi 等平台 SQL Server 2014 综合应用系统源程序、SQL Server 2012 综合应用系统源程序、SQL Server 2008 综合应用系统源程序（一）、SQL Server 2008 综合应用系统源程序（二）、SQL Server 2005 综合应用系统源程序。

本书由刘启芬（南京师范大学）和顾韵华（南京信息工程大学）编著，由郑阿奇（南京师范大学）担任本书主编。

参加本书编写的还有徐文胜、丁有和、曹弋、孙德荣、郑进、周何骏、刘建、樊晓青、刘忠、郑博琳等。此外，还有许多同志对本书提供了很多帮助，在此一并表示感谢！

由于编者水平有限，书中错误在所难免，敬请广大读者批评指正。

读者邮箱：easybooks@163.com。

编　者

本书视频目录

序号	视频所在章节及内容	时长	序号	视频所在章节及内容	时长
1	0.1.1 数据库系统	00:02:42	23	4.2.2 视图：创建视图	00:12:49
2	0.1.2-3 关系模型	00:03:29	24	4.2.4 视图：数据修改和重新定义	00:04:27
3	0.1.3 关系型数据库语言	00:03:24	25	5.3 游标使用综合实例	00:04:11
4	0.2.1 概念模型	00:03:38	26	6.1.2 T-SQL：用户数据类型	00:04:10
5	0.2.2 逻辑模型	00:06:52	27	6.3.2 T-SQL：判断语句	00:02:44
6	2.1（1）SQL Server 数据库实例	00:03:27	28	6.3.5 T-SQL：循环语句	00:04:20
7	2.1（2）SQL Server 数据库对象	00:17:41	29	6.4 T-SQL：系统内置函数	00:04:55
8	2.1（3）SQL Server 文件	00:06:14	30	6.5.1（1）T-SQL：用户定义函数	00:04:28
9	2.2.1 界面创建数据库	00:06:47	31	6.5.2（2）T-SQL：内嵌表值函数	00:03:51
10	2.2.1 命令方式创建数据库	00:04:34	32	7.1.1（1）索引：作用和分类	00:08:40
11	3.1.1 表和表结构	00:03:32	33	7.1.2（2）索引：界面创建索引	00:07:12
12	3.1.2 数据类型	00:10:22	34	7.1.2（3）索引：命令创建索引	00:07:24
13	3.1.3 表结构设计	00:11:43	35	7.2 完整性：三个完整性	00:06:39
14	3.2.1 界面创建表	00:11:46	36	7.2.1 完整性：主键和唯一性	00:07:13
15	3.2.1 命令创建表	00:07:39	37	7.2.2 完整性：CHECK 和规则	00:17:12
16	4.1.1（1）查询：选择输出列 1	00:06:50	38	7.2.3 完整性：表间参照关系	00:09:04
17	4.1.1（2）查询：选择输出列 2	00:06:44	39	8.1 存储过程的概念	00:05:03
18	4.1.3（3）查询：指定表源（FROM）	00:04:14	40	8.1.2 存储过程的创建与执行	00:13:51
19	4.1.4（4）查询：连接	00:08:39	41	8.2.1 触发器的类型	00:04:07
20	4.1.5（5）查询：结果分组	00:03:22	42	8.2.2（1）DML 触发器和两个特殊表	00:03:56
21	4.1.6（6）查询：分组后筛选	00:06:24	43	8.2.2（2）插入修改和删除后触发器	00:09:29
22	4.1.7（7）查询：结果排序	00:01:14	44	8.2.2（3）创建 DDL 触发器	00:06:06

目　录

第 1 部分　实用教程

第 2 部分 实 验

第 3 部分　习　题

第 4 部分　SQL Server 2016 综合应用

第 5 部分 附 录

可下载配套资源列表

第 1 部分 实用教程

第 0 章 数据库基础

为了更好地学习 SQL Server，首先需要介绍数据库的基本概念。如果学习过数据库原理，那么本章数据库原理部分仅仅作为一个参考。

0.1 数据库基本概念

1．数据库系统

（1）数据库。数据库（DB）是存放数据的仓库，这些数据存在一定的关联，并按一定的格式存放在计算机内。例如，把一个学校的学生、课程、成绩等数据有序地组织并存放在计算机内，就可以构成一个数据库。

（2）数据库管理系统。数据库管理系统（DBMS）按一定的数据模型组织数据形成数据库，并对数据库进行管理。简单地说，DBMS 就是管理数据库的系统（软件）。数据库系统管理员（DataBase Administrator，DBA）通过 DBMS 对数据库进行管理。

（3）数据库系统。数据、数据库、数据库管理系统与操作数据库的应用程序，加上硬件平台、软件平台和与数据库有关的人员一起构成了一个完整的数据库系统。图 0.1 为数据库系统的构成。

（4）应用程序和程序开发工具。数据库系统管理员（DBA）一般可直接使用 DBMS（对于 SQL Server 就是对象资源管理器 SSMS）操作数据库。由于 DBMS 界面过于专业，普通用户无法使用。

普通用户及一般程序员可以使用程序开发工具开发的应用程序操作数据库。

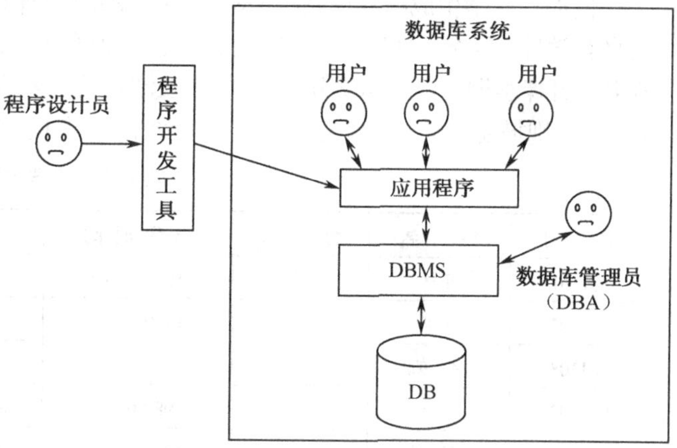

图 0.1 数据库系统的构成

2．数据模型

数据库管理系统根据数据模型对数据进行存储和管理，数据库管理系统采用的数据模型主要有层次模型、网状模型和关系模型。

（1）层次模型。层次模型将数据组织成一对多关系的结构，采用关键字来访问其中每一层次的每一部分。它具有存取方便且速度快；结构清晰，容易理解；数据修改和数据库扩展容易实现；检索关键属性十分方便的优点。但它结构不够灵活；同一属性数据要存储多次，数据冗余大；不适合于拓扑空间数据的组织，如图0.2所示。

（2）网状模型。网状模型具有多对多类型的数据组织方式。它具有能明确而方便地表示数据间的复杂关系、数据冗余小的优点。但由于它网状结构的复杂，增加了用户查询和定位的困难；需要存储数据间联系的指针，使得数据量增大；数据的修改不方便，如图0.3所示。

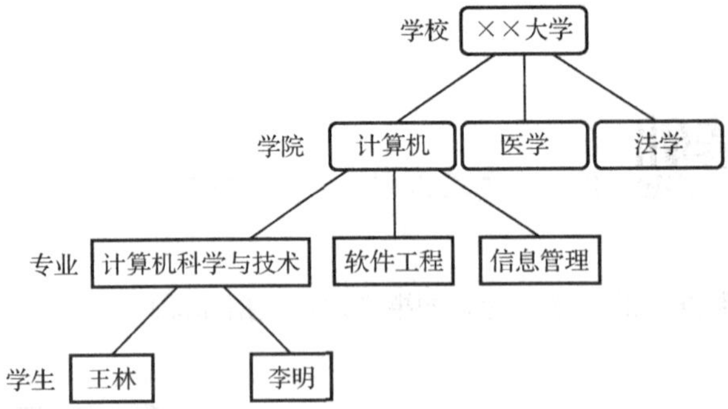

图0.2 按层次模型组织的数据示例

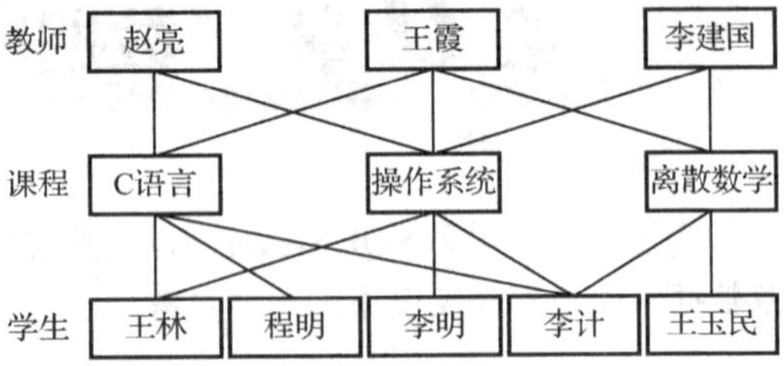

图0.3 按网状模型组织的数据示例

（3）关系模型。关系模型以记录组或二维数据表的形式组织数据，以便于利用各种实体与属性之间的关系进行存储和变换，不分层也无指针，是建立空间数据和属性数据之间关系的一种非常有效的数据组织方法。它具有结构特别灵活，概念单一，满足所有布尔逻辑运算和数学运算规则形成的查询要求；能搜索、组合并比较不同类型的数据；增加和删除数据非常方便；具有更高的数据独立性、更好的安全保密性的优点。但当数据库大时，查找满足特定关系的数据费时；而且无法表达空间关系。

例如，在学生成绩管理系统所涉及的“学生”“课程”“成绩”三个表中，“学生”表涉及的主要信息有学号、姓名、性别、出生时间、专业、总学分、备注；“课程”表涉及的主要信息有课程号、课程名、开课学期、学时和学分；“成绩”表涉及的主要信息有学号、课程号和成绩。表0.1、表0.2和表0.3分别描述了学生成绩管理系统中“学生”“课程”“成绩”三个表的部分数据。

表0.1 “学生”表

学号	姓名	性别	出生时间	专业	总学分	备注
081101	王林	男	1990-02-10	计算机	50	
081103	王燕	女	1989-10-06	计算机	50	
081108	林一帆	男	1989-08-05	计算机	52	已提前修完一门课
081202	王林	男	1989-01-29	通信工程	40	有一门课不及格，待补考
081204	马琳琳	女	1989-02-10	通信工程	42	

表0.2 “课程”表

课程号	课程名	开课学期	学时	学分
0101	计算机基础	1	80	5
0102	程序设计与语言	2	68	4
0206	离散数学	4	68	4

表 0.3 “成绩”表

学　号	课 程 号	成　绩	学　号	课 程 号	成　绩
081101	101	80	081108	101	85
081101	102	78	081108	102	64
081101	206	76	081108	206	87
081103	101	62	081202	101	65
081103	102	70	081204	101	91

表格中的一行称为一个记录，一列称为一个字段，每列的标题称为字段名。如果给每个关系表取一个名字，则有 n 个字段关系表的结构可表示为：关系表名（字段名 1，…，字段名 n），通常把关系表的结构称为关系模式。

在关系表中，如果一个字段或几个字段组合的值可唯一标识其对应记录，则称该字段或字段组合为码。

例如，表 0.1 中的“学号”可唯一标识每一个学生，表 0.2 中的“课程号”可唯一标识每一门课。表 0.3 中的“学号”“课程号”可唯一标识每一个学生一门课程的成绩。

有时，一个表可能有多个码，如表 0.1 中，姓名不允许重名，则“学号”“姓名”均是学生信息表码。对于每一个关系表，通常可指定一个码为“主码”，在关系模式中，一般用下横线标出主码。

设表 0.1 的名字为 xsb，关系模式可分别表示为：xsb（<u>学号</u>，姓名，性别，出生时间，专业，总学分，备注）。

设表 0.2 的名字为 kcb，关系模式可分别表示为：kcb（<u>课程号</u>，课程名，开课学期，学时，学分）。

设表 0.3 的名字为 cjb，关系模式可分别表示为：cjb（<u>学号</u>，<u>课程号</u>，成绩，学分）。

3．流行关系数据库产品

关系数据库分为两类：一类是桌面数据库，另一类是客户/服务器数据库。

一般而言，桌面数据库用于小型的、单机的应用程序，它不需要网络和服务器，实现起来比较方便，但它只提供数据的存取功能。例如 Access、Excel 和 FoxPro 等。

客户/服务器数据库主要适用于大型的、多用户的数据库管理系统，包括两部分：一部分驻留在客户机上，用于向用户显示信息及实现与用户的交互；另一部分驻留在服务器中，主要用来实现对数据库的操作和对数据的计算处理。

如大型关系型数据库管理系统一般为 Oracle、SQL Server、DB2、Ingers、Informix 和 Sybase 等。小型关系型数据库管理系统一般为 MySQL、PostgreSQL 和 SQLite。其中 SQLite 是一个强大的嵌入式关系型数据库管理系统；MySQL 是最流行的 RDBMS；PostgreSQL 是最先进 SQL 型开源 objective-RDBMS。

在开发数据库应用程序时，也可以将它们放在一台计算机上进行调试，调试完成将再把数据库放到服务器上。

4．关系型数据库语言

SQL（Structured Query Language，结构化查询语言）是用于关系数据库查询的结构化语言。SQL 的功能包括数据定义语言（DDL）、数据操纵语言（DML）、数据查询语言（DQL）和数据控制语言（DCL）。

T-SQL 是在 SQL Server 使用的 SQL 语言。它是 ANSI SQL 的扩展加强版 SQL 语言，除了提供标准的 SQL 命令之外，T-SQL 还对 SQL 做了许多补充。

0.2 数据库设计

数据模型按不同的应用层次分成三种类型：概念数据模型、逻辑数据模型、物理数据模型。

1．概念数据模型

通常，把每一类数据对象的个体称为“实体”，而每一类对象个体的集合称为“实体集”，因此， 在学生成绩管理系统中主要涉及“学生”“课程”两个实体集。

其他非主要的实体可以很多，如班级、班长、任课教师、辅导员等实体。把每个实体集涉及的信息项称为属性。就“学生”实体集而言，它的属性有学号、姓名、性别、出生时间、专业、总学分和 备注；“课程”实体集属性有课程号、课程名、开课学期、学时和学分。

实体集中的实体彼此是可区别的。如果实体集中的属性或最小属性组合的值能唯一标识其对应实体，则将该属性或属性组合称为码。对于每一个实体集，可指定一个码为主码。

如果用矩形框表示实体集，用圆角矩形框表示属性，用线段连接实体集与属性，当一个属性或属性组合指定为主码时，在实体集与属性的连接线上标记一斜线。 实体集 A 和实体集 B 之间存在各种关系，通常把这些关系称为“联系”，通常使用菱形表示联系，将实体集及实体集联系的图表示称为实体（Entity）-联系（Relationship）模型。

E-R 图就是 E-R 模型的描述方法，即实体-联系图。通常，关系数据库的设计者使用 E-R 图来对信息世界建模。从分析用户项目涉及的数据对象及数据对象之间的联系出发，到获取 E-R 图的这一过程称为概念结构设计。

如图 0.4 所示形式描述学生成绩管理系统中的实体集及每个实体集涉及的属性，两个实体集 A 和 B 之间的联系可能是以下三种情况之一。

（1）一对一的联系（1∶1）。A 中的一个实体至多与 B 中的一个实体相联系，B 中的一个实体也至多与 A 中的一个实体相联系。例如，“班级”“班长”这两个实体集之间的联系是一对一的联系，因为一个班级只有一个班长，反过来，一个班长只属于一个班级。“班级”“班长”两个实体集的 E-R 模型如图 0.5 所示。

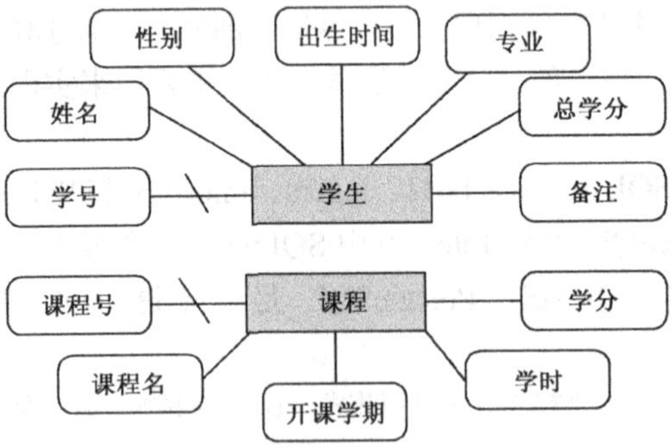

图 0.4 “学生”“课程”实体集属性的描述

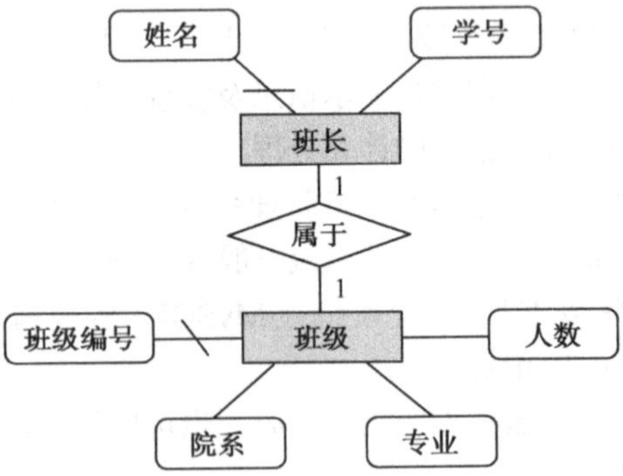

图 0.5 “班级”“班长”两个实体集的 E-R 模型

（2）一对多的联系（1∶n）。A 中的一个实体可以与 B 中的多个实体相联系，而 B 中的一个实体至多与 A 中的一个实体相联系。例如，“班级”“学生”这两个实体集之间的联系是一对多的联系，因为一个班级可有若干学生，反过来，一个学生只能属于一个班级。“班级”“学生”两个实体集的 E-R 模型如图 0.6 所示。

（3）多对多的联系（m∶n）。A 中的一个实体可以与 B 中的多个实体相联系，而 B 中的一个实体也可与 A 中的多个实体相联系。例如，“学生”“课程”这两个实体集之间的联系是多对多的联系，因为一个学生可选多门课程，反过来，一门课程可被多个学生选修。“学生”“课程”两个实体集的 E-R 模型如图 0.7 所示。

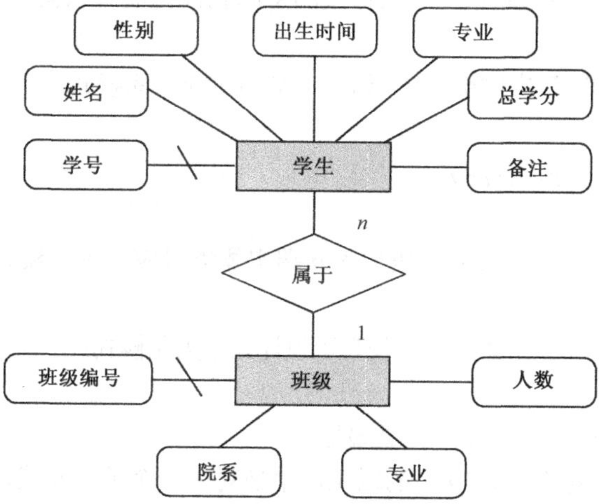

图 0.6 “班级”“学生”两个实体集的 E-R 模型

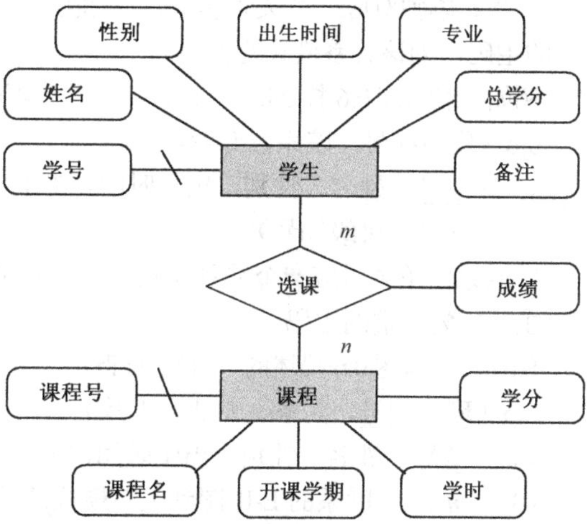

图 0.7 “学生”“课程”两个实体集的 E-R 模型

2. 逻辑数据模型

逻辑数据模型（Logical Data Model）是用户从数据库所看到的模型，它是具体的 DBMS 所支持的数据模型。此模型既要面向用户，又要面向系统，主要用于数据库管理系统（DBMS）的实现。

前面用 E-R 图描述学生成绩管理系统中实体集与实体集之间的联系，为了设计关系型的学生成绩管理数据库，需要确定哪些表？每个表的结构又是怎样的呢？

前面已介绍了实体集之间的联系，下面将根据三种联系从 E-R 图获得关系模式的方法。

（1）（1∶1）联系的 E-R 图到关系模式的转换。对于（1∶1）的联系，既可单独对应一个关系模式，也可以不单独对应一个关系模式。

①联系单独对应一个关系模式，则由联系属性、参与联系的各实体集的主码属性构成关系模式，其主码可选参与联系实体集的任一方主码。

例如，参考图 0.5 描述的“班级（bjb）”“班长（bzb）”实体集通过属于（syb）联系 E-R 模型，可设计如下关系模式（下横线表示该字段为主码）：

bjb（班级编号，院系，专业，人数）

bzb（学号，姓名）

syb（学号，班级编号）

②联系不单独对应一个关系模式，联系的属性及一方的主码加入另一方实体集对应的关系模式中。

例如，参考图 0.5 描述的“班级（bjb）”“班长（bzb）”实体集通过属于（syb）联系 E-R 模型，可设计如下关系模式：

bjb（班级编号，院系，专业，人数）

bzb（学号，姓名，班级编号）

或者：

bjb（班级编号，院系，专业，人数，学号）

bzb（学号，姓名）

（2）（1∶*n*）联系的 E-R 图到关系模式的转换。对于（1∶*n*）的联系，既可单独对应一个关系模式，也可以不单独对应一个关系模式。

①联系单独对应一个关系模式，则由联系的属性、参与联系的各实体集的主码属性构成关系模式，*n* 端的主码作为该关系模式的主码。

例如，参考图 0.6 描述的“班级（bjb）”“学生（xsb）”实体集 E-R 模型，可设计如下关系模式：

bjb（班级编号，院系，专业，人数）

xsb（学号，姓名，性别，出生时间，专业，总学分，备注）

syb（学号，班级编号）

②联系不单独对应一个关系模式，则将联系的属性及 1 端的主码加入 *n* 端实体集对应的关系模式中，主码仍为 *n* 端的主码。

例如，参考图 0.6 描述的“班级（bjb）”“学生（xsb）”实体集 E-R 模型可设计如下关系模式：

bjb（班级编号，院系，专业，人数）

xsb（学号，姓名，性别，出生时间，专业，总学分，备注，班级编号）

（3）（*m*∶*n*）联系的 E-R 图到关系模式的转换。对于（*m*∶*n*）的联系，单独对应一个关系模式，该关系模式包括联系的属性、参与联系的各实体集的主码属性，该关系模式的主码由各实体集的主码属性共同组成。

例如，参考图 0.7 描述的“学生（xsb）”“课程（kcb）”实体集之间的联系可设计如下关系模式：

xsb（学号，姓名，性别，出生时间，专业，总学分，备注）

kcb（课程号，课程名称，开课学期，学时，学分）

cjb（学号，课程号，成绩）

关系模式 cjb 的主码是由“学号”“课程号”两个属性组合起来构成的一个主码，一个关系模式只能有一个主码。

至此，已介绍了根据 E-R 图设计关系模式的方法。通常，这一设计过程被称为逻辑结构设计。

在设计好一个项目的关系模式后，就可以在数据库管理系统环境下，创建数据库、关系表及其他数据库对象，输入相应数据，并根据需要对数据库中的数据进行各种操作。

3．物理数据模型

物理数据模型（Physical Data Model）是面向计算机物理表示的模型，描述了数据在储存介质上的组织结构。它不但与具体的 DBMS 有关，而且还与操作系统和硬件有关。每一种逻辑数据模型在实现时都有其对应的物理数据模型。DBMS 为了保证其独立性与可移植性，大部分物理数据模型的实现工作由系统自动完成，而设计者只需设计索引、聚集等特殊的结构。

第1章 SQL Server 2016 简介

SQL Server 是 Microsoft 公司推出的关系型数据库管理系统。它是一个全面的数据库平台，为集成的商业智能（BI）工具提供了企业级的数据管理。数据库引擎为关系型数据和结构化数据提供了更安全可靠的存储功能，可以构建和管理用于业务的高可用和高性能的数据应用程序。目前流行的版本是 2008 版、2012 版、2014 版和 2016 版。

在性能上，SQL Server 2016 利用实时内存业务分析计算技术（Real-Time Operational Analytics & In-Memory OLTP）使 OLTP 事务处理速度提升了 30 倍，可升级的内存列存储技术 Columnstore 使分析速度提升高达 100 倍，查询时间从几分钟降低到了几秒。

在安全性上，SQL Server 2016 也加入了一系列新的安全特性，包括数据全程加密 （Always Encrypted） 能够保护传输中和存储后的数据安全；透明数据加密（Transparent Data Encryption）只需消耗极少的系统资源即可实现所有用户数据加密；层级安全性控管 （Row Level Security） 让客户基于用户特征控制数据访问。

SQL Server 2016 提供动态数据屏蔽（Dynamic Data Masking）、原生 JSON 支持，通过 PolyBase 简单高效的管理 T-SQL 数据，它支持 R 语言、多 TempDB 数据库文件、延伸数据库（Stretch Database）、历史表 （Temporal Table）和增强的 Azure 混合备份功能。

1.1 SQL Server 2016 服务器组件和管理工具

SQL Server 2016 除了基本功能外，还配置了许多服务器组件和管理工具。

1. 服务器组件

SQL Server 2016 服务器组件及其功能如表 1.1 所示。

表 1.1 服务器组件及其功能

服务器组件	说 明
数据库引擎	用于存储、处理和保护数据的核心服务。数据库引擎提供了受控访问和快速事务处理，以满足企业内最苛刻的数据消费应用程序的要求。数据库引擎还提供了大量的支持以保持高可用性
机器学习服务	将 R 和 Python 与 SQL Server 集成，方便用户通过调用存储过程，轻松生成、重新定型模型，并对模型评分。Microsoft 机器学习服务器对 R 和 Python 提供企业级支持，用户无需使用 SQL Server
Integration Services	一个生成高性能数据集成解决方案的平台，其中包括对数据仓库提供提取、转换和加载 （ETL） 处理的包
Analysis Services	一个针对个人、团队和公司商业智能的分析数据平台和工具集。服务器和客户端设计器通过使用 Power Pivot、Excel 和 SharePoint Server 环境，支持传统的 OLAP 解决方案、新的表格建模解决方案及自助式分析和协作。Analysis Services 还包括数据挖掘，可发现隐藏在大量数据中的模式和关系

续表

服务器组件	说　明
Reporting Services 	提供启用了 Web 的企业级报告功能。从而使用户可以创建从多个数据源提取数据的表，发布各种格式的表，以及集中管理安全性和订阅
复制 	复制是一组技术，用于在数据库间复制和分发数据和数据库对象，然后在数据库间进行同步操作，使其保持一致。使用复制时，可以通过局域网和广域网、拨号连接、无线连接和 Internet，将数据分发到不同位置及分发给远程用户或移动用户
Data Quality Services（DQS） 	提供知识驱动型数据清理解决方案。DQS 可以生成知识库，然后使用此知识库，同时采用计算机辅助方法和交互方法，执行数据更正和消除重复的数据。可以使用基于云的引用数据服务，并生成一个数据管理解决方案将 DQS 与 SQL Server Integration Services 和 Master Data Services 相集成
Master Data Services 	用于主数据管理的 SQL Server 解决方案，可帮助确保报表和分析均基于适当的信息。使用 Master Data Services 可以为主数据创建中央存储库，并随着主数据的变化而维护一个可审核的安全对象记录

SQL Server Data Tools 是一款可免费下载的现代开发工具，用于生成 SQL Server 关系数据库、Azure SQL 数据库、Integration Services 包、Analysis Services 数据模型和 Reporting Services 报表。使用 SSDT，可以设计和部署任何 SQL Server 的内容类型，就像在 Visual Studio 中开发应用程序一样轻松。

2．管理工具

SQL Server 2016 管理工具及其功能如表 1.2 所示。

表 1.2　管理工具及其功能

管理工具	操作系统	说　明
SQL Operations Studio（preview）	Windows MacOS Linux	一个免费的轻量级工具，用于管理数据库。此预览版中提供数据库管理功能，包括扩展的 TRANSACT-SQL 编辑器和可自定义深入了解数据库的操作状态
SQL Server Management Studio（SSMS）	Windows	查询、设计和管理 SQL Server、Azure SQL 数据库和 Azure SQL 数据仓库
SQL Server Data Tools（SSDT）	Windows	将 Visual Studio 的 SQL Server、Azure SQL 数据库和 Azure SQL 数据仓库转换到功能强大的开发环境中
msSQL CLI	Windows MacOS Linux	msSQL CLI 是交互式命令行工具，用于查询 SQL Server
Visual Studio　Code	Windows MacOS Linux	在安装 Visual Studio Code 之后，安装msSQL 扩展用于开发 Microsoft SQL Server、Azure SQL 数据库和 SQL 数据仓库
配置管理器	Windows	配置 SQL Server 服务和配置网络连接
msSQL-conf	Linux	配置 SQL Server

续表

管理工具	操作系统	说明
SQL Server Migration Assistant	--	自动执行从 Microsoft Access、DB2、MySQL、Oracle 和 Sybase 数据库迁移到 SQL Server
Distributed Replay	--	使用分布式重播功能评估 SQL Server 的升级影响。此外可以使用分布式重播来帮助评估的硬件和操作系统升级和 SQL Server 优化的影响
ssbdiagnose	--	ssbdiagnose 实用工具将报告 Service Broker 对话或 Service Broker 服务配置中的问题

3. 命令行实用工具

命令行实用工具能够进行脚本 SQL Server 操作，SQL Server 2016 提供了 21 个命令行实用工具，对应的文件存放在几个不同的 SQL Server 安装子目录中，如表 1.3 所示。

表 1.3 部分命令行实用工具

实用工具	功能	命令文件目录
SQLcmd	输入 T-SQL 语句、系统过程和脚本文件	<drive>:\\Program Files\ Microsoft SQL Server\Client SDK\ODBC\110\Tools\Binn
Ssms	启动 SQL Server Management Studio	<drive>:\Program Files\Microsoft SQL Server\nnn\Tools\Binn\VSShell\Common7\IDE
SQLservr Application	启动和停止数据库引擎实例进行故障排除	<drive>:\Program Files\Microsoft SQL Server\msSQL13.msSQLSERVER\msSQL\Binn
SQLLocalDB	针对程序开发人员的 SQL Server 执行模式	<drive>:\Program Files\Microsoft SQL Server\nnn\Tools\Binn\
Profiler	启动 SQL Server 事件探查器	<drive>:\Program Files\Microsoft SQL Server\nnn\Tools\Binn

4. SQL Server 2016 的不同版本

SQL Server 2016 分为四个版本：企业版（Enterprise）、标准版（Standard）、速成版（Express）和开发人员版（Developer），其中速成版和开发人员版是免费的，大家可以随意下载使用。

企业版提供全面的高端数据中心功能，性能极为快捷，虚拟化不受限制，还具有端到端的商业智能，可为关键任务提供较高服务级别，支持最终用户访问深层数据。

标准版提供基本数据管理和商业智能数据库，使部门和小型组织能够顺利运行其应用程序，并且支持将常用开发工具用于内部部署和云部署，有助于以最少的 IT 资源获得高效的数据库管理。

开发人员版包含了企业版的完整功能，但该版本仅能用于开发、测试和演示用途，并不允许部署到生产环境中。

速成版则是完全免费的入门级 SQL Server 数据库版本，适用于学习、开发、部署较小规模的 WEB 和应用程序服务器。

1.2 SQL Server 2016 的安装

1.2.1 SQL Server 2016 安装准备

1. 软/硬件要求

（1）处理器速度：x64 处理器，建议 2.0 GHz 或更快。

（2）内存建议：速成版本应为 1 GB；所有其他版本至少为 4 GB，并且应该随着数据库大小的增加而增加，以确保最佳的性能。

（3） SQL Server 要求最少 6 GB 的可用硬盘空间。磁盘空间要求将随所安装的 SQL Server 组件不同而发生变化。

（4）WOW64 是 Windows 64 位版本中的一项功能，使用该功能可以在 32 位模式下本机运行 32 位应用程序。SQL Server 安装不支持 WOW64。

（5）若要执行远程安装，介质必须处于网络共享状态，或是物理计算机或虚拟机的本地介质。SQL Server 安装介质要么处于网络共享状态，要么是映射的驱动器、本地驱动器，或者是虚拟机的 ISO。

（6）安装 SQL Server Management Studio 时，必须先安装 .NET 4.6.1 必备组件。 SQL Server Management Studio 处于选中状态时，安装程序将自动安装 .NET 4.6.1。 还可以从 .NET Framework 适用于 Windows 的 Microsoft .NET Framework 4.6（Web 安装程序） 中手动安装。

（7） SQL Server 支持的操作系统具有内置网络软件。 独立安装的命名实例和默认实例支持以下网络协议：共享内存、命名管道、TCP/IP 和 VIA。注意：故障转移群集不支持共享内存和 VIA，后续版本的 SQL Server 不支持 VIA 协议。

（8）安全性：安装 SQL Server 的计算机应放置在安全位置，有权限的人才能操作；定期备份所有数据；使用防火墙；在不同的 Windows 账户下运行各自的 SQL Server 服务；使用 NTFS 文件系统（NTFS），但是支持（未来版本可能不支持）在使用 FAT32 文件系统的计算机上安装 SQL Server，对关键数据文件使用独立磁盘冗余阵列（RAID）；Web 服务器和域名系统（DNS）服务器不需要 NetBIOS 或 SMB。 在这些服务器上，禁用这两个协议可以减轻由用户枚举带来的威胁；不要将 SQL Server 安装在域控制器上。

2．安装项目

（1）从 SQL Server 2016（13.x）开始，SQL Server 管理工具不再从主功能树安装；例如，SQL Server Management Studio（SSMS）需要单独下载和安装。

（2）可以单独安装每个组件，也可以选择上面列出的组件的组合。

（3）将 SQL Server 用于 Internet 服务器：在 Internet 服务器（如运行 Internet Information Services 的服务器）上通常都会安装 SQL Server 客户端工具。 客户端工具包括连接到 SQL Server 实例的应用程序所使用的客户端连接组件。

（4）将 SQL Server 用于客户端/服务器应用程序：在运行直接连接到 SQL Server 实例的客户端/服务器应用程序的计算机上，只能安装 SQL Server 客户端组件。 如果要在数据库服务器上管理 SQL Server 实例，或者打算开发 SQL Server 应用程序，那么使用客户端组件安装也是一个不错的选择。

用客户端工具选项安装以下 SQL Server 功能：向后兼容性组件、 SQL Server Data Tools、连接组件、管理工具、软件开发包。

1.2.2 下载并安装 JDK

Java EE 程序必须安装在 Java 运行环境中，这个环境最基础的部分是 JDK，它是 Java SE Development Kit（Java 标准开发工具包）的简称。一个完整的 JDK 包括 JRE（Java 运行环境），是辅助开发 Java EE 软件的所有相关文档、范例和工具的集成。

Oracle 公司定期在其官网发布最新版的 JDK，并提供免费下载。JDK 下载、安装及配置的整个过程，步骤如下。

（1）访问 Oracle 官网的 Java 主题页。

Oracle 官方的 Java 页网址为：http://www.oracle.com/technetwork/java/javase/downloads/index.html，显示 Oracle 官方的 Java 页，单击“”图标，即可进入 JDK 的下载页面。

单击“Downloads”按钮，即可进入 JDK 的下载页面。

（2）选择下载合适的 JDK 版本。下载页面的中央有选择链接区，列出了适用于各种不同操作系统平台的 JDK 下载链接，选择“Accept License Agreement”选项，即可根据需要下载合适的 JDK 版本，本章所用计算机的操作系统为 64 位 Windows 10，单击适用于 Windows x64 体系的 JDK 文件链接下载。

注意，JDK 文件版本更新很快，如果用户需要本书实验使用的 JDK 文件，可以在前言说明的华信教育资源网下载。

由于 Oracle 官方对页面访问流量的控制，为提高下载速度，建议读者使用迅雷等第三方工具。

（3）安装 JDK 和 JRE。双击下载得到的可执行文件，启动安装向导，如图 1.1 所示。

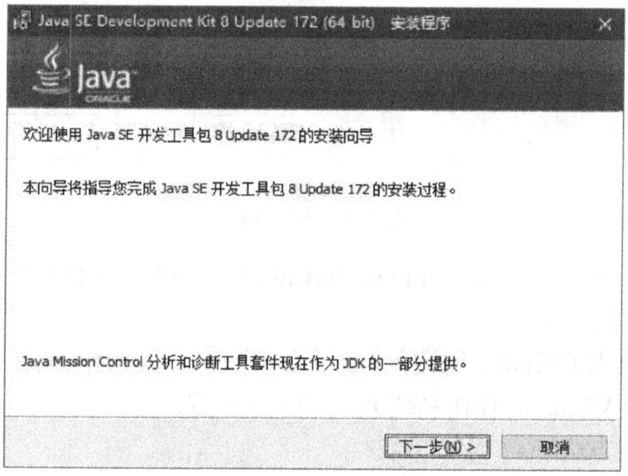

图 1.1　安装 JDK

单击“下一步”按钮，跟着向导的指引操作，选择安装功能，如图 1.2 所示。

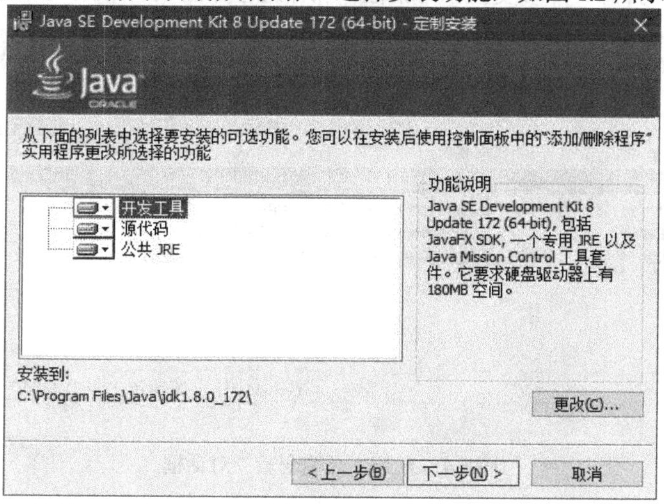

图 1.2 安装三个部分

将 JDK 安装在默认目录“C:\Program Files\Java\jdk1.8.0_172”下，用户可以修改安装内容和安装目录。

安装完 JDK 后，向导会自动弹出“Java 安装”对话框，接着安装其配套的 JRE，如图 1.3 所示。

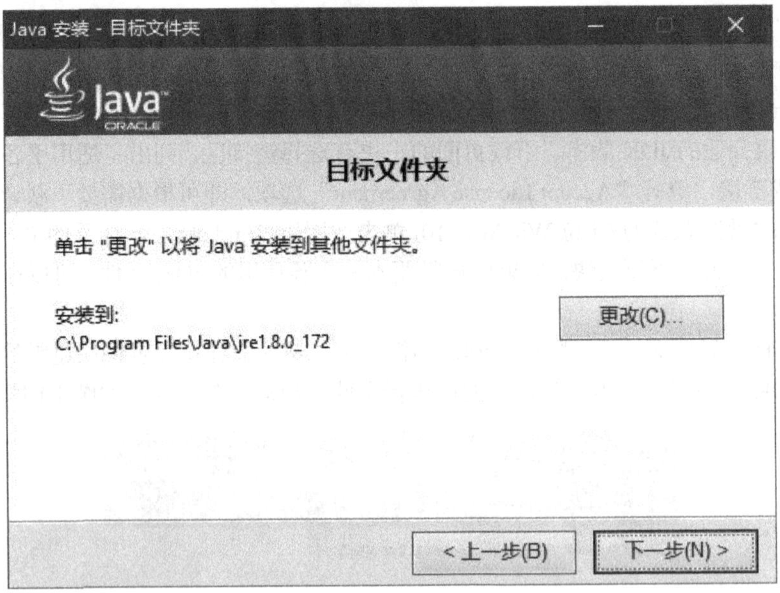

图 1.3　安装 JRE

系统默认 JRE 会被安装到“C:\Program Files\Java\jre1.8.0_172”，用户可以修改安装目录。单击“下一步”按钮开始安装，直到完成。

（4）设置环境变量。为了后面综合应用实习中采用 Java 开发操作 SQL Server 数据库应用系统，需要设置其环境变量，即 Windows 操作系统 JDK 的安装位置。

下面介绍具体的设置方法。

①打开“环境变量”对话框。右击桌面上的“计算机”图标，选择“属性”选项，在弹出的控制面板主页中单击“高级系统设置”链接项，在弹出的“系统属性”对话框中选择“高级”选项卡，单击“环境变量”按钮，打开“环境变量”对话框，操作过程如图 1.4 所示。

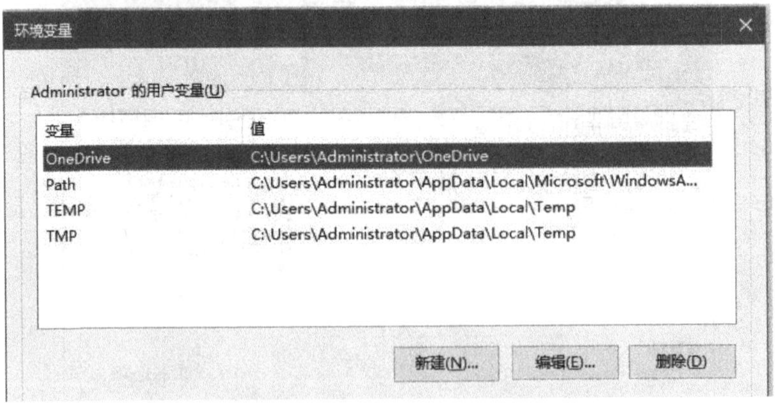

图 1.4　打开“环境变量”对话框

②新建系统变量 JAVA_HOME。在“系统变量”列表下单击“新建”按钮，弹出“新建系统变量”对话框。在“变量名”栏中输入“JAVA_HOME”，在“变量值”栏中输入 JDK 安装路径“C:\Program Files\Java\jdk1.8.0_172”，如图 1.5 所示，单击“确定”按钮。

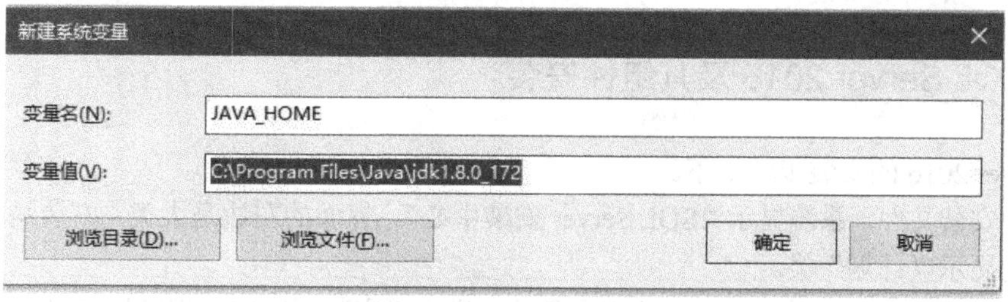

图 1.5　新建系统变量

③设置系统变量 Path。在“系统变量”列表中找到名为“Path”的变量，单击“编辑”按钮，在“变量值”字符串中加入路径“%JAVA_HOME%\bin;”，如图 1.6 所示，单击“确定”按钮。

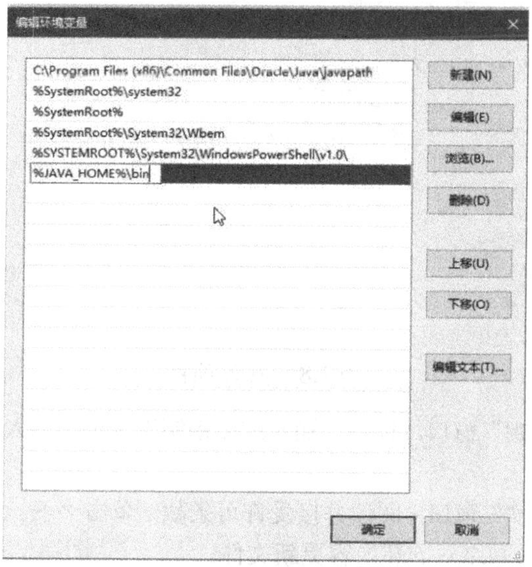

图 1.6　编辑环境变量

单击“编辑环境变量”对话框的“确定”按钮，回到“系统属性”对话框，再次单击“确定”按钮，完成 JDK 环境变量的设置。

（5）测试安装。读者可以自己测试 JDK 安装是否成功。选择任务栏“开始”→“运行”，输入“cmd”并按回车键，进入命令行界面，输入“java -version”，如果配置成功就会出现 Java 的版本信息，如图 1.7 所示。

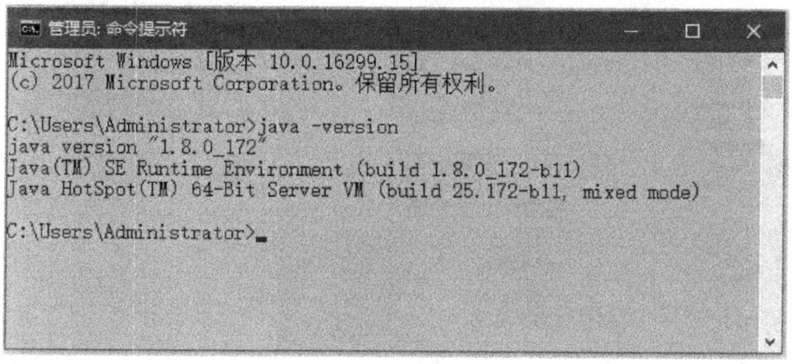

图 1.7　JDK 安装成功

1.2.3 SQL Server 2016 及其组件安装

SQL Server 2016 的安装步骤如下。

（1）运行安装文件，系统显示“SQL Server 安装中心”，界面的左边是大类，右边是对应该类的内容。系统首先显示“计划”类。

（2）选择“安装”类，系统检查安装基本条件，进入“安装程序支持规则”窗口，如图 1.8 所示。

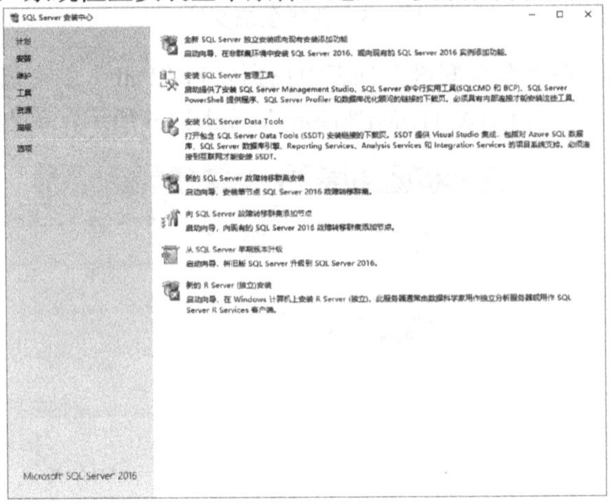

图 1.8 安装项目

（3）系统显示“产品密钥”窗口，选择“输入产品密钥”选项，输入 SQL Server 对应版本的产品密钥。

（4）系统显示“许可条款”窗口，阅读并接受许可条款，单击“下一步”按钮。进入“全局规则”“Microsoft 更新”窗口，通过网络对安装内容更新文件。

（5）系统显示“安装程序文件”窗口，选择“安装 SQL Server 2016”程序。

（6）系统显示“功能选择”窗口，在“功能”区域中选择要安装的功能组件。用户如果仅仅需要基本功能，则选择“数据库引擎服务”选项，如图 1.9 所示。然后选择安装“功能规则”选项。

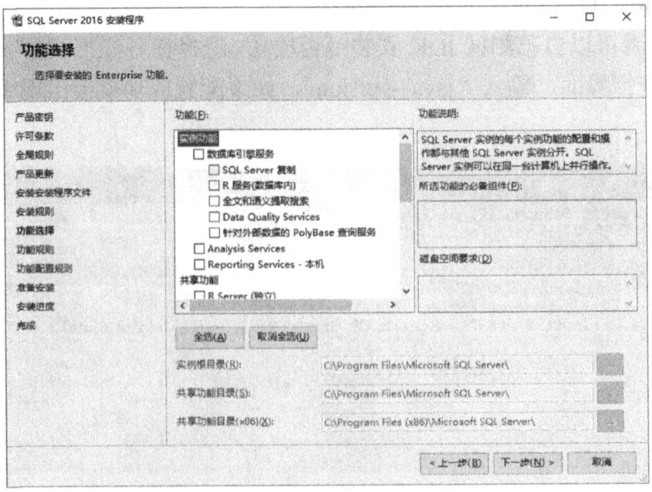

图 1.9 “功能选择”窗口

（7）系统显示“实例配置”窗口。如果是第一次安装，则既可以使用默认实例，也可以自行指定实例名称。如果当前服务器已经安装了一个默认的实例，则再次安装时必须指定一个实例名称。系统允许在一台计算机上安装 SQL Server 的不同版本，或者同一版本的多个名称，把 SQL Server 看成一个 DBMS 类，采用这个实例名称区分不同的 SQL Server。

如果选择“默认实例”选项，则实例名称默认为“MSSQLSERVER”。如果选择“命名实例”选项，则在后面的文本框中输入用户自定义的实例名称，如图 1.10 所示。

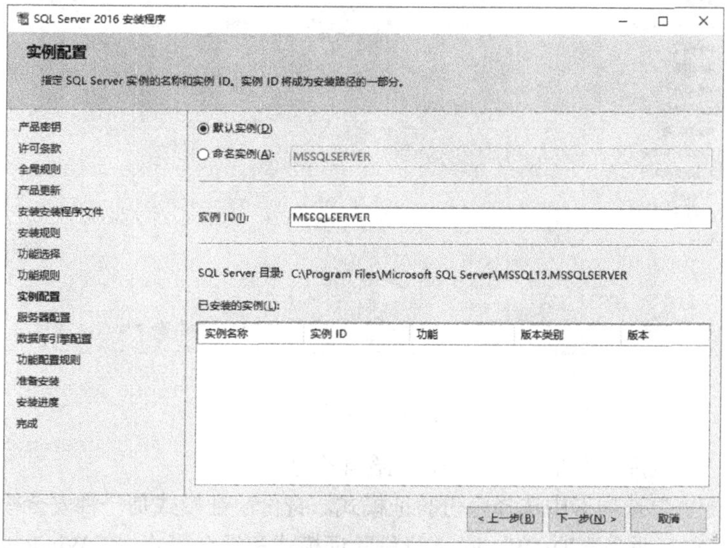

图 1.10 “实例配置”窗口

（8）系统显示“服务器配置”窗口。在“服务账户”选项卡中为每个 SQL Server 服务单独配置用户名和密码及启动类型。“账户名”可以在下拉框中进行选择。也可以单击“对所有 SQL Server 服务器使用相同的账户”按钮，为所有的服务分配一个相同的登录账户。配置完成后的界面如图 1.11 所示。

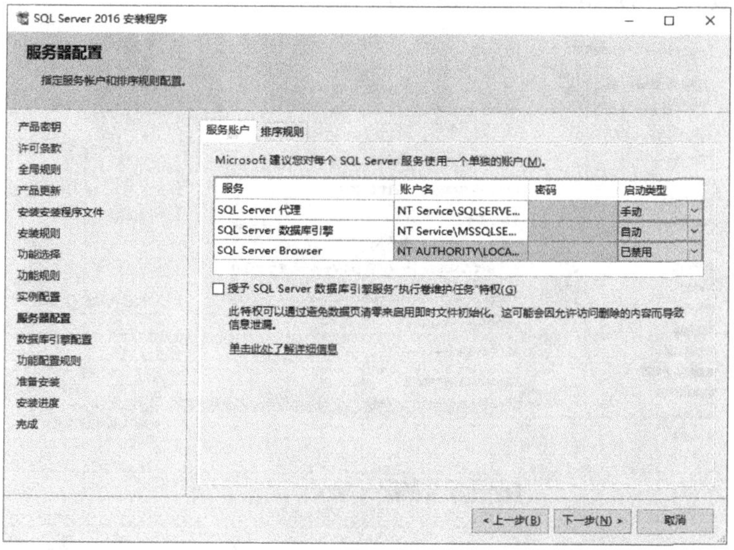

图 1.11 “服务器配置”窗口

在“排序规则”选项卡中，指定数据库引擎代码页和数据排序规则，默认如图 1.12 所示。

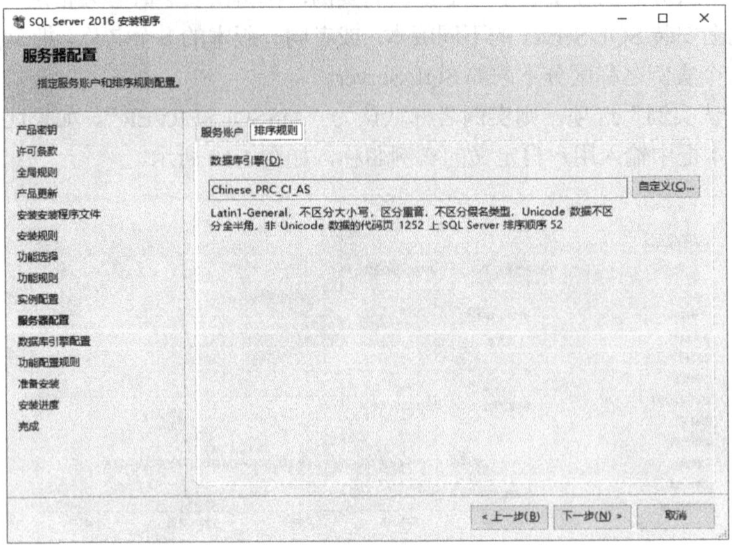

图 1.12　排序规则

（9）系统显示“数据库引擎配置”窗口，包含 4 个选项卡。

①在“服务器配置”选项卡中选择身份验证模式。身份验证模式是一种安全模式，用于验证客户端与服务器的连接，它有两个选项：Windows 身份验证模式和混合模式。在 Windows 身份验证模式中，用户通过 Windows 账户连接时，使用 Windows 操作系统用户账户名和密码；或使用混合模式（SQL Server 身份验证和 Windows 身份验证），建立连接后，系统的安全机制对于两种连接产生的效果是一样的。

这里选择“混合模式”为身份验证模式，并为内置的系统管理员账户“sa”设置密码，为了便于介绍，这里将密码设为“123456”，如图 1.13 所示。

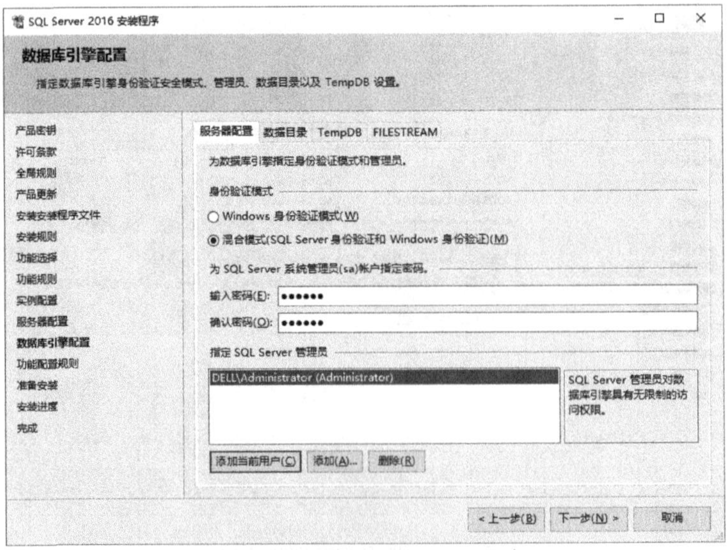

图 1.13　“服务器配置”选项卡

在实际操作过程中，密码要尽量设置复杂些以提高安全性。单击“添加当前用户”按钮，使当前用户（这里为“Administrator”）具有操作该 SQL Server 实例的所有权限。

②在“数据目录”选项卡中指定数据库文件存放的位置，显示系统的默认位置，系统把不同类型的数据文件安装在该目录对应的子目录下，用户可以根据自己的情况重新选择，如图 1.14 所示。

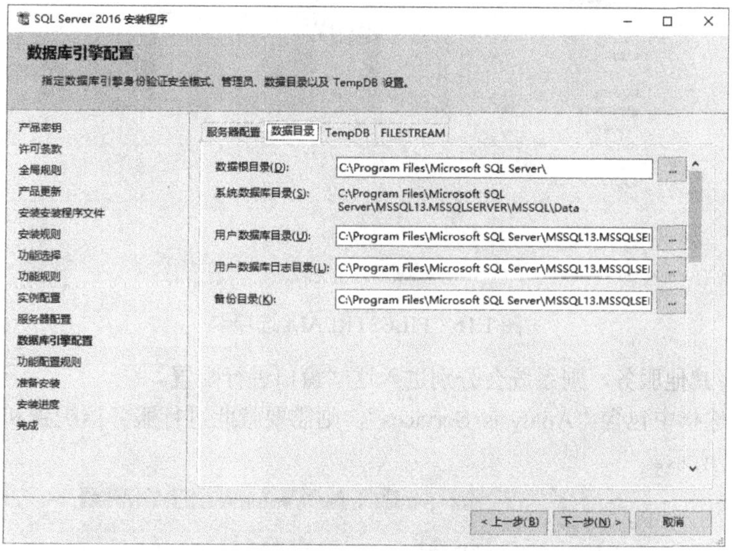

图 1.14　“数据目录”选项卡

③TempDB 选项卡中指定系统使用的临时数据库 TempDB 的参数，如图 1.15 所示。

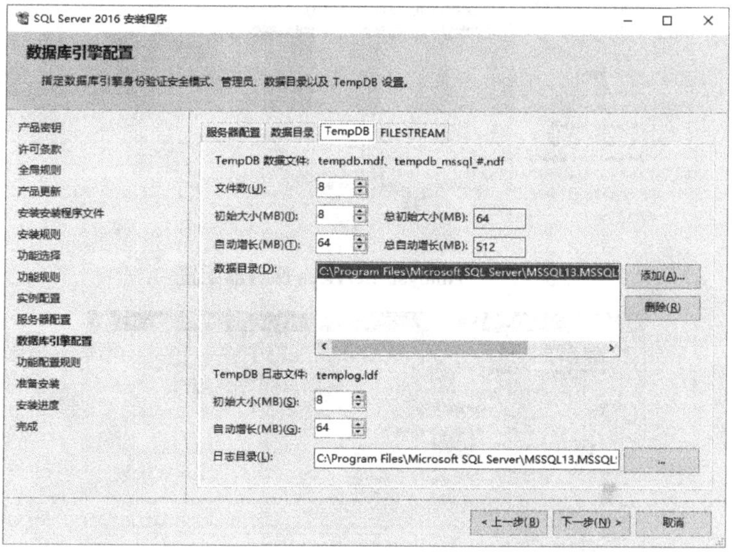

图 1.15　TempDB 数据库参数

④在“FILESTREAM”选项卡中指定数据库中的 Transact-SQL、文件 I/O 和允许远程用户访问 FILESTREAM 数据，如图 1.16 所示。

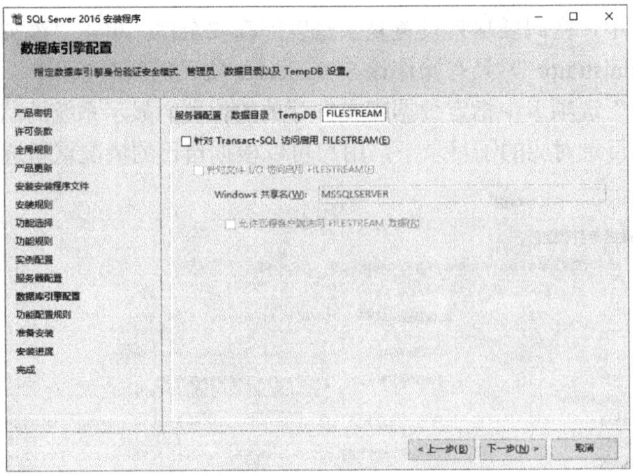

图 1.16 FILESTREAM 选项卡

（10）用户选择其他服务，则系统会分别进入这些窗口进行配置。

①如果在功能选择中包含“Analysis Services”，则需要就此进行服务器配置和数据目录的选择，如图 1.17 和图 1.18 所示。

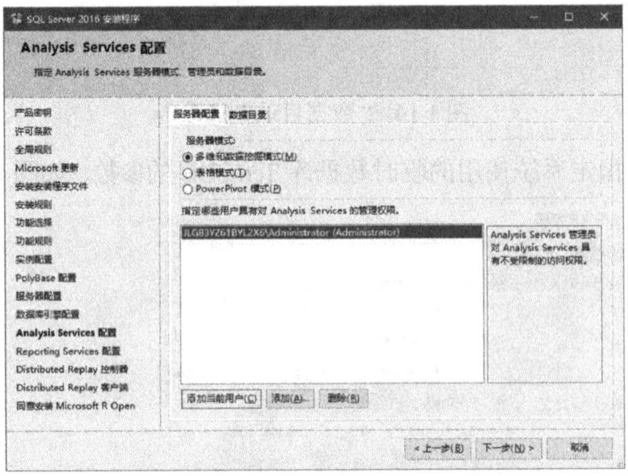

图 1.17 Analysis Services 服务器配置

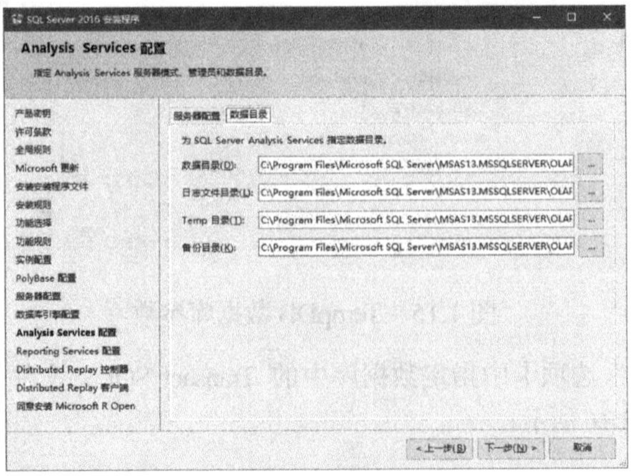

图 1.18 Analysis Services 数据目录

②如果在功能选择中包含“Reporting Services”，则需要指定报表服务的配置模式，如图 1.19 所示。

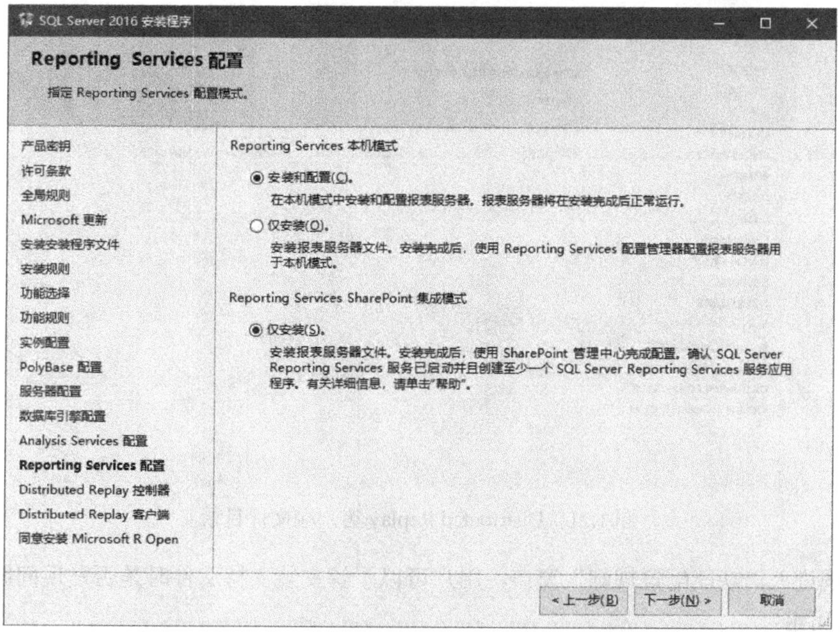

图 1.19　Reporting services 配置模式

③如果在功能选择中包含“Distributed Replay 控制器”，则需要指定 Distributed Replay 控制器服务的访问权限，如图 1.20 所示。

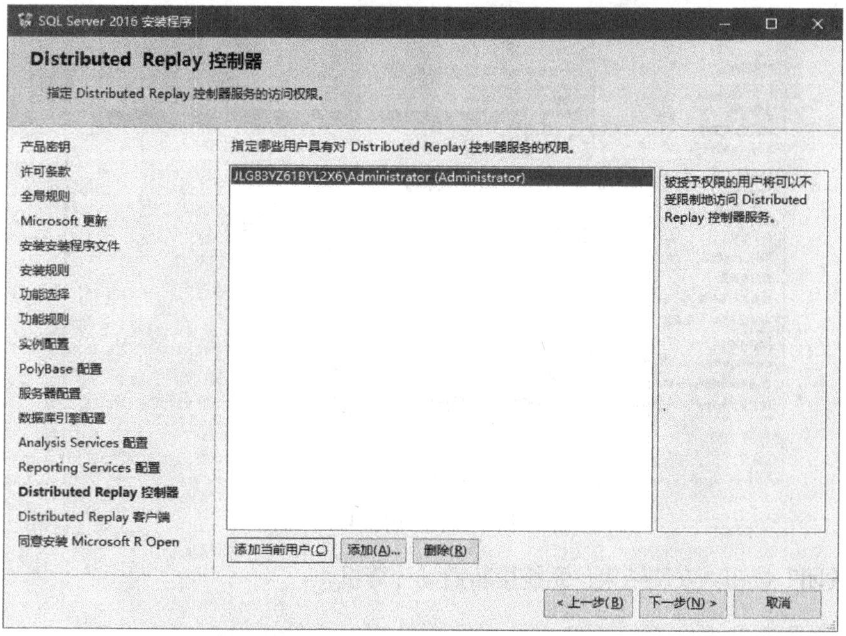

图 1.20　Distributed Replay 控制器用户

④如果在功能选择中包含“Distributed Replay 客户端”，则需要为计算机指定控制器名称和工作目录位置，如图 1.21 所示。

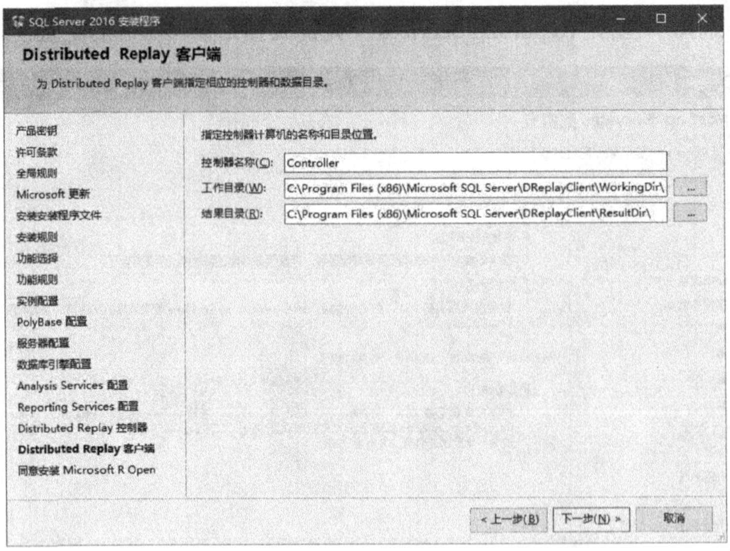

图 1.21　Distributed Replay 客户端文件目录

（11）系统进入“功能配置规则”窗口，用户可以了解安装支持文件时是否发现问题。如有问题，解决问题后方可继续。

（12）系统进入“准备安装”窗口，以树型结构显示“准备安装”的内容，单击“安装”按钮，系统分别进行安装，直到安装完成，进入“完成”窗口，如图 1.22 所示。

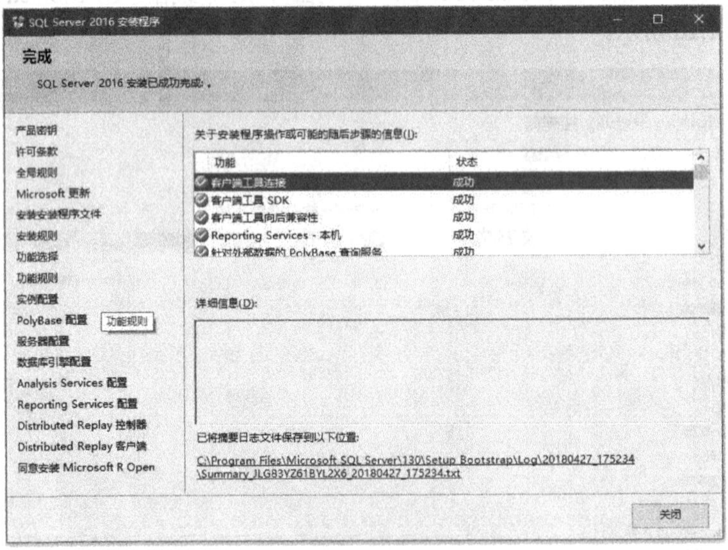

图 1.22　“完成”窗口

单击“关闭”按钮。安装结束，系统重新启动计算机。

1.2.4　安装 SQL Server Management Studio（SSMS）

从 SQL Server 2016 开始，SQL Server Management Studio 与 SQL Server 主体部分安装表是分离的，所以，在安装 SQL Server 后，如果需要通过界面方式管理 SQL Server，通常情况下还需要安装 SSMS。

SSMS 是一种集成环境，用于管理从 SQL Server 到 SQL 数据库的任何 SQL 基础结构。SSMS 提供用于配置、监视和管理 SQL 实例的工具。使用 SSMS 部署、监视和升级应用程序使用的数据层组件，以及生成查询和脚本。使用 SSMS 在本地计算机或云端查询、设计和管理数据库和数据仓库。SSMS 是免费的！

在“SQL Server 安装中心”界面选择“安装”选项，右边列出了可安装的项目，其中第一项是“SQL Server”的主体部分，第二项是“安装 SQL Server 管理工具”。单击该项，系统进入下载 SSMS 安装包页面。或者，自己直接下载安装包后，进行安装。

执行 SSMS 安装包，系统显示如图 1.23 所示。

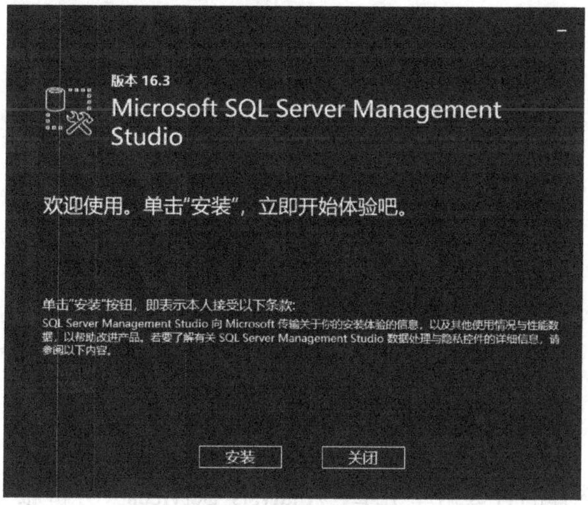

图 1.23 SSMS 安装界面

单击“安装”按钮，系统将根据用户选择的项目逐个安装，如图 1.24 所示。

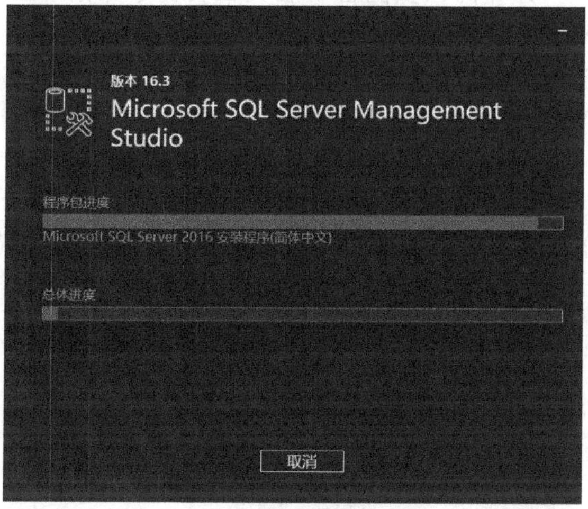

图 1.24 SSMS 安装过程

直到安装完成。

1.3 SQL Server 2016 操作

1.3.1 采用 SQL Server Management Studio（SSMS）操作

1. 采用 SSMS 连接到 SQL Server 2016 服务器

运行“SQL Server Management Studio（SSMS）”，系统显示“连接到服务器”对话框，如图 1.25 所示。

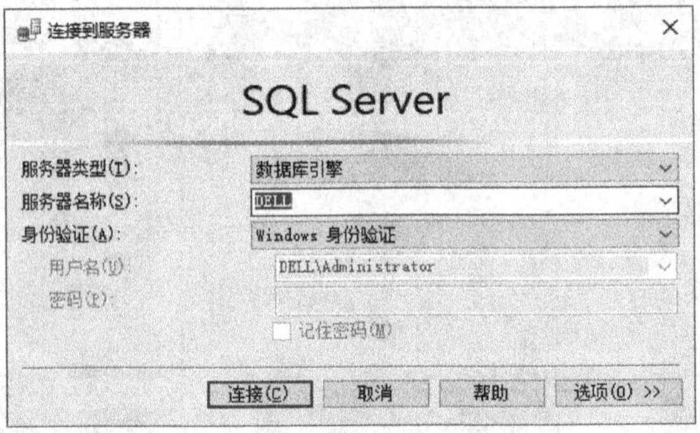

图 1.25 “连接到服务器”对话框

其中，

● 服务器类型：可选择的有数据库引擎、Analysis Services（分析服务）、报表服务（Reporting Services）、Integration Services（集成服务）。其中，数据库引擎是 SQL Server 基本功能，一般用户仅需要使用该功能，默认的选择类型为数据库引擎。

● 服务器名称：格式为“计算机名/实例名”，因为在安装时使用的是默认实例，则使用计算机名作为服务器名称。当然，使用计算机的 IP 地址也可以。

● 身份验证：因为在安装 SQL Server 2016 时选择“混合模式（SQL Server 身份验证和 Windows 身份验证）”，所以可选择“Windows 身份验证”或者“SQL Server 身份验证”，还有三种活动目录（Active Directory）验证方式。

选择 Windows 身份验证，采用进入 Windows 时的用户登录 SQL Server。

选择 SQL Server 身份验证，采用 SQL Server 系统管理员（sa）和安装时指定的密码登录，如图 1.26 所示。

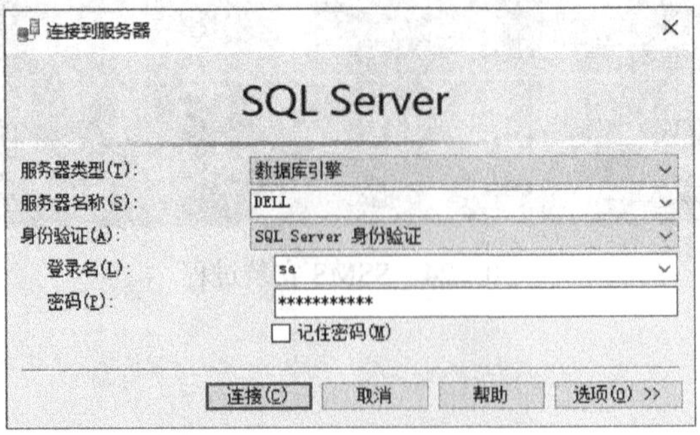

图 1.26 SQL Server 身份验证

用户也可以采用 SQL Server 中的注册用户及其对应密码登录。

单击“连接”按钮，系统进入“SQL Server Management Studio（SSMS）”界面，并且默认打开“对象资源管理器”窗口，系统进入“SQL Server Management Studio（sa 登录）”界面，如图 1.27、图 1.28 所示。

图 1.27　SQL Server Management Studio（SSMS）界面

图 1.28　SQL Server Management Studio（sa 登录）界面

其中，DELL（SQL Server 13.0.1742.0 -sa）表示当前连接的 SQL Server 服务器。

DELL：服务器名称，该名称就是当前安装 SQL Server 2016 计算机的名称。

SQL Server 13.0.1742.0：SQL Server 2016 数据库引擎版本。

DELL\Administrator：登录服务器的是当前（DELL）计算机 Windows 下的 Administrator 用户。

2．SSMS 环境配置

需要了解对于 SSMS 环境参数，可在“SSMS”窗口中单击“工具”主菜单，选择“选项”子菜单，系统显示“选项”对话框，如图 1.29 所示。

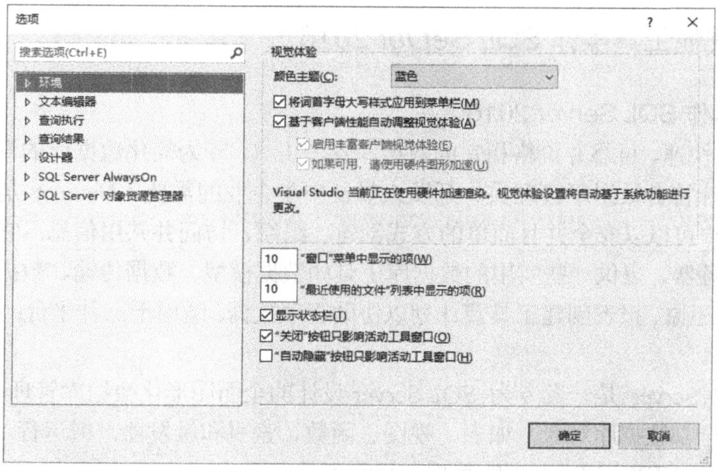

图 1.29　SSMS 环境配置

一般用户不需要特别了解每一项内容的意义，也不需要继续其中的配置。

3. SQL Server 2016 服务器属性

在“SSMS”窗口中，选择“DELL（SQL Server 13.0.1742.0 -sa）”连接，右击“服务器属性”选项，可以查看当前连接的 SQL Server 2016 服务器的属性，包含了若干个选择页。

（1）“常规”页，如图 1.30 所示。

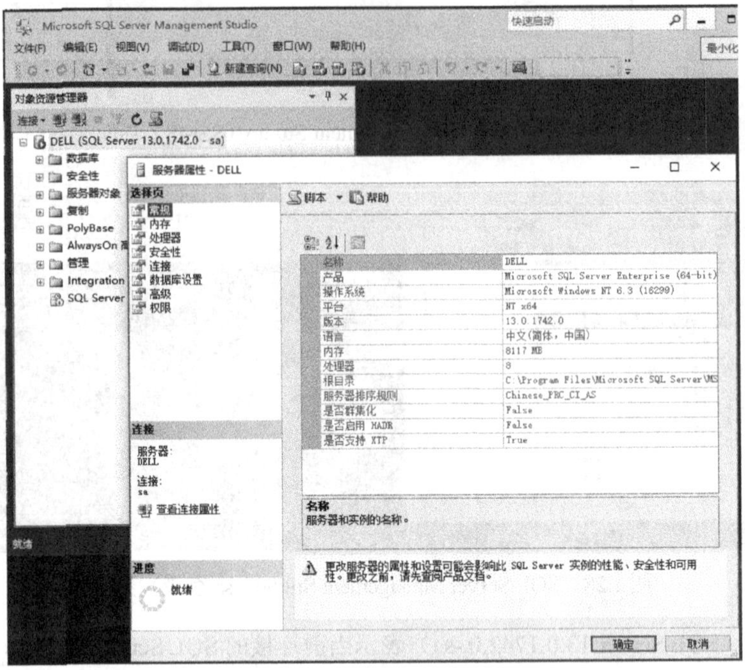

图 1.30 “常规”页

其中显示服务器名称、安装的 SQL Server 2016 企业版、数据库引擎版本、安装的目录等。

（2）在“数据库设置”页包含了数据库文件默认位置，系统显示默认路径，该路径是安装 SQL Server 2016 时“数据库引擎”指定的数据文件路径，用户可以在这里进行修改。

（3）单击左下角“查看连接属性”选项，系统显示“连接属性”窗口。

1.3.2 采用其他工具操作 SQL Server 2016

1. Navicat 操作 SQL Server 2016

Navicat 是一套快速、可靠并价格相宜的数据库管理工具，专为简化数据库的管理及降低系统管理成本而设。它的设计符合数据库管理员、开发人员及中小企业的需要。Navicat 是以直觉化的图形用户界面搭建的，用户可以以安全并且简单的方式创建、组织、访问并共用信息。它可以让用户连接到任何本机或远程服务器、提供一些实用的数据库工具如数据模型、数据传输、数据同步、结构同步、导入、导出、备份、还原、报表创建工具及计划以协助管理数据。适用于三种平台：Microsoft Windows、Mac OS X 及 Linux。

Navicat for SQL Server 是一套专为 SQL Server 设计的全面图形化数据库管理及开发工具，可进行创建、编辑和删除全部数据库对象，如表、视图、函数、索引和触发器，或运行 SQL 查询和脚本，查看或编辑 BLOBs、HEX、ER 图表的数据，显示表的关系。

Navicat Premium 是一个可多重连线资料库的管理工具，它可以让用户以单一程式同时连线到 MySQL、SQLite、Oracle 及 PostgreSQL 资料库，让管理不同类型的资料库变得更加方便。

（1）下载、安装 Navicat（略）。

（2）运行 Navicat Premium，如图 1.31 所示。

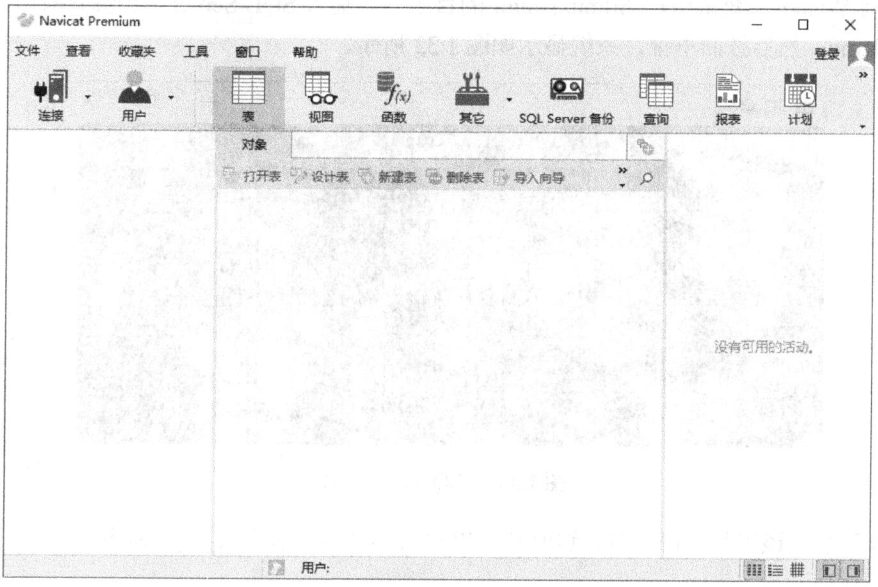

图 1.31 “Navicat Premium”界面

（3）连接 SQL Server 2016。单击“连接”按钮，选择“SQL Server”选项，系统显示“新建连接”对话框，输入连接名、主机名或 IP 地址，选择验证方式，单击“连接测试”按钮，单击“确定”按钮，如图 1.32 所示。然后直接单击“确定”按钮。

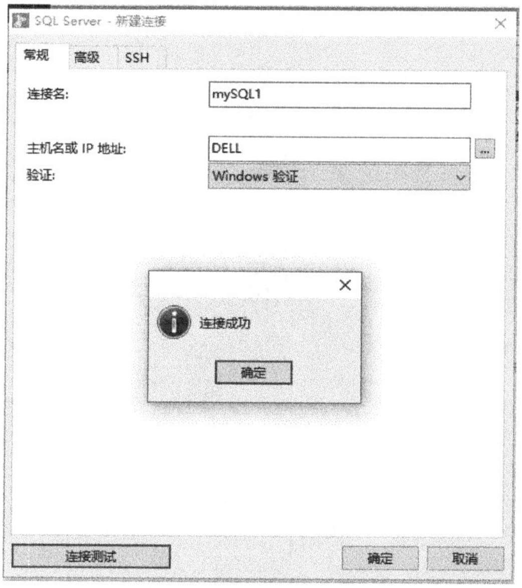

图 1.32 “SQL Server-新建连接”对话框

对话框左边出现“mySQL1”连接名，下面就可选择该连接，创建数据库。在创建的数据库下创建表等对象。

2．命令行操作 SQL Server

进入命令行窗口，系统提示：c:\Users\Administrator>

表示当前 Windows 登录用户 Administrator 的目录下。输入 SQL Server 2016 命令行管理工具可执行程序名 sqlcmd，然后按回车键，系统显示如图 1.33 所示。

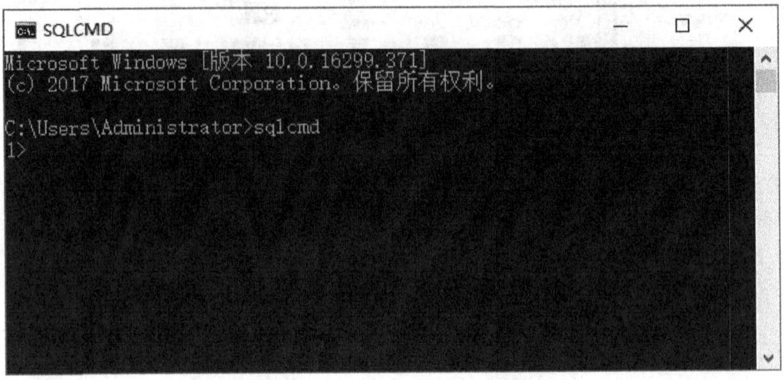

图 1.33 “SQLcmd”窗口

其中“>”表示该工具的提示符，这时就可以输入 SQL Server 的 T-SQL 命令。

第2章　数据库创建

在实际应用中，数据库一般通过数据库管理系统（DBMS）创建，并可通过数据库对象对其进行操作和管理。本章介绍用 SQL Server 2016 创建数据库，以及对 SQL Server 数据库的操作和管理。

2.1　SQL Server 数据库及其数据库对象

1. SQL Server 数据库实例

在一台计算机上可以安装一个或者多个 SQL Server（不同版本或者同一版本），其中的一个称为一个数据库实例。一般安装的第 1 个 SQL Server 采用默认实例（在安装时指定），通过实例名称来区分不同的 SQL Server。

2. SQL Server 数据库对象

数据库是一个容器，里面包含数据库对象。SQL Server 2016 数据库包含如下常用的数据库对象。

● 表：表是存放数据及表示关系的主要形式，是最主要的数据库对象。

例如，对于学生成绩管理系统，学生信息、课程信息和成绩信息应分别存放在学生表、课程表和成绩表中。

● 视图：视图是由一个或多个基本表生成的引用表（虚表）。

例如，因为成绩中仅仅包含学号和课程号，通过成绩表不能直接看出学生姓名、课程名称等信息，所以，就可以定义一个学生课程成绩视图，将学生表、课程表与成绩表关联起来，生成一个包含学号、姓名、课程号、课程名和成绩的虚表，打开这个表就能看到这些字段在一起的一个表的信息。

● 索引：表中的记录通常按其输入的时间顺序存放，这种顺序称为记录的物理顺序。为了实现对表记录的快速查询，可以对表的记录按某个或某些字段或组合（索引表达式）进行排序，这种顺序称为逻辑顺序。通过逻辑顺序搜索索引表达式的值，可以实现对该类数据记录的快速访问。如果索引表达式能够唯一地确定一个记录，则该索引表达式可以作为主键。

例如，在学生表中，对学号字段进行索引，这样按学号进行查找对应学生信息记录时很快就可进行定位。学号字段可指定为“主键”。

● 约束：约束用于保障数据的一致性与完整性。具有代表性的约束就是主键和外键。主键约束当前表记录的主键字段值唯一性，外键约束当前表记录与其他表的关系。

例如，在成绩表中，学号作为外键与学生表中学号（主键）建立关联，以使成绩表的成绩记录对应学生表的学生记录。

● 存储过程：存储过程是一组为了完成特定功能的 SQL 语句集合。它存储在数据库中，存储过程具有名称，能够接受输入参数、输出参数、返回单个或多个值。存储过程独立于表存在。

例如，在学生数据库中，编写若干条 T-SQL 语句计算总学分作为存储过程，可以汇总成绩表相应学生的总学分，然后放到学生表相应的学生总学分字段中。学号作为输入参数，计算制订学生的总学分；输入参数为空，则计算所有学生的总学分。

- 触发器：触发器基于一个表的操作（插入、修改和删除）创建，编写若干条 T-SQL 语句，当该操作发生时，这些 T-SQL 语句被执行，返回真或者假。返回假时，当前表的操作不能被执行。

例如，可在成绩表中创建插入触发器，实现成绩表中不能插入学生表没有的学生。

- 默认值：默认值是在用户插入新表记录前，系统设置字段的初始值。

例如，在学生表，设置性别字段默认值为男，这样在增加记录时只需对女学生修改性别字段内容。

- 用户和角色：用户是指对数据库有存取权限的使用者；角色是一个用户组，给角色分配操作权限，该角色对应组的用户都具有该操作权限。
- 规则：规则用来限制表字段的数据范围。

例如，在学生表中，出生时间字段通过采用规则设置为当前日期前的 16～65 年之间。

- 类型：用户可以根据需要在给定的系统类型之上定义自己的数据类型。

例如，可以定义系统的逻辑类型为性别类型，这样用户在定义性别有关的数据类型时可以采用性别类型。

- 函数：用户可以根据需要将若干个 T-SQL 语句或者系统函数进行组合实现特定功能，定义成自己的函数。然后，在需要该功能处调用此函数。

3. SQL Server 数据库架构

简单地说，架构的作用是将数据库中的所有对象分成不同的集合，每一个集合就称为一个架构。数据库中的每一个用户都会有自己的默认架构。这个默认架构可以在创建数据库用户时由创建者设定，若不设定，则系统默认架构为 dbo。数据库用户只能对属于自己架构中的数据库对象执行相应的数据操作。操作的权限则由数据库角色决定。

4. SQL Server 系统数据库

在 SQL Server 安装后，下列系统数据库就已生成，如图 2.1 所示，它们用于 SQL Serve 系统内部。

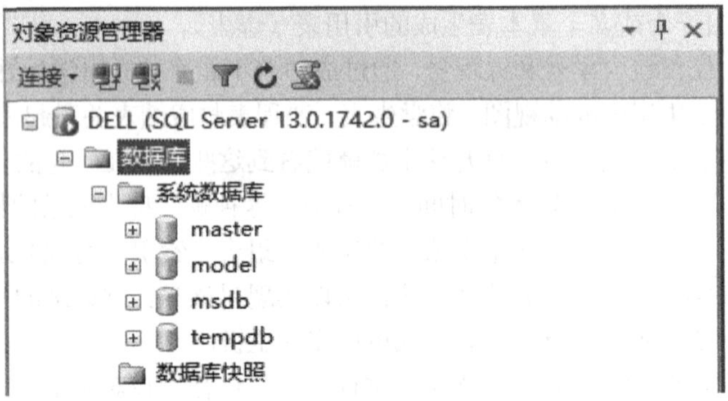

图 2.1　系统数据库

（1）master 数据库：记录 SQL Server 系统的所有系统级信息，包括 SQL Server 实例初始化信息、登录账户、端点、连接服务器和系统配置等。还记录其他数据库文件的位置。因此，如果 master 数据库不可用，则 SQL Server 无法启动。

（2）model 数据库：保存 SQL Server 实例上创建的所有数据库的模板。如果修改 model 数据库，之后创建的所有数据库都将继承这些修改。

如果用特定于用户的模板信息修改 model 数据库，建议用户进行备份。

（3）msdb 数据库：SQL Server 代理使用 msdb 数据库来计划警报和作业，SQL Server Management Studio、Service Broker 和数据库邮件等其他功能也使用该数据库。在进行任何更新 msdb 的操作（如备份或还原任何数据库）后，建议用户进行备份。

（4）tempdb 数据库：tempdb 是所有用户使用的临时数据库。每次启动 SQL Server 时都会重新创建 tempdb，在断开连接时会自动删除其中的临时表和存储过程。不允许对 tempdb 进行备份和还原操作。

5. SQL Server 文件

（1）文件。从逻辑上看，数据库是一个容器，存放数据库对象及其数据，其基本内容是表数据。但从操作系统角度（物理）看，数据库由若干个文件组成，与其他文件并没有什么特别，仅仅是数据库文件由 DBMS（SQL Server）创建、管理和维护。

当原有数据库文件的存储空间不够大时，除可以采用扩大原有数据文件存储容量外，用户还可以修改 SQL Server 默认的文件空间增长方式。

（2）数据文件和日志文件。在 SQL Server 中，数据库包含行数据文件和日志文件。行数据文件存放数据库数据；日志文件记录操作数据库的过程。

（3）文件组。数据库文件除了可扩大原有存储容量外，还可以增加新的数据文件，称为辅助数据文件。

在 SQL Server 中，一个数据库可以包含多个行数据文件和日志文件，这样可以避免文件过大，且存放在不同的硬盘上，可以提高处理速度。多个文件通过文件组进行组织，文件组可以是一个或者多个，给每个文件组命名一个逻辑名。文件组是由 SQL Server 管理的，与操作系统无关。

6. SQL Server 中的 FILESTREAM

借助 FILESTREAM，基于 SQL Server 的应用程序可以将非结构化数据（如文档和图像）存储在文件系统中。应用程序在利用丰富的流式 API 和文件系统性能的同时，还可保持非结构化数据和对应的结构化数据之间的事务一致性。

2.2 以命令方式创建数据库

通过“SQL Server Management Studio（SSMS）”的图形界面方式创建数据库，简单方便，但从学习的角度，建议使用 T-SQL 命令（为命令方式）来创建数据库。当然，命令方式和界面方式可相互配合，以界面方式创建数据库可以通过命令方式修改其属性，以命令方式创建数据库可以通过界面方式查看和操作。

2.2.1 创建数据库

1. 创建数据库命令

以命令方式创建数据库使用 CREATE DATABASE 命令，创建前要确保用户具有创建数据库的权限。

CREATE DATABASE 命令的主要格式如下：

```
CREATE DATABASE 数据库名
[       ON
        [ PRIMARY ]
        [ <数据文件选项>...]
        [ <数据文件组选项> ... ]
        [ LOG ON { <日志文件选项> ... } ]
        [ COLLATE 排序名 ]
……
```

```
]
```

1）文件选项

其中，<文件选项> =

```
{ (
    NAME =逻辑文件名,
    FILENAME = { '操作系统文件名' | '存储路径' }
    [ , SIZE =文件初始容量]
    [ , MAXSIZE = {  文件最大容量 | UNLIMITED } ]
    [ , FILEGROWTH =  文件增量 [ 容量 | % ] ]
)
}
```

说明：

（1）逻辑文件名：数据库使用的名字。

（2）操作系统文件名：操作系统在创建物理文件时使用的路径和文件名。

（3）文件初始容量：对于主文件，若不指出大小，则默认为 model 数据库主文件的大小。对于辅助数据文件，自动设置为 3 MB。

（4）文件最大容量：指定文件的最大容量。UNLIMITED 关键字表示文件大小不受限制，但实际上受磁盘可用空间的限制。如果不指定 MAXSIZE 选项，则文件将增长到磁盘空间满。

（5）文件增量：有百分比和容量值两种格式，前者如 10%，即每次在原来空间大小的基础上增加 10%；后者如 5 MB，即每次增加 5 MB，而不管原来的空间大小是多少。

2）文件组选项

<文件组选项>=

```
{
        FILEGROUP  文件组名 [ DEFAULT ]
    <文件选项> ……
}
```

（1）DEFAULT 关键字：指定命名文件组为数据库中的默认文件组。

（2）<文件选项>：用于指定属于该文件组的文件属性，其格式描述和数据文件的属性描述相同。

另外，COLLATE 排序名：指定数据库的默认排序规则。“排序名”既可以是 Windows 排序规则名称，也可以是数据库排序规则名称（默认）。

2．命令应用实例

1）创建数据库：采用默认参数

【例 2.1】 创建学生成绩数据库，数据库名为 xscj。

在“SQL Server Management Studio”窗口中单击“新建查询”按钮新建一个查询窗口，在“查询分析器”窗口中输入如下 T-SQL 语句：

```
CREATE DATABASE    xscj;
```

数据库 xscj 已经创建完成，可以在“对象资源管理器”窗口的“数据库”下找到“xscj”数据库，如图 2.2 所示。

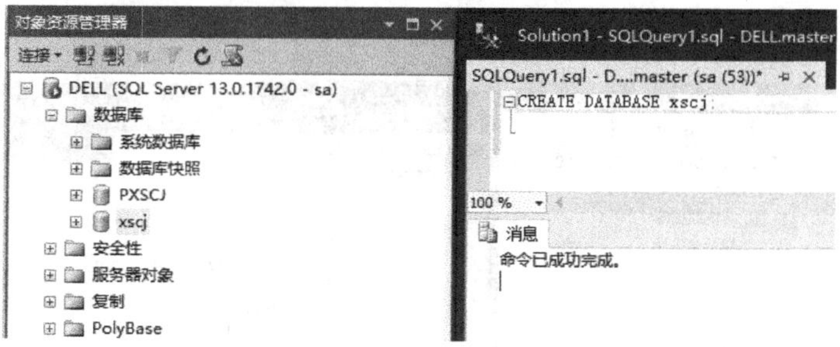

图 2.2　创建的数据库

在系统默认的目录下找到对应的 2 个文件，其他为系统生成的数据库文件，如图 2.3 所示。

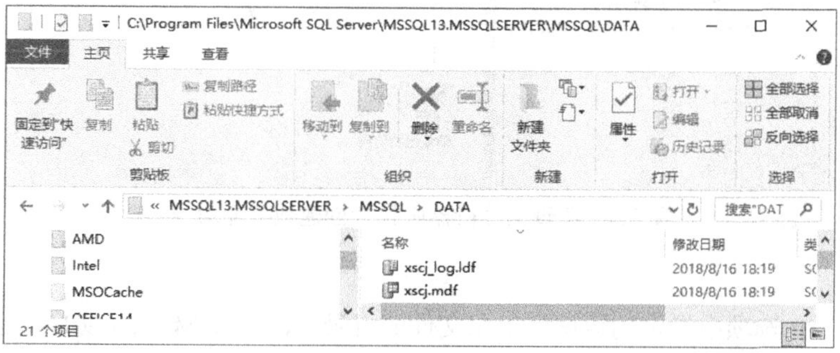

图 2.3　数据库文件

为了避免用户创建的数据库文件与系统自己的数据库文件存放在相同目录，安装 SQL Server 或者数据库时应设置其他的目录。

2）创建数据库：1 个数据文件和 1 个日志文件

【例 2.2】 创建一个名为 test1 的数据库，其初始大小为 5 MB，最大为 50 MB，允许数据库自动增长，按 10%的比例增长。日志文件初始为 2 MB，最大可增长到 5 MB，按 1 MB 增长。

在“SQL Server Management Studio”窗口中单击“新建查询”按钮新建一个查询窗口，在“查询分析器”窗口中输入如下 T-SQL 语句：

```
CREATE DATABASE    test1
    ON
    (
        NAME= "test1",
        FILENAME="E:\MyDB\test1.mdf",
        SIZE=5MB,
        MAXSIZE=50MB,
        FILEGROWTH=10%
    )
    LOG ON
    (
        NAME="test1_log",
        FILENAME="E:\MyDB\test1.ldf",
        SIZE=2MB,
        MAXSIZE=5MB,
        FILEGROWTH=1MB
     );
```

输入完毕后，单击“执行”按钮，如图 2.4 所示。

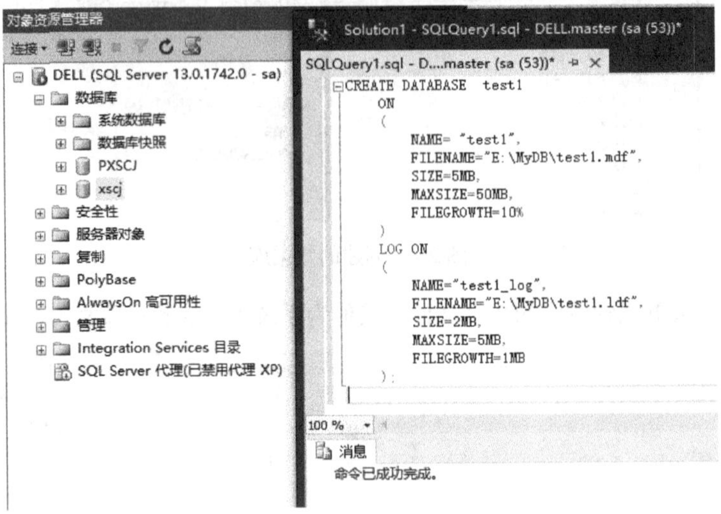

图 2.4　在查询分析器中执行创建数据库命令

说明：

（1）FILENAME 选项中指定的数据和日志文件的目录“E:\Data\MSSQL2016”必须存在，否则将产生错误，即创建数据库失败。

（2）如果“消息框”中显示错误信息，则需要查找原因，在更正后执行。也可通过调试查找原因。

（3）当命令成功执行后，在“对象资源管理器”窗口中展开“数据库”，如果没有发现“test1”，则选择“数据库”选项，右击鼠标，在弹出的快捷菜单中选择“刷新”选项即可。

3）创建数据库：2 个数据文件和 1 个日志文件

【例 2.3】 创建一个名为 test2 的数据库，它有两个数据文件，其中主数据文件为 20MB，最大不限，按 10%的比例增长。1 个辅助数据文件为 20 MB，最大不限，按 10%的比例增长；有 1 个日志文件为 50 MB，最大为 100 MB，按 10 MB 增长。

在“查询分析器”窗口中输入如下 T-SQL 语句并执行：

```
CREATE DATABASE test2
    ON
    PRIMARY
    (
        NAME = 'test2_data1',
        FILENAME = ' E:\MyDB\test2_data1.mdf',
        SIZE = 20 MB,
        MAXSIZE = UNLIMITED,
        FILEGROWTH = 10%
    ),
    (
        NAME = 'test2_data2',
        FILENAME = ' E:\MyDB\test2_data2.ndf',
        SIZE = 20 MB,
        MAXSIZE = UNLIMITED,
        FILEGROWTH = 10%
    )
```

```
LOG ON
(
    NAME = 'test2_log1',
    FILENAME = ' E:\MyDB\test2_log1.ldf',
    SIZE = 50 MB,
    MAXSIZE = 100 MB,
    FILEGROWTH = 10 MB
);
```

说明：在 FILENAME 中使用的文件扩展名，.mdf 用于主数据文件，.ndf 用于辅助数据文件，.ldf 用于日志文件

4）创建数据库：2 个文件组

【例 2.4】 创建一个具有 2 个文件组的数据库 test3。

（1）主文件组包括文件 test3_dat1，文件初始大小为 20 MB，最大为 60 MB，按 5 MB 增长。

（2）文件组 test3 Group1 包括文件 test3_dat2，文件初始大小为 10 MB，最大为 30 MB，按 10%的比例增长。

```
CREATE DATABASE test3
    ON
    PRIMARY
    (
        NAME ='test3_dat1',
        FILENAME = 'E:\MyDB\test3_dat1.mdf',
        SIZE = 20MB,
        MAXSIZE = 60MB,
        FILEGROWTH = 5MB
    ),
    FILEGROUP    test3Group1
    (
        NAME ='test3_dat2',
        FILENAME = ' E:\MyDB\test3_dat2.ndf',
        SIZE = 10MB,
        MAXSIZE = 30MB,
        FILEGROWTH = 10%
    );
```

2.2.2 修改数据库

1. 命令

使用 ALTER DATABASE 命令可对数据库进行修改，语法格式如下：

```
ALTER DATABASE 数据库名
{    ADD FILE <文件选项>... [TO FILEGROUP  文件组名  ]  /*在文件组中增加数据文件*/
    | ADD LOG FILE <文件选项>...                        /*增加日志文件*/
    | REMOVE FILE  逻辑文件名                           /*删除数据文件*/
    | ADD FILEGROUP  文件组名  [……]                     /*增加文件组*/
    | REMOVE FILEGROUP  文件组名                        /*删除文件组*/
    | MODIFY FILE <文件选项>                            /*更改文件属性*/
    | MODIFY NAME =  新数据库名                         /*数据库更名*/
    | MODIFY FILEGROUP  文件组名
    {       <文件组可更新选项>
```

```
            |DEFAULT
                |NAME = 新文件组名
        }                                              /*更改文件组属性*/
        |SET <属性选项>... [ WITH <终止> ]              /*设置数据库属性*/
        |COLLATE 排序名                                 /*指定数据库排序规则*/
}
```

1）命令主体

ALTER DATABASE 命令主体结构说明如下。

（1）ADD FILE 子句：向数据库添加数据文件，<文件属性>给出文件的属性，其构成参见 CREATE DATABASE 语法说明。关键字 TO FILEGROUP 指出了添加的数据文件所在的文件组名，若默认，则为主文件组。

（2）ADD LOG FILE 子句：向数据库添加日志文件，<文件属性>给出日志文件的属性。

（3）REMOVE FILE 子句：从数据库中删除数据文件，被删除的数据文件由其中的参数“逻辑文件名”给出。当删除一个数据文件时，逻辑文件与物理文件则全部被删除。

（4）ADD FILEGROUP 子句：向数据库中添加文件组，被添加的文件组名由参数“文件组名”给出。

（5）REMOVE FILEGROUP 子句：删除文件组，被删除的文件组名由参数“文件组名”给出。

（6）MODIFY FILE 子句：修改数据文件的属性，被修改文件的逻辑名由<文件属性>的 NAME 选项给出，可以修改的文件属性包括 FILENAME、SIZE、MAXSIZE 和 FILEGROWTH，但要注意，一次只能修改其中的一个属性。修改文件大小时，修改后的大小不能小于当前文件的大小。

（7）MODIFY NAME 子句：更改数据库名，新的数据库名由参数“新数据库名”给出。

（8）MODIFY FILEGROUP 子句：用于修改文件组的属性。“文件组名”为要修改的文件组名称。其中，

<文件组可更新选项>：设置文件组读/写权限。

DEFAULT 选项：表示将默认数据库文件组改为指定文件组。

NAME 选项：用于将文件组名称改为新文件组名。

（9）SET 子句：用于设置数据库的属性，<属性选项>中指定了要修改的属性。例如，设为 READ_ONLY 时，用户可以从数据库读取数据，但不能修改数据库。

2）文件组可更新选项

<文件组可更新选项>：

```
{
    { READONLY | READWRITE  }
  | { READ_ONLY | READ_WRITE }
}
```

（1）READONLY 和 READ_ONLY 选项：用于将文件组设为只读。

（2）READWRITE 和 READ_WRITE 选项：用于将文件组设为读/写模式。

一般使用 READ_ONLY 和 READ_WRITE，另外两个选项将在以后的版本中删除。

2. 命令应用实例

1）修改文件大小和增长方式

【例 2.5】 修改数据库 test1 现有数据文件 test1_data 的属性，将主数据文件的最大容量改为 100 MB，增长方式改为按每次为 5 MB 增长。

（1）T-SQL 语句如下：

```
ALTER DATABASE test1
```

```
    MODIFY FILE
    (
        NAME =' test1_data',
        MAXSIZE =100 MB,                  /*将主数据文件的最大容量改为 100 MB*/
        FILEGROWTH = 5 MB                 /*将主数据文件的增长方式改为按每次 5 MB 增长*/
    )
```

单击“执行”按钮执行输入的 T-SQL 语句。

（2）查看数据库 test1 参数修改结果。

右击“对象资源管理器”窗口中的“数据库”选项，选择“刷新”选项；右击数据库 test1 的图标，选择“属性”选项，在“文件”选项页上查看修改后的数据文件。

2）增加和删除数据文件

【例 2.6】 先为数据库 test1 增加数据文件 test1bak，然后再删除该数据文件。

（1）为数据库 test1 增加数据文件 test1bak。

```
ALTER DATABASE test1
    ADD FILE
    (
        NAME = 'test1bak',
        FILENAME = ' E:\MyDB\test1bak.ndf',
        SIZE = 10 MB,
        MAXSIZE = 50 MB,
        FILEGROWTH = 5%
    )
```

（2）查看数据库 test1 参数的修改结果。

刷新“对象资源管理器”窗口中的数据库，查看“数据库属性”窗口中的“文件”选项卡和数据库文件目录，可以看到数据库 test1 增加的数据文件 test1bak。

（3）删除数据文件 test1bak。

```
ALTER DATABASE test1
    REMOVE FILE test1bak
```

当然，用界面方式删除该文件更方便。

> **注意：**
> 不能删除主日志文件。

3）为数据库添加文件组

【例 2.7】 为数据库 test1 添加文件组 fgroup，并为此文件组添加两个大小均为 10 MB 的数据文件。观察结果后将文件组 fgroup 删除。

（1）为数据库 test1 添加文件组和数据文件。

```
ALTER DATABASE test1
    ADD FILEGROUP fgroup
GO
ALTER DATABASE test1
    ADD FILE
    (
        NAME = 'test1_data2',
        FILENAME = ' E:\MyDB\test1_data2.ndf',
        SIZE = 10 MB
    ),
    (
```

```
        NAME = 'test1_data3',
        FILENAME = ' E:\MyDB\test1_data3.ndf',
        SIZE = 10 MB
    )
    TO FILEGROUP fgroup
GO
```

> **注意：**
> GO 命令不是 T-SQL 语句，但它是 SSMS 代码编辑器识别的命令，它向 SQL Server 实例发送当前批 T-SQL 语句的信号。这里在“查询分析器”一次执行了 2 个 T-SQL 命令。

GO 命令和 T-SQL 语句不能在同一行中，否则运行时会发生错误。

（2）查看数据库 test1“文件组”选项卡，增加了 fgroup 文件组；同时，数据库文件目录中增加了 2 个数据文件。

（3）从数据库中删除 fgroup 文件组。

在“查询分析器”中输入如下 T-SQL 语句并执行。

```
ALTER DATABASE   test1
    REMOVE FILE   test1_data2
GO
ALTER DATABASE   test1
    REMOVE FILE   test1_data3
GO
ALTER DATABASE   test1
    REMOVE FILEGROUP fgroup
GO
```

> **注意：**
> 被删除的文件组中的数据文件必须先删除，且不能删除主文件组。

2.2.3 删除数据库

删除数据库应使用下列命令。

语法格式如下：

```
DROP DATABASE  数据库名, ...
```

其中，“数据库名”是要删除的数据库名。例如，要删除数据库 test2，使用命令：

```
DROP DATABASE test2
```

> **注意：**
> 使用 DROP DATABASE 语句不会出现确认信息，所以要小心使用。另外，不能删除系统数据库，否则将导致服务器无法使用。

第 3 章 表的创建和操作

在创建数据库之后，下一步就需要建立数据库表。表是数据库中最基本的数据对象，用于存放数据库中的数据。对表中数据的操作包括添加、修改、删除、查询等。

3.1 表结构和数据类型

3.1.1 表和表结构

每个数据库都包含若干个表。表是 SQL Server 中最主要的数据库对象，它是用来存储数据的一种逻辑结构。表由行和列组成，因此也称为二维表。表是在日常工作和生活中经常使用的一种表示数据及其关系的形式，如表 3.1 所示就是一个“学生”表。

表 3.1 “学生”表

学号	姓名	性别	出生时间	专业	总学分	备注
191301	王林	男	1990-2-10	计算机	50	
191302	程明	男	1991-2-1	计算机	50	
191303	王燕	女	1989-10-6	计算机	50	
191304	韦严平	男	1990-8-26	计算机	50	
191306	李方方	男	1990-11-20	计算机	50	
191307	李明	男	1990-5-1	计算机	54	提前修完“数据结构”课程
191308	林一帆	男	1989-8-5	计算机	52	班长
……						

每个表都有一个名字，以标识该表。如表 3.1 的名字是“学生”，它共有 7 列，每列都有一个名字，即列名（一般就用标题作为列名），它描述了学生某一方面的属性。每个表由若干行组成，表的第一行为各列标题，其余各行都是数据。

下面简单介绍与表有关的几个概念。

（1）表结构。组成表的各列名称及数据类型，统称为表结构。

（2）记录。每个表包含若干行数据，它们是表的“值”，表中的一行称为一个记录。因此，表是记录的有限集合。

（3）字段。每个记录由若干个数据项构成，将构成记录的每个数据项称为字段。如表 3.1 的表结构为（学号，姓名，性别，出生时间，专业，总学分，备注）7 个字段，由 5 个记录组成。

（4）空值。空值（NULL）通常表示未知、不可用或将在以后添加的数据。若一个列允许为空值，则向表中输入记录值时可不对该列给出具体值；而一个列若不允许为空值，则在输入时必须给出具体值。

（5）关键字。若表中记录的某一字段或字段组合能唯一标识记录，则称该字段或字段组合为候选关键字（Candidate key）。若一个表有多个候选关键字，则选定其中一个为主关键字（Primary key），也称为主键。当一个表仅有唯一的一个候选关键字时，该候选关键字就是主关键字。

例如，在“学生”表中，两个及其以上记录的“姓名”“性别”“出生时间”“专业”“总学分”“备注”这 6 个字段的值有可能相同，但是“学号”字段的值对表中所有记录来说一定不同，即通过“学号”字段可以将表中的不同记录区分开来。因此，“学号”字段是唯一的候选关键字，“学号”就是主关键字。

“学生成绩”表记录的候选关键字是（学号，课程号）字段组合，它也是唯一的候选关键字。

> **注意：**
> 表的关键字不允许为空值。空值不能与数值数据 0 或字符类型的空字符混为一谈。任意两个空值都不相等。

3.1.2 数据类型

设计数据库表结构，除了表属性外，主要就是设计列属性。在表中创建列时，必须为其指定数据类型，列的数据类型决定了数据的取值、范围和存储格式。

列的数据类型可以是 SQL Server 提供的系统数据类型，也可以是用户定义的数据类型。SQL Server 提供的系统数据类型如表 3.2 所示。

表 3.2 系统数据类型

数据类型	符号标识
整数型	int, smallint, tiny, bigint
精确数值型	decimal, numeric
浮点型	real,float
货币型	money, smallmoney
位型	bit
字符型	char, varchar, varchar(MAX)
Unicode 字符型	nchar, nvarchar, nvarchar(MAX)
文本型	text, ntext
二进制型	binary, varbinary, varbinary(MAX)
图像型	Image
日期时间型	date, datetime, smalldatetime, datetime2, datetimeoffset, time
时间戳型	timestamp
平面和地理空间数据类型	geometry, geography
其他数据类型	sql_variant, uniqueidentifier, xml, hierarchyid

在讨论数据类型时，使用了精度、小数位数是针对数值型数据的，它们的含义如下。

- 精度：指数值数据中所存储的十进制数据的总位数。
- 小数位数：指数值数据中小数点右边可以有的数字位数的最大值。例如，数值数据 3890.587 的精度是 7，小数位数是 3。

下面分类说明系统数据类型。

1．整数型：int，smallint，tiny，bigint

整数型包括 4 种类型，从标识符的含义就可以看出，它们表示的数范围逐渐缩小。

类型	名称	数范围	精度	存储字节
int	整数	$-2^{31}\sim2^{31}-1$	10	4
smallint	短整数	$-2^{15}\sim2^{15}-1$	5	2
tinyint	微短整数	0～255	3	1
bigint	大整数	$-2^{63}\sim2^{63}-1$	19	8

2．精确数值型：decimal，numeric

精确数值型数据由整数和小数部分构成，其所有的数字都是有效位，能够以完整的精度存储十进制数。decimal 和 numeric 在功能上完全等价。

格式：numeric | decimal(*p*[,*s*])，其中 *p* 为精度，*s* 为小数位数，$s<p$, 默认值为 0。

存储$-10^{38}+1\sim10^{38}-1$ 的固定精度和小数位的数字数据。

3．浮点型：real，float

浮点型不能精确表示数据的精度，用于处理取值范围非常大且对精确度要求不太高的数值量。

类型	数范围	定义长度(*n*)	精度	字节
real	–3.40E+38～3.40E+38	1～24	7	4
float	–1.79E+308～1.79E+308	25～53	15	8

4．货币型：money，smallmoney

用十进制数表示货币值。

类型	数范围	小数位数	精度	字节
money	$-2^{63}\sim2^{63}-1$	4	19	8
smallmoney	$-2^{31}\sim2^{31}-1$	4	10	4

说明：

（1）当向表中插入 money 或 smallmoney 类型的值时，必须在数据前面加上货币表示符号（$），并且数据中间不能有逗号(,)；若货币值为负数，则需要在符号$的后面加上负号(-)。例如，$15 000.32，$680，$-20 000.9088 都是正确的货币数据表示形式。

（2）money 的数范围与 bigint 相同，不同的只是 money 有 4 位小数。smallmoney 与 int 的关系就如同 money 与 bigint 的关系。

5．位型：bit

它只存储 0 和 1。当为 bit 类型数据赋 0 时，其值为 0，而赋非 0 时，其值为 1。字符串值 TRUE 转换为 1，FALSE 转换为 0。

6．字符型、Unicode 字符型和文本型：char/nchar，varchar/nvarchar，text/ntext varchar（MAX）/nvarchar（MAX）

字符型数据用于存储字符串，字符串中可包括字母、数字和其他特殊符号（如#、@、&等）。在输入字符串时，需将串中的符号用单引号或双引号括起来，如'abc'、"C 语言"。

（1）char：定长字符数据类型，其中 *n* 定义字符型数据的长度，*n* 在 1～8000 之间。默认 *n*=1。若实际存储的串长度不足 *n* 时，则在字符串的尾部添加空格以达到长度 *n*。若输入的字符个数超出了 *n*，则超出的部分被截断。

（2）varchar：变长字符数据类型，*n*（1～8000）表示的是字符串可达到的最大长度。实际长度为输入字符串的实际字符个数，而不一定是 *n*。当列中的字符数据值长度接近一致时，如姓名，此时可使用 char；当列中的数据值长度显著不同时，使用 varchar 较为恰当，可以节省存储空间。

（3）text：可以表示最大长度为 $2^{31}-1$ 个字符，其数据的存储长度为实际字符个数。

nchar、nvarchar、ntext 使用 UNICODE UCS-2 字符集，该字符集 1 个字符用 2 个字节表示，n=1～4000，占用 2n 字节空间。

（4）varchar(MAX)、nvarchar(MAX)：最多可存放 $2^{31}-1$ 个字节的数据，可以用来替换 text、ntext 数据类型。

7．二进制型和图像型：binary，varbinary，varbinary(MAX)，image

二进制数据类型表示的是位数据流，包括 binary（固定长度）和 varbinary（可变长度）两种。

（1）binary：固定长度的 n 个字节二进制数据。n 的取值范围为 1～8000，默认为 1。binary 数据的存储长度为 n+4 个字节。若输入的数据长度小于 n，则不足部分用 0 填充；若输入的数据长度大于 n，则多余部分被截断。

（2）varbinary：n 个字节变长二进制数据。

（3）image（图像数据型）：用于存储图片、照片等。实际存储的是可变长度二进制数据，介于 0 与 $2^{31}-1$ 字节之间。该类型是为了向下兼容而保留的数据类型。

（4）varbinary(MAX)：最多可存放 $2^{31}-1$ 个字节的数据，推荐用户使用 varbinary(MAX)数据类型来替代 image 类型。

8．日期时间型：date，datetime，smalldatetime，datetime2，datetimeoffset，time

日期时间类型数据用于存储日期和时间信息，用户以字符串形式输入日期时间类型数据，系统也以字符串形式输出日期时间类型数据。

数据类型	日期范围	精确度	说明
date	1.1.1～9999.12.31		日期
datetime	1753.1.1～9999.12.31	3.33ms	日期和时间分别给出
smalldatetime	1900.1.1～2079.6.6	分	日期和时间分别给出
datetime2	1.1.1～9999.12.31	hh:mm:ss[.nnnnnnn]	datetime(n)表示 n（=1～7）位微秒
datetimeoffset	YYYY-MM-DD	hh:mm:ss[.nnnnnnn] [{+|-}hh:mm]	带时区偏移量
time		hh:mm:ss[.nnnnnnn]	time(n)表示 n（=1～7）位微秒

（1）日期部分的表示形式常用的格式如下。

年 月 日	2001 Jan 20、2001 January 20
年 日 月	2001 20 Jan
月 日[,]年	Jan 20 2001、Jan 20,2001、Jan 20,01
月 年 日	Jan 2001 20
日 月[,]年	20 Jan 2001、20 Jan,2001
日 年 月	20 2001 Jan
年（4 位数）	2001 表示 2001 年 1 月 1 日
年月日	20010120、010120
月/日/年	01/20/01、1/20/01、01/20/2001、1/20/2001
月-日-年	01-20-01、1-20-01、01-20-2001、1-20-2001
月.日.年	01.20.01、1.20.01、01.20.2001、1.20.2001

说明：年可用 4 位或 2 位表示，月和日可用 1 位或 2 位表示。

（2）时间部分常用的表示格式如下。

时:分　10:20、08:05

时:分:秒　20:15:18、20:15:18.2

时:分:秒:毫秒　20:15:18:200

时:分 AM|PM　10:10AM、10:10PM

9．时间戳型：timestamp

该类型反映系统对该记录修改的相对（相对于其他记录）顺序，它实际上是二进制格式数据，其长度为 8 字节。每当对该表加入新行或修改已有行时，都由系统自动将一个计数器值加到该列，即将原来的时间戳值加上一个增量。一个表只能有一个 timestamp 列。

10．平面和地理空间数据类型：geometry，geography

（1）geometry（平面空间数据类型）：它作为.NET 公共语言运行时（CLR）数据类型实现，表示欧几里得（平面）坐标系中的数据。

（2）geography（地理空间数据类型）：它作为.NET 公共语言运行时（CLR）数据类型实现，表示圆形地球坐标系中的数据。SQL Server 支持 geography 数据类型用于存储 GPS 纬度和经度坐标之类的椭球体（圆形地球）数据。

SQL Server 支持包括开放地理空间信息联盟（OGC）标准和对该标准的一组 Microsoft 扩展所定义的方法。

11．其他数据类型：sql_variant，uniqueidentifier，xml，hierarchyid

（1）sql_variant：一种存储 SQL Server 支持的各种数据类型（除 text、ntext、image、timestamp 和 sql_variant 外）值的数据类型。sql_variant 的最大长度可达 8016 字节。

（2）uniqueidentifier：唯一标识符类型。系统将为这种类型的数据产生唯一标识值，它是一个 16 字节长的二进制数据。

（3）xml：用来在数据库中保存 xml 文档和片段的一种类型，但是此种类型的文件大小不能超过 2 GB。

（4）hierarchyid：可表示层次结构中的位置。

3.1.3　表结构设计

创建表的实质就是定义表结构，设置表和列的属性。在创建表之前，先要确定表的名字、表的属性，同时确定表所包含的列名、列的数据类型、长度、是否可为空值、约束条件、默认值设置、规则及所需索引、哪些列是主键、哪些列是外键等，这些属性构成表结构。

例如，学生管理系统包括学生表（xsb）、课程表（kcb）和成绩表（cjb），为了便于理解，基础部分使用中文名来表示列名（在实际开发中，使用英文字母来表示列名编程会更方便）。

学生表包含的属性有学号、姓名、性别、出生时间、专业、总学分、备注。其中，

- “学号”列：只有学号列能唯一标识一个学生，将学号列设为该表主键。学号值有一定的意义，例如，“191301”中“19”表示所属班级，“13”表示学生的年级，“01”表示学生在班级中的序号，所以学号列的可以是 6 位的定长字符型数据，数据类型为 char(6)。
- “姓名”列：姓名一般不超过 4 个中文字符，可以采用 8 位定长字符型数据，数据类型为 char(8)。
- “性别”列：只有“男”“女”两种值，所以可以使用 bit 型数据，值 1 表示“男”，值 0 表示“女”，默认是 1。
- “出生时间”列：该列可能进行日期运算，存放日期时间类型数据，列类型为 date。
- “专业”列：假定专业名最多为 6 个汉字，可定为 12 位定长字符型数据 char(12)。

- “总学分”列：是整数型数据，值在 0～160 之间，列类型为 int，默认是 0。
- “备注”列：需要存放学生的备注信息，备注信息的内容在 0～500 个字之间，所以应该使用 varchar 类型。

最后设计的 xsb（学生表）的表结构如表 3.3 所示。

表 3.3　xsb（学生表）的表结构

列　名	数 据 类 型	长　度	是 否 可 空	默 认 值	说　明
学号	定长字符型（char）	6	×	无	主键，前 2 位表示班级，中间 2 位为年级号，后 2 位为序号
姓名	定长字符型（char）	8	×	无	
性别	位型（bit）	默认值	√	1	1 表示男；0 表示女
出生时间	日期型（date）	默认值	√	无	
专业	定长字符型（char）	12	√	无	
总学分	整数型（int）	默认值	√	0	
备注	不定长字符型（varchar）	500	√	无	

当然，如果要包含学生的“照片”列，可以使用 image 或 varbinary(MAX)数据类型；要包含学生的“联系方式”列，可以使用 xml 数据类型。

参照 xsb 表结构的设计方法，同样可以设计出其他两个表的结构，如表 3.4 所示为 kcb（课程表）的表结构，如表 3.5 所示为 cjb（成绩表）的表结构。

表 3.4　kcb（课程表）的表结构

列　名	数 据 类 型	长　度	是 否 可 空	默 认 值	说　明
课程号	定长字符型（char）	3	×	无	主键
课程名	定长字符型（char）	16	×	无	
开课学期	整数型（tinyint）	1	√	1	范围为 1～8
学时	整数型（tinyint）	1	√	0	
学分	整数型（tinyint）	1	×	0	范围为 1～6

表 3.5　cjb（成绩表）的表结构

列　名	数 据 类 型	长　度	是 否 可 空	默 认 值	说　明
学号	定长字符型（char）	6	×	无	主键
课程号	定长字符型（char）	3	×	无	主键
成绩	整数型（int）	默认值	√	0	范围为 0～100

表结构设计完后就可以在数据库中创建表了，本书所用到的学生管理系统表都在 xscj 数据库中创建。创建和操作数据库中的表既可以通过“SSMS”中的界面方式进行，又可以通过 T-SQL 命令方式进行。

3.2　以命令方式创建表

通过 SSMS 图形界面方式创建表简单方便，但从学习的角度，建议使用 T-SQL 命令创建表。当然，命令方式和界面方式可相互配合，以界面方式创建表可以通过命令方式修改其属性，以命令方式创建表可以通过界面方式查看和操作。

界面方式操作表将在附录 A 中系统介绍，此后不再说明。

3.2.1　创建表

1. 创建表命令

创建表命令的主要格式如下。

```
CREATE TABLE　表名
(
    { <列定义>　|　<计算列定义>　|　<列集>}
    [ <表约束> ] [ ,...n ]
)
[ ; ]
```

说明：

（1）表名的完整写法是：[数据库名.[架构名]. | 架构名.] 表名，但前面部分一般不写。后面不再说明。

（2）创建表包括定义表和定义组成表的各列。<表约束>用于保证表中数据的完整性。

列的定义可以是下列 3 种。

1）列

<列定义> ::=

```
列名 <数据类型>                          /*指定列名、列的数据类型*/
[ NULL | NOT NULL ]                      /*指定是否为空*/
[
    [ CONSTRAINT 约束名 ]
    DEFAULT 常量表达式                   /*指定默认值*/
]
| [ IDENTITY [ (初值, 增量) ]            /*指定列为标识列*/
[ ROWGUIDCOL ]                           /*指定列为全局标识符列*/
[ <列约束> ...  ]                        /*指定列的约束*/
```

<数据类型> ::=

```
类型名　[ ( 精度 [ , 小数位 ] | max　]
```

说明：

（1）NULL | NOT NULL：NULL 表示列可取空值，NOT NULL 表示列不可取空值。

（2）DEFAULT 常量表达式：为所在列指定默认值，默认值“常量表达式”必须是一个常量值、标量函数或 NULL 值。DEFAULT 定义可适用于除定义为 timestamp 或带 identity 属性列以外的任何列。

（3）IDENTITY：指出该列为标识符列，为该列提供一个唯一的、递增的值。“初值”是标识字段的起始值，默认值为 1，“增量”是标识增量，默认值为 1。

（4）ROWGUIDCOL：表示列是行的全局唯一标识符列，ROWGUIDCOL 属性只能指派给 uniqueidentifier 列。该属性并不强制列中所存储值的唯一性，也不会为插入到表中的新行自动生成值。

（5）<列约束>：列的完整性约束。指定该列为主键则使用 PRIMARY KEY 关键字。

2）计算列

计算列中的值是通过其他列计算出来的，该列实际并不存放值。

<计算列定义> ::=

```
列名 AS 计算列表达式
[ PERSISTED [ NOT NULL ] ]
```

> **注意：**
> 有些函数，如 getdate()，每次调用时都输出不同的结果，不能用于计算表达式的定义。

3）列集

列集用于 XML 列。

【例 3.1】 设已经创建了数据库学生成绩，现在该数据库中需创建学生情况表 xsb，该表的结构（见表 3.3）。

单击“新建查询”按钮，在查询编辑器中输入下列 T-SQL 命令：

```
USE xscj
GO
CREATE TABLE xsb
(
    学号      char(6)      NOT NULL PRIMARY KEY,
    姓名      char(8)      NOT NULL,
    性别      bit          NULL DEFAULT 1,
    出生时间  date         NULL,
    专业      char(12)     NULL DEFAULT  '计算机',
    总学分    int          NULL DEFAULT 0,
    备注      varchar(500)  NULL,
    年龄      AS  2015-year(出生时间)  PERSISTED
)
GO
```

说明：

（1）首先使用 USE xscj 语句将数据库 xscj 指定为当前数据库，然后使用 CREATE TABLE 语句在该数据库中创建表 xsb。如果在“SSMS”中当前的数据库为“xscj”，如图 3.1 所示，则不需要使用 USE xscj 语句。

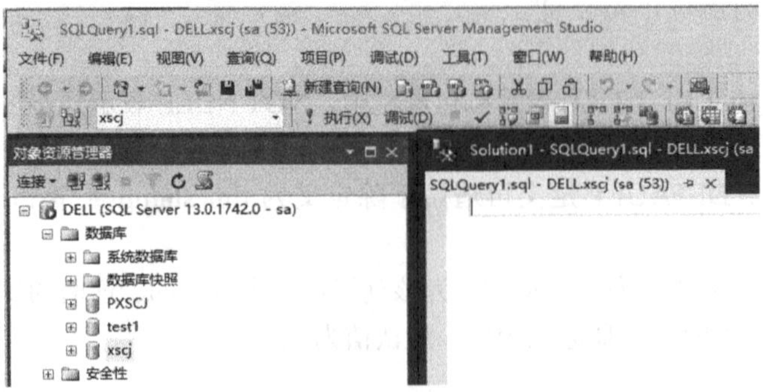

图 3.1　当前的数据库

（2）年龄字段是由出生时间字段计算得到的，是计算类型字段。不能用 getdate()函数代替 2015，因为 getdate()函数在一次操作中会有不同的值。

（3）执行命令后，在 xscj 数据库中就创建了 xsb 表，如图 3.2 所示。

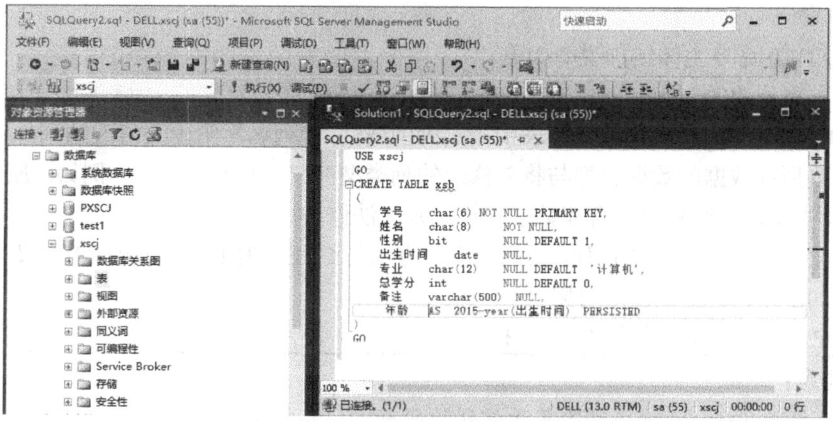

图 3.2　以命令方式创建了 xsb 表

2．创建临时表

在 SQL Server 中创建的表通常称为持久表。在数据库中，持久表一旦创建，则将一直存在，多个用户或者多个应用程序可以同时使用持久表。有时需要临时存放数据，例如，临时存储复杂的 SELECT 语句的结果，此后，可能要重复地使用这个结果，但这个结果又不需要永久保存。这时，就可以使用临时表。用户可以像操作持久表一样操作临时表，只不过临时表的生命周期较短，当断开与该数据库的连接时，服务器会自动删除它们。

在表名称前添加“#”或“##”符号，创建的表就是临时表。添加“#”符号表示创建的是本地临时表，只能由创建者使用；添加“##”符号表示创建的是全局临时表，可以供所有的用户使用。

3．利用已有表创建表

```
SELECT  *  INTO 新表名
    FROM  已有表名  WHERE  条件
```

如果仅仅拷贝老表的结构，则命令“条件”为假。

【例 3.2】 利用 xscj 数据库中的 xsb 表创建表 xsb1 表。

```
SELECT  *  INTO  xsb1  FROM  xsb
```

3.2.2　修改表结构

1．修改表结构命令

修改表结构语法格式如下：

```
ALTER TABLE  表名
{
    ALTER COLUMN  列名{, …}                          /*修改列属性*/
    | ADD                                            /*添加列*/
    {
        <列的定义>
    }  [ , … ]  <表约束>
    | DROP                                           /*删除列*/
    {
```

```
        [ CONSTRAINT ] 约束名                          /*删除约束*/
        | COLUMN 列名
    } [ ,… ]
}
```

1）命令主体

ALTER TABLE 命令主体结构说明如下。

（1）表名：要修改的表名。

（2）ALTER COLUMN 子句：修改表中指定列的属性，“列名”给出要修改的列。

若表中该列所存数据的数据类型与将要修改的列类型冲突，则发生错误。例如，原来 char 类型的列要修改成 int 类型，而原列值包含非数字字符，则无法修改。

（3）ADD 子句：向表中增加新列，新列的定义方法与 CREATE TABLE 命令中定义列的方法相同。一次还可以添加多个列，中间用逗号隔开。

（4）DROP 子句：从表中删除列或约束。

> **注意：**
> 在删除一个列以前，必须先删除基于该列的所有索引和约束。

2）ALTER COLUMN 子句

该子句的内容格式为：

```
ALTER COLUMN 列名
{
    类型名 [ ( 精度[ , 小数位] ) ]
        [ COLLATE 排序名 ]
        [ NULL | NOT NULL ]
    ……
}
```

（1）类型名：为被修改列的新数据类型。当要修改成数值类型时，可以使用“(精度[, 小数位])”分别指定数值的精度和小数位数。

（2）[NULL | NOT NULL]：表示将列设置为是否可为空，设置成 NOT NULL 时要注意表中该列是否有空数据。

2. 修改表结构命令举例

【例 3.3】 修改 xscj 数据库 xsb1 表结构。

（1）增加列：在 xsb1 表中增加“入学时间”列。

在查询编辑器中输入下列 T-SQL 命令：

```
ALTER TABLE xsb1
    ADD 入学时间 date
```

如果原表中已经存在与添加列同名的列，则语句运行将出错。

（2）修改列：修改表 xsb1 中已有列的属性。将名为“姓名”的列长度由原来的 8 改为 10；将名为“入学时间”列的数据类型由原来的 date 改为 small datetime。

在查询编辑器中输入下列 T-SQL 命令：

```
ALTER TABLE xsb1
    ALTER COLUMN 姓名 char(10)
ALTER TABLE xsb1
    ALTER COLUMN 入学时间 smalldatetime
```

说明：在 ALTER TABLE 语句中，一次只能包含 ALTER COLUMN、ADD、DROP 子句中的一条。而且使用 ALTER COLUMN 子句时一次只能修改一个列的属性，所以这里需要使用两条 ALTER

TABLE 语句。

（3）删除列：删除入学时间和年龄列。

在查询编辑器中输入下列 T-SQL 命令：

```
ALTER TABLE xsb1
    DROP COLUMN 入学时间, 年龄
```

3.2.3 删除表

语法格式如下：

```
DROP TABLE 表名 [ ,... ]
```

其中，“表名”是要被删除的表名称。

3.3 以命令方式操作表数据

对表数据的插入、修改和删除还可以通过 T-SQL 语句来进行，与界面操作表数据相比，通过 T-SQL 语句操作表数据更为灵活，功能更为强大。

3.3.1 插入记录

1. 插入记录命令

插入记录使用 INSERT 语句，语法格式如下：

```
INSERT  [ TOP ( 表达式 ) [ PERCENT ] ]
[ INTO ]  表名 | 视图名
[ ( 列表 ) ]
VALUES (  DEFAULT |  NULL | 表达式...)                /*指定列值*/
|  DEFAULT VALUES                                     /*强制新行包含为每个列定义的默认值*/
|  SELECT 命令
```

说明：

（1）表名和视图名：被操作的表名称和视图名称。

（2）列表：只给表的部分列插入数据时，需要用“列表”指出这些列。没有在“列表”中指出的列，它们的值确定原则如下。

- 具有 IDENTITY 属性的列，其值由系统根据初值和增量值自动计算得到。
- 具有默认值的列，其值为默认值。
- 没有默认值的列，若允许为空值，则其值为空值；若不允许为空值，则出错。
- 类型为 timestamp 的列，系统自动赋值。
- 如果是计算列，则使用计算值。

（3）VALUES 子句：包含各列需要插入的数据，数据的顺序要与列的顺序相对应。若省略“列表”，则 VALUES 子句给出每一列（除 IDENTITY 属性和 timestamp 类型以外）的值。VALUES 子句中的值可有以下三种情况。

- DEFAULT：指定为该列的默认值。这要求定义表时必须指定该列的默认值。
- NULL：指定该列为空值。
- 表达式：可以是一个常量、变量或一个表达式，其值的数据类型要与列的数据类型一致。例如，列的数据类型为 int，若插入的数据是'aaa'就会出错。当数据为字符型时要用单引号括起来。

（4）DEFAULT VALUES：该关键字说明向当前表中所有列均插入其默认值。此时，要求所有列均定义了默认值。

（5）SELECT 命令：数据由 SELECT 查询结果产生。

2. 插入记录命令举例

【例 3.4】 向表 xsb1 中插入记录。

（1）插入一行。

231301，王一平, 1, 1990-02-10，计算机, 50 , NULL

T-SQL 命令如下：

```
INSERT INTO   xsb1
      VALUES('231301', '王一平' , 1, '1990-02-10', '管理工程',50, NULL)
```

插入上例数据也可以使用以下命令：

```
INSERT INTO xsb1 (学号, 姓名, 出生时间,专业,总学分)
      VALUES('191301', '王林', '1990-02-10', '管理工程' 50)
```

或者：

```
INSERT INTO xsb1
      VALUES('191301', '王林', DEFAULT, '1990-02-10', '管理工程',50, NULL);
```

说明：若插入数据行中含有与原有行中关键字相同的列值，则 INSERT 语句无法插入此行。例如，如果重复执行上述命令，系统显示错误信息。

（2）一次向表中插入 2 条记录。

'201301', '王海', 1, '1996-05-10', '软件工程', 50, NULL

'201302', '李娜', 0, '1996-04-12', '软件工程', 52, NULL

T-SQL 命令如下：

```
INSERT INTO xsb1 VALUES('201301', '王海', 1, '1991-05-10', '软件工程', 50, NULL),
       ('201302', '李娜', 0, '1991-04-12', '软件工程', 52, NULL)
```

（3）从其他表的记录插入其中：从 xscj 数据库表 xsb1 中生成软件工程专业的学生表（xsb2）。

- 用界面方式或者 CREATE TABLE 语句建立表 xsb2，表结构与 xsb1 相同。
- 用 INSERT 语句向 xsb2 表中插入数据。

```
INSERT INTO xsb2
      SELECT   *
            FROM xsb1
            WHERE  专业='软件工程'
```

- 使用 SELECT 语句查询 xb1 和 xsb2 表记录。

```
SELECT   *
      FROM    xsb1                                        /*显示 xsb1 表记录*/
GO
SELECT   *
      FROM    xsb2                                        /*显示 xsb2 表记录*/
GO
```

执行结果如图 3.3 所示。

说明：在执行 INSERT 语句时，如果插入的数据与约束或规则的要求产生冲突或值的数据类型与列的数据类型不匹配，那么 INSERT 执行失败。

SQLQuery5.sql - P...ministrator (52))*

```
SELECT  *
    FROM  xsb1                        /* 显示xsb1表记录*/
GO
SELECT  *
    FROM  xsb2                        /*显示 xsb2表记录*/
GO
```

100 %

结果　消息

	学号	姓名	性别	出生时间	专业	总学分	备注
1	201301	王海	1	1991-05-10	软件工程	50	NULL
2	201302	李娜	0	1991-04-12	软件工程	52	NULL
3	231301	王一平	1	1990-02-10	管理工程	50	NULL

	学号	姓名	性别	出生时间	专业	总学分	备注
1	201301	王海	1	1991-05-10	软件工程	50	NULL
2	201302	李娜	0	1991-04-12	软件工程	52	NULL

图 3.3　从其他表的记录插入

3.3.2　修改记录

在 T-SQL 中，UPDATE 语句可以用来修改表中的数据行。

语法格式如下：

```
UPDATE [ TOP ( 表达式 ) [ PERCENT ] ]
{  表名 | 视图名      }
SET { 列名=表达式, …  }                                  /*赋予新值*/
[ FROM   <表源> … ]
[ WHERE <查找条件>  | …  ]                               /*指定条件*/
……
```

其中，

（1）SET 子句：用于指定要修改的列或变量名及其新值。

（2）FROM 子句：指定用表来为更新操作提供数据。

（3）WHERE 子句：WHERE 子句中的<查找条件>指明只对满足该条件的行进行修改，若省略该子句，则对表中的所有行进行修改。

【例 3.5】　将 xsb1 表中学号为“231301”的学生备注值改为“外校互认学分课程”，同时将总学分+3 分。

```
UPDATE xsb1
    SET  备注 ='外校互认学分课程',
         总学分 = 总学分+3
    WHERE  学号='231301'
```

执行完上述语句后，xsb1 表学号为“231301”的学生记录如图 3.4 所示。

结果　消息

	学号	姓名	性别	出生时间	专业	总学分	备注
1	201301	王海	1	1991-05-10	软件工程	50	NULL
2	201302	李娜	0	1991-04-12	软件工程	52	NULL
3	231301	王一平	1	1990-02-10	管理工程	53	外校互认学分课程

图 3.4　备注值改变

说明：对于学生成绩管理数据库，一般来说，学生表（xsb）总学分字段数据增加是由于在成绩表（cjb）中增加了记录（学生完成一门课，成绩合格），这两个表的记录修改命令是一起完成的。否则数据库数据是不完整的。

3.3.3 删除记录

在 T-SQL 语言中，删除数据可以使用 DELETE 语句或 TRANCATE TABLE 语句来实现，分别用于删除表中符合条件记录和所有记录。

1．删除符合条件记录

语法格式如下：

```
DELETE [ TOP ( 表达式 ) [ PERCENT ] ]
[ FROM  表名 | 视图名 |  <表源> ]
[ WHERE  <查找条件>  | …  ]                          /*指定条件*/
```

说明：

（1）[TOP (表达式) [PERCENT]]：指定将要删除的任意行数或任意行的百分比。

（2）FROM 子句：说明从何处删除数据。可以从以下三种类型的对象中删除数据。

①表：由“表名”指定要从其中删除数据的表，关键字 WITH 指定目标表所允许的一个或多个表提示，一般情况下不需要使用 WITH 关键字。

②视图：由“视图名”指定要从其中删除数据的视图，注意该视图必须可以更新，并且正确引用了一个基本表。

③表源：将在介绍 SELECT 语句时详细讨论。

（3）WHERE 子句：删除操作指定条件。若省略 WHERE 子句，则 DELETE 语句将删除所有数据。

【例 3.6】 在 xsb1 表中删除软件工程专业学生。

```
DELETE  FROM  xsb1  WHERE 专业 ='软件工程'
```

执行完上述语句后，xsb1 表记录如图 3.5 所示。

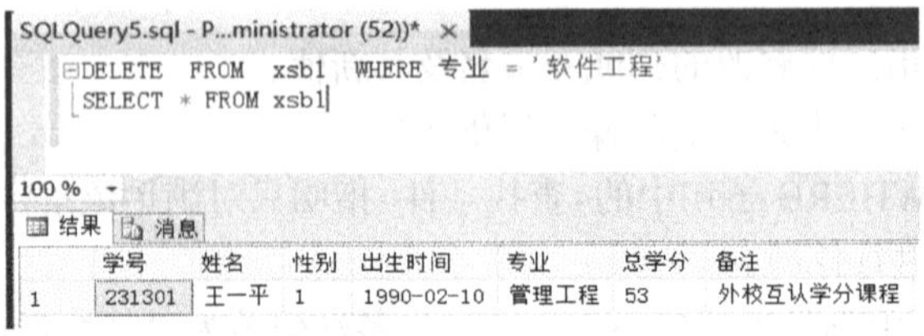

图 3.5　删除软件工程专业学生

2．删除表所有记录

使用 TRUNCATE TABLE 语句将删除指定表中的所有数据，因此也称为清除表数据语句。

语法格式如下：

```
TRUNCATE TABLE  表名
```

说明：

（1）使用 TRUNCATE TABLE 语句删除了指定表中的所有行，但表结构及其列、约束、索引等保持不变，而新行标识所用的计数值重置为该列的初始值。如果要保留标识计数值，则要使用 DELETE 语句。

（2）“TRUNCATE TABLE 表名”与“DELETE 表名”二者均可删除表中的全部行。但 TRUNCATE TABLE 比 DELETE 速度快，且使用的系统和事务日志资源少。DELETE 语句每次删除一行，并会在事务日志中为所删除的每一行记录一项。而 TRUNCATE TABLE 则通过释放存储表数据所用的数据页来删除数据，并且只在事务日志中的记录页释放。

对于由外键（FOREIGN KEY）约束引用的表，不能使用 TRUNCATE TABLE 语句删除数据，而应使用不带 WHERE 子句的 DELETE 语句。另外，TRUNCATE TABLE 语句也不能用于参与索引视图的表。

（3）表记录删除后不能恢复。

（4）如果要在删除表记录的同时删除表结构，则使用“DROP TABLE 表名”命令。

【例 3.7】 删除 xscj 数据库的 xsb1 和 xsb2 表中的所有行。

T-SQL 命令如下：

```
USE xscj
DELETE   xsb1
TRUNCATE TABLE   xsb2
GO
SELECT   * FROM   xsb1                    /*显示没有记录*/
SELECT   * FROM   xsb2                    /*显示没有记录*/
GO
DROP TABLE xsb2
SELECT   * FROM   xsb2                    /*显示错误信息，因为 xsb2 已经没有了*/
GO
```

执行结果如图 3.6 所示。

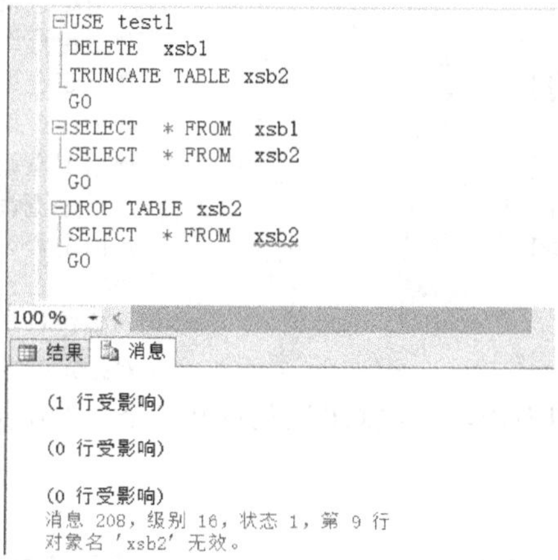

图 3.6　执行结果

另外，INSERT、UPDATE、DELETE 和 MERGE 语句可以包含 OPTION 子句、OUTPUT 子句等。

OPTION 子句指定应在整个查询中使用所指定的查询提示。

OUTPUT 子句返回基于受这些语句影响的各行表达式。这些结果可以返回到处理应用程序，以供在确认消息、存档及其他类似的应用程序要求中使用。也可以将这些结果插入表或表变量。另外，可以捕获嵌入语句中 OUTPUT 子句的结果，然后将这些结果插入目标表或视图。

3.4　为查询准备数据

为了数据库查询方便，需要通过命令或者界面方式，除了学生成绩数据库（xscj）中学生表（xsb）的表结构已经创建，还需要根据附录 A，创建课程表（kcb）和成绩表（cjb）表结构，然后向学生表（xsb）、课程表（kcb）和成绩表（cjb）录入所有样本记录。

第 4 章　数据库的查询和视图

对数据库的查询使用 SELECT 语句。SELECT 语句功能非常强大，且使用灵活。本章将介绍 SELECT 语句的常用方法。

由一个或多个基本表导出的表称为视图。本章将讨论视图概念、视图的创建与使用方法。

4.1　数据库的查询

使用数据库和表的主要目的是存储数据，以便在需要时进行检索、统计或组织输出，通过 T-SQL 的查询可以从表或视图中迅速方便地检索数据。T-SQL 的 SELECT 语句可以实现对表的选择、投影及连接操作，其功能十分强大。

下面介绍 SELECT 语句，它是 T-SQL 的核心。语法主体格式如下：

```
SELECT <输出列>                                  /*指定查询结果输出列*/
    [ INTO 新表 ]                                /*指定查询结果存入新表*/
    [ FROM { <表源> } [ , ... ] ]                /*指定查询源：表或视图*/
    [ WHERE <条件> ]                             /*指定查询条件*/
    [GROUP BY <分组条件> ]                       /*指定查询结果分组条件*/
    [ HAVING <分组统计条件>]                     /*指定查询结果分组统计条件*/
    [ ORDER BY <排序顺序>]                       /*指定查询结果排序顺序*/
    [ FOR 子句]                                  /*指定查询结果 */
    [ORVER 子句]                                 /*确定行集的分区和排序 */
    [OPTION 子句]                                /*指定的查询提示 */
```

说明：从这个主体语法可以看出，SELECT 语句返回一个表的结果集。下面讨论 SELECT 的各个子句和主要功能。

4.1.1　选择查询结果输出列

1. 选择所有列

使用“*”表示选择一个表或视图中的所有列。

【例 4.1】　查询 xscj 数据库中 xsb 表的所有记录。

T-SQL 命令如下：

```
USE xscj
SELECT *
   FROM xsb
```

执行结果如图 4.1 所示。

2. 选择一个表的指定列

可选择一个表的部分列，各列名之间要以逗号分隔。

【例 4.2】　查询 xsb 表中计算机专业学生的学号、姓名和总学分。

T-SQL 命令如下：

```
SELECT 学号, 姓名, 总学分
```

```
        FROM   xsb
        WHERE  专业 ='计算机'
```

	学号	姓名	性别	出生时间	专业	总学分	备注
1	191301	王林	1	1995-02-10	计算机	50	NULL
2	191302	程明	1	1996-02-01	计算机	50	NULL
3	191303	王燕	0	1994-10-06	计算机	50	NULL
4	191304	韦严平	1	1995-08-26	计算机	50	NULL
5	191306	李方方	1	1995-11-20	计算机	50	NULL
6	191307	李明	1	1995-05-01	计算机	54	NULL
7	191308	林一帆	1	1994-08-05	计算机	52	班长
8	191309	张强民	1	1994-08-11	计算机	50	NULL
9	191310	张蔚	0	1996-07-22	计算机	50	三好生
10	191311	赵琳	0	1995-03-18	计算机	50	NULL
11	191313	严红	0	1994-08-11	计算机	48	C++语言不及格，待补考
12	221301	王敏	1	1994-06-10	通信工程	42	NULL
13	221302	王林	1	1994-01-29	通信工程	40	C++语言不及格，待补考
14	221303	王玉民	1	1995-03-26	通信工程	42	NULL

图 4.1　无条件查询

3. 定义列别名

当希望查询结果中的列使用自己选择的列标题时，可以 AS 更改列标题名，该列标题称为该列的别名。

【例 4.3】　查询 xsb 表中计算机系学生的学号、姓名和总学分，查询结果中各列的标题分别指定为 number、name 和 mark。

T-SQL 命令如下：

```
SELECT  学号  AS number, 姓名  AS name, 总学分  AS mark
        FROM    xsb
        WHERE  专业='计算机'
```

也可以使用“列别名=表达式”更改列标题。例如：

```
SELECT    number = 学号, name = 姓名, mark = 总学分
        FROM xsb
        WHERE  专业='计算机'
```

执行结果如图 4.2 所示。

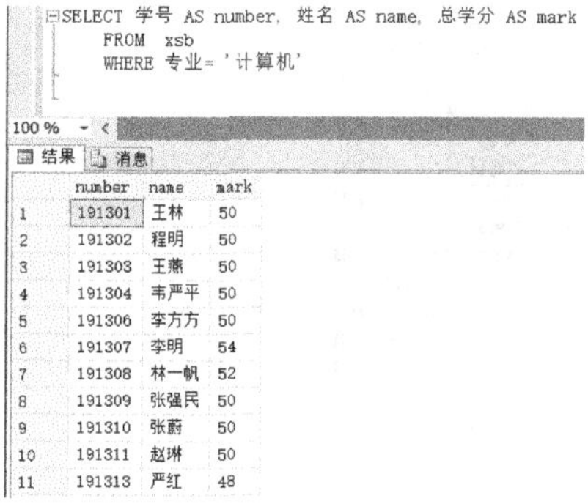

	number	name	mark
1	191301	王林	50
2	191302	程明	50
3	191303	王燕	50
4	191304	韦严平	50
5	191306	李方方	50
6	191307	李明	54
7	191308	林一帆	52
8	191309	张强民	50
9	191310	张蔚	50
10	191311	赵琳	50
11	191313	严红	48

图 4.2　使用别名列

当自定义的列标题中含有空格时，必须使用引号将标题括起来。例如：

```
SELECT   'Student number ' = 学号,姓名  AS   'Student name',
mark = 总学分
        FROM xsb
        WHERE  专业='计算机'
```

说明：不允许在 WHERE 子句中使用列别名。这是因为执行 WHERE 代码时，可能尚未确定列值。例如，下述查询是非法的：

```
SELECT  性别  AS SEX FROM xsb WHERE SEX=0。
```

4. 替换查询结果中的数据

在对表进行查询时，有时希望对所查询的某些列得到的数据进行变换。

要替换查询结果中的数据，则可使用 CASE 表达式，语法格式如下：

```
CASE
```

```
        WHEN 条件1 THEN 表达式1
        WHEN 条件2 THEN 表达式2
            ……
        ELSE 表达式
    END
```

【例4.4】 查询xsb表中计算机系学生的学号、姓名和总学分，对其总学分按以下规则进行替换，列标题更改为“等级”。

若总学分为空值，则替换为“尚未选课”；

若总学分小于50，则替换为“不及格”；

若总学分在50与52之间，则替换为“合格”；

若总学分大于52，则替换为“优秀”。

T-SQL命令如下：

```
SELECT 学号, 姓名, 等级=
    CASE
        WHEN 总学分 IS NULL THEN '尚未选课'
        WHEN 总学分 < 50 THEN '不及格'
        WHEN 总学分 >=50 and 总学分<=52 THEN '合格'
        ELSE '优秀'
    END
    FROM  xsb
    WHERE 专业='计算机'
```

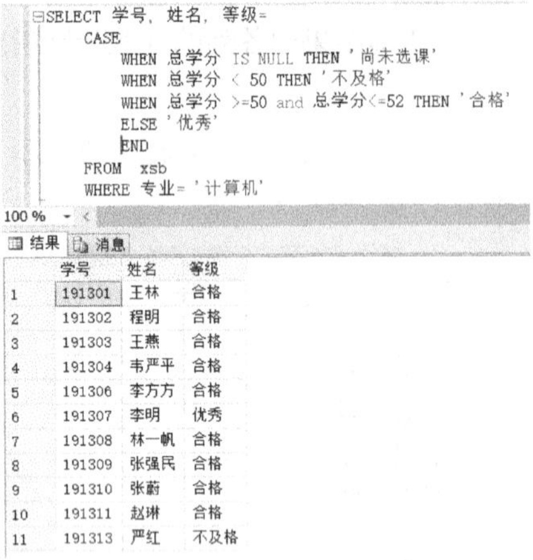

图4.3 执行结果

执行结果如图4.3所示。

说明： CASE语句将在第6章“T-SQL语言”中介绍。

5. 计算列值

使用SELECT对列进行查询时，在结果中除了输出列值，也可以输出表达式值，语法格式如下：

```
SELECT 表达式 [, 表达式]
```

【例4.5】 查询通信工程专业学生的年龄。

T-SQL命令如下，执行结果如图4.4所示。

```
SELECT 学号,姓名,出生时间, year(getdate())-year(出生时间) AS 年龄
    FROM xsb
    WHERE 专业='通信工程'
```

计算列值使用算术运算符：+（加）、–（减）、*（乘）、/（除）和%（取余），其中，算术运算符（+、–、*、/）可以用于任何数字类型的列，包括int、smallint、tinyint、decimal、numeric、float、real、money和smallmoney；%可以用于上述除money和smallmoney以外的数字类型。

6. 消除结果集中的重复行

对表只选择其某些列时，可能会出现重复行。可以使用DISTINCT关键字消除结果集中的重复行，语法格式如下：

```
SELECT  DISTINCT | ALL  列名 [, 列名…]
```

【例4.6】 对xscj数据库的xsb表只选择专业，消除结果集中的重复行。

代码如下，执行结果如图4.5所示。

```
SELECT DISTINCT 专业 FROM xsb
```

与 DISTINCT 相反，当使用关键字 ALL（默认值）时，将保留结果集的所有行。

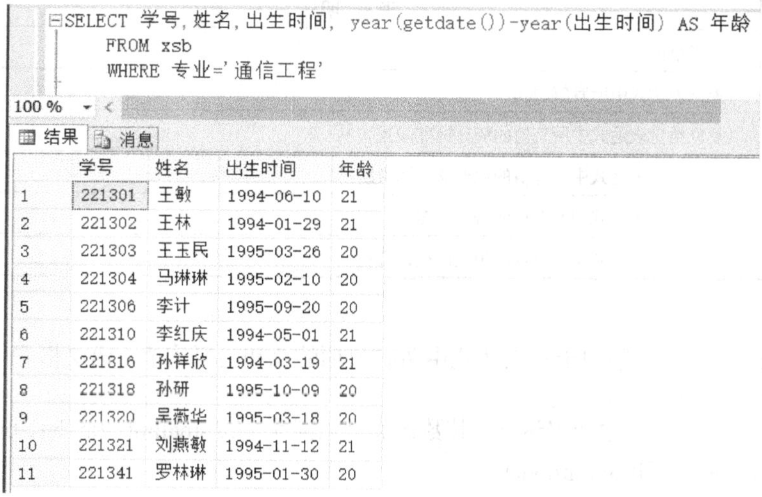

图 4.4　执行结果

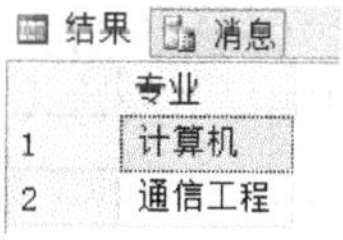

图 4.5　执行结果

7. 限制结果集返回行数

如果查询结果集的行数非常多，那么可以使用 TOP 选项限制其返回的行数，语法格式如下：

```
[ TOP 表达式 [ PERCENT ] [ WITH TIES ] ]
```

其中，“表达式”可以是指定数目或百分比数目的行。若带 PERCENT 关键字，则以表达式值作为返回结果集的百分数。

【例 4.7】　对 xscj 数据库的 xsb 表选择姓名、专业和总学分，返回结果集的前 6 行。

T-SQL 命令如下：

```
SELECT TOP 6 姓名,专业,总学分
    FROM xsb
```

8. 聚合函数

SELECT 子句的表达式中还可以包含所谓的聚合函数。

聚合函数常常用于对一组值进行计算，然后返回单个值。通常与 GROUP BY 子句一起使用。如果一个 SELECT 语句中有一个 GROUP BY 子句，则这个聚合函数对所有列起作用；如果没有，则 SELECT 语句只产生一行作为结果。SQL Server 所提供的聚合函数如表 4.1 所示。

表 4.1　聚合函数表

函 数 名	说　明
AVG	求组中值的平均值
BINARY_CHECKSUM	返回对表中行或表达式列表计算的二进制校验值，可用于检测表中行的更改
CHECKSUM	返回在表的行上或在表达式列表上计算的校验值，用于生成哈希索引
CHECKSUM_AGG	返回组中值的校验值
COUNT	求组中项数，返回 int 类型整数
COUNT_BIG	求组中项数，返回 bigint 类型整数
GROUPING	产生一个附加的列
GROUPING_ID	为聚合列表中的每一行创建一个值以标识聚合级别
MAX	求最大值

续表

函 数 名	说 明
MIN	求最小值
SUM	返回表达式中所有值的和
STDEV	返回给定表达式中所有值的统计标准偏差
STDEVP	返回给定表达式中所有值的填充统计标准偏差
VAR	返回给定表达式中所有值的统计方差
VARP	返回给定表达式中所有值的填充的统计方差

下面对常用的聚合函数加以介绍。

（1）SUM 和 AVG。SUM 和 AVG 分别用于求表达式中所有值项的总和与平均值，语法格式如下：

```
SUM /AVG ( [ ALL | DISTINCT ] 表达式 )
```

其中，“表达式”可以是常量、列、函数或表达式，其数据类型只能是 int、smallint、tinyint、bigint、decimal、numeric、float、real、money 和 smallmoney。

【例 4.8】 求所有课程的总学分和选修 101 课程的学生平均成绩。

T-SQL 命令如下，执行结果如图 4.6 所示。

```
SELECT SUM(学分) AS '总学分'
    FROM kcb
SELECT  AVG(成绩)  AS  '计算机基础平均成绩'
    FROM  cjb
    WHERE 课程号 ='101'
```

使用聚合函数作为 SELECT 的选择列时，若不指定列标题，则系统将对该列输出标题“无列名”。

（2）MAX 和 MIN。MAX 和 MIN 分别用于求表达式中所有值项的最大值与最小值，语法格式如下：

```
MAX / MIN ( [ ALL | DISTINCT ] 表达式 )
```

其中，“表达式”可以是常量、列、函数或表达式，其数据类型可以是数字、字符和时间日期类型。

【例 4.9】 求选修 101 课程学生的最高分和最低分。

T-SQL 命令如下，执行结果如图 4.7 所示。

```
SELECT  MAX(成绩) AS '计算机基础最高分' , MIN(成绩) AS '计算机基础最低分'
    FROM  cjb
    WHERE 课程号 ='101'
```

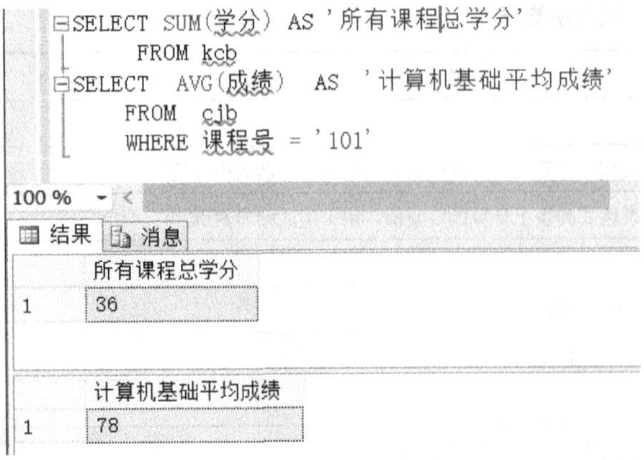

图 4.6 执行结果

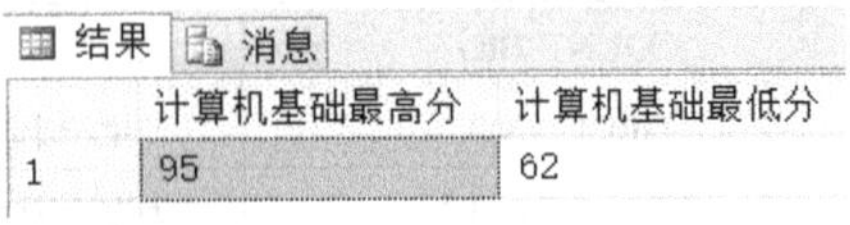

图 4.7 执行结果

（3）COUNT。COUNT 用于统计组中满足条件的行数或总行数，语法格式如下：

```
COUNT ( { [ ALL | DISTINCT ] 表达式 } | * )
```

其中，“表达式”的数据类型是除 text、image 或 ntext 之外的任何类型。

【例 4.10】 求学生总数、专业个数和总学分在 50 分以上的人数。

T-SQL 命令如下，执行结果如图 4.8 所示。

```
SELECT  COUNT(*)  AS  '学生总数' , COUNT(DISTINCT 专业)  AS
'专业个数'
      FROM  xsb ;
GO
SELECT COUNT(总学分)  AS  '总学分>50 分人数'
      FROM xsb
      WHERE 总学分>50 ;
GO
```

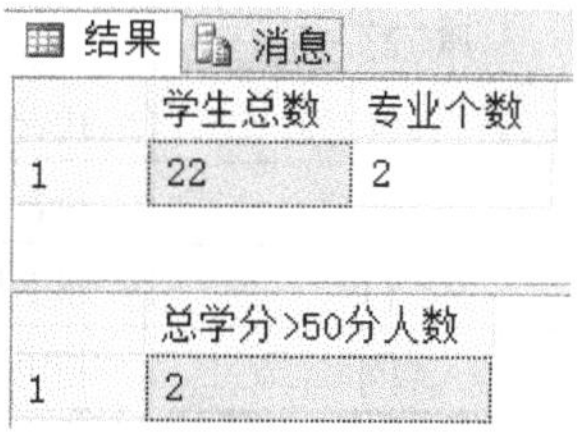

图 4.8　执行结果

使用 COUNT(*)时将返回检索行的总数目，不论它是否包含 NULL 值。

COUNT_BIG 函数的格式、功能与 COUNT 函数都相同，区别仅在于 COUNT_BIG 返回 bigint 类型值。

4.1.2　选择查询条件

1．表达式比较

比较运算符用于比较两个表达式值，分别是 =（等于）、<（小于）、<=（小于或等于）、>（大于）、>=（大于或等于）、<>（不等于）、!=（不等于）、!<（不小于）、!>（不大于）共有 9 个。

语法格式如下：

```
表达式 1  {比较运算符}  表达式 2
```

其中，“表达式”是除 text、ntext 和 image 以外类型的表达式。

当两个表达式值均不为空值（NULL）时，比较运算返回逻辑值 TRUE（真）或 FALSE（假）。而当两个表达式值中有一个为空值或都为空值时，比较运算将返回 UNKNOWN。

可以将多个判定运算的结果通过逻辑运算符（NOT、AND 和 OR）再组成更为复杂的查询条件。

【例 4.11】 查询 xsb 表中通信工程专业总学分大于或等于 42 分的学生情况。

T-SQL 命令如下：

```
SELECT *
      FROM  xsb
      WHERE  专业='通信工程'   AND  总学分  >= 42
```

2．模式匹配

LIKE 谓词用于指出字符串是否与指定的字符串相匹配，返回逻辑值 TRUE 或 FALSE。

语法格式如下：

```
表达式  [ NOT ] LIKE  模式串  [ ESCAPE  转义符  ]
```

说明：

（1）表达式：一般为字符串表达式，在查询语句中可以是列名。

（2）模式串：可以使用通配符，如表 4.2 所示 LIKE 谓词可以使用的通配符及其说明。

（3）转义符：应为有效的 SQL Server 字符，没有默认值，且必须为单个字符。当模式串中含有与通配符相同的字符时，应通过该字符前的转义符指明其为模式串中的一个匹配字符。使用 ESCAPE 可指定转义符。

（4）NOT LIKE：使用 NOT LIKE 与 LIKE 的作用相反。

使用带%通配符的 LIKE 时，模式字符串中的所有字符都有意义，包括起始或尾随空格。

表 4.2 通配符列表

通 配 符	说 明
%	代表倒数
_（下画线）	代表单个字符
[ ]	指定范围（如[a-f]、[0-9]）或集合（如[abcdef]）中的任何单个字符
[^]	指定不属于范围（如 [^a-f]、[^0-9]）或集合（如[^abcdef]）的任何单个字符

【例 4.12】 查询 xsb 表中姓“王”且单名的学生情况。

T-SQL 命令如下，执行结果如图 4.9 所示。

```
SELECT  *
    FROM xsb
    WHERE 姓名 LIKE '王_'
```

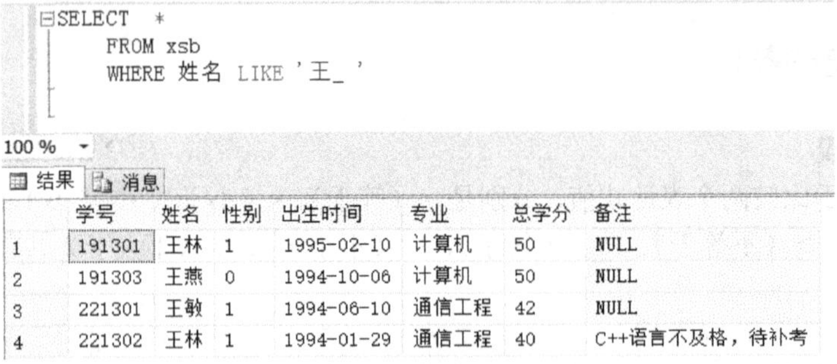

图 4.9 执行结果

【例 4.13】 查询 xsb 表中学号倒数第 5 个数字为 9，且倒数第 1 个数在 1～5 之间的学生学号、姓名及专业。

T-SQL 命令如下，执行结果如图 4.10 所示。

```
SELECT 学号,姓名,专业
    FROM xsb
    WHERE 学号 LIKE '%9___[1-5]'
```

如果需要查找一个通配符，则必须使用一个转义字符。

3. 范围比较

用于范围比较的关键字有两个：BETWEEN 和 IN。

（1）当要查询的条件是某个值的范围时，可以使用 BETWEEN 关键字。BETWEEN 关键字指出查询范围，语法格式如下：

```
表达式 [ NOT ] BETWEEN 表达式 1 AND 表达式 2
```

当不使用 NOT 时，若“表达式”的值在“表达式 1”“表达式 2”之间（包括这两个值），则返回 TRUE，否则返回 FALSE；当使用 NOT 时，返回值刚好相反。

> **注意：**
> “表达式 1”的值不能大于“表达式 2”的值。

【例 4.14】　查询 xsb 表中不在 1995 年出生的学生情况。

T-SQL 命令如下，执行结果如图 4.11 所示。

```
SELECT   学号, 姓名, 专业, 出生时间
    FROM xsb
    WHERE  出生时间  NOT BETWEEN '1995-1-1' and '1995-12-31'
```

也可使用下列命令：

```
SELECT   学号, 姓名, 专业, 出生时间
    FROM xsb
    WHERE WHERE year(出生时间)!=1995
```

其中，year 函数用于取出日期类型数据的年份。

```
SELECT 学号, 姓名, 专业
    FROM xsb
    WHERE 学号 LIKE '%9___[1-5]'
```

100 %

结果　消息

	学号	姓名	专业
1	191301	王林	计算机
2	191302	程明	计算机
3	191303	王燕	计算机
4	191304	韦严平	计算机
5	191311	赵琳	计算机
6	191313	严红	计算机

图 4.10　执行结果

结果　消息

	学号	姓名	专业	出生时间
1	191302	程明	计算机	1996-02-01
2	191303	王燕	计算机	1994-10-06
3	191308	林一帆	计算机	1994-08-05
4	191309	张强民	计算机	1994-08-11
5	191310	张蔚	计算机	1996-07-22
6	191313	严红	计算机	1994-08-11
7	221301	王敏	通信工程	1994-06-10
8	221302	王林	通信工程	1994-01-29
9	221310	李红庆	通信工程	1994-05-01
10	221316	孙祥欣	通信工程	1994-03-19
11	221321	刘燕敏	通信工程	1994-11-12

图 4.11　执行结果

（2）使用 IN 关键字可以指定一个值表，值表中列出所有可能的值，当与值表中的任一个匹配时，即返回 TRUE，否则返回 FALSE。语法格式如下：

```
表达式  IN ( 表达式  [, …])
```

【例 4.15】　查询 xsb 表中专业为“软件工程”或“通信工程”学生情况。

T-SQL 命令如下：

```
SELECT   *
    FROM xsb
    WHERE  专业  IN ('软件工程', '通信工程')
```

下列 T-SQL 命令等价：

```
SELECT   *
        FROM   xsb
        WHERE  专业= '计算机' OR  专业= '通信工程'
```

4．空值比较

当需要判定一个表达式的值是否为空值时，使用 IS NULL 关键字，语法格式如下：

```
表达式  IS [ NOT ] NULL
```

当不使用 NOT 时，若表达式的值为空值，则返回 TRUE，否则返回 FALSE；当使用 NOT 时，结果刚好相反。

【例 4.16】　查询总学分尚不定的学生情况。

```
SELECT   *
    FROM   xsb
    WHERE  备注  IS NULL
```

本例即查找备注为空（没有备注内容）的学生。

5．子查询

在查询条件中，可以使用另一个查询的结果作为条件的一部分，例如，判定列值是否与某个查询结果集中的值相等，作为查询条件一部分的查询称为子查询。

T-SQL 允许 SELECT 多层嵌套使用，用来表示复杂的查询。子查询除了可以用在 SELECT 语句中，还可以用在 INSERT、UPDATE 和 DELETE 语句中。子查询通常与 IN、EXIST 谓词及比较运算符结合使用。

1）IN 子查询

IN 子查询用于进行一个给定值是否在子查询结果集中的判断，语法格式如下：

```
表达式 [ NOT ] IN  ( 子查询 )
```

当表达式与子查询结果表中的某个值相等时，IN 谓词返回 TRUE，否则返回 FALSE；若使用了 NOT，则返回的值刚好相反。

【例 4.17】 查询选修课程号为 206 的学生情况。

T-SQL 命令如下：

```
SELECT *
    FROM  xsb
    WHERE 学号 IN
            (    SELECT 学号
                     FROM cjb
                     WHERE 课程号 ='206'
            )
```

本例中，先执行子查询：

```
SELECT 学号 FROM  cjb  WHERE 课程号 ='206'
```

得到一个只含有学号列的表，cjb 表中每个课程名列值为 206 的行在结果表中都有一行。再执行外查询，若 xsb 表中某行的学号列值等于子查询结果表中的任一个值，该行就被选择。

IN 和 NOT IN 子查询只能返回一列数据。对于较复杂的查询，可以使用嵌套的子查询。

【例 4.18】 查询未选修“离散数学”的学生学号和姓名。

T-SQL 命令如下：

```
SELECT 学号, 姓名
    FROM  xsb
    WHERE 学号 NOT IN
            (
                SELECT 学号
                    FROM cjb
                    WHERE 课程号 IN
                            (
                                SELECT 课程号
                                    FROM kcb
                                    WHERE  课程名 ='离散数学'
                            )
            )
```

2）比较子查询

这种子查询可以认为是 IN 子查询的扩展，它使表达式的值与子查询的结果进行比较运算。

语法格式如下：

```
表达式  {比较运算符} { ALL | SOME | ANY } ( 子查询 )
```

其中，ALL、SOME 和 ANY 说明对比较运算的限制。

ALL 指定表达式要与子查询结果集中的每个值都进行比较，当表达式与每个值都满足比较的关系时，才返回 TRUE，否则返回 FALSE。

SOME 或 ANY 表示表达式只要与子查询结果集中的某个值满足比较的关系，就返回 TRUE，否则返回 FALSE。

【例 4.19】　查询选修“离散数学”的学生学号和姓名。

T-SQL 命令如下：

```
SELECT 学号
    FROM cjb
    WHERE  课程号 =
            (
                SELECT 课程号
                FROM kcb
                WHERE 课程名 ='离散数学'
            );
```

【例 4.20】　查询比所有计算机系的学生年龄都大的学生。

T-SQL 命令如下：

```
SELECT  *
    FROM  xsb
    WHERE  出生时间 <ALL
            (
                SELECT 出生时间
                    FROM xsb
                    WHERE 专业='计算机'
            )
```

【例 4.21】　查询 206 课程号成绩不低于 101 课程号最低成绩的学生学号。

T-SQL 命令如下：

```
SELECT 学号
    FROM  cjb
    WHERE  课程号 ='206'  AND 成绩 !< ANY
                (
                    SELECT 成绩
                        FROM  cjb
                        WHERE 课程号 ='101'
                )
```

3）EXISTS 子查询

EXISTS 谓词用于测试子查询的结果是否为空表，若子查询的结果集不为空，则 EXISTS 返回 TRUE，否则返回 FALSE。EXISTS 还可与 NOT 结合使用，即 NOT EXISTS，其返回值与 EXISTS 刚好相反。语法格式如下：

```
[ NOT ] EXISTS ( 子查询 )
```

【例 4.22】　查询选修课程号为 206 的学生姓名。

T-SQL 命令如下：

```
SELECT 姓名
    FROM  xsb
    WHERE  EXISTS
                (
                    SELECT  *
                        FROM  cjb
                        WHERE 学号 =xsb.学号 AND 课程号 ='206'
```

```
          )
```

说明：

（1）子查询的条件中使用了限定形式的列名引用“xsb.学号”，表示 xsb 表的“学号”。

（2）与子查询不同点是，前面的例子中内层查询只处理一次，得到一个结果集，再依次处理外层查询；而本例的内层查询要处理多次，因为内层查询与 xsb 学号有关，外层查询中 xsb 表的不同行有不同的学号值。这类子查询称为相关子查询，因为子查询的条件依赖于外层查询中的某些值。

处理过程：首先查找外层查询中 xsb 表的第一行，根据该行的学号列值处理内层查询，若结果不为空，则 WHERE 条件为真，就把该行的姓名值取出作为结果集的一行；然后再找 xsb 表的第 2、3…行，重复上述处理过程直到 xsb 表的所有行都查找完为止。

【例 4.23】 查询选修了全部课程的学生姓名。

```
SELECT 姓名
    FROM xsb
    WHERE NOT EXISTS
            (
                SELECT *
                    FROM kcb
                    WHERE NOT EXISTS
                        (
                            SELECT  *
                                FROM cjb
                                WHERE 学号=xsb.学号 AND 课程号=kcb.课程号
                        )
            )
```

说明： 由于没有人选了全部课程，所以结果为空。

另外，子查询还可以用在 SELECT 语句的其他子句中，如 FROM 子句。

SELECT 关键字后面也可以定义子查询。

【例 4.24】 从 xsb 表中查询所有女学生的姓名、学号及其与“191301”号学生的年龄差距。

T-SQL 命令如下，执行结果如图 4.12 所示。

```
SELECT 学号, 姓名, YEAR(出生时间)-
                YEAR( ( SELECT 出生时间
                            FROM xsb
                            WHERE 学号='191301'
                        )
                    ) AS 年龄差距
    FROM xsb
    WHERE 性别=0
```

结果　消息

	学号	姓名	年龄差距
1	191303	王燕	-1
2	191310	张蔚	1
3	191311	赵琳	0
4	191313	严红	-1
5	221304	马琳琳	0
6	221320	吴薇华	0
7	221321	刘燕敏	-1
8	221341	罗林琳	0

图 4.12　执行结果

说明： YEAR 函数用于取出日期类型数据的年份。

4.1.3　指定查询对象

SELECT 的查询对象由 FROM 子句指定，查询对象主要包括表或视图。

1. 表或视图

SELECT 语句可查询表或视图，表和视图可以是一个或多个，有关视图的内容将在 4.2 节介绍。

【例 4.25】 查询“191301”号学生的计算机基础课成绩。

T-SQL 命令如下：

```
SELECT 成绩
    FROM cjb, kcb
    WHERE cjb.课程号=kcb.课程号
                AND 学号='191301'
                AND 课程名='计算机基础'
```

可以使用 AS 选项为表指定别名，AS 关键字也可以省略，直接给出别名即可。别名主要用在相关子查询及连接查询中。如果 FROM 子句指定了表别名，则这条 SELECT 语句中的其他子句都必须使用表别名来代替原始的表名。

【例 4.26】 查询选修了与学号为 191302 学生所选修课程全部相同的学生学号。

分析：本例即要查找这样的学号 y，对所有的课程号 x，若 191302 号同学选修了该课，那么 y 也选修了该课。

T-SQL 命令如下：

```
SELECT   DISTINCT 学号
    FROM cjb AS CJ1
    WHERE NOT EXISTS
            (
                SELECT   *
                    FROM   cjb   AS   CJ2
                    WHERE   CJ2.学号 = '191302'    AND   NOT EXISTS
                        (
                            SELECT *
                                FROM cjb AS CJ3
                                WHERE CJ3. 学号=CJ1.学号 AND  CJ3.课程号 =CJ2.课程号
                        )
            )
```

2. 导出表

导出表表示由子查询中 SELECT 语句的执行而返回的表，但必须使用 AS 关键字为子查询产生的中间表定义一个别名。

【例 4.27】 从 xsb 表中查询总学分大于 50 分的男生姓名和学号。

T-SQL 命令如下：

```
SELECT 姓名, 学号, 总学分
   FROM (   SELECT   姓名, 学号, 性别, 总学分
                FROM xsb
                WHERE 总学分>=50
        ) AS student
   WHERE 性别=1
```

执行结果如图 4.13 所示。

说明：在这个例子中，首先处理 FROM 子句中的子查询，将结果放到一个中间表中并为表定义一个名称 student，然后再根据外部查询条件从 student 表中查询出数据。另外，子查询还可以嵌套使用。

子查询用于 FROM 子句时，也可以为列指定别名。

【例 4.28】 在 xsb 表中查询在 1995 年 1 月 1 日以前出生的学生姓名和专业。

T-SQL 命令如下，执行结果如图 4.14 所示。

```
SELECT   student.name, student.speciality
    FROM   ( SELECT * FROM xsb WHERE 出生时间<'19950101' )
        AS student( num, name, sex, birthday, speciality,score, mem )
```

注意：

若要为列指定别名，则必须为所有列指定别名。

	姓名	学号	性别	总学分
1	王林	191301	1	50
2	程明	191302	1	50
3	韦严平	191304	1	50
4	李方方	191306	1	50
5	李明	191307	1	54
6	林一帆	191308	1	52
7	张强民	191309	1	50

图 4.13　执行结果

	name	speciality
1	王燕	计算机
2	林一帆	计算机
3	张强民	计算机
4	严红	计算机
5	王敏	通信工程
6	王林	通信工程
7	李红庆	通信工程
8	孙祥欣	通信工程
9	刘燕敏	通信工程

图 4.14　执行结果

4.1.4 连接

在实际的情况下，用户查询的列可能来自多个表，称为连接查询。在 T-SQL 中，连接查询有两大类表示形式：一是符合 SQL 标准的连接谓词表示形式；二是 T-SQL 扩展的使用关键字 JOIN 的表示形式。

1. 连接谓词

在 SELECT 语句的 WHERE 子句中使用比较运算符给出连接条件对表进行连接，称为连接谓词表示形式。

【例 4.29】　查询 xscj 数据库每个学生的情况及选修的课程情况。

```
USE   xscj
GO
SELECT xsb.* , cjb.*
    FROM   xsb , cjb
    WHERE xsb.学号 = cjb.学号
```

结果表将包含 xsb 表和 cjb 表的所有列。

注意：

连接谓词中的两个列（字段）称为连接字段，它们必须是可比的。如本例连接谓词中的两个字段分别是 xsb 和 cjb 表中的学号字段。不同表中的字段名，需要在字段名之前加上表名以示区别。

连接谓词中的比较符可以是<、<=、=、>、>=、!=、<>、!< 和 !>，当比较符为“=”时，就是等值连接。

（1）自然连接。

在目标列中去除相同的字段名。

【例 4.30】　自然连接查询。

T-SQL 命令如下：

```
SELECT xsb.* , cjb.课程号, cjb.成绩
    FROM xsb , cjb
    WHERE xsb.学号= cjb.学号
```

本例所得的结果表包含 xsb 的使用字段、课程号、成绩。若选择的字段名在各个表中是唯一的，则可以省略字段名前的表名。

如本例的 SELECT 语句也可写为：

```
SELECT xsb.* , 课程号, 成绩
    FROM xsb , cjb
    WHERE xsb.学号 = cjb.学号
```

【例 4.31】　查询选修了 206 课程且成绩在 80 分以上的学生姓名及成绩。

T-SQL 命令如下，执行结果如图 4.15 所示。

```
SELECT 姓名, 成绩
    FROM xsb , cjb
    WHERE xsb.学号 = cjb.学号 AND 课程号 = '206' AND 成绩 >= 80
```

（2）多表连接。

有时，用户所需要的字段来自两个以上的表，那么就要对其进行连接，称之为多表连接。

【例 4.32】　查询选修了“计算机基础”课程且成绩在 80 分以上的学生学号、姓名、课程名及成绩。

T-SQL 命令如下，执行结果如图 4.16 所示。

```
SELECT xsb.学号, 姓名, 课程名, 成绩
    FROM   xsb , kcb , cjb
    WHERE   xsb.学号 = cjb.学号
                AND   kcb.课程号 = cjb.课程号
                AND   课程名 = '计算机基础'
                AND   成绩 >= 80
```

	姓名	成绩
1	王燕	81
2	李方方	80
3	林一帆	87
4	张蔚	89

图 4.15　执行结果

	学号	姓名	课程名	成绩
1	191301	王林	计算机基础	80
2	191304	韦严平	计算机基础	90
3	191308	林一帆	计算机基础	85
4	191310	张蔚	计算机基础	95
5	191311	赵琳	计算机基础	91
6	221301	王敏	计算机基础	80
7	221303	王玉民	计算机基础	87
8	221304	马琳琳	计算机基础	91
9	221316	孙祥欣	计算机基础	81
10	221320	吴薇华	计算机基础	82
11	221341	罗林琳	计算机基础	90

图 4.16　执行结果

说明：连接和子查询可能都要涉及两个或多个表，要注意连接与子查询的区别：连接可以合并两个或多个表中的数据，而带子查询的 SELECT 语句的结果只能来自一个表，子查询的结果是用来作为选择结果数据时进行参照的。

2．以 JOIN 关键字指定的连接

T-SQL 扩展了以 JOIN 关键字指定连接的表示方式，使表的连接运算能力有所增强。FROM 子句的<连接表>表示将多个表连接起来，语法格式如下：

```
<连接表> ::=
{
    <表源> <类型> <表源> ON <查询条件>
    | <表源> CROSS JOIN <表源>
    | 左表源 { CROSS | OUTER } APPLY 右表源
```

```
    | [ ( ) <连接表> [ ] ]
}
```

说明：

（1）<表源>：准备要连接的表。

（2）<类型>：表示连接类型。

语法格式如下：

```
<类型> ::=
    [ { INNER | { { LEFT | RIGHT | FULL } [ OUTER ] } } [ <连接提示> ] ] JOIN
```

其中，INNER 表示内连接，OUTER 表示外连接。

（3）ON：用于指定连接条件；<查询条件>为连接的条件。

（4）APPLY 运算符：使用 APPLY 运算符可以为实现查询操作的外部表表达式返回的每个行调用表值函数。“左表源”为外部表值表达式，“右表源”为表值函数。通过对右表源求值来获得左表源每一行的计算结果，生成的行被组合起来作为最终输出。APPLY 运算符生成的列表是左表源中的列集，后跟右表源返回列的列表。CROSS APPLY 仅返回外部表中通过表值函数生成结果集的行。OUTER APPLY 既返回生成结果集的行，也返回不生成结果集的行。

（5）CROSS JOIN：表示交叉连接。

因此，以 JOIN 关键字指定的连接有三种类型：内连接、外连接、交叉连接。

①内连接。指定了 INNER 关键字的连接是内连接，内连接按照 ON 所指定的连接条件合并两个表，返回满足条件的行。

【例 4.33】 查询每个学生的情况及选修的课程情况。

T-SQL 命令如下：

```
SELECT  *
    FROM  xsb  INNER  JOIN  cjb
              ON  xsb.学号 =cjb.学号
```

执行的结果将包含 xsb 表和 cjb 表的所有字段（不去除重复字段——学号）。

内连接是系统默认的，可以省略 INNER 关键字。使用内连接后仍可使用 WHERE 子句指定条件。

【例 4.34】 查询选修了 206 课程且成绩在 80 分以上的学生姓名及成绩。

T-SQL 命令如下：

```
SELECT 姓名, 成绩
    FROM xsb JOIN cjb
              ON xsb.学号 = cjb.学号
    WHERE 课程号 ='206'  AND 成绩>=80
```

内连接还可以用于多个表的连接。

【例 4.35】 查询选修了“计算机基础”课程且成绩在 80 分以上的学生学号、姓名、课程名及成绩。

T-SQL 命令如下：

```
SELECT   xsb.学号, 姓名, 课程名, 成绩
    FROM xsb JOIN cjb JOIN kcb
              ON  cjb.课程号 = kcb.课程号
              ON  xsb.学号 = cjb.学号
    WHERE 课程名='计算机基础'  AND 成绩>=80
```

作为一种特例，可以将一个表与它自身进行连接，称为自连接。若要在一个表中查找具有相同列值的行，则可以使用自连接。使用自连接时需为表指定两个别名，且对所有列的引用均要用

别名限定。

【例 4.36】　查询不同课程成绩相同的学生学号、课程号和成绩。

T-SQL 命令如下：

```
SELECT a.学号, a.课程号, b.课程号, a.成绩
    FROM cjb a    JOIN    cjb b
            ON    a.成绩=b.成绩  AND    a.学号=b.学号  AND    a.课程号!=b.课程号
```

执行结果如图 4.17 所示。

	学号	课程号	课程号	成绩
1	191302	102	206	78
2	191302	206	102	78

图 4.17　执行结果

②外连接。指定了 OUTER 关键字为外连接，外连接的结果表不但包含满足连接条件的行，还包括相应表中的所有行。外连接包括以下三种情况：

● LEFT OUTER JOIN（左外连接）：结果表中除了包括满足连接条件的行外，还包括左表的所有行。

● RIGHT OUTER JOIN（右外连接）：结果表中除了包括满足连接条件的行外，还包括右表的所有行。

● FULL OUTER JOIN（完全外连接）：结果表中除了包括满足连接条件的行外，还包括两个表的所有行。

其中的 OUTER 关键字均可省略。

【例 4.37】　查询所有学生的情况，以及他们选修的课程号。

T-SQL 命令如下，执行结果如图 4.18 所示。

```
SELECT xsb.* , 课程号
    FROM    xsb    LEFT OUTER JOIN cjb
            ON    xsb.学号  = cjb.学号
```

另外，若有学生未选任何课程，则结果表中相应行的课程号字段值为 NULL。

	学号	姓名	性别	出生时间	专业	总学分	备注	课程号
1	191301	王林	1	1995-02-10	计算机	50	NULL	101
2	191301	王林	1	1995-02-10	计算机	50	NULL	102
3	191301	王林	1	1995-02-10	计算机	50	NULL	206
4	191302	程明	1	1996-02-01	计算机	50	NULL	102
5	191302	程明	1	1996-02-01	计算机	50	NULL	206
6	191303	王燕	0	1994-10-06	计算机	50	NULL	101
7	191303	王燕	0	1994-10-06	计算机	50	NULL	102
8	191303	王燕	0	1994-10-06	计算机	50	NULL	206
9	191304	韦严平	1	1995-08-26	计算机	50	NULL	101
10	191304	韦严平	1	1995-08-26	计算机	50	NULL	102
11	191304	韦严平	1	1995-08-26	计算机	50	NULL	206
12	191306	李方方	1	1995-11-20	计算机	50	NULL	101
13	191306	李方方	1	1995-11-20	计算机	50	NULL	102
14	191306	李方方	1	1995-11-20	计算机	50	NULL	206

查询已成功执行... | PC-201412101514 (12.0 RTM) | PC-201412101514\Admini... | pxs

图 4.18　执行结果

【例 4.38】 查询被选修课程的选修情况和所有开设的课程名。

```
SELECT cjb.* , 课程名
    FROM cjb RIGHT JOIN  kcb
        ON  cjb.课程号= kcb.课程号
```

本例执行时，若某课程未被选修，则结果表中相应行的学号、课程号和成绩字段值均为 NULL。

③交叉连接。交叉连接实际上是将两个表进行笛卡尔积运算，结果表是由第一个表的每一行与第二个表的每一行拼接后形成的，因此结果表的行数等于两个表的行数之积。

【例 4.39】 列出学生所有可能的选课情况。

T-SQL 命令如下，执行结果如图 4.19 所示。

	学号	姓名	课程号	课程名
1	191301	王林	101	计算机基础
2	191302	程明	101	计算机基础
3	191303	王燕	101	计算机基础
4	191304	韦严平	101	计算机基础
	……			
22	221341	罗林琳	101	计算机基础
23	191301	王林	102	程序设计与语言
24	191302	程明	102	程序设计与语言
25	191303	王燕	102	程序设计与语言
26	191304	韦严平	102	程序设计与语言
	……			

图 4.19 执行结果

```
SELECT 学号, 姓名, 课程号, 课程名
    FROM xsb CROSS JOIN kcb
```

另外，交叉连接也可以使用 WHERE 子句进行条件限定。

4.1.5 指定查询结果分组方法

GROUP BY 子句主要用于根据字段对行分组。例如，根据学生所学的专业对 xsb 表中的所有行分组，结果是每个专业的学生成为一组。GROUP BY 子句有 ISO 标准和非 ISO 标准两种语法格式可用。这里介绍 ISO 标准的 GROUP BY 子句，语法格式如下：

```
GROUP BY
{
    <列表达式>
    | ROLLUP ( <复合元素列表> )
    | CUBE (<复合元素列表>)
    | GROUPING SETS ( <分组集合项列表>)
}
```

说明：

（1）<列表达式>：指定分组的字段名表达式。

（2）ROLLUP：生成简单的 GROUP BY 聚合行、小计行或超聚合行，还生成一个总计行，返回的分组数等于<复合元素列表>中的表达式数加一，功能与非ISO标准语法中的WITH ROLLUP子句类似。

（3）CUBE：生成简单的 GROUP BY 聚合行、ROLLUP 超聚合行和交叉表格行。CUBE 针对<复合元素列表>中表达式的所有排列输出一个分组。生成的分组数等于 2n，其中，n 为<复合元素列表>中的表达式数，功能与 WITH CUBE 子句类似。

（4）GROUPING SETS：在一个查询中指定数据的多个分组。仅聚合指定组，而不聚合由 CUBE 或 ROLLUP 生成的整组聚合。其结果与针对指定的组执行 UNION ALL 运算等效。GROUPING SETS 可以包含单个元素或元素列表。

ISO 标准的 GROUP BY 子句只能在数据库兼容级别时使用。设置数据库的兼容级别可以使用 ALTER DATABASE 语句，语法格式如下：

```
ALTER DATABASE 数据库名
    SET COMPATIBILITY_LEVEL = {80 | 90 | 100 | 110 | 120 }
```

80、90、100、110、120 分别代表 SQL Server 2000、SQL Server 2005、SQL Server 2008、SQL Server 2012 和 SQL Server 2016。

【例 4.40】 在 xscj 数据库 xsb 表中分别用 GROUP BY ROLLUP、GROUP BY CUBE 和 GROUP BY GROUPING SETS 对（专业,性别）产生一个结果集。

（1）采用 GROUP BY ROLLUP，如图 4-20（a）所示。

```
SELECT 专业, 性别 , COUNT(*) AS '人数'
    FROM xsb
    GROUP BY   ROLLUP(专业,性别)
```

（2）采用 GROUP BY CUBE，如图 4-20（b）所示。

```
SELECT 专业, 性别, COUNT(*) AS '人数'
    FROM xsb
    GROUP BY   CUBE(专业,性别)
```

（3）采用 GROUP BY GROUPING SETS，如图 4-20（c）所示。

```
SELECT 专业, 性别, COUNT(*) AS '人数'
    FROM xsb
    GROUP BY   GROUPING SETS(专业,性别)
```

	专业	性别	人数
1	计算机	0	4
2	计算机	1	7
3	计算机	NULL	11
4	通信工程	0	4
5	通信工程	1	7
6	通信工程	NULL	11
7	NULL	NULL	22

（a）

	专业	性别	人数
1	计算机	0	4
2	通信工程	0	4
3	NULL	0	8
4	计算机	1	7
5	通信工程	1	7
6	NULL	1	14
7	NULL	NULL	22
8	计算机	NULL	11
9	通信工程	NULL	11

（b）

	专业	性别	人数
1	NULL	0	8
2	NULL	1	14
3	计算机	NULL	11
4	通信工程	NULL	11

（c）

图 4.20　执行结果

4.1.6　指定查询结果分组后筛选条件

使用 GROUP BY 子句和聚合函数对数据进行分组后，还可以使用 HAVING 子句对分组数据做进一步的筛选，语法格式如下：

```
[ HAVING <查询条件> ]
```

其中，<查询条件>与 WHERE 子句的查询条件类似，不过 HAVING 子句中可以使用聚合函数，而 WHERE 子句中不可以。

【例 4.41】 查询平均成绩在 85 分以上的学生学号和平均成绩。

T-SQL 命令如下，执行结果如图 4.21 所示。

```
SELECT 学号, AVG(成绩) AS '平均成绩'
    FROM cjb
    GROUP BY 学号
    HAVING   AVG(成绩) >=85
```

说明：当 WHERE、GROUP BY 与 HAVING 子句都被使用时，要注意它们的作用和执行顺序。WHERE 用于筛选由 FROM 子句指定的数据对象记录，GROUP BY 用于对 WHERE 的结果进行分组，HAVING 则是对 GROUP BY 以后的分组数据进行过滤。

【例 4.42】 查询选修课程超过 2 门且成绩都在 80 分以上的学生学号。

T-SQL 命令如下：

```
SELECT 学号
    FROM cjb
    WHERE 成绩 >= 80
```

```
    GROUP BY 学号
    HAVING   COUNT(*) > 2
```

说明：本查询将 cjb 表中成绩大于 80 的记录按学号分组，对每一组记录计数，选出记录数大于 2 的各组的学号值并形成结果表。

【例 4.43】 查询通信工程专业平均成绩在 85 分以上的学生学号和平均成绩。

T-SQL 命令如下，执行结果如图 4.22 所示。

	学号	平均成绩
1	191310	91
2	221303	87
3	221304	91
4	221341	90

图 4.21 执行结果

	学号	平均成绩
1	221303	87
2	221304	91
3	221341	90

图 4.22 执行结果

```
SELECT 学号, AVG(成绩) AS '平均成绩'
    FROM cjb
    WHERE 学号 IN
        (
            SELECT 学号
                FROM   xsb
                WHERE 专业 = '通信工程'
        )
    GROUP BY 学号
    HAVING AVG(成绩) > =85
```

说明：

（1）先执行 WHERE 查询条件中的子查询，得到通信工程专业所有学生的学号集。然后对 cjb 表中的每一条记录，判断其“学号”字段值是否在前面所求得的学号集中。若否，则跳过该记录，继续处理下一条记录；若是，则加入 WHERE 的结果集。

（2）对 cjb 表均筛选完后，按学号进行分组，再在各分组记录中选出平均成绩值大于或等于 85 的记录并形成最后的结果集。

4.1.7 指定查询结果排序

在应用中经常要对查询的结果排序输出，如将学生成绩由高到低排序。在 SELECT 语句中，使用 ORDER BY 子句对查询结果进行排序，语法格式如下：

```
[ ORDER BY
{     排序表达式
      [ COLLATE 排序名 ]
      [ ASC | DESC ]
} ]
```

其中，“排序表达式”可以是列名或包含列的表达式。“排序名”是 Windows 排序规则名称或 SQL 排序规则名称。关键字 ASC 表示升序排列，DESC 表示降序排列，系统默认值为 ASC。

【例 4.44】 将通信工程专业的学生按出生时间先后顺序排序。

T-SQL 命令如下，执行结果如图 4.23 所示。

```
SELECT   *
    FROM   xsb
    WHERE 专业= '通信工程'
```

```
        ORDER BY  出生时间
```

【例 4.45】　将计算机专业学生的“计算机基础”课程成绩按降序排列。

T-SQL 命令如下，执行结果如图 4.24 所示。

```
SELECT  姓名, 课程名, 成绩
        FROM xsb, kcb, cjb
        WHERE xsb.学号 = cjb.学号
                AND  cjb.课程号 = kcb.课程号
                AND  课程名='计算机基础'
                AND  专业='计算机'
        ORDER BY  成绩  DESC
```

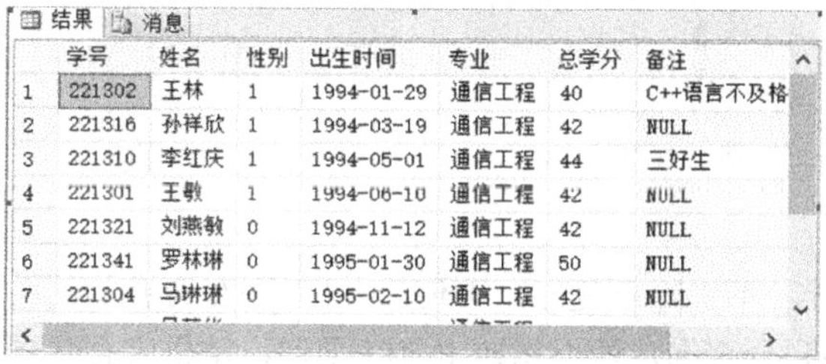

	学号	姓名	性别	出生时间	专业	总学分	备注
1	221302	王林	1	1994-01-29	通信工程	40	C++语言不及格
2	221316	孙祥欣	1	1994-03-19	通信工程	42	NULL
3	221310	李红庆	1	1994-05-01	通信工程	44	三好生
4	221301	王敏	1	1994-06-10	通信工程	42	NULL
5	221321	刘燕敏	0	1994-11-12	通信工程	42	NULL
6	221341	罗林琳	0	1995-01-30	通信工程	50	NULL
7	221304	马琳琳	0	1995-02-10	通信工程	42	NULL

图 4.23　执行结果

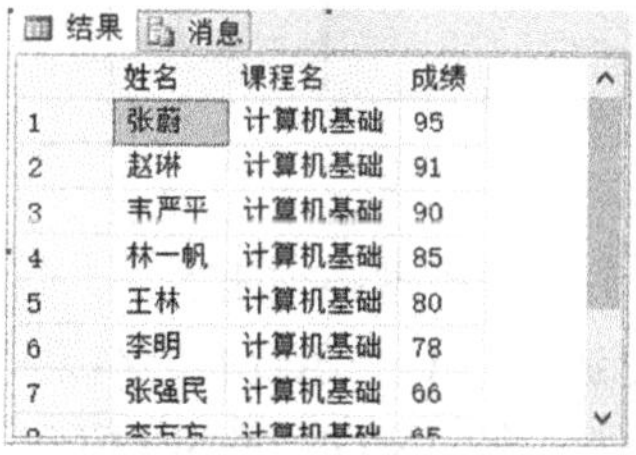

	姓名	课程名	成绩
1	张蔚	计算机基础	95
2	赵琳	计算机基础	91
3	韦严平	计算机基础	90
4	林一帆	计算机基础	85
5	王林	计算机基础	80
6	李明	计算机基础	78
7	张强民	计算机基础	66

图 4.24　执行结果

4.1.8　SELECT 语句的其他语法

1. INTO

使用 INTO 子句可以将 SELECT 查询所得的结果保存到一个新建的表中，语法格式如下：

```
[ INTO  新表 ]
```

其中，“新表”是要创建的新表名。包含 INTO 子句的 SELECT 语句执行后所创建表的结构由 SELECT 所选择的列决定，新创建表中的记录由 SELECT 的查询结果决定，若 SELECT 的查询结果为空，则创建一个只有结构而没有记录的空表。

【例 4.46】　由 xsb 表创建“计算机学生”表，包括学号和姓名。

T-SQL 命令如下：

```
SELECT  学号, 姓名
        INTO  计算机学生
        FROM xsb
        WHERE  专业='计算机'
```

说明：本例所创建的“计算机学生”表包括两个字段：学号、姓名，其数据类型与 xsb 表中的同名字段相同。

同样再创建一个“通信工程学生”表。完成后，刷新表后的“对象资源管理器”窗口如图 4.25 所示。

2. UNION

使用 UNION 子句可以将两个或多个 SELECT 查询的结果合并成一个结果集，语法格式如下：

```
{ <查询规范> | (<查询表达式> ) }
        UNION [ ALL ] <查询规范> | (<查询表达式> )
        [ UNION [ ALL ] <查询规范> | (<查询表达式> ) [...] ]
```

其中，<查询规范>和<查询表达式>都是 SELECT 查询语句。

使用 UNION 组合两个查询结果集的基本规则：

（1）所有查询中的列数和列的顺序必须相同。

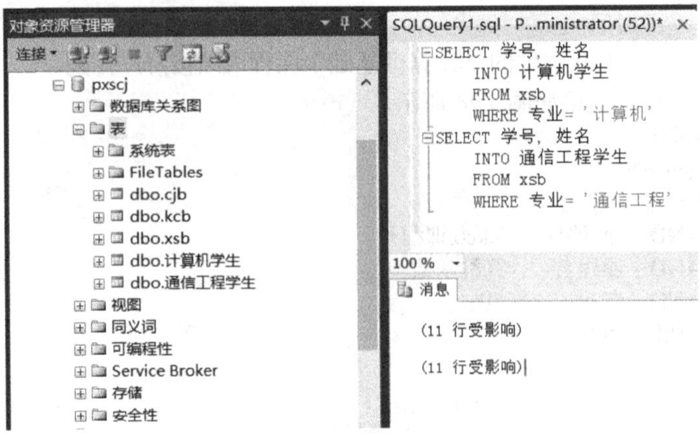

图 4.25　执行结果

（2）数据类型必须兼容。

关键字 ALL 表示合并的结果中包括所有行，不去除重复行，不使用 ALL 则在合并的结果中去除重复行。含有 UNION 的 SELECT 查询也称为联合查询，若不指定 INTO 子句，结果将合并到第一个表中。

【例 4.47】 在“计算机学生”表和“通信工程学生”表中查询学号为 191301 和学号为 221301 的两位学生的姓名。

T-SQL 命令如下：

```
SELECT *
    FROM 计算机学生
    WHERE 学号='191301'
UNION ALL
SELECT *
    FROM 通信工程学生
    WHERE 学号='221301'
```

执行结果如图 4.26 所示。

	学号	姓名
1	191301	王林
2	221301	王敏

图 4.26　执行结果

UNION 操作常用于归档数据，如归档月报表形成年报表、归档各部门数据等。注意，UNION 还可以与 GROUP BY 及 ORDER BY 一起使用，用来对合并所得的结果表进行分组或排序。

3. EXCEPT 和 INTERSECT

EXCEPT 和 INTERSECT 用于比较两个查询的结果，返回非重复值。

语法格式如下：

```
{ <查询规范> | ( <查询表达式> ) }
{ EXCEPT | INTERSECT }
{ <查询规范> | ( <查询表达式> ) }
```

其中，<查询规范>和<查询表达式>都是 SELECT 查询语句。使用 EXCEPT 和 INTERSECT 比较两个查询的规则和 UNION 语句一样。

EXCEPT 从 EXCEPT 关键字左边的查询中返回右边查询没有找到的所有非重复值。INTERSECT 返回 INTERSECT 关键字左右两边的两个查询都返回的所有非重复值。

EXCEPT 或 INTERSECT 返回的结果集的列名与关键字左侧的查询返回的列名相同。

如果查询中语句包含 ORDER BY 子句，则 ORDER BY 子句中的列名或别名必须引用左侧查询返回的列名，但 EXCEPT 或 INTERSECT 不能和 COMPUTE 子句一起使用。

【例 4.48】　查询计算机专业女学生的信息。

T-SQL 命令如下：

```
SELECT * FROM xsb WHERE 专业='计算机'
EXCEPT
SELECT * FROM xsb WHERE 性别=1
```

执行结果如图 4.27 所示。

	学号	姓名	性别	出生时间	专业	总学分	备注
1	191303	王燕	0	1994-10-06	计算机	50	NULL
2	191310	张蔚	0	1991-07-22	计算机	50	三好生
3	191311	赵琳	0	1995-03-18	计算机	50	NULL
4	191313	严红	0	1994-08-11	计算机	48	C++语言不及格，待补考

图 4.27　执行结果

【例 4.49】　查询总学分大于 42 分的男生信息。

T-SQL 命令如下：

```
SELECT * FROM xsb WHERE 总学分>42
INTERSECT
SELECT * FROM xsb WHERE 性别=1
```

4．CTE

在 SELECT 语句的最前面可以使用一条 WITH 子句来指定临时结果集，语法格式如下：

```
[ WITH <公用表表达式> [ , ... ] ]
SELECT   ......
```

其中：

```
<公用表表达式>::=
      表达式名 [ ( 列名 [ , ... ] ) ]
      AS （CTE 查询定义 ）
```

说明：

（1）临时命名的结果集也称为公用表表达式（Common Table Expression，CTE），在 SELECT、INSERT、DELETE、UPDATE 或 CREATE VIEW 语句中都可以建立一个 CTE。CTE 相当于一个临时表，只不过它的生命周期在该批处理语句执行完后就结束了。

（2）“表达式名”是 CTE 的名称，“列名”指定查询语句“CTE 查询定义”返回的数据字段名称，其个数要和“CTE 查询定义”返回的字段个数相同。若不定义，则直接命名查询语法的数据集合字段名称为返回数据的字段名称。CTE 下方的 SELECT 语句可以直接查询 CTE 中的数据。

【例 4.50】　使用 CTE 从 cjb 表中查询了 101 课程的学生学号、成绩，并定义新的列名为 number、point。再使用 SELECT 语句从 CTE 和 xsb 中查询姓名为“王林”的学生学号和成绩情况。

T-SQL 命令如下，执行结果如图 4.28 所示。

	number	point
1	191301	80
2	221302	65

图 4.28　执行结果

```
USE xscj
GO
WITH cte_stu(number,point)
      AS (SELECT 学号,成绩 FROM cjb WHERE 课程号='101')
SELECT number, point
      FROM cte_stu, xsb
      WHERE    xsb.姓名='王林'
               AND xsb.学号=cte_stu.number
```

5. FOR 子句

指定 FOR XML，将查询结果格式化为 XML。

指定 FOR JSON，将查询结果格式化为 JSON 。

6. OVER 子句

OVER 子句定义查询结果集内的窗口或用户指定的行集。可以将 OVER 子句与函数一起使用，以便计算各种聚合值，如移动平均值、累积聚合、运行总计或每组结果的前 *N* 个结果。

7. OPTION 子句

```
格式：OPTION ( <查询选项> [ , ... ] )
```

其中：

```
<查询选项> ::=
    LABEL = label_name |
    <参数>
```

其中：

```
<参数> ::=
    HASH JOIN
    | LOOP JOIN
    | MERGE JOIN
    | FORCE ORDER
    | { FORCE | DISABLE } EXTERNALPUSHDOWN
```

参数关键字指示优化器提示用于自定义数据库引擎处理语句的方式。

4.2 视　　图

4.2.1 视图概念

视图是从一个或多个表（基本表）导出的表，视图所对应的数据不进行实际存储，是一个虚表，即数据库中只存储视图的定义，在对视图的数据进行操作时，系统根据视图的定义去操作与视图相关联的基本表。

视图一经定义以后，就可以像表一样被查询、修改、删除和更新。

使用视图有下列优点。

（1）为用户集中数据，简化用户的数据查询和处理。有时，用户所需要的数据分散在多个表中，定义视图可将其集中在一起，从而方便用户进行数据查询和处理。

（2）屏蔽数据库的复杂性。用户不必了解复杂数据库中的表结构，并且数据库表的更改也不影响用户对数据库的使用。

（3）简化用户权限的管理。只需授予用户使用视图的权限，而不必指定用户只能使用表的特定列，也增加了安全性。

（4）便于数据共享。各用户不必都定义和存储自己所需的数据，而可共享数据库的数据，这样，同样的数据只需存储一次。

（5）可以重新组织数据以便输出到其他应用程序中。

在使用视图时，要注意下列事项。

（1）只能在当前数据库中创建视图。视图的命名必须遵循标识符命名规则，不能与表同名。

（2）不能把规则、默认值或触发器与视图相关联。

4.2.2　创建视图

视图在数据库中是作为一个对象来存储的。创建视图前，要保证创建视图的用户已被数据库所有者授权可以使用 CREATE VIEW 语句，并且有权操作视图所涉及的表或其他视图。

创建视图可以在 SSMS 的“对象资源管理器”窗口中进行，也可以使用 T-SQL 的 CREATE VIEW 语句。

1．通过界面创建视图

下面以在一个数据库中创建视图为例说明在“SSMS”中创建视图的过程。

【例 4.51】 在 xscj 数据库学生表（xsb）中创建名为 cxs 视图，视图中仅仅包含计算机专业学生。

1）创建名 cxs 视图

（1）在“对象资源管理器”窗口中展开“数据库”→“xscj”，选择其中的“视图”选项，右击鼠标，在弹出的快捷菜单上选择“新建视图”选项。

（2）在随后出现的“添加表”对话框中，添加视图所需要关联的对象。这里在“表”选项卡中选择“xsb”表，单击“添加”按钮，再单击“关闭”按钮。

（3）在窗口下部“输出”栏中去除创建视图中不需要的字段，在“排序类型”栏中指定列的排序方式，在“筛选器”栏中指定创建视图的规则。本例在“专业”字段的“筛选器”栏中填写“计算机”，如图 4.29 所示。

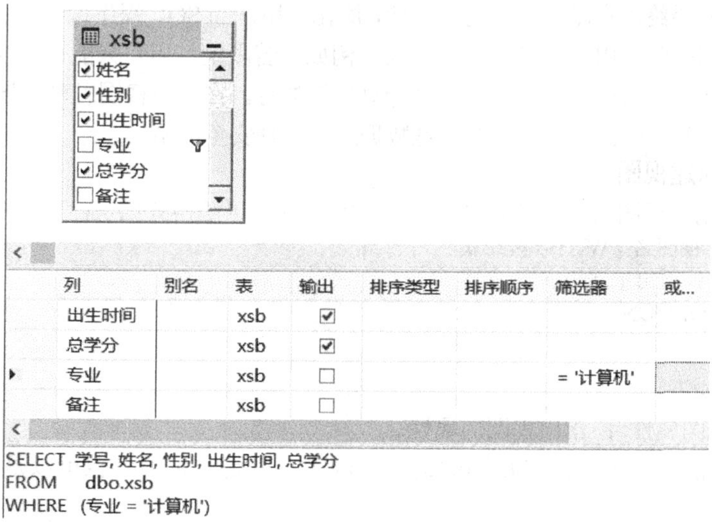

图 4.29　界面创建视图

这一步选择的字段、规则等所对应的 SELECT 语句将会自动显示在窗口底部。

当视图中需要一个与原字段名不同的字段名，或视图的源表中有同名的字段，或视图中包含了计算列时，需要为视图中这样的列重新指定名称时，可以在“别名”栏中指定。

（4）完成后，单击“保存”按钮，在“保存视图”对话框中输入视图名“cxs”，并单击“确定”按钮，便完成了视图的创建。

2）显示 cxs 视图

刷新 xscj 数据库下的视图，展开“数据库”→“xscj”→“视图”，选择“dbo.cxs”选项，右击鼠标，在弹出的快捷菜单中选择“设计”选项，可以查看并修改视图结构，选择“编辑前 200 行”选项，将可查看视图数据，如图 4.30 所示。

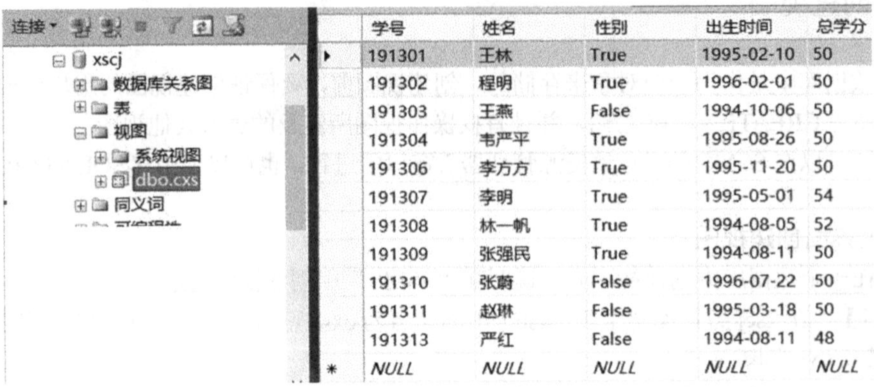

	学号	姓名	性别	出生时间	总学分
▸	191301	王林	True	1995-02-10	50
	191302	程明	True	1996-02-01	50
	191303	王燕	False	1994-10-06	50
	191304	韦严平	True	1995-08-26	50
	191306	李方方	True	1995-11-20	50
	191307	李明	True	1995-05-01	54
	191308	林一帆	True	1994-08-05	52
	191309	张强民	True	1994-08-11	50
	191310	张蔚	False	1996-07-22	50
	191311	赵琳	False	1995-03-18	50
	191313	严红	False	1994-08-11	48
*	NULL	NULL	NULL	NULL	NULL

图 4.30 查看视图数据

> **注意：**
> 若视图关联的基本表中添加了新字段，则必须重新创建视图才能包含新字段。如果与视图相关联的表或视图被删除，则不能再使用该视图。

3）视图的好处

创建视图可以向最终用户隐藏复杂的表连接，简化了用户的 SQL 程序设计。通过在创建视图时指定限制条件和指定列来限制用户对基本表的访问。例如，若限定某用户只能查询视图 cxs，实际上就是限制了它只能访问 xsb 表的专业字段值为“计算机”的行。在创建视图时可以指定列，实际上也就是限制了用户只能访问这些列，从而视图也是数据库的一种安全措施。

2. 通过命令创建视图

T-SQL 中用于创建视图的语句是 CREATE VIEW 语句，语法格式如下：

```
CREATE VIEW 视图名 [ WITH <视图属性> [ , ... ] ]
      AS SELECT 语句 [ ; ]
[ WITH CHECK OPTION ]
```

1）语句主体

主体结构说明如下。

（1）WITH <视图属性>：指出视图的属性。

（2）SELECT 语句：用来创建视图的语句，源表可以是基本表，也可以是视图。但有以下的限制。

① 定义视图的用户必须对所参照的表或视图有查询（可执行 SELECT 语句）权限。

② 不能使用 ORDER BY 子句。

③ 不能使用 INTO 子句。

④ 不能在临时表或表变量上创建视图。

（5）WITH CHECK OPTION：指出在视图上所进行的修改都要符合 SELECT 语句所指定的限制条件，这样可以确保数据修改后，仍可通过视图看到修改的数据。

2）<视图属性>定义

<视图属性>定义的语法格式如下：

```
<视图属性> ::=
{
```

```
        [ ENCRYPTION ]
        [ SCHEMABINDING ]
        [ VIEW_METADATA ]
  }
```

（1）ENCRYPTION：在系统表 syscomments 中存储 CREATE VIEW 语句时进行加密。

（2）SCHEMABINDING：将视图与其所依赖的表或视图结构相关联。

（3）VIEW_METADATA：当引用视图浏览模式的元数据时，向 DBLIB、ODBC 或 OLEDB API 返回有关视图的元数据信息，而不返回基本表的元数据信息。

【例 4.52】 创建 ccj 视图，包括计算机专业各学生的学号、其选修的课程号及成绩。要保证对该视图的修改都符合专业为计算机的这个条件。

T-SQL 命令如下：

```
CREATE VIEW ccj WITH ENCRYPTION
    AS
        SELECT   xsb.学号,课程号,成绩
            FROM   xsb, cjb
            WHERE   xsb.学号=cjb.学号  AND  专业 ='计算机'
        WITH CHECK OPTION
```

【例 4.53】 创建计算机专业学生的平均成绩视图 ccj_avg，包括学号（在视图中列名为 num）和平均成绩（在视图中列名为 score_avg）。

T-SQL 命令如下：

```
CREATE VIEW ccj_avg(num, score_avg)
    AS
    SELECT  学号, AVG(成绩)
        FROM   ccj
        GROUP BY  学号
```

3）分区视图

分区视图在一台或多台服务器间水平连接一组成员表中的分区数据，使数据看起来就像来自一个表。SQL Server 可以区分本地分区视图和分布式分区视图。在本地分区视图中，所有参与表和视图都位于同一个 SQL Server 实例上。在分布式分区视图中，至少有一个参与表位于不同的（远程）服务器上。

在一般情况下，如果视图为下列格式，则称其为分区视图。

```
CREATE VIEW  视图名
AS
SELECT <选择列表 1>
    FROM T1
UNION ALL
SELECT <选择列表 2>
    FROM T2
UNION ALL
...
SELECT <选择列表 n>
    FROM Tn
```

如果要创建分布式分区视图，则需要连接到相应的服务器，使用其他服务器的表时需要指定表所属服务器、数据库、架构名等信息。

3．视图查询

视图定义后，就可以像查询基本表那样对视图进行查询了。

【例 4.54】 显示 ccj 和 ccj_avg 视图中的内容。

T-SQL 命令如下：

```
SELECT * FROM ccj
```

执行结果如图 4.31（a）所示。

```
SELECT * FROM ccj_avg
    WHERE  score_avg >= 75
```

执行结果如图 4.31（b）所示。

	学号	课程号	成绩
1	191301	101	80
2	191301	102	78
3	191301	206	76
4	191302	102	78
5	191302	206	78
6	191303	101	62
7	191303	102	70
8	191303	206	81
9	191304	101	90
10	191304	102	84

（a）

	num	score_avg
1	191301	78
2	191302	78
3	191304	79
4	191307	75
5	191308	78
6	191310	91
7	191311	79

（b）

图 4.31 执行结果

4.2.3 更新视图

通过更新视图（包括插入、修改和删除）数据可以修改基本表数据，但并不是所有的视图都可以更新，只能对满足可更新条件的视图进行更新。

1．可更新视图

要通过视图更新基本表数据，必须保证视图是可更新视图。一个可更新视图可以是下列情况之一。

（1）满足以下条件的视图。

- 创建视图的 SELECT 语句中没有聚合函数，且没有 TOP、GROUP BY、UNION 子句及 DISTINCT 关键字。
- 创建视图的 SELECT 语句中不包含从基本表列通过计算所得的列。
- 创建视图的 SELECT 语句的 FROM 子句中至少要包含一个基本表。

（2）可更新的分区视图。

在实现分区视图之前，必须先实现水平分区表。原始表被分成若干个较小的成员表，每个成员表包含与原始表相同数量的列，并且每一列具有与原始表中的相应列同样的特性（如数据类型、大小、排序规则）。

成员表设计好后，每个表基于键值的范围存储原始表的一块水平区域。键值范围基于分区列中的数据值。每一成员表中的值范围通过分区列上的 CHECK 约束，并且范围之间不能重叠。对这样的基本表使用 UNION ALL 联合运算符所创建的分区视图就是可更新的。

（3）通过 INSTEAD OF 触发器创建的可更新视图。INSTEAD OF 触发器将在第 8 章中介绍。

2. 插入数据

使用 INSERT 语句通过视图向基本表插入数据。

【例 4.55】 向 cxs 视图中插入以下记录：

'191315', '刘明仪', 1, '1996-3-2', 50

T-SQL 命令如下：

```
INSERT INTO cxs
    VALUES('191315', '刘明仪', 1,'1996-3-2', 50 )
```

执行结果如图 4.32 所示。

	学号	姓名	性别	出生时间	专业	总学分	备注
7	191308	林一帆	1	1994-08-05	计算机	52	班长
8	191309	张强民	1	1994-08-11	计算机	50	NULL
9	191310	张蔚	0	1996-07-22	计算机	50	三好生
10	191311	赵琳	0	1995-03-18	计算机	50	NULL
11	191313	严红	0	1994-08-11	计算机	48	C++语言不及格，待补考
12	191315	刘明仪	1	1996-03-02	计算机	50	NULL
13	221301	王敏	1	1994-06-10	通信工程	42	NULL
14	221302	王林	1	1994-01-29	通信工程	40	C++语言不及格，待补考
15	221303	王玉民	1	1995-03-26	通信工程	42	NULL

图 4.32 执行结果

在图 4.32 中可以看到该表已添加了学号 191315 行。

注意：

（1）当视图所依赖的基本表有多个时，不能向该视图插入数据。例如，不能向视图 ccj 插入数据，因为它依赖两个基本表：xsb 和 cjb。

（2）向可更新的分区视图中插入数据时，系统会按照插入记录的键值所属范围，将数据插入到其键值所属的基本表中。

3. 修改数据

使用 UPDATE 语句可以通过视图修改基本表的数据。

（1）对一个基本表视图修改数据。

【例 4.56】 将 cxs 视图中所有学生的总学分增加 1 分。

T-SQL 命令如下：

```
UPDATE cxs
    SET 总学分=总学分+ 1
```

该语句实际上是将 cxs 视图所依赖的基本表 xsb 中所有专业为“计算机”的记录总学分字段值在原来的基础上增加 1 分。

注意：

修改后将数据恢复到原来的状态便于以后使用。

```
UPDATE cxs
SET 总学分=总学分- 1
```

（2）一个视图依赖于多个基本表，则一次修改该视图只能变动一个基本表的数据。

【例 4.57】 将 ccj 视图中学号为 191301 的学生的 101 课程成绩改为 90 分。

T-SQL 命令如下：

```
UPDATE ccj
    SET 成绩=90
```

```
        WHERE 学号='191301'  AND 课程号='101'
```

因为视图 ccj 依赖于两个基本表（xsb 和 cjb），对该视图的一次修改只能改变学号（源于 xsb 表）或者课程号和成绩（源于 cjb 表）。

因此，以下的修改是错误的：

```
UPDATE ccj
    SET 学号='191320', 课程号='208'
    WHERE 学号='191301'  AND 课程号='101'
```

4．删除数据

使用 DELETE 语句可以通过视图删除基本表的数据。但要注意，对于依赖于多个基本表的视图，不能使用 DELETE 语句。

【例 4.58】 删除 cxs 中女生的记录（实际不操作）。

T-SQL 命令如下：

```
DELETE  FROM  cxs
    WHERE 性别 =0
```

对视图的更新操作也可通过“SSMS”的界面进行，操作方法与对表数据的插入、修改和删除的界面操作方法基本相同。

4.2.4 修改视图的定义

修改视图定义可以通过“SSMS”进行，也可使用 T-SQL 命令。

1．以界面方式修改视图

在“对象资源管理器”窗口中右击视图“dbo.cxs”项，在弹出的快捷菜单中选择“设计”选项，进入视图修改窗口。该窗口与创建视图的窗口类似，其中可以查看并可修改视图结构，修改完后单击“保存”按钮即可。

> **注意：**
> 对加密存储的视图定义不能在“SSMS”中通过界面修改，如对视图 ccj 不能用此法修改。

2．使用命令修改视图

语法格式如下：

```
ALTER VIEW 视图名 [ WITH <视图属性> [ , ... ] ]
    AS  SELECT 语句 [ ; ]
[ WITH CHECK OPTION ]
```

其中，<视图属性>、SELECT 语句等参数与 CREATE VIEW 语句中的含义相同。

（1）修改视图定义。

【例 4.59】 将 cxs 视图修改为只包含计算机专业学生的学号、姓名和总学分。

T-SQL 命令如下：

```
ALTER VIEW cxs
AS
    SELECT 学号, 姓名, 总学分
        FROM xsb
        WHERE 专业='计算机'
```

（2）修改使用 ENCRYPTION 属性定义的视图。

【例 4.60】 视图 ccj 是加密存储视图，修改其定义，包括学号、姓名、选修的课程号、课程名和成绩。

T-SQL 命令如下：

```
ALTER VIEW ccj    WITH ENCRYPTION
AS
    SELECT xsb.学号,xsb.姓名,cjb.课程号,kcb.课程名,成绩
        FROM    xsb, cjb, kcb
        WHERE    xsb.学号 = cjb.学号
            AND    cjb.课程号 = kcb.课程号
            AND    专业='计算机'
        WITH CHECK OPTION
```

4.2.5　删除视图

删除视图同样也可以通过“对象资源管理器”窗口中的图形向导方式和 T-SQL 语句两种方式来实现。

1．通过“对象资源管理器”窗口删除视图

在对应数据库中的“视图”下选择需要删除的视图，右击鼠标，在弹出的快捷菜单上选择“删除”选项，出现“删除”对话框，单击“确定”按钮即删除了指定的视图。

2．以 T-SQL 命令方式删除视图

语法格式如下：

```
DROP VIEW  视图名 [ ... , ]
```

使用 DROP VIEW 可删除一个或多个视图。例如：

```
DROP VIEW cxs, ccj
```

将删除视图 cxs 和 ccj（实际不操作）。

第5章　游　标

一个对表进行操作的T-SQL语句通常都可产生或处理一组记录，但是许多应用程序，尤其是T-SQL嵌入的主语言，通常不能把整个结果集作为一个单元来处理，这些应用程序就需要用一种机制来保证每次处理结果集中的一行或几行，游标（cursor）就提供了这种机制。

在SQL Server中有两类游标可以用于应用程序中：前端（客户端）游标和后端（服务器端）游标。服务器端游标是由数据库服务器创建和管理的游标，而客户端游标是由ODBC和DB-Library支持、在客户端实现的游标。同时，它完全支持通过服务器游标的游标操作，所以应尽量不使用客户端游标。

SQL Server对游标的使用要遵循：声明游标→打开游标→读取数据→关闭游标→删除游标。

5.1　声明游标

T-SQL中声明游标使用DECLARE CURSOR语句，该语句有两种格式，分别支持SQL-92标准和T-SQL扩展的游标声明。

1. SQL-92语法

语句格式如下：

```
DECLARE 游标名 [ INSENSITIVE ] [ SCROLL ] CURSOR
      FOR SELECT 语句
[ FOR { READ ONLY | UPDATE [ OF 列名 [ , ... ] ] } ]
```

说明：

（1）游标名：它是与某个查询结果集相联系的符号名，要符合SQL Server标识符命名规则。

（2）INSENSITIVE：指定系统将创建供所定义的游标使用数据的临时复本，对游标的所有请求都从TempDB中的该临时表中得到应答。因此，在对该游标进行提取操作时返回的数据中不反映对基本表所做的修改，并且该游标不允许修改。

如果省略INSENSITIVE，则任何用户对基本表提交的删除和更新都反映在后面的提取中。

（3）SCROLL：所声明的游标可以前滚、后滚，FETCH语句可使用所有的提取选项（FIRST、LAST、PRIOR、NEXT、RELATIVE、ABSOLUTE）。如果省略SCROLL，则只能使用NEXT提取选项。

（4）SELECT语句：由该查询产生与所声明的游标相关联的结果集。

（5）READ ONLY：说明所声明的游标为只读的。UPDATE指定游标中可以更新的列。若有参数OF 列名 [, ...]，则只能修改给出的这些列；若在UPDATE中未指出列，则可以修改所有列。

【例5.1】 定义一个符合SQL-92标准的游标声明。

```
USE  xscj
GO
DECLARE xs_cur1 CURSOR
      FOR
            SELECT 学号,姓名,性别,出生时间,总学分
                  FROM xsb
                  WHERE 专业='计算机'
```

```
    FOR READ ONLY
GO
```

该语句定义的游标与单个表的查询结果集相关联，是只读的，游标只能从头到尾顺序地提取数据，相当于下面所介绍的只进游标。

2. T-SQL 扩展

语句格式如下：

```
DECLARE 游标名 CURSOR
[ LOCAL | GLOBAL ]                                          /*游标作用域*/
[ FORWORD_ONLY | SCROLL ]                                   /*游标移动方向*/
[ STATIC | KEYSET | DYNAMIC | FAST_FORWARD ]                /*游标类型*/
[ READ_ONLY | SCROLL_LOCKS | OPTIMISTIC ]                   /*访问属性*/
[ TYPE_WARNING ]                                            /*类型转换警告信息*/
FOR Select 语句                                              /*SELECT 查询语句*/
[ FOR UPDATE [ OF 列名 [ ,… ] ] ]                            /*可修改的列*/
```

说明：

（1）LOCAL 与 GLOBAL：说明游标的作用域。

LOCAL：所声明的游标是局部游标，其作用域为创建它的批处理、存储过程或触发器等对象。在这些对象的 OUTPUT 参数中，该游标可由局部游标变量引用。在这些对象终止时，该游标就自动释放。但如果 OUTPUT 参数将游标传递回来，则游标仍可引用。

GLOBAL：所声明的游标是全局游标，它在由连接执行的任何存储过程或批处理中都可以使用，在连接释放时，游标自动释放。若两者均未指定，则默认值由 default to local cursor 数据库选项的设置控制。

（2）FORWARD_ONLY 和 SCROLL：说明游标的移动方向。FORWARD_ONLY 表示游标只能从第一行滚动到最后一行，即该游标只能支持 FETCH 的 NEXT 提取选项。SCROLL 支持游标的所有移动。

（3）STATIC | KEYSET | DYNAMIC | FAST_FORWARD：用于定义游标的类型，T-SQL 扩展游标有 4 种类型。

● STATIC：指定游标为静态游标。静态游标的完整结果集在游标打开时建立在 TempDB 系统数据库中，一旦打开就不再变化。数据库中所做的任何影响结果集成员的更改（包括增加、修改或删除数据）都不会反映到游标中，新的数据值不会显示在静态游标中。静态游标只能是只读的。由于静态游标的结果集存储在 TempDB 数据库的工作表中，所以结果集中的行大小不能超过 SQL Server 表的最大行大小。有时，也将这类游标识别为快照游标，它完全不受其他用户行为的影响。

● DYNAMIC（默认）：指定游标为动态游标。与静态游标不同，动态游标能够反映对结果集中所做的更改。结果集中的行数据值、顺序和成员在每次提取时都会改变，所有用户做的全部 UPDATE、INSERT 和 DELETE 语句均通过游标反映出来，并且如果使用 API 函数（如 SQLSetPos）或 T-SQL 的 WHERE CURRENT OF 子句通过游标进行更新，则它们也立即在游标中反映出来，而在游标外部所做的更新直到提交时才可见。动态游标不支持 ABSOLUTE 提取选项。

● FAST_FORWARD：定义一个快速只进游标。只进游标只支持游标从头到尾顺序地提取数据。对所有由当前用户发出或由其他用户提交并影响结果集中行的 INSERT、UPDATE 和 DELETE 语句对数据的修改在从游标中提取时可立即反映出来。但因只进游标不能向后滚动，所以在行提取后对行所做的更改对游标是不可见的。

● KEYSET：定义一个键集驱动游标。顾名思义，这种游标是由称为键的列或列的组合控制的。打开键集驱动游标时，其中的成员和行顺序是固定的。键集驱动游标中数据行的键值在游标打开时建立在 TempDB 数据库中。可以通过键集驱动游标修改基本表中的非关键字列的值，但不可插入数据。

（4）READ_ONLY | SCROLL_LOCKS | OPTIMISTIC：说明游标或基本表的访问属性。READ_ONLY 说明所声明的游标为只读的，不能通过该游标更新数据；SCROLL_LOCKS 关键字说明通过游标完成的定位更新或定位删除可以成功。如果声明中已指定了关键字 FAST_FORWARD，则不能指定 SCROLL_LOCKS。OPTIMISTIC 关键字说明，如果行自从被读入游标以来已得到更新，则通过游标进行的定位更新或定位删除不成功。如果声明中已指定了关键字 FAST_FORWARD，则不能指定 OPTIMISTIC。

（5）TYPE_WARNING：指定如果游标从所请求的类型隐性转换为另一种类型，则给客户端发送警告消息。

（6）SELECT 语句：查询语句，由该查询产生与所声明游标相关联的结果集。

（7）FOR UPDATE：指出游标中可以更新的列，若有参数 OF 列名 [,…]，则只能修改给出的这些列；若在 UPDATE 中未指出列，则可以修改所有列。

【例 5.2】 定义一个 T-SQL 扩展游标声明。

```
DECLARE xs_cur2 CURSOR
    DYNAMIC
    FOR
        SELECT 学号,姓名,总学分
            FROM xsb
            WHERE 专业='计算机'
    FOR UPDATE OF 总学分
```

该语句声明一个名为 xs_cur2 的动态游标，可前后滚动，可对总学分列进行修改。

5.2 打开游标

声明游标后，要使用游标从中提取数据，就必须先打开游标。

语法格式如下：

```
OPEN { { [ GLOBAL ] 游标名 } | 游标变量名 }
```

其中，“游标名”是要打开的游标名，“游标变量名”指引用一个游标。GLOBAL 说明打开的是全局游标，否则打开的是局部游标。

说明：

（1）OPEN 语句打开游标，执行游标定义语句中指定的 T-SQL 语句来填充游标（生成与游标相关联的结果集）。

如果所打开的是静态游标（使用 INSENSITIVE 或 STATIC 关键字定义游标），那么将创建一个临时表以保存结果集。

如果所打开的是键集驱动游标（使用 KEYSET 关键字），那么将创建一个临时表以保存键集。临时表都存储在 TempDB 数据库中。

（2）打开游标后，可以使用全局变量@@CURSOR_ROWS 查看游标中数据行的数目。

当其值为 0 时，表示没有游标打开；

当其值为–1 时，表示游标为动态的；

当其值为–*m*（*m* 为正整数）时，游标采用异步方式填充，*m* 为当前键集中已填充的行数；

当其值为 *m*（*m* 为正整数）时，游标已被完全填充，*m* 是游标中的数据行数。

【例 5.3】 定义游标 xs_cur3，然后打开该游标，输出其行数。

```
DECLARE xs_cur3 CURSOR
```

```
        LOCAL SCROLL SCROLL_LOCKS
        FOR
                SELECT 学号, 姓名, 总学分
                    FROM   xsb
        FOR UPDATE OF 总学分
    OPEN xs_cur3
    SELECT   '游标 xs_cur3 数据行数' = @@CURSOR_ROWS
```

说明：本例中的语句“SELECT '游标 xs_cur3 数据行数' = @@CURSOR_ROWS”用于为变量赋值。执行结果如图 5.1 所示。

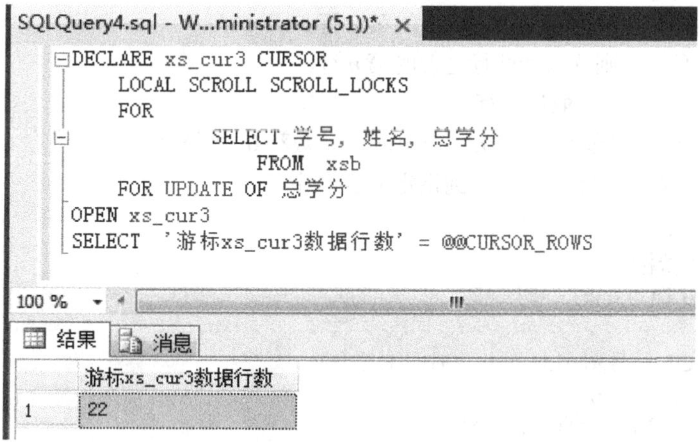

图 5.1 执行结果

5.3 读取数据

游标打开后，就可以使用 FETCH 语句从中读取数据了。

语法格式如下：

```
FETCH
[
    [ NEXT | PRIOR | FIRST | LAST | ABSOLUTE { n | @nvar } | RELATIVE { n | @nvar} ]
    FROM
]
{   { [ GLOBAL ] 游标名 } | @游标变量名 }
[ INTO @变量名 [ , … ] ]
```

说明：

（1）游标名：要从中提取数据的游标名。

（2）@游标变量名：引用要进行提取操作的已打开的游标。

（3）NEXT | PRIOR | FIRST | LAST：指定读取数据的位置，并使其置为当前行。NEXT 为默认的游标提取选项。FIRST 和 LAST 不能在只进游标中使用。

NEXT：读取当前行的下一行，如果是对游标的第一次提取操作，则读取的是结果集的第一行。

PRIOR：读取当前行的前一行。如果是对游标的第一次提取操作，则无值返回且游标置于第一行之前。

FIRST：读取游标中的第一行。

LAST：读取游标中的最后一行。

（4）ABSOLUTE { *n* | @nvar }和 RALATIVE { *n* | @nvar }：指定读取数据的位置与游标头或当前位置的关系，其中，*n* 必须为整型常量，变量@nvar 必须为 smallint、tinyint 或 int 类型。同时，将读取的行变成新的当前行。

● ABSOLUTE { *n* | @nvar }

若 *n* 或@nvar 为正数，则读取从游标头开始的第 *n* 行。

若 *n* 或@nvar 为负数，则读取游标尾之前的第 *n* 行。

若 *n* 或@nvar 为 0，则没有行返回。

● RALATIVE { *n* | @nvar }

若 *n* 或@nvar 为正数，则读取当前行之后的第 *n* 行。

若 *n* 或@nvar 为负数，则读取当前行之前的第 *n* 行。

如果 *n* 或@nvar 为 0，则读取当前行。

如果在对游标的第一次提取操作时 *n* 或@nvar 为负数和 0，则没有行返回。

（5）INTO：将读取的游标数据存放到指定的变量中。

（6）GLOBAL：全局游标。

【例 5.4】 只读游标使用。

```
DECLARE xs_cur1 CURSOR
      FOR
            SELECT 学号,姓名,性别,出生时间,总学分
                  FROM xsb
                  WHERE 专业='计算机'
      FOR READ ONLY
GO
OPEN xs_cur1
GO
FETCH NEXT FROM xs_cur1
GO
FETCH NEXT FROM xs_cur1
GO
```

说明：由于 xs_cur1 是只进游标，所以只能使用 NEXT 提取数据，执行结果如图 5.2 所示。

【例 5.5】 动态游标使用。

```
DECLARE xs_cur2 CURSOR
      DYNAMIC
      FOR
            SELECT 学号,姓名,总学分
                  FROM xsb
                  WHERE 专业='计算机'
            FOR UPDATE OF 总学分
OPEN xs_cur2
FETCH NEXT FROM xs_cur2
FETCH NEXT FROM xs_cur2
FETCH RELATIVE 2   FROM xs_cur2
FETCH PRIOR FROM xs_cur2
FETCH RELATIVE -3   FROM xs_cur2
SELECT   '执行情况' = @@FETCH_STATUS
FETCH FIRST FROM xs_cur2
```

执行结果如图 5.3 所示。

说明：

（1）从游标 xs_cur2 中提取数据第一行。

FETCH　FIRST FROM xs_cur2

（2）从游标 xs_cur2 中提取数据下一行。

FETCH　NEXT FROM xs_cur2

（3）从游标 xs_cur2 中提取数据上一行。

FETCH　PRIOR　FROM　xs_cur2

（4）从游标 xs_cur2 中提取数据最后一行。

FETCH　LAST　FROM　xs_cur2

（5）读取当前行的下两行记录。

FETCH　RELATIVE 2　FROM xs_cur2

如果是-2，则读取当前行的上两行记录。

（6）xs_cur2 是动态游标，可以前滚、后滚，可以使用 FETCH 语句中除 ABSOLUTE 以外的提取选项。

（7）FETCH 语句的执行状态保存在全局变量@@FETCH_STATUS 中，其值为 0 表示上一个 FETCH 执行成功；为-1 表示所要读取的行不在结果集中；为-2 表示被提取的行已不存在（已被删除）。

FETCH　RELATIVE -3　FROM　xs_cur2

SELECT　'FETCH 执行情况' = @@FETCH_STATUS

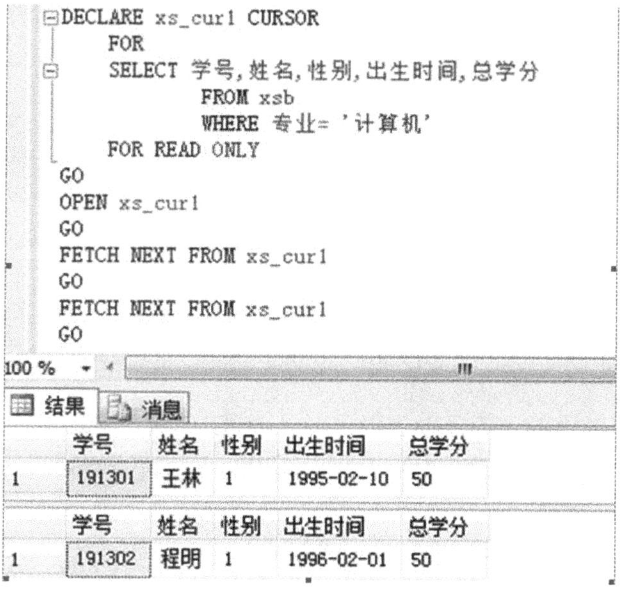

图 5.2　只读游标

图 5.3　动态游标

5.4　关闭和删除游标

1. 关闭游标

游标使用完以后要及时关闭。关闭游标使用 CLOSE 语句，语法格式如下：

CLOSE { { [GLOBAL] 游标名 } | @游标变量名 }

语句参数的含义与 OPEN 语句中的相同。例如：

```
CLOSE   xs_cur2
```

将关闭游标 xs_cur2。

2．删除游标

游标关闭后，其定义仍在，需要时可用 OPEN 语句打开使用。若确认游标不再需要，就要释放其定义占用的系统空间，即删除游标。删除游标使用 DEALLOCATE 语句。

语法格式如下：

```
DEALLOCATE { { [ GLOBAL ] 游标名 } | @游标变量名 }
```

语句参数的含义与 OPEN 和 CLOSE 语句中的相同。例如：

```
DEALLOCATE xs_cur2
```

将删除游标 xs_cur2。

第6章 T-SQL语言

前面介绍的是 SQL Server 2016 操作数据库的 T-SQL 命令。在 SQL Server 2016 中，可以根据需要使用 T-SQL 语言增加的语言元素把若干条命令（语句）组织起来。语言元素包括变量、运算符、流程控制语句、函数等，这些 T-SQL 语句都可以在查询分析器中交互执行。本章将介绍这部分增加的语言元素。

6.1 常量、变量与用户定义类型

和其他语言一样，T-SQL 也需要使用常量、变量，以系统提供的数据类型为基础，用户可以自定义数据类型。

6.1.1 常量

常量是指在程序运行过程中值不变的量。常量又称为字面值或标量值。常量的使用格式取决于值的数据类型。

根据常量值的不同类型，分为字符串常量、整型常量、实型常量、日期时间常量、货币常量、唯一标识常量。各类常量举例说明如下。

1. 字符串常量

字符串常量分为 ASCII 字符串常量和 Unicode 字符串常量。

（1）ASCII 字符串常量。ASCII 字符串常量是用单引号括起来，由 ASCII 字符构成的符号串。

ASCII 字符串常量举例：

```
'China'
'How do you do!'
'O''Bbaar'
/*如果单引号中的字符串包含引号，可以使用两个单引号来表示嵌入的单引号*/
```

（2）Unicode 字符串常量。Unicode 字符串常量与 ASCII 字符串常量相似，但它前面有一个 N 标识符（N 代表 SQL-92 标准中的国际语言 National Language），N 前缀必须为大写字母。

Unicode 字符串常量举例：

```
N'China'
N'How do you do!'
```

Unicode 数据中的每个字符用两个字节存储，而每个 ASCII 字符用一个字节存储。

2. 整型常量

按照整型常量的不同表示方式，又分为二进制整型常量、十六进制整型常量和十进制整型常量。

十六进制整型常量的表示：前缀 0x 后跟十六进制数字串。

十六进制整型常量举例：

```
0xEBF
0x69048AEFDD010E
0x                              /*空十六进制整型常量*/
```

二进制整型常量的表示：数字 0 或 1，并且不使用引号。如果使用一个大于 1 的数字，它将被转换为 1。

十进制整型常量即不带小数点的十进制数，例如：

```
1894
2
+145345234
-2147483648
```

3．实型常量

实型常量有定点表示和浮点表示两种方式，例如：

定点表示。

```
1894.1204
2.0
+145345234.2234
-2147483648.10
```

浮点表示。

```
101.5E5
0.5E-2
+123E-3
-12E5
```

4．日期时间常量

日期时间常量：用单引号将表示日期时间的字符串括起来构成。SQL Server 可以识别如下格式的日期和时间。

字母日期格式，例如：'April 20, 2000'；

数字日期格式，例如：'4/15/1998'，'1998-04-15'；

未分隔的字符串格式，例如：'20001207'。

下面是时间常量的例子：

```
'14:30:24'
'04:24:PM'
```

下面是日期时间常量的例子：

```
'April 20, 2000 14:30:24'
```

5．货币常量

货币常量是以“$”作为前缀的一个整型或实型常量数据，下面是货币常量的例子：

```
$12
$542023
-$45.56
+$423456.99
```

6．唯一标识常量

唯一标识常量是用于表示全局唯一标识符（GUID）值的字符串。可以使用字符串或十六进制字符串格式指定。例如：

```
'6F9619FF-8A86-D011-B42D-00004FC964FF'
0xff19966f868b11d0b42d00c04fc964ff
```

6.1.2 用户定义类型

在 SQL Server 2016 中，除了支持系统数据类型外，还支持用户定义数据类型、用户定义表类型和用户定义类型。其中，用户定义类型通过 PowerShell 进行。

1. 用户定义数据类型

根据每个字段（列）、局部变量、表达式和参数对应数据的特性，都有一个相关的数据类型。除了支持系统数据类型外，还支持用户定义数据类型。它可看成是系统数据类型的别名。

在多表操作的情况下，当多个表中的列要存储相同类型的数据时，往往要确保这些列具有完全相同的数据类型、长度和为空性（数据类型是否允许空值）。

例如，对于学生成绩管理数据库（xscj），创建了 xsb、kcb、cjb 三张表，从表结构中可看出：表 xsb 中的学号字段值与表 cjb 中的学号字段值应有相同的类型，均为字符型值、长度可定义为 6，并且不允许为空值。为了确保这一点，可以先定义一个数据类型，命名为 STUDENT_num，用于描述学号字段的这些属性，然后将表 xsb 中的学号字段和表 cjb 中的学号字段定义为 STUDENT_num 数据类型。

1）创建用户定义数据类型

在创建用户自定义数据类型时，首先应考虑如下三个属性：数据类型名称、所依据的系统数据类型（基类型）和为空性。如果为空性未明确定义，系统将依据数据库或连接的 ANSI Null 默认设置进行指派。用户定义数据类型可以通过界面或命令创建。

用户定义数据类型命令格式如下：

```
CREATE TYPE 类型名
      FROM 基类型 [ ( 精度 [ , 位数 ] ) ]
[ NULL | NOT NULL ]
```

其中，“类型名”为指定要自定义的数据类型的名称。“基类型”指定自定义数据类型所基于的系统数据类型。

【例 6.1】 创建 STUDENT_num 数据类型用于学号。

T-SQL 命令如下：

```
CREATE TYPE STUDENT_num
      FROM char(6) NOT NULL
```

2）数据类型的使用

在用户定义数据类型后，就可在“对象资源管理器”窗口中，以 T-SQL 命令方式应用这种用户定义类型。

（1）在“对象资源管理器”窗口中应用举例。

例如，对 xsb 表学号字段的定义为 STUDENT_num 数据类型，如图 6.1 所示。

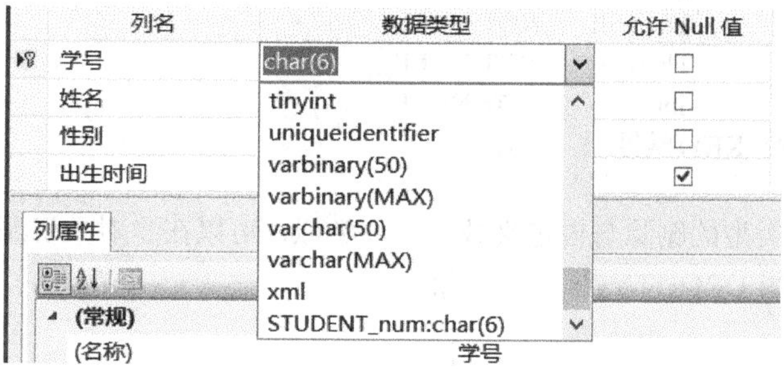

图 6.1 使用用户自定义数据类型定义 xsb 表

（2）T-SQL 应用举例。

【例 6.1 续】 命令定义 xsb 表结构，使用 STUDENT_num 数据类型。

```
CREATE TABLE xsb3
(
      学号        STUDENT_num    NOT NULL PRIMARY KEY,      /*将学号定义为 STUDENT_num 类型*/
```

```
        姓名      char(8)          NOT NULL,
        性别      bit              NULL DEFAULT 1,
        出生时间  datetime         NULL,
        专业      char(12)         NULL,
        总学分    int              NULL,
        备注      varchar(500)     NULL
)
```

3）数据类型的删除

（1）使用“对象资源管理器”删除。展开数据库“xscj”→“可编程性”→“类型”，在“用户定义数据类型”中选择类型“dbo.STUDENT_num”选项，右击鼠标，在弹出的快捷菜单中选择“删除”选项，打开“删除对象”窗口后单击“确定”按钮即可（实际不做操作）。

> **注意：**
> 如果用户自定义数据类型在数据库中被引用，删除操作将不被允许。

（2）使用命令删除，语法格式如下：

```
DROP TYPE 类型名
```

例如：

DROP TYPE STUDENT_num

以上语句实际不做操作。

用户定义数据类型并不是真正的数据类型，它只是提供了一种提高数据库内部元素和基本数据类型之间一致性的机制。

2．用户定义表类型

用户自定义表类型可以作为参数提供给语句、存储过程或者函数，语法格式如下：

```
CREATE TYPE  类型名
      AS TABLE ( <列定义>
            [ <表约束> ] [ , ... ] )
```

其中，<列定义>对列的描述，包含列名、数据类型、为空性、约束等。<表约束>定义对表的约束。

【例 6.2】 创建用户自定义表数据类型，包含 cjb 表中的所有列。

```
CREATE TYPE cjb_tabletype
      AS TABLE
      (
            学号        char(6)     NOT NULL,
            课程号      char(3)     NOT NULL,
            成绩        int         NOT NULL,
            PRIMARY KEY(学号, 课程号)
      )
```

用户自定义表数据类型的删除与自定义数据类型类似，可以在“对象资源管理器”窗口中使用界面方式删除，也可以使用 DROP TYPE 语句删除。

6.1.3 变量

变量用于临时存放数据，变量中的数据随着程序的执行而变化。变量有名称及其数据类型两个属性。变量名用于标识该变量，变量的数据类型确定了该变量存放值的格式及允许的运算。

1．变量及其分类

变量名必须是一个合法的标识符。

（1）标识符。

● 常规标识符：以 ASCII 字母、Unicode 字母、下画线（_）、@或#开头，后续可跟一个或若干个 ASCII 字符、Unicode 字符、下画线（_）、美元符号（$）、@或#，但不能全为下画线（_）、@或#。

> **注意：**
> 常规标识符不能是 T-SQL 的保留字。常规标识符中不允许嵌入空格或其他特殊字符。

● 分隔标识符：包含在双引号（"）或者方括号（[ ]）内的常规标识符或不符合常规标识符规则的标识符。

标识符允许的最大长度为 128 个字符。符合常规标识符格式规则的标识符可以分隔，也可以不分隔。对不符合标识符规则的标识符必须进行分隔。

（2）变量的分类。

● 全局变量：全局变量由系统提供且预先声明，通过在名称前加两个“@”来区别于局部变量。T-SQL 全局变量作为函数引用。例如，@@ERROR 返回执行的上一个 T-SQL 语句的错误号；@@CONNECTIONS 返回自上次启动 SQL Server 以来连接或试图连接的次数。

● 局部变量：局部变量用于保存单个数据值。例如，保存运算的中间结果，作为循环变量等。

当首字母为“@”时，表示该标识符为局部变量名；当首字母为“#”时，此标识符为一临时数据库对象名；若开头含一个“#”，表示局部临时数据库对象名；若开头含两个“#”，表示全局临时数据库对象名。

2. 局部变量

（1）局部变量的定义。在批处理过程中用 DECLARE 语句声明局部变量，所有局部变量在声明后均初始化为 NULL，语法格式如下：

```
DECLARE { @局部变量  数据类型 [= 值]} [ ,...]
```

说明：

@局部变量：局部变量名应为常规标识符。前面的“@”表示是局部变量。

数据类型：用于定义局部变量的类型，可为系统类型或自定义类型。

=值：为变量赋值，值可以是常量或表达式，但它必须与变量声明类型匹配。

（2）局部变量的赋值。当声明局部变量后，可用 SET 或 SELECT 语句为其赋值。

① 用 SET 语句赋值。将 DECLARE 语句创建的局部变量设置为给定表达式的值，语法格式如下：

```
SET   @l 局部变量＝表达式
```

说明：

@局部变量：除 cursor、text、ntext、image 及 table 外的任何类型变量名。变量名必须以“@”开头。

表达式：任何有效的 SQL Server 表达式。

【例 6.3】 创建局部变量@var1、@var2 并赋值，然后输出变量的值。

```
DECLARE @var1 char(10) ,@var2 char(30)
SET   @var1='中国'                    /*一个 SET 语句只能为一个变量赋值*/
SET   @var2=@var1+'是一个伟大的国家'
SELECT @var1, @var2
GO
```

执行结果如图 6.2 所示。

	(无列名)	(无列名)
1	中国	中国　是一个伟大的国家

图 6.2 执行结果

【例 6.3 续】 创建一个名为 sex 的局部变量，并在 SELECT 语句中使用该局部变量查找表 xsb 中所有女生的学号、姓名。

```
USE xscj
```

```
GO
DECLARE @sex bit
SET @sex=0
SELECT 学号, 姓名
    FROM  xsb
    WHERE 性别=@sex
```

【例 6.3 续】 使用查询为变量赋值。

```
DECLARE @student char(8)
SET @student=(SELECT 姓名 FROM xsb WHERE 学号='191301')
SELECT @student
```

② 用 SELECT 语句赋值，语法格式如下：

```
SELECT {@局部变量=表达式} [, …]
```

说明：

① “SELECT @局部变量”通常用于将单个值返回到变量中。如果“表达式”为列名，则返回多个值，此时将返回的最后一个值赋给变量。

② 如果 SELECT 语句没有返回行，变量将保留当前值。

③ 如果“表达式”是不返回值的标量子查询，则将变量设为 NULL。

④ 一个 SELECT 语句可以初始化多个局部变量。

【例 6.4】 使用 SELECT 语句为局部变量赋值。

```
DECLARE @var1 nvarchar(30)
SELECT @var1 ='刘丰'
SELECT  @var1 AS 'NAME'
```

【例 6.4 续】 为局部变量赋空值。

```
DECLARE @var1 nvarchar(30)
SELECT @var1 = '刘丰'
SELECT @var1 =
(
    SELECT 姓名
        FROM xsb
        WHERE 学号= '191399'
)
SELECT @var1 AS  'NAME'
```

说明：例中子查询用于为@var1 赋值。在 xsb 表中学号“191399”不存在，因此子查询不返回值，并将变量@var1 设为 NULL。

3. 局部游标变量

（1）局部游标变量的定义，语法格式如下：

```
DECLARE { @游标变量名 CURSOR } [ , ...]
```

“@游标变量名”是局部游标变量名，应为常规标识符。前面的“@”表示是局部的。“CURSOR”表示该变量是游标变量。

（2）局部游标变量的赋值。利用 SET 语句为一个游标变量赋值，有三种情况：

①将一个已赋值的游标变量的值赋给另一个局部游标变量；

②将一个已声明的游标名赋给指定的局部游标变量；

③声明一个游标，同时将其赋给指定的局部游标变量。

上述三种情况的语法格式如下：

```
SET
{
```

```
    @游标变量 =
    {
            @游标变量                    /*将一个已赋值的游标变量的值赋给一个局部游标变量*/
            | 游标名                     /*将一个已声明的游标名赋给游标变量*/
            | { CURSOR 子句 }            /*游标声明*/
    }
}
```

说明：

@游标变量：用于指定游标变量名，如果局部游标变量先前引用了一个不同的游标，则应删除先前的引用。

游标名：指用 DECLARE CURSOR 语句声明的游标名。

（3）游标变量的使用。步骤如下：定义游标变量→给游标变量赋值→打开游标→利用游标读取行（记录）→使用结束后关闭游标→删除游标的引用。

【例 6.5】 使用游标变量。

```
USE xscj
GO
DECLARE @CursorVar CURSOR                               /*定义游标变量*/
SET @CursorVar = CURSOR SCROLL DYNAMIC                  /*为游标变量赋值*/
    FOR
        SELECT 学号, 姓名
            FROM  xsb
            WHERE 姓名 LIKE  '王%'
OPEN @CursorVar                                         /*打开游标*/
FETCH  NEXT  FROM @CursorVar
FETCH  NEXT  FROM @CursorVar                            /*通过游标读行记录*/
CLOSE @CursorVar
DEALLOCATE @CursorVar                                   /*删除对游标的引用*/
```

执行结果如图 6.3 所示。

4．用户定义表类型变量

语法格式如下：

```
DECLARE
{ @表变量名 [AS] TABLE ( { <列定义> | <表约束> } [ , ... ] ) }
```

说明：表变量名为要声明的表数据类型变量的名称。

【例 6.6】 声明一个表数据类型变量并向变量中插入数据。

```
DECLARE @var_table
    AS TABLE
    (
        num char(6) NOT NULL PRIMARY KEY,
        name char(8) NOT NULL,
        sex bit NULL
    )                                                   /*声明变量*/
INSERT INTO @var_table
    SELECT 学号,姓名,性别 FROM xsb                      /*插入数据*/
SELECT TOP(4) * FROM @var_table   WHERE 备注=NOT NULL   /*查看内容*/
```

执行结果如图 6.4 所示。

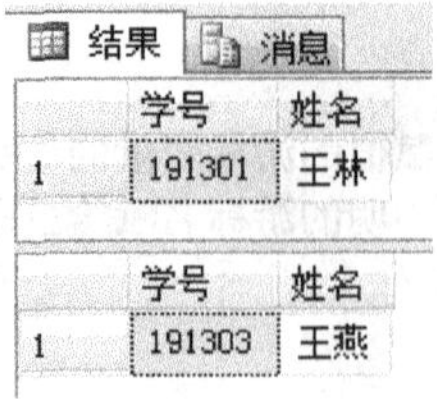

图 6.3 执行结果

图 6.4 执行结果

6.2 运算符与表达式

SQL Server 2016 提供如下几类运算符：算术运算符、位运算符、比较运算符、逻辑运算符、字符串连接运算符、一元运算符、赋值运算符。通过运算符连接运算量构成表达式。

1. 算术运算符

算术运算符在两个表达式上执行数学运算，这两个表达式可以是任何数字数据类型。

算术运算符有+（加）、-（减）、*（乘）、/（除）和%（求模）五种运算。+（加）和-（减）运算符还可用于对日期时间类型的值进行算术运算。

2. 位运算符

位运算符在两个表达式之间执行位操作，这两个表达式的类型可为整型或与整型兼容的数据类型（如字符型等，但不能为 image 类型）。位运算符如表 6.1 所示。

表 6.1 位运算符

运 算 符	运 算 规 则
&	两个位均为 1 时，结果为 1，否则为 0
|	只要一个位为 1，则结果为 1，否则为 0
^	两个位值不同时，结果为 1，否则为 0

【例 6.7】 在 test1 数据库中，建立表 bitop，并插入一行，然后将 a 字段和 b 字段列的值进行按位与运算。

```
USE test1
GO
CREATE TABLE bitop
(
    a int NOT NULL,
    b int NOT NULL
)
INSERT bitop VALUES (168, 73)
SELECT a & b,   a | b,   a ^ b
    FROM bitop
GO
```

执行结果如图 6.5 所示。

图 6.5 执行结果

说明： a(168)的二进制表示为 0000 0000 1010 1000；b(73)的二进制表示为 0000 0000 0100 1001。在这两个值之间进行的位运算如下：

(a &b)：

0000 0000 1010 1000

0000 0000 0100 1001

0000 0000 0000 1000（十进制值为 8）

(a | b)：

0000 0000 1010 1000

0000 0000 0100 1001

0000 0000 1110 1001（十进制值为 233）

(a ^ b)：

0000 0000 1010 1000

0000 0000 0100 1001

0000 0000 1110 0001（十进制值为 225）

3．比较运算符

比较运算符（关系运算符）如表 6.2 所示，用于测试两个表达式的值是否相同，其运算结果为逻辑值，可以为 TRUE、FALSE 及 UNKNOWN 三者之一。

表 6.2 比较运算符

运 算 符	含 义	运 算 符	含 义
=	相等	<=	小于或等于
>	大于	<>、!=	不等于
<	小于	!<	不小于
>=	大于或等于	!>	不大于

除 text、ntext 或 image 类型的数据外，比较运算符可以用于所有的表达式。

4．逻辑运算符

逻辑运算符用于对某个条件进行测试，运算结果为 TRUE 或 FALSE。SQL Server 提供的逻辑运算符如表 6.3 所示。这里的逻辑运算符在 SELECT 语句的 WHERE 子句中使用过，此处再做一些补充。

表 6.3 逻辑运算符

运 算 符	运 算 规 则
AND	如果两个操作数值都为 TRUE，则运算结果为 TRUE
OR	如果两个操作数中有一个为 TRUE，则运算结果为 TRUE
NOT	若一个操作数值为 TRUE，则运算结果为 FALSE，否则为 TRUE
ALL	如果每个操作数值都为 TRUE，则运算结果为 TRUE
ANY	在一系列操作数中只要有一个为 TRUE，则运算结果为 TRUE
BETWEEN	如果操作数在指定的范围内，则运算结果为 TRUE
EXISTS	如果子查询包含一些行，则运算结果为 TRUE
IN	如果操作数值等于表达式列表中的一个，则运算结果为 TRUE
LIKE	如果操作数与一种模式相匹配，则运算结果为 TRUE
SOME	如果在一系列操作数中，有些值为 TRUE，则运算结果为 TRUE

（1）ANY、SOME、ALL、IN 的使用。可以将 ALL 或 ANY 关键字与比较运算符组合进行子查询。SOME 的用法与 ANY 相同。以 > 比较运算符为例：

- >ALL 表示大于每一个值，即大于最大值。例如，>ALL(5, 2, 3)表示大于 5。因此，使用>ALL 的子查询也可用 MAX 集函数实现。
- >ANY 表示至少大于一个值，即大于最小值。例如，>ANY (7, 2, 3)表示大于 2。因此，使用>ANY 的子查询也可用 MIN 集函数实现。
- =ANY 运算符与 IN 等效。
- <>ALL 与 NOT IN 等效。

【例 6.8】 查询成绩高于“林一帆”最高成绩的学生姓名、课程名及成绩。

```
USE xscj
GO
SELECT 姓名, 课程名, 成绩
    FROM xsb, cjb, kcb
    WHERE 成绩> ALL
    (
        SELECT b.成绩
            FROM xsb a,  cjb b
            WHERE a.学号= b.学号  AND  a.姓名= '林一帆'
    )
        AND xsb.学号=cjb.学号
        AND kcb.课程号=cjb.课程号
        AND 姓名<>'林一帆'
```

（2）BETWEEN 的使用，语法格式如下：

```
测试表达式 [ NOT ] BETWEEN 起始表达式 AND 结束表达式
```

如果“测试表达式”的值大于或等于“起始表达式”的值并且小于或等于“结束表达式”的值，则运算结果为 TRUE，否则为 FALSE。由“起始表达式”“结束表达式”指定测试范围，且三个表达式的类型必须相同。

NOT 关键字表示对谓词 BETWEEN 的运算结果取反。

【例 6.9】 查询总学分在 40～50 分的学生学号和姓名。

```
SELECT 学号, 姓名, 总学分
    FROM   xsb
    WHERE 总学分 BETWEEN 40 AND 50
```

使用 >= 和 <=代替 BETWEEN 实现与上例相同的功能：

```
SELECT 学号, 姓名, 总学分
    FROM     xsb
    WHERE    总学分>= 40   AND 总学分<=50
```

【例 6.9 续】 查询总学分在范围 40～50 分之外的所有学生的学号和姓名。

```
SELECT 学号, 姓名, 总学分
    FROM   xsb
    WHERE 总学分 NOT BETWEEN 40 AND 50
```

（3）LIKE 的使用，语法格式如下：

```
表达式 [ NOT ] LIKE 模式 [ ESCAPE 转义符 ]
```

确定给定的字符串是否与指定的模式匹配，若匹配，则运算结果为 TRUE，否则为 FALSE。模式可以包含普通字符和通配字符。

【例 6.10】 查询课程名以“计”或“C”开头的情况。

```
SELECT *
```

```
        FROM kcb
        WHERE 课程名 LIKE '[计 C]%'
```

（4）EXISTS 与 NOT EXISTS 的使用，语法格式如下：

```
EXISTS 子查询
```

用于检测一个子查询的结果是否不为空，若是则运算结果为真，否则为假。“子查询”用于代表一个受限的 SELECT 语句（不允许有 COMPUTE 子句和 INTO 关键字）。EXISTS 子句的功能有时可用 IN 或= ANY 运算符实现，而 NOT EXISTS 的作用与 EXISTS 相反。

【例 6.11】 查询所有选课学生的姓名。

```
SELECT DISTINCT 姓名
    FROM    xsb
    WHERE   EXISTS
    (
            SELECT  *
                FROM    cjb
                WHERE   xsb.学号= cjb.学号
    )
```

5. 字符串连接运算符

通过运算符“+”实现两个字符串的连接运算。

【例 6.12】 多个字符串的连接。

```
SELECT  (学号+','+ 姓名) AS 学号及姓名
    FROM xsb
    WHERE 学号='191301'
```

图 6.6 执行结果

执行结果如图 6.6 所示。

6. 一元运算符

一元运算符有+（正）、-（负）和～（按位取反）三个。对于按位取反运算符举例如下：

设 a 的值为 12（0000 0000 0000 1100），计算～a 的值为 1111 1111 1111 0011。

7. 赋值运算符

指给局部变量赋值的 SET 和 SELECT 语句中使用的“=”。

8. 运算符的优先顺序

当一个复杂的表达式有多个运算符时，运算符优先级决定执行运算的先后次序。执行的顺序会影响所得到的运算结果。

运算符优先级如表 6.4 所示。在一个表达式中按先高（优先级数字小）后低（优先级数字大）的顺序进行运算。

表 6.4 运算符优先级

运 算 符	优 先 级	运 算 符	优 先 级
+（正）、-（负）、～（按位 NOT）	1	NOT	6
*（乘）、/（除）、%（模）	2	AND	7
+（加）、+（串联）、-（减）	3	ALL、ANY、BETWEEN、IN、LIKE、OR、SOME	8
=, >, <, >=, <=, <>, !=, !>, !< 比较运算符	4	=（赋值）	9
^（位异或）、&（位与）、|（位或）	5		

当一个表达式中的两个运算符有相同的优先等级时，根据它们在表达式中的位置，一般而言，一

元运算符按从右向左的顺序进行运算，二元运算符按从左到右的顺序进行运算。

表达式中可用括号改变运算符的优先级，先对括号内的表达式求值，然后再对括号外的运算符进行运算时使用该值。

若表达式中有嵌套的括号，则首先对嵌套最深的表达式求值。

9. 表达式

前面已经涉及了表达式这个概念，下面只做简单的讨论。

一个表达式就是常量、变量、列名、复杂计算、运算符和函数的组合。一个表达式通常可以得到一个值。与常量和变量一样，一个表达式的值也具有某种数据类型，可能的数据类型有字符类型、数值类型、日期时间类型。这样，根据表达式的值的类型，表达式可分为字符型表达式、数值型表达式和日期时间型表达式。

表达式还可以根据值的复杂性来分类。

若表达式的结果只是一个值，如一个数值、一个单词或一个日期，则这种表达式称为标量表达式，如 1+2，'a'>'b'。

若表达式的结果是由不同类型数据组成的一行值，则这种表达式称为行表达式。例如，（学号，'王林'，'计算机'，50*10），当学号列的值为 191301 时，这个行表达式的值就为（'191301'，'王林'，'计算机'，500）。

若表达式的结果为 0 个、1 个或多个行表达式的集合，那么这个表达式就称为表表达式。

表达式一般用在 SELECT 及 SELECT 语句的 WHERE 子句中。

6.3 流程控制语句

在设计程序时，常常需要利用各种流程控制语句，改变计算机的执行流程以满足程序设计的需要。在 SQL Server 中提供了如表 6.5 所示的流程控制语句。

表 6.5 SQL Server 流程控制语句

控制语句	说明	控制语句	说明
BEGIN…END	语句块	CONTINUE	用于重新开始下一次循环
IF…ELSE	条件语句	BREAK	用于退出最内层的循环
CASE	分支语句	RETURN	无条件返回
GOTO	无条件转移语句	WAITFOR	为语句的执行设置延迟
WHILE	循环语句		

【例 6.13】 查询总学分大于 42 分的学生人数，程序如下：

```
USE xscj
GO
DECLARE @num int
SELECT @num=(SELECT COUNT(姓名) FROM xsb WHERE  总学分>42)
IF @num<>0
    SELECT @num AS '总学分>42 的人数'
```

1. 语句块

在 T-SQL 中可以定义 BEGIN…END 语句块。当要执行多条 T-SQL 语句时，就需要使用 BEGIN…END 将这些语句定义成一个语句块，作为一组语句来执行。语法格式如下：

```
BEGIN
    { SQL 语句 | 语句块 }
END
```

关键字 BEGIN 是 T-SQL 语句块的起始位置，END 标识同一个 T-SQL 语句块的结尾。“SQL 语句”是语句块中的 T-SQL 语句。BEGIN…END 可以嵌套使用，“语句块”表示使用 BEGIN…END 定义的另一个语句块。例如：

```
USE xscj
GO
BEGIN
    SELECT * FROM xsb
    SELECT * FROM kcb
END
```

2. 条件语句

在程序中如果要对给定的条件进行判定，当条件为真或假时分别执行不同的 T-SQL 语句，可用 IF…ELSE 语句实现，语法格式如下：

```
IF 条件表达式
    { SQL 语句 | 语句块 }                    /*条件表达式为真时执行*/
[ ELSE
    { SQL 语句 | 语句块 } ]                  /*条件表达式为假时执行*/
```

说明：

如果“条件表达式”中含有 SELECT 语句，则必须用圆括号将 SELECT 语句括起来，运算结果为 TRUE（真）或 FALSE（假）。

由上述语法格式可看出，条件语句分带 ELSE 部分和不带 ELSE 部分两种使用形式。

（1）带 ELSE 部分。

```
IF 条件表达式
    A                                        /* T-SQL 语句或语句块*/
ELSE
    B                                        /*T-SQL 语句或语句块*/
```

当条件表达式的值为真时执行 A，然后执行 IF 语句的下一语句；条件表达式的值为假时执行 B，然后执行 IF 语句的下一语句。

（2）不带 ELSE 部分。

```
IF 条件表达式
        A                                    /*T-SQL 语句或语句块*/
```

当条件表达式的值为真时执行 A，然后执行 IF 语句的下一条语句；当条件表达式的值为假时直接执行 IF 语句的下一条语句。

IF 语句的执行流程如图 6.7 所示。

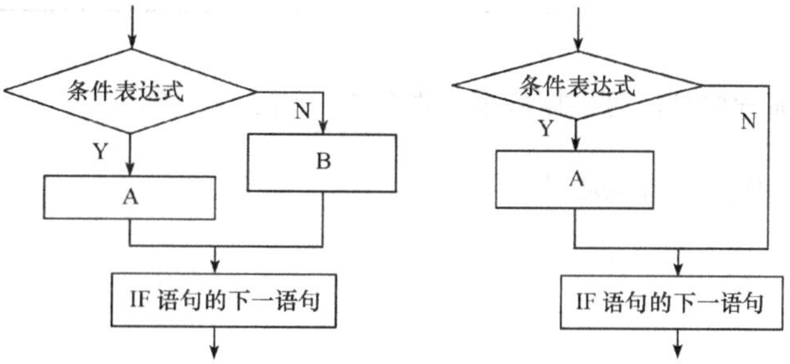

图 6.7 IF 语句的执行流程

如果在 IF…ELSE 语句的 IF 区和 ELSE 区都使用了 CREATE TABLE 语句或 SELECT INTO 语句，那么 CREATE TABLE 语句或 SELECT INTO 语句必须使用相同的表名。

IF…ELSE 语句可用在批处理、存储过程（经常使用这种结构测试是否存在着某个参数）及特殊查询中。

可在 IF 区或 ELSE 区嵌套另一个 IF 语句，嵌套层数不限。

【例 6.14】 如果“计算机基础”课程的平均成绩高于 75 分，则显示“平均成绩高于 75”。

```
IF
(
    SELECT  AVG(成绩)
            FROM    xsb, cjb, kcb
            WHERE   xsb.学号= cjb.学号
                AND  cjb.课程号=kcb.课程号
                AND  kcb.课程名='计算机基础'
)<75
    SELECT  '平均成绩低于 75'
ELSE
    SELECT '平均成绩高于 75'
```

【例 6.14 续】 IF…ELSE 语句的嵌套使用。

```
IF
(   SELECT  AVG(成绩)
        FROM    xsb, cjb, kcb
        WHERE   xsb.学号= cjb.学号
                AND  cjb.课程号=kcb.课程号
                AND  kcb.课程名='计算机基础'
)<75
    SELECT  '平均成绩低于 75'
ELSE
    IF
    (   SELECT  AVG(成绩)
            FROM    xsb, cjb, kcb
            WHERE   xsb.学号= cjb.学号
                AND  cjb.课程号=kcb.课程号
                AND  kcb.课程名='计算机基础'
    )>75
        SELECT  '平均成绩高于 75'
```

注意：

若子查询跟随在 =、!=、<、<=、>、>= 之后，或子查询用于表达式，则子查询返回的值不允许多于一个。

3. 多重分支

CASE 语句可进行流程控制，可根据多重条件分支，语法格式如下：

```
CASE 输入表达式
    WHEN 表达式 THEN 结果表达式
    [ ... ]
    [ ELSE 结果表达式 ]
END
```

或者：

```
CASE
    WHEN 布尔表达式 THEN 结果表达式
    [ ... ]
    [ ELSE 结果表达式 ]
```

```
END
```

第一种格式中的“输入表达式”是要判断的值或表达式，接下来是一系列的 WHEN-THEN 块，每一块的“WHEN 表达式”参数指定要与“输入表达式”比较值，如果为真，就执行“结果表达式”中的 T-SQL 语句。如果前面的每一个块都不匹配，就会执行 ELSE 块指定的语句。CASE 语句最后以 END 关键字结束。

第二种格式中的 CASE 关键字后面没有参数，在 WHEN-THEN 块中，“布尔表达式”指定了一个比较表达式，表达式为真时执行 THEN 后面的语句。与第一种格式相比，这种格式能够实现更为复杂的条件判断，使用起来更方便。

【例 6.15】 使用第一种格式的 CASE 语句，根据性别值输出“男”或“女”。

```
SELECT 学号, 姓名, 专业, SEX=
        CASE 性别
            WHEN 1 THEN '男'
            WHEN 0 THEN '女'
            ELSE  '无'
        END
    FROM xsb
    WHERE 总学分>48
```

使用第二种格式的 CASE 语句则可以使用以下 T-SQL 语句：

```
SELECT 学号, 姓名, 专业, SEX=
        CASE
            WHEN 性别=1 THEN '男'
            WHEN 性别=0 THEN '女'
            ELSE  '无'
        END
    FROM xsb
    WHERE 总学分>48
```

4. 无条件转移语句

无条件转移语句将执行流程转移到标号指定的位置，语法格式如下：

```
GOTO  标号
```

“标号”是指向的语句标号，标号必须符合标识符规则，标号的定义形式如下：

```
标号 : 语句
```

5. 循环语句

（1）WHILE 循环语句。如果需要重复执行程序中的一部分语句，则可使用 WHILE 循环语句实现。语法格式如下：

```
WHILE 条件表达式
{ SQL 语句 | 语句块 }              /*T-SQL 语句序列构成的循环体*/
```

WHILE 语句的执行流程如图 6.8 所示。

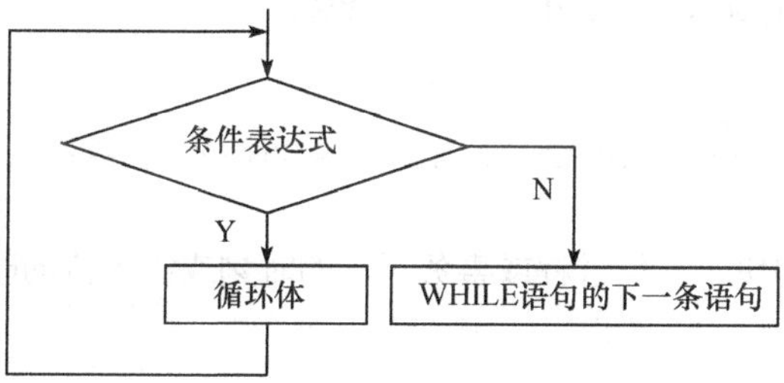

图 6.8　WHILE 语句的执行流程

从 WHILE 循环的执行流程可看出其使用形式如下：

```
WHILE 条件表达式
      循环体                    /*T-SQL 语句或语句块*/
```

当条件表达式值为真时，执行构成循环体的 T-SQL 语句或语句块，然后再进行条件判断，重复上述操作，直至条件表达式的值为假，退出循环体的执行。

【例 6.16】 将学号为 191301 的学生总学分使用循环修改到 60 分，每次只加 2 分，并判断循环了多少次。

```
USE xscj
GO
DECLARE @num INT
SET @num=0
WHILE (SELECT 总学分 FROM xsb WHERE 学号='191301')<60
BEGIN
      UPDATE xsb SET 总学分=总学分+2 WHERE 学号= '191301'
      SET @num=@num+1
END
SELECT @num AS 循环次数
```

执行结果，循环次数为 5。

（2）BREAK 语句，语法格式如下：

```
BREAK
```

BREAK 语句一般用在循环语句中，用于退出本层循环。当程序中有多层循环嵌套时，使用 BREAK 语句只能退出其所在的这一层循环。

（3）CONTINUE 语句，语法格式如下：

```
CONTINUE
```

CONTINUE 语句一般用在循环语句中，用于结束本次循环，重新转到下一次循环条件的判断。

6．返回语句

用于从存储过程、批处理或语句块中无条件退出，不执行位于 RETURN 之后的语句。

语法格式如下：

```
RETURN [ 整数表达式 ]
```

如果不提供“整数表达式”，则退出程序并返回一个空值；如果用在存储过程中，则可以返回整型值的“整数表达式”。

说明：

（1）除非特别指明，否则所有系统存储过程返回 0 值表示成功，返回非 0 值则表示失败。

（2）当用于存储过程时，RETURN 不能返回空值。

【例 6.17】 判断是否存在学号为 191328 的学生，如果存在则返回，不存在则插入学号为 191328 的学生信息。

```
IF EXISTS(SELECT * FROM xsb WHERE 学号='191328')
      RETURN
ELSE
      INSERT INTO xsb VALUES('191328', '张可', 1, '1990-08-12', '计算机',52, NULL)
```

7．等待语句

等待语句指定触发语句块、存储过程或事务执行的时刻或需等待的时间间隔，语法格式如下：

```
WAITFOR
{
      DELAY '等待时间'
```

```
        | TIME '执行时间'
}
```

说明：

（1）DELAY '等待时间'：指定运行批处理、存储过程和事务必须等待的时间，最长可达 24h。“等待时间”可以用 datetime 数据格式指定，用单引号括起来，但在值中不允许有日期部分。也可以用局部变量指定参数。

（2）TIME'执行时间'：指定运行批处理、存储过程和事务的时间，“执行时间”表示 WAITFOR 语句完成的时间，值的指定同上。

【例 6.18】 如下语句设定在早上 8 点执行查询语句。

```
BEGIN
    WAITFOR TIME '8:00'
    SELECT * FROM xsb
END
```

8．错误处理语句

在 SQL Server 2016 中，可以使用 TRY…CATCH 语句进行 T-SQL 语言中的错误处理。

语法格式如下：

```
BEGIN TRY
    { SQL 语句 | 语句块 }
END TRY
BEGIN CATCH
    [ { SQL 语句 | 语句块 } ]
END CATCH
```

说明：要进行错误处理，T-SQL 语句组可以包含在 TRY 块中。如果 TRY 块内部发生错误，则会将控制传递给 CATCH 块中包含的另一个语句组。TRY…CATCH 构造可对严重程度高于 10 但不关闭数据库连接的所有执行错误进行缓存。

6.4 系统内置函数

6.4.1 系统内置函数介绍

在程序设计过程中，常常调用系统提供的函数。T-SQL 编程语言提供三种系统内置函数：行集函数、聚合函数和标量函数。所有的函数都是确定性或非确定性的。

（1）确定性函数：每次使用特定的输入值集调用该函数时，总是返回相同的结果。

（2）非确定性函数：每次使用特定的输入值集调用该函数时，可能返回不同的结果。

例如，DATEADD 内置函数是确定性函数，因为对于其任何给定参数总是返回相同的结果。GETDATE 是非确定性函数，因其每次执行后，返回结果都不同。

下面介绍一些常用的函数。

1．行集函数

行集函数是返回值为对象的函数，该对象可在 T-SQL 语句中作为表引用。所有行集函数都是非确定性的，即每次用一组特定参数调用它们时，所返回的结果不总是相同的。

SQL Server 2016 主要提供如下行集函数。

（1）CONTAINSTABLE：对于基于字符类型的列，按照一定的搜索条件进行精确或模糊匹配，然后返回一个表，该表可能为空。

（2）FREETEXTTABLE：为基于字符类型的列返回一个表，其中的值符合指定文本的含义，但不符合确切的表达方式。

（3）OPENDATASOURCE：提供与数据源的连接。

（4）OPENQUERY：在指定数据源上执行查询。可以在查询的 FROM 子句中像引用基本表一样引用 OPENQUERY 函数，虽然查询可能返回多个记录，但 OPENQUERY 只返回第一个记录。

（5）OPENROWSET：包含访问 OLE DB 数据源中远程数据所需的全部连接信息。可在查询的 FROM 子句中像引用基本表一样引用 OPENROWSET 函数，虽然查询可能返回多个记录，但 OPENROWSET 只返回第一个记录。

（6）OPENXML 函数：通过 XML 文档提供行集视图。

2．聚合函数

聚合函数对一组值操作，返回单一的汇总值。聚合函数在以下情况下，允许作为表达式使用：

（1）SELECT 语句的选择列表（子查询或外部查询）；

（2）COMPUTE 或 COMPUTE BY 子句；

（3）HAVING 子句。

3．标量函数

标量函数的特点：输入参数的类型为基本类型，返回值也为基本类型。

6.4.2 常用系统标量函数

在“对象资源管理器”窗口中展开“数据库”→“xscj”→“可编程性”→“函数”→“系统函数”，可以查看到 SQL Server 2016 提供的所有系统内置函数。本节将介绍常用的系统标量函数。

1．配置函数

配置函数用于返回当前配置选项设置的信息。全局变量是以函数形式使用的，配置函数一般都是全局变量名，详细介绍请参见有关文档。

2．数学函数

数学函数可对 SQL Server 提供的数字数据（decimal、integer、float、real、money、smallmoney、smallint 和 tinyint）进行数学运算并返回运算结果。在默认情况下，对 float 数据类型数据的内置运算精度为 6 个小数位。

下面给出几个例子说明数学函数的使用，其他的数学函数请参考有关文档。

（1）ABS 函数，语法格式如下：

```
ABS(数字表达式)
```

返回给定数字表达式的绝对值。参数为数字型表达式（bit 数据类型除外），返回值类型与“数字表达式”相同。

例如，显示 ABS 函数对三个不同数字的效果。

```
SELECT  ABS(-5.0),  ABS(0.0),  ABS(8.0)
```

（2）RAND 函数，语法格式如下：

```
RAND ([ 种子 ])
```

返回 0～1 之间的一个随机值。参数“种子”是指定种子值的整型表达式，返回值类型为 float。如果未指定“种子”，则随机分配种子值。对于指定的种子值，返回的结果始终相同。

例如，通过 RAND 函数返回随机值。

```
DECLARE @count int
SET @count = 5
```

```
SELECT  RAND(@count)
```

3. 字符串处理函数

字符串函数用于对字符串进行处理。在此介绍一些常用的字符串处理函数，其他的字符串处理函数请参考有关文档。

（1）ASCII 函数，语法格式如下：

```
ASCII ( 字符表达式 )
```

返回字符表达式最左端字符的 ASCII 值。参数“字符表达式”的类型为字符型的表达式，返回值为整型。

例如，查找字符串'sql'最左端字符的 ASCII 值。

```
SELECT ASCII('sql')
```

执行结果为 115，它是小写 s 的 ASCII 值。

（2）CHAR 函数，语法格式如下：

```
CHAR ( 整型表达式 )
```

将 ASCII 码转换为字符。“整型表达式”为 0～255 之间的整数，返回值为字符型。

（3）LEFT 函数，语法格式如下：

```
LEFT ( 字符表达式 , 整型表达式 )
```

返回从字符串左边开始指定个数的字符，返回值为 varchar 型。

例如，返回课程名最左边的 4 个字符。

```
SELECT LEFT(课程名, 4)
    FROM kcb
    ORDER BY 课程号
```

又例如：

```
SELECT 学号,姓名
    FROM xsb
    WHERE LEFT(学号,2)='19'
```

（4）LTRIM 函数，语法格式如下：

```
LTRIM ( 字符表达式 )
```

删除“字符表达式”字符串中的前导空格，并返回字符串。

例如，使用 LTRIM 函数删除字符变量中的起始空格。

```
DECLARE @string varchar(40)
SET @string = '         中国，一个古老而伟大的国家 '
SELECT  LTRIM(@string)
SELECT @string
```

（5）REPLACE 函数，语法格式如下：

```
REPLACE ( '字符串表达式 1' , '字符串表达式 2' , '字符串表达式 3' )
```

用“字符串表达式 3”替换“字符串表达式 1”中包含的“字符串表达式 2”，并返回替换后的表达式（返回值为字符型）。

（6）SUBSTRING 函数，语法格式如下：

```
SUBSTRING ( 表达式, 起始, 长度 )
```

返回表达式中指定的部分数据。参数“表达式”可为字符串、二进制串、text、image 字段或表达式；“起始”“长度”均为整型，前者指定子串的开始位置，后者指定子串的长度（要返回字节数）。如果“表达式”是字符类型和二进制类型，则返回值类型与“表达式”的类型相同。在其他情况下，如表 6.6 所示。

表 6.6　SUBSTRING 函数返回值不同于给定表达式的情况

给定的表达式	返回值类型	给定的表达式	返回值类型	给定的表达式	返回值类型
text	varchar	image	varbinary	ntext	nvarchar

【例 6.19】　第 1 列为 xsb 表中的姓，第 2 列为学生名。

```
SELECT TOP(4) SUBSTRING(姓名, 1,1), SUBSTRING(姓名, 2, LEN(姓名)-1)
    FROM xsb
    ORDER BY 姓名
```

执行结果如图 6.9 所示。

【例 6.20】　显示字符串“China”中每个字符的 ASCII 值和字符。

```
DECLARE @position int, @string char(8)
SET @position = 1
SET @string='China'
WHILE @position <= DATALENGTH(@string)
    BEGIN
        SELECT ASCII(SUBSTRING(@string, @position, 1)) AS ASCII 码,
            CHAR(ASCII(SUBSTRING(@string, @position, 1))) AS 字符
        SET @position = @position + 1
    END
```

说明： DATALENGTH 函数用于返回指定表达式的字节数。

执行结果如图 6.10 所示。

	(无列名)	(无列名)
1	程	明
2	李	方方
3	李	红庆
4	李	计

图 6.9　执行结果

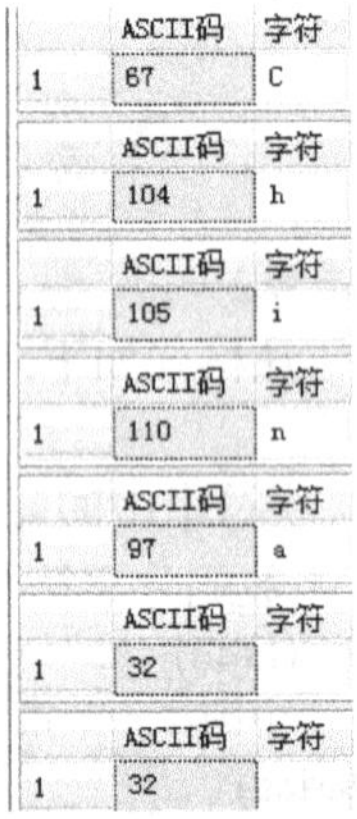

	ASCII码	字符
1	67	C
1	104	h
1	105	i
1	110	n
1	97	a
1	32	
1	32	

图 6.10　执行结果

4．系统函数

系统函数用于对 SQL Server 中的值、对象和设置进行操作并返回有关信息。

（1）CAST 和 CONVERT 函数。CAST、CONVERT 这两个函数的功能都是实现数据类型的转换，但 CONVERT 的功能更强一些。常用的类型转换有以下几种情况：日期型→字符型、字符型→日期型、数值型→字符型。语法格式如下：

```
CAST (表达式 AS 数据类型[(长度)])
CONVERT (数据类型[(长度)], 表达式 [, 类型])
```

说明： 这两个函数将表达式的类型转换为“数据类型”所指定的类型。参数“表达式”可为任何有效的表达式，“数据类型”可为系统提供的基本类型，不能为用户自定义类型，当为 nchar、nvarchar、char、varchar、binary 或 varbinary 等数据类型时，可以通过“长度”参数指定长度。对于不同的表达

式类型转换，参数“类型”的取值不同。“类型”的常用取值及其作用如表 6.7～表 6.9 所示。

表 6.7　日期型与字符型转换时“类型”的常用取值及其作用

不带世纪数位（yy）	带世纪数位（yyyy）	标　准	输入/输出
	0 或 100	默认值	mon dd yyyy hh:miAM(或 PM)
1	101	美国	mm/dd/yyyy
2	102	ANSI	yy.mm.dd
	9 或 109	默认值+毫秒	mon dd yyyy hh:mi:ss:mmmAM(或 PM)
10	110	美国	mm-dd-yy
12	112	ISO	yymmdd

表 6.8　float 或 real 转换为字符型数据时“类型”的取值

style 值	输　出
0（默认值）	根据需要使用科学计数法，长度最多为 6
1	使用科学计数法，长度为 8
2	使用科学计数法，长度为 16

表 6.9　从 money 或 smallmoney 转换为字符数据时“类型”的取值

值	输　出
0（默认值）	小数点左侧每 3 位数字之间不以逗号分隔，小数点右侧取 2 位数，例如 4235.98
1	小数点左侧每 3 位数字之间以逗号分隔，小数点右侧取 2 位数，例如 3,510.92
2	小数点左侧每 3 位数字之间不以逗号分隔，小数点右侧取 4 位数，例如 4235.9819

对于日期与字符型数据的转换，在表 6.7 中，左侧的两列表示将 datetime 或 smalldatetime 数据转换为字符数据的类型值。将类型值加 100，可获得包括世纪数位的 4 位年份（yyyy）。默认值（如类型 0 或 100、9 或 109）始终返回世纪数位。输入时，将字符型数据转换为日期型数据；输出时，将日期型数据转换为字符型数据。

【例 6.21】　检索总学分在 50～59 分的学生姓名，并将总学分转换为 char(20)。

```
USE xscj
GO
/*使用 CAST 实现*/
SELECT 姓名, 总学分
    FROM xsb
    WHERE  CAST(总学分 AS char(20)) LIKE '5_'
/*使用 CONVERT 实现*/
SELECT 姓名, 总学分
    FROM xsb
    WHERE  CONVERT(char(20), 总学分) LIKE '5_'
```

执行结果 2 次，显示 xsb 中学分以 5 打头的学生姓名和总学分所示。

（2）COALESCE 函数，语法格式如下：

```
COALESCE ( 表达式 [ , ... ] )
```

返回参数表中第一个非空表达式的值，如果所有自变量均为 NULL，则 COALESCE 返回 NULL 值。参数“表达式”可为任何类型的表达式。[, ...]表示可以指定多个表达式。所有表达式必须是相同类型的，或者可以隐性转换为相同的类型。

COALESCE(表达式 1, ...) 与如下形式的 CASE 语句等价：

```
CASE
    WHEN (表达式 1 IS NOT NULL) THEN  表达式 1
    ...
    WHEN (表达式 N IS NOT NULL) THEN  表达式 N
ELSE NULL
```

（3）ISNUMBRIC 函数。ISNUMBRIC 函数用于判断一个表达式是否为数值类型。语法格式如下：

```
ISNUMBRIC(表达式)
```

如果输入表达式的计算值为有效的整数、浮点数、money 或 decimal 类型，则 ISNUMERIC 返回 1；否则返回 0。

5．日期时间函数

日期时间函数可用在 SELECT 语句的选择列表或查询的 WHERE 子句中。其他日期和时间函数请参考有关文档。

（1）GETDATE 函数，语法格式如下：

```
GETDATE ()
```

按 SQL Server 标准内部格式返回当前系统日期和时间。返回值类型为 datetime。

（2）YEAR、MONTH、DAY 函数。这三个函数分别返回指定日期的年、月、日部分，返回值都为整数，语法格式如下：

```
YEAR(日期)
MONTH(日期)
DAY(日期)
```

其他日期和时间函数请参考有关文档。

6．游标函数

游标函数用于返回有关游标的信息。主要有如下游标函数：

（1）@@CURSOR_ROWS 函数，语法格式如下：

```
@@CURSOR_ROWS
```

返回最后打开的游标中当前存在满足条件的行数。返回值为 0 表示游标未打开；为-1 表示游标为动态游标；为-*m* 表示游标被异步填充，返回值（-*m*）是键集中当前的行数；为 *n* 表示游标已完全填充，返回值（*n*）是游标中的总行数。

【例 6.22】 声明一个游标，并用 SELECT 显示@@CURSOR_ROWS 的值。

```
USE xscj
GO
SELECT @@CURSOR_ROWS
DECLARE student_cursor CURSOR
    FOR SELECT  姓名  FROM xsb
OPEN student_cursor
FETCH NEXT FROM student_cursor
SELECT @@CURSOR_ROWS
CLOSE student_cursor
DEALLOCATE student_cursor
```

执行结果如图 6.11 所示。

（2）CURSOR_STATUS 函数，语法格式如下：

```
CURSOR_STATUS
(
```

```
        { '本地' , '游标名' }                /*指明数据源为本地游标*/
        | { '全局' , '游标名' }              /*指明数据源为全局游标*/
        | { '变量' , '游标变量' }            /*指明数据源为游标变量*/
    )
```

结果显示游标状态是打开还是关闭。常量字符串“本地”“全局”用于指定游标的类型，“本地”表示为本地游标名，“全局”表示为全局游标名。参数“游标名”用于指定游标名，常量字符串“变量”用于说明其后的游标变量为一个本地变量，参数“游标变量”为本地游标变量名称，返回值类型为smallint。

CURSOR_STATUS()函数返回值如表 6.10 所示。

表 6.10 CURSOR_STATUS()函数返回值

返 回 值	游标名或游标变量	返 回 值	游标名或游标变量
1	游标的结果集至少有一行	−2	游标不可用
0	游标的结果集为空*	−3	指定的游标不存在
−1	游标被关闭		

注：动态游标不返回这个结果。

（3）@@FETCH_STATUS 函数，语法格式如下：

```
@@FETCH_STATUS
```

返回 FETCH 语句执行后游标的状态。@@FETCH_STATUS 返回值如表 6.11 所示。

表 6.11 @@FETCH_STATUS 返回值

返 回 值	说 明	返 回 值	说 明
0	FETCH 语句执行成功	−2	被读取的记录不存在
−1	FETCH 语句执行失败		

【例 6.23】 用@@FETCH_STATUS 控制在一个 WHILE 循环中的游标活动。

```
USE xscj
GO
DECLARE @name char(20), @num char(6)
DECLARE student_cur CURSOR
    FOR
    SELECT 姓名,学号 FROM xscj.dbo.xsb
OPEN student_cur
FETCH NEXT FROM student_cur   INTO @name, @num
SELECT @name, @num
WHILE @@FETCH_STATUS = 0
BEGIN
    FETCH NEXT FROM student_cur
END
CLOSE student_cur
DEALLOCATE student_cur
```

执行结果如图 6.12 所示。

图 6.11 执行结果

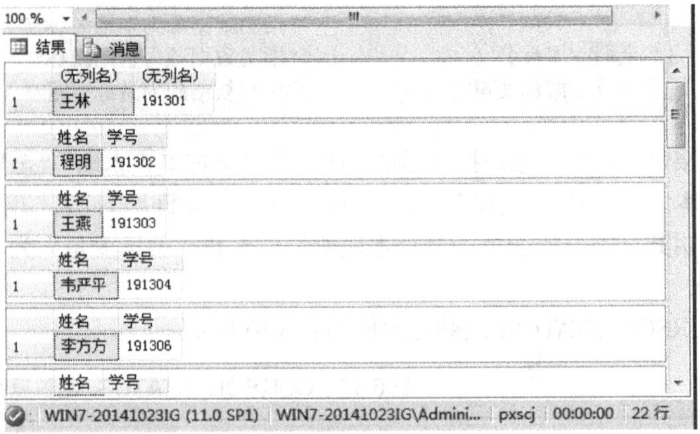

图 6.12 执行结果

7. 元数据函数

元数据是用于描述数据库和数据库对象的。元数据函数用于返回有关数据库和数据库对象的信息。

（1）DB_ID 函数，语法格式如下：

```
DB_ID ( [ '数据库名' ] )
```

系统在创建数据库时，自动为其创建一个标识号。函数 DB_ID 根据指定的数据库名，返回其数据库标识（ID）号。如果参数“数据库名”不指定，则返回当前数据库 ID，返回值类型为 smallint。

（2）DB_NAME 函数，语法格式如下：

```
DB_NAME ( 数据库 ID )
```

根据参数“数据库 ID”所给的数据库标识号，返回数据库名。参数“数据库 ID”类型为 smallint。如果没有指定数据库标识号，则返回当前数据库名。返回值类型为 nvarchar(128)。

6.5 用户定义函数

用户在编程时常常需要将多个 T-SQL 语句组成子程序，以便反复调用，这可通过自己定义函数实现。根据用户定义函数返回值的类型，可分成两类。

（1）标量函数：用户定义函数返回值为标量值，这样的函数称为标量函数。

（2）表值函数：返回值为整个表的用户定义函数为表值函数。根据函数主体的定义方式，表值函数又可分为内嵌表值函数或多语句表值函数。若用户定义函数包含单个 SELECT 语句且该语句可更新，则该函数返回的表也可更新，这样的函数称为内嵌表值函数；若用户定义函数包含多个 SELECT 语句，则该函数返回的表不可更新，这样的函数称为多语句表值函数。

用户定义函数不支持输出参数。用户定义函数不能修改全局数据库状态。

创建用户定义函数可以使用 CREATE FUNCTION 命令，利用 ALTER FUNCTION 命令可以对用户定义函数进行修改，用 DROP FUNCTION 命令可以删除用户定义函数。

6.5.1 标量函数

1. 标量函数的定义

标量函数的一般定义形式如下：

```
CREATE FUNCTION [架构名.] 函数名
( 参数 1 [AS] 类型 1 [ = 默认值 ] ) [ ,...参数 n [AS] 类型 n [ = 默认值 ] ] ] )
RETURNS 返回值类型
[ WITH 选项 ]
[ AS ]
BEGIN
    函数体
    RETURN 标量表达式
END
```

用户在使用命令方式创建用户定义函数后，单击“对象资源管理器”→“数据库”→“xscj”→“可编程性”→“函数”→“标量值函数”，即可创建用户定义的函数对象图标。

2. 标量函数的调用

当调用用户定义的标量函数时，必须提供至少由两部分组成的名称（架构名.函数名）。

可用以下方式调用标量函数。

（1）在 SELECT 语句中调用，调用形式如下：

```
架构名.函数名(实参 1,…,实参 n)。
```

实参可为已赋值的局部变量或表达式。

（2）利用 EXEC 语句执行。

用 T-SQL EXECUTE（EXEC）语句调用用户函数时，参数的标识次序与函数定义中的参数标识次序可以不同，调用形式如下：

```
架构名.函数名 实参 1,…,实参 n
```

或：

```
架构名.函数名 形参名 1=实参 1,…, 形参名 n=实参 n
```

在这里，前者实参顺序应与函数定义的形参顺序一致，后者实参顺序可以与函数定义的形参顺序不一致。

如果函数的参数有默认值，则在调用该函数时必须指定“default”关键字才能获得默认值。这不同于存储过程中有默认值的参数，在存储过程中省略参数也意味着使用默认值。

【例 6.24】 创建用户定义函数，实现计算全体学生某门功课平均成绩的功能。

（1）创建用户定义函数。

```
USE xscj
GO
CREATE FUNCTION average(@num char(20)) RETURNS int
    AS
    BEGIN
            DECLARE @aver int
            SELECT @aver=
            (
                SELECT   avg(成绩)
                    FROM   cjb
                    WHERE  课程号=@num
                    GROUP BY  课程号
            )
            RETURN @aver
    END
```

（2）调用用户定义函数。

```
DECLARE @course1 char(20)                    /*定义局部变量*/
```

```
DECLARE @aver1 int
SELECT   @course1 = '101'                       /*给局部变量赋值*/
SELECT   @aver1=dbo.average(@course1)           /*调用用户函数，并将返回值赋给局部变量*/
SELECT   @aver1 AS '101 课程的平均成绩'            /*显示局部变量的值*/
```

执行结果为 101 课程的平均成绩。

（3）在 xscj 中建立一个 course 表，并将一个字段定义为计算列。

```
CREATE TABLE course
(
        cno         int,                        /*课程号*/
        cname       nchar(20),                  /*课程名*/
        credit      int,                        /*学分*/
        aver AS                                 /*将此列定义为计算列*/
            (
                dbo.average(cno)
            )
)
```

6.5.2 内嵌表值函数

内嵌函数可用于实现参数化视图。例如：

```
CREATE VIEW View1
AS
SELECT 学号, 姓名
      FROM      xscj.dbo.xsb
      WHERE     专业='计算机'
```

若希望设计更通用的程序，让用户能指定感兴趣的查询内容，可将“WHERE 专业= '计算机' ”替换为“WHERE 专业= @para”，@para 用于传递参数。

由于视图不支持在 WHERE 子句中指定搜索条件参数，为解决这一问题，可使用内嵌用户定义函数，脚本如下如下：

```
/*内嵌函数的定义*/
CREATE FUNCTION fun_view1( @para nvarchar(30) )   RETURNS table
AS   RETURN
(
                SELECT 学号, 姓名
                      FROM      xscj.dbo.xsb
                      WHERE     专业= @para
)
GO
/*内嵌函数的调用*/
SELECT    *
      FROM fun_view1 ('计算机')
```

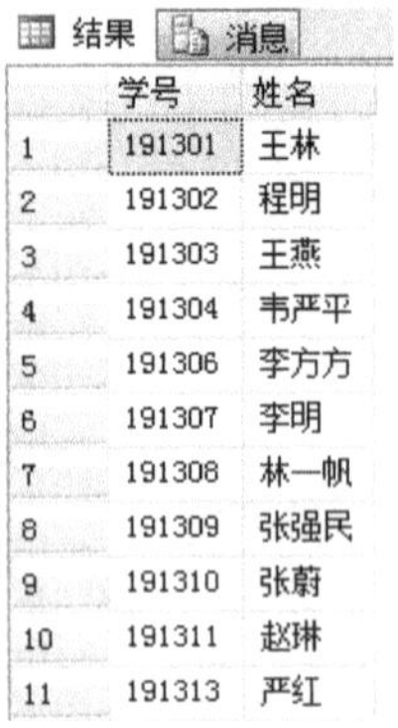

	学号	姓名
1	191301	王林
2	191302	程明
3	191303	王燕
4	191304	韦严平
5	191306	李方方
6	191307	李明
7	191308	林一帆
8	191309	张强民
9	191310	张蔚
10	191311	赵琳
11	191313	严红

图 6.13 执行结果

执行结果如图 6.13 所示。

下面介绍内嵌表值函数的定义及调用。

1. 内嵌表值函数的定义

语法格式如下：

```
CREATE FUNCTION [ 架构名. ] 函数名             /*定义函数名部分*/
([ { @参数名 [ AS ] [ 类型架构名. ] 参数数据类型  [ = 默认 ] } [ ,... ] ])
                                              /*定义参数部分*/
```

```
RETURNS TABLE                                    /*返回值为表类型*/
[ WITH <函数选项> [ , ... ] ]                     /*定义函数的可选项*/
    [ AS ]
RETURN [ ( ] select-stmt [ ) ]                   /*通过 SELECT 语句返回内嵌表*/
```

RETURNS 子句仅包含关键字 TABLE，表示此函数返回一个表。内嵌表值函数的函数体仅有一个 RETURN 语句，并通过参数 select-stmt 指定的 SELECT 语句返回内嵌表值。语法格式中的其他参数项与标量函数的定义类似。

2. 内嵌表值函数的调用

内嵌表值函数只能通过 SELECT 语句调用，内嵌表值函数调用时，可以仅使用函数名。

在此，以前面定义的 st_score()内嵌表值函数的调用作为应用举例，学生通过输入学号调用内嵌函数查询其成绩。

【例 6.25】 对于 xscj 数据库，利用 xsb、kcb、cjb 三个表创建视图，让学生查询其各科成绩及学分。

（1）创建视图。

```
USE xscj
GO
CREATE VIEW xsv
    AS
    SELECT dbo.xsb.学号, dbo.xsb.姓名, dbo.kcb.课程名, dbo.cjb.成绩
        FROM    dbo.kcb
            INNER JOIN    dbo.cjb ON dbo.kcb.课程号 = dbo.cjb.课程号
            INNER JOIN dbo.xsb ON dbo.cjb.学号 = dbo.xsb.学号
```

（2）定义内嵌函数。

```
CREATE FUNCTION student_score(@id char(6))    RETURNS table
AS RETURN
(
    SELECT    *
    FROM    xscj.dbo.xsv
    WHERE dbo. xsv.学号= @id
)
```

（3）调用内嵌函数，查询学号为 191301 的学生的各科成绩及学分。

```
SELECT    *
    FROM    xscj.[dbo].student_score('191301')
```

执行结果如图 6.14 所示。

结果 | 消息

	学号	姓名	课程名	成绩
1	191301	王林	计算机基础	80
2	191301	王林	程序设计与语言	78
3	191301	王林	离散数学	76

图 6.14 执行结果

3. 多语句表值函数

内嵌表值函数和多语句表值函数都返回表，二者不同之处是：内嵌表值函数没有函数主体，返回的表是单个 SELECT 语句的结果集；而多语句表值函数在 BEGIN…END 块中定义的函数主体包含 T-SQL 语句，这些语句可生成行并将行插入至表中，最后返回表。

（1）多语句表值函数定义，语法格式如下：

```
CREATE FUNCTION [ 架构名. ] 函数名                                    /*定义函数名部分*/
( [ { @参数名 [ AS ] [ 类型架构名. ] 参数数据类型  [ = 默认 ] } [ , ... ] ] )   /*定义函数参数部分*/
RETURNS @返回变量  TABLE < 表类型定义 >                               /*定义作为返回值的表*/
[ WITH <函数选项> [ , ... ] ]                                         /*定义函数的可选项*/
    [ AS ]
```

```
BEGIN
    函数体                                                                    /*定义函数体*/
RETURN
END
```

说明：

@返回变量：表变量，用于存储作为函数值返回的记录集。

函数体：T-SQL 语句序列，只用于标量函数和多语句表值函数。在标量函数中，函数体是一系列合起来求得标量值的 T-SQL 语句；在多语句表值函数中，函数体是一系列在表变量“@返回变量”中插入记录行的 T-SQL 语句。

<表类型定义>：指定定义表结构的语句，语法格式中的其他项与标量函数的定义相同。

（2）多语句表值函数的调用。多语句表值函数的调用与内嵌表值函数的调用方法相同。

【例 6.26】 在 xscj 数据库中创建返回表的函数，通过以学号作为实参调用该函数，可显示该学生各门功课的成绩和学分。

① 函数定义。

```
USE xscj
GO
CREATE FUNCTION score_table( @id char(6) )   RETURNS @score TABLE
(
    学号        char(6),
    姓名        char(8),
    课程        char(16),
    成绩        tinyint,
    学分        tinyint
)
AS
BEGIN
    INSERT @score
            SELECT S.学号, S.姓名,P.课程名,O.成绩, P.学分
                FROM   xscj.[dbo].xsb AS S
                    INNER JOIN xscj.[dbo].cjb AS O ON (S.学号= O.学号)
                    INNER JOIN xscj.[dbo].kcb AS P ON (O.课程号= P.课程号)
                WHERE S.学号=@id
    RETURN
END
```

② 查询学号为 191301 的学生各科成绩和学分。

```
SELECT  *  FROM  xscj.[dbo].score_table('191301')
```

执行结果如图 6.15 所示。

结果 消息

	学号	姓名	课程	成绩	学分
1	191301	王林	计算机基础	80	5
2	191301	王林	程序设计与语言	78	4
3	191301	王林	离散数学	76	4

图 6.15 执行结果

6.5.3 用户定义函数的删除

对于一个已创建的用户定义函数，有两种方法删除：

（1）通过“对象资源管理器”窗口删除，此方法非常简单，请用户自己练习。

（2）利用 T-SQL 语句 DROP FUNCTION 删除，语法格式如下：

```
DROP FUNCTION { [ 架构名. ] 函数名 } [ , ... ]
```

说明："函数名"是要删除用户定义的函数名称。可以选择是否指定架构名称，但不能指定服务器名称和数据库名称。可以一次删除一个或多个用户定义函数。

> **注意：**
>
> 要删除用户定义函数，先要删除与之相关的对象。例如，如果在前面建立的 course 表中引用了 average 函数来创建计算列，则要先删除与之相关的列后才能删除函数 average。

第 7 章　索引和完整性

在 SQL Server 中，为了从数据库的大量数据中迅速找到需要的内容，采用了类似于书目录的索引技术，通过它能迅速查到所需要的内容。

7.1　索　　引

索引是根据表中一列或若干列按照一定顺序建立的列值与记录行之间的对应关系表。在数据库系统中建立索引主要有以下作用：

（1）快速存取数据；

（2）保证数据记录的唯一性；

（3）实现表与表之间的参照完整性；

（4）在使用 ORDER BY、GROUP BY 子句进行数据检索时，利用索引可以减少排序和分组的时间。

7.1.1　索引的分类

如果一个表没有创建索引，则数据行不按任何特定的顺序存储，这种结构称为堆集。

SQL Server 支持在表中任何列（包括计算列）上定义索引。按组织方式可将 SQL Server 索引分为聚集索引和非聚集索引两种类型。

1．聚集索引

聚集索引可以使数据表物理顺序与索引顺序一致。不论聚集索引里有表的哪个（或哪些）字段，这些字段都会按顺序保存在表中。由于存在这种排序，所以每个表只会有一个聚集索引。

由于数据记录按聚集索引键的次序存储，所以聚集索引对查找记录很有效。

2．非聚集索引

在非聚集索引内，从索引行指向数据行的指针称为行定位器。行定位器的结构取决于数据页的存储方式是堆集还是聚集。对于堆集，行定位器是指向行的指针。对于有聚集索引的表，行定位器是聚集索引键。如果一个表只有非聚集索引，则它的数据行将按无序的堆集方式存储。

一个表中可有一个或多个非聚集索引。

当在一个表中既要创建聚集索引，又要创建非聚集索引时，应先创建聚集索引，然后再创建非聚集索引，因为创建聚集索引时将改变数据记录的物理存放顺序。

当在 SQL Server 上创建索引时，可指定存储键是按升序还是降序。

7.1.2 索引的创建

1．创建索引

在 xscj 数据库中，经常要对 xsb、kcb、cjb 三个表进行查询和更新。为了提高查询和更新速度，可以考虑对三个表建立如下索引：

（1）对于 xsb 表，按学号建立主键索引（PRIMARY KEY 约束），组织方式为聚集索引。

（2）对于 kcb 表，按课程号建立主键索引，组织方式为聚集索引。

（3）对于 kcb 表，按课程名（假设内容唯一）建立唯一索引（UNIQUE 约束），组织方式为非聚集索引。

（4）对于 cjb 表，按学号+课程号建立唯一索引，组织方式为聚集索引。

在 SQL Server 中，既可以利用界面方式创建上述索引，也可以利用 T-SQL 命令通过查询分析器建立索引，语法格式如下：

```
CREATE [ UNIQUE ] [ CLUSTERED |  NONCLUSTERED ] INDEX 索引名
    ON 表或视图名
    ( 列 [ ASC | DESC ] )
    WHERE 子句
    ……
```

其中：

（1）UNIQUE：表示为表或视图创建唯一索引（不允许存在索引值相同的两行）。例如，对于 xsb 表，根据学号创建唯一索引，即不允许有两个相同的学号出现。

索引可以是唯一的，这意味着不会有两行记录相同的索引键值，这样的索引称为唯一索引。索引也可以不是唯一的，即多个行共享同一键值。如果索引是根据多列组合创建的，则这样的索引称为复合索引。

> **注意：**
> 对于视图创建的聚集索引必须是 UNIQUE 索引。如果对已存在数据的表创建唯一索引，则必须保证索引项对应的值无重复值。

（2）CLUSTERED | NONCLUSTERED：CLUSTERED 表示创建聚集索引，NONCLUSTERED 表示创建非聚集索引。一个表或视图只允许有一个聚集索引，并且必须先为表或视图创建唯一聚集索引，然后才能创建非聚集索引。默认设置为 NONCLUSTERED。

（3）索引名：索引名在表或视图中必须唯一，但在数据库中不必唯一。“表或视图名”用于指定包含索引字段的表名或视图名，指定表名、视图名时可包含数据库和所属架构。

（4）列：指定建立索引的字段，可以为索引指定多个字段。指定索引字段时，注意表或视图索引字段的类型不能为 ntext、text 或 image。通过指定多个索引字段可创建组合索引，但组合索引的所有字段必须取自同一表。

ASC 表示索引文件按升序建立，DESC 表示索引文件按降序建立，默认设置为 ASC。

（5）WHERE 子句：通过指定索引中要包含哪些行来创建筛选索引。

【例 7.1】 在 xscj 数据库中为 kcb 表的“课程名”列创建索引，为“课程号”列创建唯一聚集索引。

```
USE xscj
GO
CREATE INDEX  kc_name
    ON kcb(课程名)
CREATE UNIQUE CLUSTERED INDEX kc_id
```

```
    ON   kcb (课程号)
```

因为指定了 CLUSTERED，所以该索引将对数据进行物理排序。

> **注意：**
> 在创建 kcb 表结果时，定义了课程号为 kcb 的主键，所以 kcb 已经存在一个聚集索引，要创建以上的聚集索引，首先要将 kcb 的主键删除。

同样，如果课程名已经创建索引，只要索引名不同仍然可以在该列创建索引。

【例 7.2】 根据 cjb 表的“学号”列和“课程号”列创建复合索引。

```
CREATE INDEX cjb_ind
    ON cjb(学号, 课程号)
    WITH(DROP_EXISTING= ON)
```

其中，DROP_EXISTING 指定删除已存在的同名聚集索引或非聚集索引。设置为 ON 表示删除并重新生成现有索引；为 OFF 表示如果指定的索引已存在则显示一条错误信息；默认值为 OFF。

例如，根据 xsb 表中“学号”列创建唯一聚集索引。如果输入了重复的键值，将忽略该 INSERT 或 UPDATE 语句。

```
CREATE UNIQUE CLUSTERED INDEX xs_ind
    ON xsb(学号)
    WITH IGNORE_DUP_KEY
```

其中，IGNORE_DUP_KEY 指定对索引列插入操作时出现重复键值的错误响应。ON 发出一条警告信息，且只有违反了唯一索引的行才会失败。OFF 发出错误消息，并回滚整个 INSERT 事务。默认值为 OFF。

2．在计算列和视图上创建索引

（1）在计算列上创建索引。对于 UNIQUE 或 PRIMARY KEY 索引，只要满足索引条件，就可以包含计算列，但计算列必须具有确定性，必须精确。若计算列中带有函数，则要求该函数有相同的参数输入，输出的结果也一定相同。

例如，xscj 数据库的 xsb 表中的“年龄”列是计算列，可以创建索引。

（2）在视图上创建索引。可以在视图上定义索引。索引视图是一种在数据库中存储视图结果集的方法，可减少动态生成结果集的开销。索引视图还能自动反映出创建索引后对基本表数据所做的修改。

【例 7.3】 创建 xscj 数据库一个视图，并为该视图创建索引。

T-SQL 命令如下：

```
CREATE VIEW dbo.vxs1 WITH SCHEMABINDING
    AS
    SELECT  学号, 姓名
        FROM dbo.xsb
GO
/*在视图上创建索引*/
CREATE UNIQUE CLUSTERED INDEX inx1
    ON dbo.vxs1(学号)
GO
```

> **注意：**
> 在视图上创建索引需要架构名。

7.1.3 重建索引

索引使用一段时间后，可能需要重新创建。这时，可以使用 ALTER INDEX 语句来重新生成原来的索引。

语法格式如下：

```
ALTER INDEX { 索引名 | ALL }
    ON  表或视图名
{  REBUILD
   ……
}
```

例如，重建 kcb 表上的所有索引：

```
USE xscj
ALTER INDEX ALL ON kcb REBUILD
```

重建 kcb 表上的 kc_name 索引：

```
ALTER INDEX kc_name   ON kcb REBUILD
```

7.1.4　索引的删除

索引的删除既可通过图形界面方式，也可通过执行 T-SQL 命令来实现。

1．界面方式删除索引

在“对象资源管理器”窗口中展开数据库“xscj”→“表”→“dbo.xsb”→“索引”，选择其中要删除的索引，单击鼠标右键，在弹出的快捷菜单上选择“删除”选项，在打开的“删除对象”窗口中单击“确定”按钮即可完成删除操作。

2．通过执行 SQL 命令删除索引

从当前数据库中删除一个或多个索引。

语法格式如下：

```
DROP INDEX  索引名
   ON  表或视图名
   ……
```

其中，索引名是要删除的索引名称。表或视图名为索引所在的表名或视图名。

另外，DROP INDEX 语句可以一次删除一个或多个索引。这个语句不适合删除通过定义 PRIMARY KEY 或 UNIQUE 约束创建的索引。若要删除 PRIMARY KEY 或 UNIQUE 约束创建的索引，必须通过删除约束实现。

另外，在系统表的索引上不能进行 DROP INDEX 操作。

【例 7.4】　删除 xscj 数据库中表 kcb 的一个索引名为 kc_name 的索引。

T-SQL 命令如下：

```
IF EXISTS (SELECT name FROM sysindexes WHERE name = 'kc_name')
    DROP INDEX kcb.kc_name
```

7.2　数据完整性

数据库中的数据是从外界输入的，由于种种原因，数据的输入会发生输入无效或错误信息。保证输入的数据符合规定，成为数据库系统尤其是多用户的关系数据库系统重点关注的问题。数据完整性因此而提出。

数据完整性是指数据库中的数据在逻辑上的一致性和准确性。数据完整性一般包括实体完整性、域完整性和参照完整性。

1. 实体完整性

实体完整性又称为行的完整性，要求表中有一个主键，其值不能为空且能唯一地标识对应的记录。通过 PRIMARY KEY 约束和 UNIQUE 约束或 IDENTITY 属性可实现实体完整性。

（1）PRIMARY KEY 约束。表中应有一个列或列的组合，其值能唯一地标识表中的每一行，选择这样的一列或多列作为主键，可实现表的实体完整性。通过定义 PRIMARY KEY 约束来创建主键。

一个表只能有一个 PRIMARY KEY 约束，而且 PRIMARY KEY 约束中的列不能取空值。由于 PRIMARY KEY 约束能确保数据的唯一性，所以经常用来定义标识列。当为表定义 PRIMARY KEY 约束时，SQL Server 2016 为主键列创建唯一索引，实现数据的唯一性。在查询中使用主键时，该索引可用来对数据进行快速访问。

如果 PRIMARY KEY 约束是由多列组合定义的，则某一列的值可以重复，但 PRIMARY KEY 约束定义中所有列的组合值必须唯一。

（2）UNIQUE 约束。如果要确保一个表中的非主键列不输入重复值，则应在该列上定义唯一约束（UNIQUE 约束）。例如，对于 xscj 数据库中的 xsb 表，“学号”列是主键，在 xsb 表中增加一列“身份证号码”，可以定义一个 UNIQUE 约束来要求表中“身份证号码”列的取值是唯一的。

PRIMARY KEY 约束与 UNIQUE 约束的主要区别如下：

（1）一个数据表只能创建一个 PRIMARY KEY 约束，但一个表中可根据需要对表中不同的列创建若干个 UNIQUE 约束；

（2）PRIMARY KEY 字段的值不允许为 NULL，而 UNIQUE 字段的值可取 NULL；

（3）一般创建 PRIMARY KEY 约束时，系统会自动产生索引，索引的默认类型为簇索引。创建 UNIQUE 约束时，系统会自动产生一个 UNIQUE 索引，索引的默认类型为非簇索引。

PRIMARY KEY 约束与 UNIQUE 约束的相同点是：二者均不允许表中对应字段存在重复值。

例如，对于 xscj 数据库中的 xsb 表，“学号”作为主键，每一个学生的学号能唯一地标识该生对应的行记录信息，那么在输入数据时，则不能有相同学号的行记录。通过对学号这一字段建立主键约束可实现表 xsb 的实体完整性。

2. 域完整性

域完整性又称为列完整性，指给定列输入的有效性。实现域完整性的方法有：通过 CHECK 约束、数据类型、DEFALUT 定义、NOT NULL 定义和规则等。

CHECK 约束通过输入到列中的值来实现域完整性；DEFAULT 定义后，如果列中没有输入值，则填充默认值来实现域完整性；通过定义列为 NOT NULL 限制输入的值不能为空，也能实现域完整性。

例如，对于学生数据库 xscj 的 kcb 表，学生的学分应在 1～6 分。为了对“学分”这一数据项输入的数据范围进行限制，可以在定义 kcb 表的同时定义学分的约束条件来达到这一目的。

3. 参照完整性

参照完整性又称为引用完整性。参照完整性保证主表中的数据与从表（被参照表）中数据的一致性。在 SQL Server 2016 中，参照完整性的实现是通过定义外键与主键之间或外键与唯一键之间的对应关系来实现的。参照完整性确保键值在所有表中一致。

码：即前面所说的关键字，又称为“键”，是能唯一标识表中记录的字段或字段组合。如果一个表有多个码，可选其中一个作为主键（主码），其余的称为候选键。

外码：如果一个表中的一个字段或若干个字段的组合是另一个表的码，则称该字段或字段组合为该表的外码（外键）。

例如，对于 xscj 数据库中 xsb 表的每一个学号，在 cjb 表中都有相关的课程成绩记录，将 xsb 作为主表，“学号”字段定义为主键，cjb 作为从表，表中的“学号”字段定义为外键，从而建立主表和从表之间的联系，实现参照完整性。

如果定义了两个表之间的参照完整性，则要求：

（1）从表不能引用不存在的键值。例如，cjb 表中行记录出现的学号必须是 xsb 表中已存在的学号；

（2）如果主表中的键值更改了，那么在整个数据库中，对从表中该键值的所有引用要进行一致的更改。例如，如果对 xsb 表中的某一学号进行修改，则对 cjb 表中所有对应的学号也要进行相应的修改；

（3）如果主表中没有关联的记录，则不能将记录添加到从表。如果要删除主表中的某一记录，则应先删除从表中与该记录匹配的相关记录。

7.2.1　创建实体完整性

1．以界面方式创建和删除主键约束

（1）创建主键约束。对表建立 PRIMARY KEY 约束创建主键索引，以“PK_”为前缀、后跟表名命名，系统自动按聚集索引方式组织主键索引。

（2）删除主键约束。在“对象资源管理器”窗口中选择表，右击鼠标，在弹出的快捷菜单中选择“设计”选项，进入“表设计器”窗口。选中主键所对应的行，右击鼠标，在弹出的快捷菜单中选择“删除主键”选项即可。

2．以界面方式创建和删除唯一性约束

（1）创建唯一性约束。如果要对 kcb 表中的“课程名”列创建 UNIQUE 约束，以保证该列取值的唯一性，则可进入 kcb 表的“表设计器”窗口，选择“课程名”属性列并右击鼠标，在弹出的快捷菜单中选择“索引/键”选项，打开“索引/键”对话框。

在该对话框中单击“添加”按钮，并在右边的“标识”属性区域的“名称”一栏中输入唯一键的名称。在“常规”属性区域的“类型”一栏中选择唯一性列（课程名，排列升序）为“是”选项，单击“关闭”按钮，然后保存修改即可创建 UNIQUE 约束。

（2）删除唯一性约束。打开 “索引/键”对话框，选择要删除的 UNIQUE 约束，单击左下方的“删除”按钮，再单击“关闭”按钮，保存表的修改即可删除。

3．以命令方式创建及删除主键约束或唯一性约束

利用 T-SQL 命令可以使用两种方式定义约束：作为列的约束或作为表的约束。可以在创建表或修改表时定义。

（1）在创建表的同时创建主键约束或唯一性约束，语法格式如下：

```
CREATE TABLE 表名
(
    { <列定义> <列约束>}[, …]
    [ <表约束> ] [ , ... ]
)
```

其中，<列约束>和<表约束>的具体格式如下：

```
<列约束> ::=                                                   /*定义列的约束*/
[ CONSTRAINT 约束名 ]
{
    { PRIMARY KEY | UNIQUE }                                   /*定义主键与 UNIQUE 键*/
    [ CLUSTERED | NONCLUSTERED ]                               /*定义约束的索引类型*/
    [WITH ( <索引选项> [ , ... ] ) ]
    [ ON { 分区架构名 ( 分区列名 ) | 文件组 | "default" } ]
    | [ FOREIGN KEY ] <参照定义>                                /*定义外键*/
    | CHECK [ NOT FOR REPLICATION ] ( 逻辑表达式 )               /*定义 CHECK 约束*/
```

```
}

<表约束> ::=                                                      /*定义表的约束*/
[ CONSTRAINT 约束名 ]
{
    { PRIMARY KEY | UNIQUE }
    [ CLUSTERED | NONCLUSTERED ]
        (列 [ ASC | DESC ] [ , ... ] )                              /*定义表的约束时需要指定列*/
    [WITH ( <索引选项> [ , ... ] ) ]
    [ ON { 分区架构名 (分区列名) | 文件组 | "default" } ]
    | FOREIGN KEY ( 列 [ , ... ] ) <参照定义>
    | CHECK [ NOT FOR REPLICATION ] ( 逻辑表达式 )
}
```

说明：

①CONSTRAINT 约束名：为约束命名，“约束名”为要指定的名称。如果没有给出，则系统自动创建一个名称。

②PRIMARY KEY | UNIQUE：定义约束的关键字，PRIMARY KEY 为主键，UNIQUE 为唯一键。

③CLUSTERED | NONCLUSTERED：定义约束的索引类型，CLUSTERED 表示聚集索引，NONCLUSTERED 表示非聚集索引，与 CREATE INDEX 语句中的选项相同。WITH 子句和 ON 子句也与 CREATE INDEX 语句中的相同。

④FOREIGN KEY：FOREIGN KEY 关键字用于定义一个外键。

⑤CHECK：CHECK 关键字用于定义一个 CHECK 约束。外键和 CHECK 约束都可以作为列的约束或表的约束来定义。

⑥<表约束>：定义表的约束与定义列的约束基本相同，只不过在定义表的约束时需要指定约束的列。

【例 7.5】 在 xscj 数据库中创建 xsb3 表，并对“学号”字段创建主键约束，对“姓名”字段定义唯一性约束。

```
USE xscj
GO
CREATE TABLE xsb3
(
    学号      char(6)        NOT NULL    CONSTRAINT  xh_pk    PRIMARY KEY,
    姓名      char(8)        NOT NULL    CONSTRAINT  xm_uk    UNIQUE,
    性别      bit            NOT NULL    DEFAULT 1,
    出生时间  date           NOT NULL,
    专业      char(12)       NULL,
    总学分    int            NULL,
    备注      varchar(500)   NULL
)
```

说明：

①XH_PK PRIMARY KEY：“学号”字段定义主键约束，名称为 xh_pk。

②XM_UK UNIQUE：“姓名”字段定义唯一性约束，名称为 xm_uk。

> **注意：**
> 当表中的主键为复合主键时，只能定义为一个表的约束。

（2）通过修改表创建主键约束或唯一性约束。使用 ALTER TABLE 语句中的 ADD 子句可以为表中已存在的列或新列定义约束。

【例 7.6】 修改 xsb3 表，向其中添加一个“身份证号码”字段，对该字段定义唯一性约束。对表中“出生时间”字段定义唯一性约束。

```
ALTER TABLE  xsb3
    ADD  身份证号码 char(20)
        CONSTRAINT sf_uk  UNIQUE NONCLUSTERED (身份证号码)
GO
ALTER TABLE  xsb3
    ADD  CONSTRAINT cssj_uk  UNIQUE NONCLUSTERED (出生时间)
GO
```

图 7.1 唯一性约束

创建主键约束或唯一性约束如图 7.1 所示。

（3）删除主键约束或唯一性约束。删除主键约束或唯一性约束需要使用 ALTER TABLE 的 DROP 子句。

语法格式如下：

```
ALTER TABLE 表名
    DROP CONSTRAINT  约束名 [ ,... ]
```

【例 7.7】 删除 xsb3 创建的 sf_uk 和 xm_uk 唯一性约束。

```
ALTER TABLE  xsb3
    DROP  CONSTRAINT sf_uk, xm_uk
GO
```

7.2.2 创建域完整性

SQL Server 2016 通过数据类型、CHECK 约束、规则、DEFAULT 定义和 NOT NULL 可以实现域完整性。其中，数据类型、DEFAULT、NOTNULL 定义已在前面介绍过，这里不再重复。下面介绍如何使用 CHECK 约束和规则实现域完整性。

1. CHECK 约束的定义与删除

CHECK（验证规则）约束实际是字段输入内容的验证规则，表示一个字段的输入内容必须满足 CHECK 约束的条件，若不满足，则数据无法正常输入。

> **注意：**
> 对于 timestamp 类型字段和 identity 属性字段不能定义 CHECK 约束。

1）以命令方式在创建表时创建 CHECK 约束。

在创建表时可以使用 CHECK 约束表达式来定义 CHECK 约束，语法格式如下：

```
CHECK [ NOT FOR REPLICATION ] ( 逻辑表达式 )
```

关键字 CHECK 表示定义 CHECK 约束。如果指定 NOT FOR REPLICATION 选项，则当复制代理执行插入、更新或删除操作时，将不会强制执行此约束。其后的“逻辑表达式”称为 CHECK 约束表达式，返回值为 TRUE 或 FALSE，该表达式只能为标量表达式。

CHECK 约束可定义为列约束，也可以定义为表约束。可同时定义多个 CHECK 约束，中间用逗号隔开。

【例 7.8】 在 xscj 数据库中创建一个表 xsb1，其结构与 xsb 表相同。但要求出生时间必须大于 1994 年 1 月 1 日。

```
USE xscj
GO
CREATE TABLE xsb1
(
```

```
        学号      char(6)        NOT NULL PRIMARY KEY,
        姓名      char(8)        NOT NULL,
        性别      bit            NULL DEFAULT 1,
        出生时间  date           NULL CHECK(出生时间>'1994-01-01'),
        专业      char(12)       NULL DEFAULT  '计算机',
        总学分    int            NULL DEFAULT 0,
        备注      varchar(500)   NULL,
            CONSTRAINT cxh_zy   CHECK(left(学号,2)='19' and 专业='计算机' or left(学号,2)='22' and 专业
='通信工程')
    )
    GO
```

定义后，在 xsb1 表中输入学号“220001”中的“22”与“计算机专业”不一致会显示错误信息。

2）以命令方式在修改表时创建 CHECK 约束。

在使用 ALTER TABLE 语句修改表时也能定义 CHECK 约束。

定义 CHECK 约束的语法格式如下：

```
ALTER TABLE 表名
    [ WITH { CHECK | NOCHECK } ] ADD
    [<列定义>]
    [CONSTRAINT 约束名] CHECK (逻辑表达式)
```

说明：

①WITH 子句：指定表中的数据是否用新添加的或重新启用的 FOREIGN KEY 或 CHECK 约束进行验证。如果未指定，则默认为 WITH CHECK；如果不想根据现有数据验证新的 CHECK 或 FOREIGN KEY 约束，则使用 WITH NOCHECK，除极个别的情况外，建议不要进行这样的操作。

②CONSTRAINT 关键字：为 CHECK 约束定义一个约束名。

【例 7.9】 通过修改 xscj 数据库的 cjb 表，增加“成绩”字段的 CHECK 约束。

```
USE xscj
GO
ALTER TABLE cjb
    ADD CONSTRAINT cj_constraint   CHECK  (成绩>=0 AND 成绩<=100)
```

如果已经定义了该 CHECK 约束，可以删除。

3）利用 SQL 语句删除 CHECK 约束的语法格式如下：

```
ALTER TABLE 表名
    DROP CONSTRAINT 约束名
```

【例 7.9 续】 删除 cjb 表“成绩”字段的 CHECK 约束。

```
ALTER TABLE cjb
    DROP CONSTRAINT cj_constraint
```

2. 规则对象的定义、使用与删除

规则是一组使用 T-SQL 语句组成的条件语句，规则提供了另外一种在数据库中实现域完整性与用户定义完整性的方法。

在 SQL Server 2016 中，规则对象的定义可以利用 CREATE RULE 语句来实现。

（1）规则对象的定义。语法格式如下：

```
CREATE RULE [ 架构名. ] 规则名
    AS 条件表达式
```

说明：

①规则名：定义的新规则名，规则名必须符合标识符规则。

②条件表达式：规则的条件表达式，该表达式可为 WHERE 子句中任何有效的表达式，但规则表

达式中不能包含列或其他数据库对象，可以包含不引用数据库对象的内置函数。在条件表达式中包含一个局部变量，每个局部变量的前面都有一个@符号。在使用 UPDATE 或 INSERT 语句修改或插入值时，该表达式用于对规则关联的列值进行约束。

创建规则时，一般使用局部变量表示 UPDATE 或 INSERT 语句输入的值。另外，还有如下几点说明。

①创建的规则对先前已存在于数据库中的数据无效。

②在单个批处理中，CREATE RULE 语句不能与其他 T-SQL 语句组合使用。

③规则表达式的类型必须与列的数据类型兼容，不能将规则绑定到 text、image 或 timestamp 列。要用单引号（'）将字符和日期常量引起来，在十六进制常量前加 0x。

④对于用户定义数据类型，在该类型的数据列中插入值或更新该类型的数据列时，绑定到该类型的规则才会激活。规则不检验变量，所以在向用户定义数据类型的变量赋值时，不能与列绑定的规则冲突。

⑤如果列同时有默认值和规则与之关联，则默认值必须满足规则的定义，与规则冲突的默认值不能插入列。

（2）将规则对象绑定到用户定义数据类型或列。将规则对象绑定到列或用户定义数据类型中，可以使用系统存储过程 sp_bindrule。语法格式如下：

```
sp_bindrule [ @rulename = ] '规则名' ,
    [ @objname = ] '对象名'
    [ , [ @futureonly = ] 'futureonly 标志' ]
```

说明：

①规则名：为 CREATE RULE 语句创建的规则名，要用单引号括起来。

②对象名：为绑定到规则的列或用户定义的数据类型。如果“对象名”采用“表名.字段名”格式，则认为绑定到表的列，否则绑定到用户定义的数据类型。

③futureonly：仅当将规则绑定到用户定义的数据类型时才使用。如果设置为“futureonly”，则用户定义数据类型的现有列不继承新规则。如果设置为 NULL，则在被绑定的数据类型当前无规则时，新规则将绑定到用户定义数据类型的每一列，默认值为 NULL。

【例 7.10】　创建一个规则，并绑定到表 kcb 的课程号列，用于限制课程号的输入范围。

（1）创建规则 T-SQL 命令。

```
USE xscj
GO
CREATE RULE    kc_rule
    AS @range like '[1-5][0-9][0-9]'
GO
EXEC sp_bindrule 'kc_rule', 'kcb.课程号'                /*执行存储过程使用 EXEC 命令*/
GO
```

程序如果正确执行，则提示：“已将规则绑定到表的列”。

（2）在“对象资源管理器”窗口中展开“xscj”→“表”→“dbo.kcb”→“列”，右击“课程号”选项，选择“属性”选项，在 kcb 表的“列属性-课程号”窗口的“规则”栏中可以查看已经新建的规则。

【例 7.11】　创建一个规则，用以限制输入到该规则所绑定列的值只能是该规则中列出的值。

```
CREATE RULE list_rule
    AS @list IN ('C 语言', '离散数学', '微机原理')
GO
EXEC sp_bindrule 'list_rule', 'kcb.课程名'
GO
```

【例 7.12】 定义一个用户数据类型 course_num，然后将前面定义的规则"kc_rule"绑定到用户数据类型 course_num 上，最后创建表 kcb1，其"课程号"的数据类型为 course_num。

```
CREATE TYPE    course_num
    FROM char(3) NOT NULL                            /*创建用户定义数据类型*/
EXEC sp_bindrule 'kc_rule', 'course_num'             /*将规则对象绑定到用户定义数据类型*/
GO
CREATE TABLE kcb1
(
    课程号      course_num,                          /*将学号定义为 course_num 类型*/
    课程名      char(16) NOT NULL,
    开课学期    tinyint ,
    学时        tinyint,
    学分        tinyint
)
GO
```

（3）规则对象的删除。在删除规则对象前，首先应使用系统存储过程 sp_unbindrule 解除被绑定对象与规则对象之间的绑定关系，使用格式如下：

```
sp_unbindrule [@objname =] '对象名'
        [, [@futureonly =] 'futureonly 标志']
```

在解除列或自定义类型与规则对象之间的绑定关系后，就可以删除规则对象了。

语法格式如下：

```
DROP RULE { [ 架构名. ] 规则名 } [ , ... ] [ ; ]
```

【例 7.13】 解除规则 kc_rule 与列或用户定义类型的绑定关系，并删除规则对象 kc_rule。

```
EXEC sp_unbindrule 'kcb.课程号'
EXEC sp_unbindrule 'course_num'
GO
DROP RULE kc_rule
```

说明：规则 kc_rule 绑定了 kcb 表的"课程号"列和用户定义数据类型 course_num，只有在和这两者都解除绑定关系后才能删除该规则。当解除与用户定义数据类型 course_num 的关系后，系统自动解除使用 course_num 定义的列与规则的绑定关系。

在 SQL Server 中，规则将逐步被淘汰，所以不建议使用。

7.2.3 创建参照完整性

对两个相关联的表（主表与从表，也称为父表和子表）进行数据插入和删除时，通过参照完整性保证它们之间数据的一致性。

利用 FOREIGN KEY 定义从表的外键，PRIMARY KEY 或 UNIQUE 约束定义主表中的主键或唯一键（不允许为空），可实现主表与从表之间的参照完整性。定义表间参照关系：先定义主表的主键（或唯一键），再对从表定义外键约束（根据查询的需要可先对从表的该列创建索引）。

1．以界面方式定义表间的参照关系

【例 7.14】 通过学号实现 xsb 表与 cjb 表之间的参照完整性。

操作步骤如下：

（1）由于之前在创建表时已经定义 xsb 表中的"学号"字段为主键，所以这里就不需要再定义主表的主键了。

（2）在“对象资源管理器”窗口中展开“数据库”→“xscj”→“数据库关系图”，右击鼠标，在出现的快捷菜单中选择“新建数据库关系图”选项，打开“添加表”窗口。

（3）在出现的“添加表”窗口中选择要添加的表，本例中选择了表 xsb 和表 cjb。单击“添加”按钮完成表的添加，之后单击“关闭”按钮退出窗口。

（4）在“数据库关系图设计”窗口中将鼠标指向主表的主键，并拖动到从表，即将 xsb 表中的“学号”字段拖动到从表 cjb 中的“学号”字段。

（5）在弹出的“表和列”对话框中输入关系名、设置主键表和列名，单击“表和列”对话框中的“确定”按钮，再单击“外键关系”对话框中的“确认”按钮，进入如图 7.2 所示的界面。

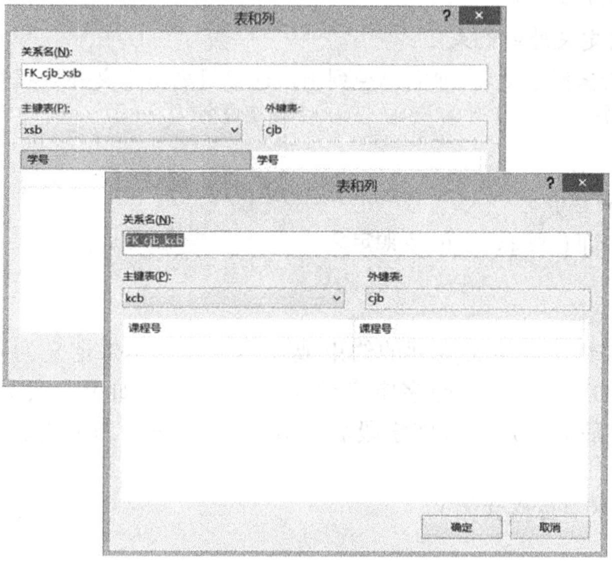

图 7.2　cjb 与 xsb 和 kcb 外键关系

（6）在弹出的“选择名称”对话框中输入关系图的名称。单击“确定”按钮，在弹出的“保存”对话框中单击“是”按钮，保存设置。

为提高查询效率，在定义主表与从表的参照关系前，可考虑先对从表的外键定义索引，然后定义主表与从表间的参照关系。

采用同样方法，再添加 kcb 表并建立它与 cjb 表的参照完整性关系。

之后，可以在 xscj 数据库的“数据库关系图”目录下看到所创建的参照关系，如图 7.3 所示。

图 7.3　三个表之间的参照关系

至此，关系图的创建过程全部完成，定义名称保存关系，默认名称为“Diagram_0”。用户可在主表和从表中插入或删除数据来验证它们之间的参照关系。

2. 以界面方式删除表间的参照关系

（1）如果要删除前面建立的 xsb 表与 cjb 表之间的参照关系，可在 xscj 数据库的“数据库关系图”目录下选择要修改的关系图，如 Diagram_0，右击鼠标，在弹出的快捷菜单中选择“修改”选项，打开“数据库关系图设计”窗口。

（2）在“数据库关系图设计”窗口中，选择已经建立的“关系”选项，单击鼠标右键，选择“从数据库中删除关系”选项，在随后弹出的对话框中，单击“是”按钮，删除表之间的关系。

3. 以命令方式定义表间的参照关系

已介绍过创建主键（PRIMARY KEY）约束及唯一键（UNIQUE）约束的方法，在此将介绍通过 T-SQL 命令创建外键的方法。

1）在创建表的同时定义外键约束

创建表语法格式中的<列定义>在前面已经列出，这里只列出定义外键部分的语法。

```
CREATE TABLE 表名                                /*指定表名*/
(
     <列定义>
     [ CONSTRAINT 约束名 ]
     [ FOREIGN KEY ][ ( 列 [ , ... ] )] <参照定义>
)
```

说明：

和主键一样，外键也可以定义为列的约束或表的约束。如果定义为列的约束，则直接在列定义后面使用 FOREIGN KEY 关键字定义该字段为外键。如果定义为表的约束，则需要在 FOREIGN KEY 关键字后面指定由哪些字段名组成外键，“列”为字段名，可以是一个字段或多个字段的组合。

其中，<参照定义>的具体格式如下：

```
<参照定义>::=
    REFERENCES 参照表名 [ ( 参照列 [ , ... ] ) ]
    [ ON DELETE { NO ACTION | CASCADE | SET NULL | SET DEFAULT } ]
    [ ON UPDATE { NO ACTION | CASCADE | SET NULL | SET DEFAULT } ]
    [ NOT FOR REPLICATION ]
```

（1）FOREIGN KEY 定义的外键应与参数“参照表名”指定的主表中的主键或唯一键对应，主表中主键或唯一键字段由参数“参照列”指定。主键的数据类型和外键的数据类型必须相同。

（2）定义外键时还可以指定参照动作：ON DELETE | ON UPDATE。可以为每个外键定义参照动作。一个参照动作包含两部分。

①第一部分指定这个参照动作应用哪一条语句。这里有两条相关的语句，即 DELETE 和 UPDATE 语句（对表进行删除和更新操作）。

②第二部分指定采取哪个动作。可能采取的动作是 NO ACTION、CASCADE、SET NULL 和 SET DERAULT。下面说明这些不同动作的含义。

- NO ACTION：意味着不采取动作，就是如果有一个相关的外键值在子表中，那么删除或更新父表中主要键值的企图不被允许。
- CASCADE：从父表删除或更新行时自动删除或更新子表中匹配的行。
- SET NULL：当从父表删除或更新行时，设置子表中与之对应的外键列为 NULL。如果外键列没有指定 NOT NULL 限定词，这就是合法的。

● SET DEFAULT：作用和 SET NULL 一样，只不过 SET DEFAULT 是指定子表中的外键列为默认值。

如果没有指定动作，两个参照动作就会默认地使用 NO ACTION。

（3）如果指定 NOT FOR REPLICATION 选项，则当复制代理执行插入、更新或删除操作时，将不会强制执行此约束。

【例 7.15】 创建 stu 表，要求 stu 表中所有的学生学号都必须出现在 xsb 表中，假设已经使用“学号”列作为主键创建了 xsb 表。

```
USE xscj
GO
CREATE TABLE stu
(
    学号        char(6)      NOT NULL      FOREIGN KEY (学号) REFERENCES xsb (学号),
    姓名        char(8)      NOT NULL,
    出生时间    datetime     NULL
)
```

此后在 stu 表中输入数据，输入不在 xsb 中的学号，系统将显示错误。

【例 7.16】 创建 point 表，要求表中所有的学号、课程号组合都必须出现在 cjb 表中。

```
CREATE TABLE point
(
    学号        char(6)      NOT NULL,
    课程号      char(3)      NOT NULL,
    成绩        int          NULL,
    CONSTRAINT FK_point FOREIGN KEY (学号,课程号) REFERENCES cjb (学号,课程号)
        ON DELETE NO ACTION
)
```

2）通过修改表定义外键约束

使用 ALTER TABLE 语句的 ADD 子句也可以定义外键约束，语法格式与定义其他约束类似，这里不再列出。

【例 7.17】 假设 kcb 表为主表，kcb 的“课程号”字段已定义为主键。cjb 表为从表，用于将 cjb 表的“课程号”字段定义为外键。

```
ALTER TABLE cjb
    ADD  CONSTRAINT kc_foreign
        FOREIGN KEY  (课程号)
            REFERENCES  kcb(课程号 )
```

4．以命令方式删除表间的参照关系

删除表间的参照关系，实际上删除从表的外键约束即可。语法格式与前面其他约束删除的格式类似。

【例 7.18】 删除上例对 cjb 表的“课程号”字段定义的外键约束。

```
ALTER TABLE cjb
    DROP CONSTRAINT kc_foreign
```

第8章 存储过程和触发器

存储过程可以理解成数据库的子程序，能在客户端和服务器端直接调用。触发器是表操作记录时直接关联的特殊存储过程，是在对表记录进行操作时触发的。

8.1 存储过程

在 SQL Server 2016 中，使用 T-SQL 语句可编写存储过程。存储过程可以接收输入参数、调用“数据定义语言（DDL)”“数据操作语言（DML)”语句，返回输出参数（表格或标量结果和消息等)。使用存储过程的优点如下。

（1）存储过程在服务器端运行，执行速度快。

（2）存储过程执行一次后，就驻留在高速缓冲存储器，在以后的操作中，只需从高速缓冲存储器中调用已编译好的二进制代码执行，提高了系统性能。

（3）使用存储过程可以完成所有数据库操作，并可通过编程方式控制对数据库信息访问的权限，确保数据库的安全。

（4）自动完成需要预先执行的任务。存储过程可以在 SQL Server 启动时自动执行，而不必在系统启动后再进行手工操作，自动完成一些需要预先执行的任务，方便了用户的使用。

8.1.1 存储过程的类型

在 SQL Server 中有下列几种类型的存储过程。

（1）系统存储过程。系统存储过程是由 SQL Server 提供的存储过程，可以作为命令执行。系统存储过程定义在系统数据库 master 中，其前缀是“sp_”。例如，常用的显示系统对象信息的 sp_help 系统存储过程，为检索系统表的信息提供了方便快捷的方法。

系统存储过程允许系统管理员执行修改系统表的数据库管理任务，可以在任何一个数据库中执行。SQL Server 2016 提供了很多的系统存储过程，通过执行系统存储过程，可以实现一些比较复杂的操作。

（2）扩展存储过程。扩展存储过程是指在 SQL Server 环境之外，使用编程语言（如 C++语言）创建的外部例程形成的动态链接库（DLL)。使用时，先将 DLL 加载到 SQL Server 系统中，并且按照使用系统存储过程的方法执行，扩展存储过程在 SQL Server 实例地址空间中运行。但因为扩展存储过程不易撰写，而且可能会引发安全性问题，所以微软可能会在未来的 SQL Server 中删除这一功能，本书将不进行详细介绍。

（3）用户存储过程。在 SQL Server 中，用户存储过程可以使用 T-SQL 语言编写，也可以使用 CLR 方式编写。在本书中，T-SQL 存储过程就称为存储过程。

①存储过程：存储过程保存 T-SQL 语句集合，可以接收和返回用户提供的参数。存储过程中可以包含根据客户端应用程序提供的信息，以及在一个或多个表中插入新行所需的语句。存储过程也可以从数据库向客户端应用程序返回数据。

例如，电子商务 Web 应用程序可能根据联机用户指定的搜索条件，使用存储过程返回有关特定产品的信息。

②CLR 存储过程：CLR 存储过程是对 Microsoft .NET Framework 公共语言运行时（CLR）方法的引用，可以接收和返回用户提供的参数。

8.1.2　存储过程的创建与执行

存储过程只能定义在当前数据库中，可以使用 T-SQL 命令或“对象资源管理器”窗口创建。在 SQL Server 中创建存储过程，必须具有 CREATE ROUTINE 权限。

1. 使用命令方式创建存储过程

语法格式如下：

```
CREATE { PROC | PROCEDURE } [架构名.] 过程名 [ ; 组号 ]               /*定义过程名*/
    [ { @参数 [ 类型架构名. ] 数据类型 }                            /*定义参数的类型*/
        [ VARYING ] [ = default ] [ OUT | OUTPUT ] [READONLY]       /*定义参数的属性*/
    ]
 [ FOR REPLICATION ]
AS
{     <SQL 语句>                                                    /*执行的操作*/
      ……
}
```

说明：

（1）过程名：用于指定存储过程名，必须符合标识符规则，且对于数据库及所在架构必须唯一。这个名称应当尽量避免与系统内置函数相同，否则会发生错误。另外，也应当尽量避免使用“sp_”作为前缀，此前缀是由 SQL Server 指定系统存储过程的。创建局部临时存储过程，可以在过程名前面加一个“#”。创建全局临时存储过程，可以在过程名前加“##”，对于 CLR 存储过程不能指定临时名称。

（2）@参数：为存储过程的形参，@符号作为第一个字符来指定参数名称。参数名必须符合标识符规则。创建存储过程时，可声明一个或多个参数。执行存储过程时应提供相应的参数，除非定义了该参数的默认值，否则默认参数值只能为常量。

（3）数据类型：用于指定形参的数据类型，形参可为 SQL Server 2016 支持的任何类型，但 cursor 类型只能用于 OUTPUT 参数。如果指定参数的数据类型为 cursor，则必须同时指定 VARYING 和 OUTPUT 关键字，OUT 与 OUTPUT 关键字意义相同。

（4）VARYING：指定作为输出参数支持的结果集。该参数由存储过程动态构造，其内容可能发生改变，仅适用于 cursor 参数。

（5）default：指定存储过程输入参数的默认值，默认值必须是常量或 NULL。如果存储过程使用了带 LIKE 关键字的参数，默认值中可以包含通配符（%、_、[]和[^]）；如果定义了默认值，执行存储过程时可根据情况不提供实参。

（6）OUTPUT：指定参数为输出参数，输出参数可以从存储过程返回信息。

（7）READONLY：指定不能在存储过程的主体中更新或修改参数。如果参数类型为用户定义的表类型，则必须指定 READONLY。

（8）FOR REPLICATION：用于说明不能在订阅服务器上执行为复制创建的存储过程。如果指定了 FOR REPLICATION，则无法声明参数。

（9）SQL 语句：代表过程体包含的 T-SQL 语句，存储过程体中可以包含一条或多条 T-SQL 语句，除了 DCL、DML 与 DDL 命令外，还能包含过程式语句，如变量的定义与赋值、流程控制语句等。

对于存储过程要注意以下几点。

（1）用户定义的存储过程只能在当前数据库中创建。存储过程名称存储在 sysobjects 系统表中，而语句的文本存储在 syscomments 中。

（2）SQL Server 启动时可以自动执行一个或多个存储过程。这些存储过程必须由系统管理员在 master 数据库中创建，并在 sysadmin 固定服务器角色下作为后台过程执行。这些过程不能输入任何参数。

（3）CREATE PROCEDURE 的权限默认授予 sysadmin 固定服务器角色成员、db_owner 和 db_ddladmin 固定数据库角色成员。sysadmin 固定服务器角色成员和 db_owner 固定数据库角色成员可以将 CREATE PROCEDURE 权限转让给其他用户。

（4）SQL 语句的限制。

①必须使用对象的架构名对数据库对象进行限定的语句：

CREATE TABLE、ALTER TABLE、DROP TABLE、TRUNCATE TABLE、CREATE INDEX、DROP INDEX、UPDATE STATISTICS 及 DBCC 语句。

②不能出现在 CREATE PROCEDURE 定义中的语句：

SET PARSEONLY、SET SHOWPLAN_TEXT、SET SHOWPLAN_XML、SET SHOWPLAN_ALL、CREATE SCHEMA、CREATE FUNCTION、ALTER FUNCTION、CREATE PROCEDURE、ALTER PROCEDURE、CREATE TRIGGER、ALTER TRIGGER、CREATE VIEW、ALTER VIEW、USE 数据库名等。

2．存储过程的执行

通过 EXECUTE 或 EXEC 命令可以执行一个已定义的存储过程，EXEC 是 EXECUTE 的简写。

语法格式如下：

```
[ { EXEC | EXECUTE } ]
{      [ @返回状态 = ]
       { 模块名 | @模块名变量 }
       [ [ @参数名 = ] { 值 | @变量 [ OUTPUT ] | [ DEFAULT ] } ]
}
```

说明：

（1）@返回状态：为可选的整型变量，保存存储过程的返回状态。EXECUTE 语句使用该变量前，必须对其声明。

（2）模块名：要调用的存储过程或用户定义标量函数的完全限定或者不完全限定的名称。“组号”用于调用已定义的一组存储过程中的某一个。

（3）@模块名变量：局部定义的变量名，保存存储过程或用户定义函数的名称。

（4）@参数名：为 CREATE PROCEDURE 或 CREATE FUNCTION 语句中定义的参数名，“值”为实参。如果省略“@参数名”，则后面的实参顺序要与定义时参数的顺序一致。在使用“@参数名=值”格式时，参数名称和实参不必按在存储过程或函数中定义的顺序提供。但是，如果任何参数使用了“@参数名=值”格式，则对后续的所有参数均必须使用该格式。

（5）@变量：为局部变量，用于保存 OUTPUT 参数返回的值。

（6）DEFAULT：DEFAULT 关键字表示不提供实参，而是使用对应的默认值。

存储过程的执行要注意以下几点。

（1）如果存储过程名的前缀为“sp_”，SQL Server 会首先在 master 数据库中寻找符合该名称的系统存储过程。如果没能找到合法的过程名，SQL Server 才会寻找架构名称为 dbo 的存储过程。

（2）在执行存储过程时，若语句是批处理中的第一个语句，则不一定要指定 EXECUTE 关键字。

3．举例

（1）设计简单的存储过程。

【例 8.1】　返回学号为“191301”学生的成绩情况，该存储过程不使用任何参数。

```
USE xscj
GO
CREATE PROCEDURE cjb_info
    AS
        SELECT *
            FROM cjb
            WHERE 学号='191301'
GO
```

存储过程定义后，执行存储过程 cjb_info：

```
EXECUTE   cjb_info
```

如果该存储过程是批处理中的第一条语句，则可使用：

```
cjb_info
```

执行结果如图 8.1 所示。

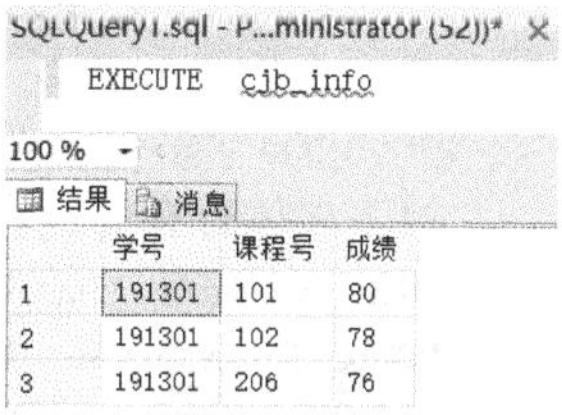

图 8.1　执行结果

（2）使用带参数的存储过程。

【例 8.2】　从 xscj 数据库的三个表中查询某人指定课程的成绩和学分。该存储过程接收与传递参数精确匹配的值。

```
USE xscj
GO
CREATE PROCEDURE xkc_info1 @name char (8), @cname char(16)
    AS
        SELECT a.学号, 姓名, 课程名, 成绩, t.学分
            FROM xsb   a   INNER JOIN   cjb   b
                ON a.学号 =b.学号  INNER   JOIN   kcb   t
                ON b.课程号=t.课程号
                WHERE a.姓名=@name and t.课程名=@cname
GO
```

执行存储过程 xkc_info1：

```
EXECUTE xkc_info1 '王林', '计算机基础'
```

执行结果如图 8.2 所示。

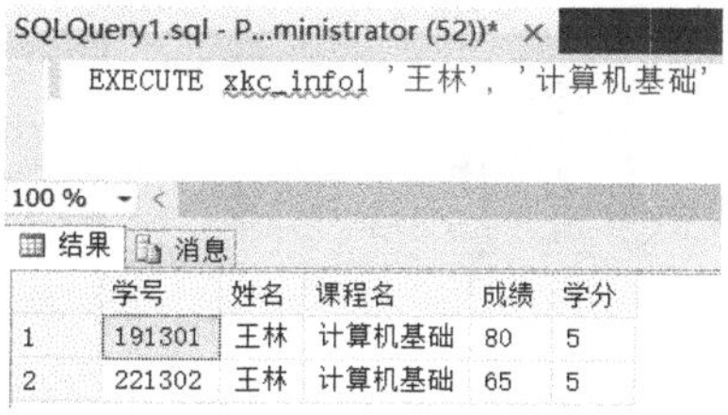

图 8.2　执行结果

以下命令的执行结果与上面的相同：

```
EXECUTE xkc_info1 @name='王林', @cname='计算机基础'
```

或者：

```
DECLARE @proc char(20)
SET @proc= 'xkc_info1'
EXECUTE @proc @name='王林', @cname='计算机基础'
```

（3）使用带 OUTPUT 参数的存储过程。

【例 8.3】　创建一个存储过程 xsb_insert，作用是向 xsb 表中插入一行数据。创建另外一个存储过程 xsb_iud，对 xsb 表记录插入、修改和删除。其中，调用第一个存储过程完成插入功能，输出相应的信息。

第一个存储过程：

```
CREATE PROCEDURE dbo.xsb_insert
    AS
        INSERT INTO xsb VALUES('091201', '陶伟', 1, '1990-03-05', '软件工程',50, NULL);
```

第二个存储过程：

```
CREATE PROCEDURE xsb_iud   @X bit, @STR CHAR(8) OUTPUT
    AS
    BEGIN
        EXEC xsb_insert
        IF @X=0
        BEGIN
            UPDATE xsb SET 姓名='刘英', 性别=0 WHERE 学号='091201'
            SET @STR='修改成功'
        END
        ELSE
            IF @X=1
            BEGIN
                DELETE FROM xsb WHERE 学号='091201'
                SET @STR='删除成功'
            END
    END
```

接下来执行存储过程 xsb_iud 来查看结果：

```
DECLARE @str char(8)
EXEC dbo. xsb_iud   0, @str OUTPUT
SELECT @str;
```

执行结果显示“修改成功”。

> **注意：**
> 在存储过程执行时，使用的 OUTPUT 参数需要用 DECLARE 命令在之前定义。

（4）使用带有通配符参数的存储过程。

【例 8.4】 从三个表的连接中返回指定学生的学号、姓名、所选课程名及成绩。该存储过程在参数中使用了模式匹配。如果没有提供参数，则使用预设的默认值。

```
CREATE PROCEDURE xkc_info2   @name varchar(30) = '李%'
    AS
        SELECT a.学号,a.姓名,c.课程名,b.成绩
            FROM   xsb a   INNER JOIN   cjb   b
                ON a.学号  =b.学号  INNER JOIN kcb c
                ON c.课程号= b.课程号
            WHERE  姓名  LIKE @name
GO
```

执行存储过程：

```
EXECUTE xkc_info2                          /*参数使用默认值，显示所有李姓学生信息*/
```

或者：

```
EXECUTE xkc_info2   '王%'                  /*传递给@name 的实参为'王%'，显示所有王姓学生信息*/
```

（5）使用 OUTPUT 游标参数的存储过程。OUTPUT 游标参数用于返回存储过程的局部游标。

【例 8.5】在 xscj 数据库的 xsb 表上声明并打开一个游标。

```
CREATE PROCEDURE xsb_cursor @xsb_cursor   cursor VARYING OUTPUT
    AS
        SET @xsb_cursor = CURSOR   FORWARD_ONLY STATIC FOR
            SELECT *
                FROM xsb
        OPEN @xsb_cursor
```

在如下的批处理中，声明一个局部游标变量，执行上述存储过程，并将游标赋值给局部游标变量，然后通过该游标变量读取记录。

```
DECLARE @MyCursor   cursor
EXEC xsb_cursor @xsb_cursor = @MyCursor OUTPUT              /*执行存储过程*/
FETCH NEXT FROM @MyCursor
WHILE (@@FETCH_STATUS = 0)
BEGIN
     FETCH NEXT FROM @MyCursor
END
CLOSE @MyCursor
DEALLOCATE @MyCursor
```

显示结果如图 8.3 所示。

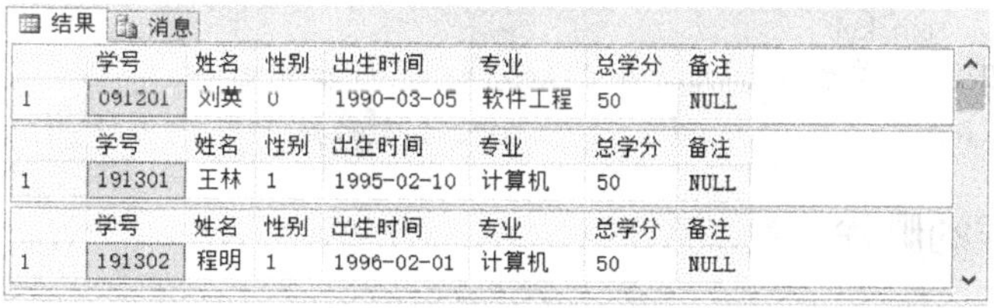

结果　消息

	学号	姓名	性别	出生时间	专业	总学分	备注
1	091201	刘英	0	1990-03-05	软件工程	50	NULL

	学号	姓名	性别	出生时间	专业	总学分	备注
1	191301	王林	1	1995-02-10	计算机	50	NULL

	学号	姓名	性别	出生时间	专业	总学分	备注
1	191302	程明	1	1996-02-01	计算机	50	NULL

图 8.3　显示结果

（6）使用 WITH ENCRYPTION 选项。WITH ENCRYPTION 子句用于对用户隐藏存储过程的文本。

【例 8.6】　创建加密过程，使用 sp_helptext 系统存储过程获取关于加密过程的信息，然后尝试直接从 syscomments 表中获取关于该过程的信息。

```
CREATE PROCEDURE xsb_encrypt   WITH ENCRYPTION
    AS
        SELECT *
            FROM xsb
```

通过系统存储过程 sp_helptext 可显示规则、默认值、未加密的存储过程、用户定义函数、触发器或视图的文本。

执行语句如下：

```
EXEC sp_helptext   xsb_encrypt
```

结果集为提示信息“对象'xsb_encrypt'的文本已加密”。

8.1.3　存储过程的修改

使用 ALTER PROCEDURE 命令可修改已存在的存储过程并保留以前赋予的许可。

语法格式如下：

```
ALTER { PROC | PROCEDURE } [架构名.] 过程名
    [  { @参数  [  类型架构名. ]  数据类型  }
       [ VARYING ] [ = default ] [ OUT[PUT] ]
    ]
 [ FOR REPLICATION ]
AS
{
    <SQL 语句>
    ……
```

```
}
```

各参数含义与 CREATE PROCEDURE 相同，这里不再重复。

如果原来的过程定义是用 WITH ENCRYPTION 或 WITH RECOMPILE 创建的，那么只有在 ALTER PROCEDURE 中也包含这些选项时，这些选项才有效。

用 ALTER PROCEDURE 更改后，存储过程的权限和启动属性保持不变。

【例 8.7】 修改存储过程 cjb_info。

```
USE xscj
GO
ALTER PROCEDURE cjb_info
    @number char(6),@cname char(16)
    AS
        SELECT 学号, 课程名, 成绩
            FROM   cjb, kcb
            WHERE cjb.学号=@number AND kcb.课程名=@cname
GO
```

8.1.4 存储过程的删除

当不再使用一个存储过程时，就要把它从数据库中删除。使用 DROP PROCEDURE 语句可永久地删除存储过程。在此之前，必须确认该存储过程没有任何依赖关系，语法格式如下：

```
DROP { PROC | PROCEDURE } { [ 架构名. ] 过程 } [ ,... ]
```

说明：过程是指要删除的存储过程或存储过程组的名称。

【例 8.8】 删除 xscj 数据库中的 cjb_info 存储过程。

```
USE xscj
GO
IF EXISTS(SELECT name FROM sysobjects WHERE name='cjb_info')
    DROP PROCEDURE cjb_info
```

说明：在删除存储过程之前，可以先查找系统表 sysobjects 中是否存在这一存储过程，然后再删除。

8.2 触 发 器

触发器是一个被指定关联到一个表的数据对象，触发器是不需要调用的，当对一个表的特别事件出现时，它就会被激活。触发器的代码也是由 SQL 语句组成的，因此用在存储过程中的语句也可以用在触发器的定义中。触发器是一类特殊的存储过程，与表的关系密切，用于保护表中的数据。当有操作影响到触发器保护的数据时，触发器将自动执行。

8.2.1 触发器的类型

在 SQL Server 2016 中，按照触发事件的不同可以将触发器分为两大类：DML 触发器和 DDL 触发器。

1．DML 触发器

当数据库中发生数据操纵语言（DML）事件时将调用 DML 触发器。一般情况下，DML 事件包括对表或视图的 INSERT 语句、UPDATE 语句和 DELETE 语句，因而 DML 触发器也可分为三种类型：INSERT、UPDATE 和 DELETE。

利用 DML 触发器可以方便地保持数据库中数据的完整性。例如，对于 xscj 数据库有 xsb 表、cjb 表和 kcb 表，当插入某一学号的学生某一课程的成绩时，该学号应是 xsb 表中已存在的，课程号应是 kcb 表中已存在的，此时，可通过定义 INSERT 触发器实现上述功能。通过 DML 触发器可以实现多个表间数据的一致性。例如，对于 xscj 数据库，在 xsb 表中删除一个学生时，在 xsb 表的 DELETE 触发器中要同时删除 cjb 表中所有该学生的记录。

2. DDL 触发器

DDL 触发器也是由相应的事件触发的，但 DDL 触发器触发的事件是数据定义语句（DDL）。这些语句主要是以 CREATE、ALTER、DROP 等关键字开头的语句。DDL 触发器的主要作用是执行管理操作，如审核系统、控制数据库的操作等。通常，DDL 触发器用于满足以下一些操作需求：防止对数据库架构进行某些修改；希望数据库中发生某些变化以利于相应数据库架构中的更改；记录数据库架构中的更改或事件。

DDL 触发器只在响应由 T-SQL 语法所指定的 DDL 事件时才会触发。

在 SQL Server 2016 中，可以使用.NET Framework 公共语言运行（CLR）时创建程序集的方法创建 CLR 触发器。CLR 触发器既可以是 DML 触发器，也可以是 DDL 触发器。

8.2.2　触发器的创建

创建 DML 触发器和 DDL 触发器都使用 CREATE TRIGGER 语句，但是两者的语法略有不同。

1. 创建 DML 触发器

语法格式如下：

```
CREATE TRIGGER [ 架构名. ] 触发器名
    ON { 表 | 视图 }                                    /*指定操作对象*/
[ WITH   ENCRYPTION ]                                   /*说明是否采用加密方式*/
{ FOR | AFTER | INSTEAD OF }
{ [ INSERT ] [ , ] [ UPDATE ] [ , ] [ DELETE ] }
[ WITH APPEND ]
[ NOT FOR REPLICATION ]                                 /*说明该触发器不用于复制*/
AS
{
    <SQL 语句>
    ……
}
```

说明：

（1）触发器名：用于指定触发器名，触发器名必须符合标识符规则，并且在数据库中必须是唯一的。“架构名”是 DML 触发器所属架构的名称。对于 DDL 触发器，无法指定架构名。

（2）表 | 视图：指在其上执行触发器的表或视图，有时称为触发器表或触发器视图。使用 WITH ENCRYPTION 选项可以对 CREATE TRIGGER 语句的文本进行加密。

（3）AFTER：用于说明触发器在指定操作都成功执行后触发，如 AFTER INSERT 表示向表中插入数据时激活触发器。不能在视图上定义 AFTER 触发器。如果为了向前兼容而仅指定 FOR 关键字，则 AFTER 是默认值。一个表可以创建多个给定类型的 AFTER 触发器。

（4）INSTEAD OF：指定用 DML 触发器中的操作代替触发语句的操作。

在表或视图上，每个 INSERT、UPDATE 或 DELETE 语句最多可以定义一个 INSTEAD OF 触发器。另外，INSTEAD OF 触发器不可以用于使用了 WITH CHECK OPTION 选项的可更新视图。如果触发器表存在约束，则在 INSTEAD OF 触发器执行之后和 AFTER 触发器执行之前检查这些约束。如果违反了约束，则回滚 INSTEAD OF 触发器操作，且不执行 AFTER 触发器。

（5）{ [INSERT] [,] [UPDATE] [,] [DELETE] }：指定激活触发器的语句的类型，必须至少指定一个选项。在触发器定义中允许使用上述选项的任意顺序组合。INSERT 表示将新行插入表时激活触发器。UPDATE 表示更改某一行时激活触发器。DELETE 表示从表中删除某一行时激活触发器。

（6）WITH APPEND：指定应该再添加一个现有类型的触发器。这个选项只有在仅指定了 FOR 关键字时才可以使用，该选项将在以后的 SQL Server 版本中删除。

（7）<SQL 语句>：触发器的 T-SQL 语句，可以有一条或多条语句，指定 DML 触发器触发后将要执行的动作。

2. 触发器说明

对触发器有以下几点说明。

（1）触发器中使用的特殊表。执行触发器时，系统创建了两个特殊的临时表，即 inserted 表和 deleted 表。下面介绍这两个表的内容。

- inserted 表：当向表中插入数据时，INSERT 触发器触发执行，新的记录插入到触发器表和 inserted 表中。
- deleted 表：用于保存已从表中删除的记录，当触发一个 DELETE 触发器时，被删除的记录存放到 deleted 表中。

修改一条记录等于插入一条新记录，同时删除旧记录。当对定义了 UPDATE 触发器的表记录进行修改时，表中原记录移到 deleted 表中，修改过的记录插入到 inserted 表中。由于 inserted 表和 deleted 表都是临时表，它们在触发器执行时被创建，触发器执行完后就消失了，所以只可以在触发器的语句中使用 SELECT 语句查询这两个表。

（2）创建 DML 触发器的说明。创建 DML 触发器时主要有以下几点说明。

①CREATE TRIGGER 语句必须是批处理中的第一条语句，并且只能应用到一个表中。

②DML 触发器只能在当前的数据库中创建，但可以引用当前数据库的外部对象。

③创建 DML 触发器的权限默认分配给表的所有者。

④在同一 CREATE TRIGGER 语句中，可以为多种操作（如 INSERT 和 UPDATE）定义相同的触发器操作。

⑤不能对临时表或系统表创建 DML 触发器。

⑥对于含有 DELETE 或 UPDATE 操作定义的外键表，不能使用 INSTEAD OF DELETE 和 INSTEAD OF UPDATE 触发器。

⑦TRUNCATE TABLE 语句虽然能够删除表中的记录，但它不会触发 DELETE 触发器。

⑧在触发器内可以指定任意的 SET 语句，所选择的 SET 选项在触发器执行期间有效，并在触发器执行完后恢复到以前的设置。

⑨DML 触发器最大的用途是返回行级数据的完整性，而不是返回结果，所以应当尽量避免返回任何结果集。

⑩CREATE TRIGGER 权限默认授予定义触发器的表所有者、sysadmin 固定服务器角色成员、db_owner 和 db_ddladmin 固定数据库角色成员，并且不可转让。

⑪DML 触发器中不能包含以下语句：ALTER DATABASE、CREATE DATABASE、DROP DATABASE、LOAD DATABASE、LOAD LOG、RECONFIGURE、RESTORE DATABASE、RESTORE LOG。

3．创建 INSERT 触发器

INSERT 触发器是当对触发器表执行 INSERT 语句时就会激活的触发器。INSERT 触发器可以用来修改，甚至能够拒绝接收正在插入的记录。

【例 8.9】　创建 cjb 表插入后激活触发器，当向 cjb 表中插入一个学生的成绩时，将 xsb 表中该生的总学分加上添加的课程学分。

（1）创建 cjb 表插入后激活触发器。

```
CREATE TRIGGER cjb_insert
        ON cjb AFTER INSERT
    AS
    BEGIN
        DECLARE @num char(6), @kc_num char(3)
        DECLARE @xf int
        SELECT @num=学号, @kc_num=课程号  from inserted
        SELECT @xf=学分  FROM kcb WHERE  课程号=@kc_num
        UPDATE xsb SET  总学分=总学分+@xf    WHERE  学号=@num
        PRINT '修改成功'
    END
```

说明：本例使用 SELECT 语句从 inserted 临时表查找出插入到 cjb 表的一行记录，然后根据课程号的值查找到学分值，最后增加 xsb 表的总学分。

PRINT 命令的作用是向客户端返回用户定义的消息。

（2）验证 cjb 表插入后激活触发器。

在 cjb 表中，221341 增加了一条记录，观察 xsb 表的 221341 中的总学分增加了 3，如图 8.4 所示。

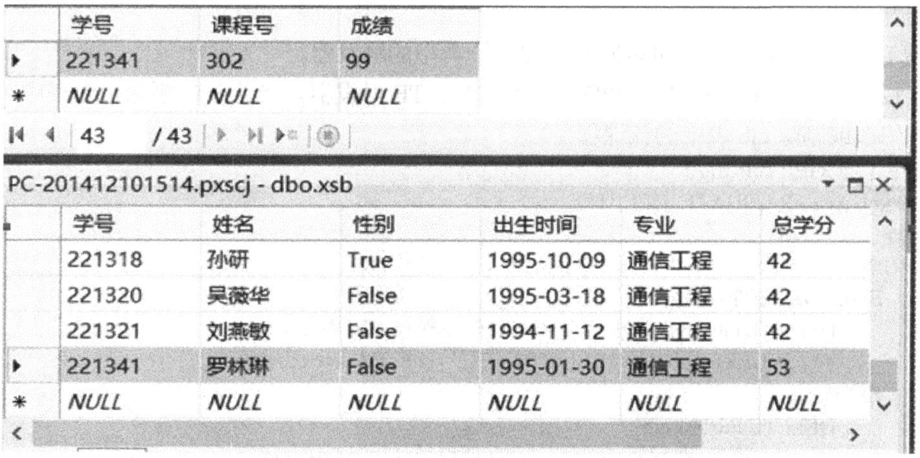

学号	课程号	成绩
221341	302	99
NULL	NULL	NULL

学号	姓名	性别	出生时间	专业	总学分
221318	孙研	True	1995-10-09	通信工程	42
221320	吴薇华	False	1995-03-18	通信工程	42
221321	刘燕敏	False	1994-11-12	通信工程	42
221341	罗林琳	False	1995-01-30	通信工程	53
NULL	NULL	NULL	NULL	NULL	NULL

图 8.4　总学分增加了 3

> **注意：**
> 与之配套，应创建 cjb 表删除触发器，根据将要删除的成绩记录，删减 xsb 表对应课程的总学分。

4．创建 UPDATE 触发器

UPDATE 触发器在对触发器表执行 UPDATE 语句后触发。在执行 UPDATE 触发器时，将触发器表的原记录保存到 deleted 临时表中，并将修改后的记录保存到 inserted 临时表中。

【例 8.10】　创建 xsb 表修改触发器，当修改 xsb 表中的学号时，同时也要将 cjb 表中的学号修改成相应的学号。

（1）创建 xsb 表修改触发器。

```
CREATE TRIGGER xsb_update
    ON xsb AFTER UPDATE
    AS
    BEGIN
        DECLARE @old_num char(6), @new_num char(6)
        SELECT @old_num=学号 FROM deleted
        SELECT @new_num=学号 FROM inserted
        UPDATE cjb SET 学号=@new_num WHERE 学号=@old_num
    END
```

（2）修改 xsb 表中的一行数据，并查看触发器执行结果：

```
UPDATE xsb SET 学号='191320' WHERE 学号='191301'
GO
SELECT *  FROM cjb WHERE 学号='191320'
GO
```

5. 创建 DELETE 触发器

【例 8.11】 在删除 xsb 表中的一条学生记录时，将 cjb 表中该生的相应记录也删除。

```
CREATE TRIGGER xsb_delete
    ON xsb AFTER DELETE
    AS
    BEGIN
        DELETE FROM cjb
            WHERE 学号 IN(SELECT 学号 FROM deleted)
    END
```

执行结果请自行验证。

在创建 DML 触发器时，还可以同时创建多个类型的触发器。

【例 8.12】 在 kcb 表中创建 UPDATE 和 DELETE 触发器，当修改或删除 kcb 表中的课程号字段时，同时修改或删除 cjb 表中的该课程号。

```
CREATE TRIGGER kcb_trig
    ON kcb AFTER UPDATE, DELETE
    AS
    BEGIN
        IF (UPDATE(课程号))
            UPDATE cjb SET 课程号=(SELECT 课程号 FROM inserted)
                WHERE 课程号=(SELECT 课程号 FROM deleted)
        ELSE
            DELETE FROM cjb
                WHERE 课程号 IN(SELECT 课程号 FROM deleted)
    END
```

说明：UPDATE()函数返回一个布尔值，指示是否对表或视图的指定列进行了 INSERT 或 UPDATE 操作。

6. 创建 INSTEAD OF 触发器

AFTER 触发器是在触发语句执行后触发的，与 AFTER 触发器不同的是，INSTEAD OF 触发器触发时只执行触发器内部的 SQL 语句，而不执行激活该触发器的 SQL 语句。一个表或视图中只能有一个 INSTEAD OF 触发器。

【例 8.13】 创建表 table2，值包含一列 a，在表中创建 INSTEAD OF INSERT 触发器，当向表中插入记录时显示相应消息。

```
USE xscj
GO
CREATE TABLE table2(a int)
GO
CREATE TRIGGER table2_insert
        ON table2 INSTEAD OF INSERT
    AS
        PRINT 'INSTEAD OF TRIGGER IS WORKING'
```

向表中插入一行数据：

```
INSERT INTO table2 VALUES(10)
```

执行结果：使用 SELECT 语句查询表 table2 可以发现，表 table2 中并没有插入数据。

INSTEAD OF 触发器的主要作用是，使不可更新视图支持更新。如果视图的数据来自多个基本表，则必须使用 INSTEAD OF 触发器支持引用表中数据的插入、更新和删除操作。

例如，若在一个多表视图上定义了 INSTEAD OF 触发器，视图各列的值可能允许为空，也可能不允许为空。若视图某列的值不允许为空，则 INSERT 语句必须为该列提供相应的值。

如果视图的列为以下几种情况之一：基本表中的计算列、基本表中的标识列、具有 timestamp 数据类型的基本表列，则该视图的 INSERT 语句必须为这些列指定值，INSTEAD OF 触发器在构成将值插入基本表的 INSERT 语句时会忽略指定的值。

【例 8.14】　在 xscj 数据库中创建视图 stu_view，包含学生的学号、专业、课程号、成绩。该视图依赖于表 xsb 和表 cjb，是不可更新视图。可以在视图上创建 INSTEAD OF 触发器，当向视图中插入数据时也分别向表 xsb 和表 cjb 插入数据，从而实现向视图插入数据的功能。

创建视图：

```
CREATE VIEW stu_view
AS
SELECT xsb.学号, 专业, 课程号, 成绩
    FROM xsb, cjb
    WHERE xsb.学号=cjb.学号
```

创建 INSTEAD OF 触发器：

```
CREATE TRIGGER InsteadTrig
    ON stu_view
     INSTEAD OF INSERT
    AS
    BEGIN
        DECLARE @XH char(6), @XM char(8),
                 @ZY char(12), @KCH char(3), @CJ int
        SET @XM='佚名'
        SELECT @XH=学号, @ZY=专业, @KCH=课程号, @CJ=成绩
            FROM inserted
        INSERT INTO xsb(学号, 姓名, 专业)
            VALUES(@XH, @XM, @ZY)
        INSERT INTO cjb VALUES(@XH, @KCH, @CJ)
    END
```

向视图插入一行数据：

```
INSERT INTO stu_view VALUES('201302', '计算机', '101', 85 )
```

查看 stu_view 视图和与视图关联的 xsb 基本表数据是否插入：

```
SELECT * FROM stu_view WHERE 学号= '201302'
SELECT * FROM xsb WHERE 学号= '201302'
```

执行结果如图 8.5 所示。

	学号	专业	课程号	成绩
1	201302	计算机	101	85

	学号	姓名	性别	出生时间	专业	总学分	备注
1	201302	佚名	1	NULL	计算机	5	NULL

图 8.5　执行结果

说明：向视图插入数据的 INSERT 语句实际执行插入操作的语句是 INSTEAD OF 触发器中的 SQL 语句。由于 xsb 表中的“姓名”列不能为空，所以在向 xsb 表插入数据时给姓名设置了一个默认值，总学分默认值虽然为 0，但在结果中为 5，是因为在 cjb 表中定义了一个 INSERT 触发器。

7．创建 DDL 触发器

语法格式如下：

```
CREATE TRIGGER 触发器名
    ON { ALL SERVER | DATABASE }
[ WITH ENCRYPTION ]
{ FOR | AFTER } { 事件类型 | 事件组 } [ , ... ]
AS
{
    SQL 语句 [ ; ] [ ... ]
    | EXTERNAL NAME  程序集名.类名.方法名
}
```

说明：

（1）ALL SERVER | DATABASE：ALL SERVER 关键字是指将当前 DDL 触发器的作用域应用于当前服务器。DATABASE 是指将当前 DDL 触发器的作用域应用于当前数据库。

（2）事件类型：执行之后将导致触发 DDL 触发器的 T-SQL 语句事件的名称。当 ON 关键字后面指定 DATABASE 选项时使用该名称。值得注意的是，每个事件对应的 T-SQL 语句有一些修改，如要在使用 CREATE TABLE 语句时激活触发器，AFTER 关键字后面的名称为 CREATE_TABLE，在关键字之间包含下画线（“_”）。“事件类型”选项的值可以是 CREATE_TABLE、ALTER_TABLE、DROP_TABLE、CREATE_USER、CREATE_VIEW 等。

（3）事件组：预定义的 T-SQL 语句事件分组的名称。ON 关键字后面指定为 ALL SERVER 选项时使用该名称，如 CREATE_DATABASE、ALTER_DATABASE 等。

其他选项与创建 DML 触发器语法相同。

【例 8.15】　创建 xscj 数据库作用域的 DDL 触发器，当删除一个表时，提示禁止该操作，然后回滚删除表的操作。

```
USE xscj
GO
CREATE TRIGGER safety_db  ON DATABASE
    AFTER DROP_TABLE
    AS
        PRINT '不能删除该表'
        ROLLBACK TRANSACTION
```

尝试删除表 table2：

```
DROP TABLE table2
```

执行结果显示“不能删除该表”和系统错误信息。

说明： ROLLBACK TRANSACTION 语句用于回滚之前所做的修改，将数据库恢复到原来的状态。

【例 8.16】 创建服务器作用域的 DDL 触发器，当删除一个数据库时，提示禁止该操作并回滚删除数据库的操作。

```
CREATE TRIGGER safety_server   ON ALL SERVER
    AFTER DROP_DATABASE
    AS
        PRINT '不能删除该数据库'
        ROLLBACK TRANSACTION
```

8.2.3 触发器的修改

要修改触发器执行的操作，可以使用 ALTER TRIGGER 语句。

（1）修改 DML 触发器的语法格式如下：

```
ALTER TRIGGER 架构名.触发器名
    ON ( 表 | 视图 )
[ WITH ENCRYPTION ]
( FOR | AFTER | INSTEAD OF )
{ [ DELETE ] [ , ] [ INSERT ] [ , ] [ UPDATE ] }
[ NOT FOR REPLICATION ]
    AS
{
    SQL 语句 [ ; ] [ ... ]
    | EXTERNAL NAME 程序集名.类名.方法名
}
```

（2）修改 DDL 触发器的语法格式如下：

```
ALTER TRIGGER 触发器名
    ON { DATABASE | ALL SERVER }
[ WITH ENCRYPTION ]
{ FOR | AFTER } { 事件类型 [ , ... ] | 事件组 }
    AS
{
    SQL 语句 [ ; ]
    | EXTERNAL NAME 程序集名.类名.方法名[ ; ]
}
```

说明："触发器名"为要修改的触发器名称，该触发器必须已经存在于数据库中。ALTER TRIGGER 语句的其他语法与 CREATE TRIGGER 语句类似，这里不再重复说明。

【例 8.17】 修改 xscj 数据库中在 xsb 表上定义的触发器 xsb_delete，将其修改为 UPDATE 触发器。

```
USE xscj
GO
ALTER TRIGGER xsb_delete ON xsb   FOR UPDATE
    AS
        PRINT '执行的操作是修改'
```

8.2.4 触发器的删除

触发器本身是存在于表中的，因此，当表被删除时，表中的触发器也将一起被删除。删除触发器使用 DROP TRIGGER 语句。

语法格式如下：

```
DROP TRIGGER 架构名.触发器名 [ ,... ] [ ; ]                              /*删除 DML 触发器*/
DROP TRIGGER 触发器名 [ ,... ] ON { DATABASE | ALL SERVER } [ ; ]  /*删除 DDL 触发器*/
```

说明："触发器名"为要删除的触发器名称，可以包含触发器的架构名。如果是删除 DDL 触发器，则要使用 ON 关键字指定是在数据库作用域还是在服务器作用域。

【例 8.18】 删除 DML 触发器 xsb_delete。

```
IF EXISTS (SELECT name FROM sysobjects WHERE name = 'xsb_delete')
    DROP TRIGGER xsb_delete
```

说明：DML 触发器创建后名称一般保存在系统表 sysobjects 中，在删除前可以先判断该触发器的名称是否存在。

【例 8.19】 删除 DDL 触发器 safety_db。

```
DROP TRIGGER safety_db   ON DATABASE
```

第9章 备份与恢复

尽管数据库管理系统中已经采取了各种措施来保证数据库的安全，但硬件故障、软件错误、病毒、误操作或故意破坏仍是可能发生的，它可能使数据库中的数据遭到破坏和丢失。因此，数据库管理系统都提供了把数据库从错误状态恢复到某一正确状态的功能。

数据库的恢复是以备份为基础的，SQL Server 2016 的备份和恢复组件为存储在 SQL Server 中的关键数据提供了重要的保护手段。备份和恢复数据库也可以用于其他目的，如可以通过备份与恢复将数据库从一个服务器移动或复制到另一个服务器。

9.1 备份与恢复概述

下面分别介绍备份和恢复的概念。

9.1.1 数据库备份的概念

SQL Server 2016 提供了多种备份方法，各种方法都有自己的特点。备份策略是以最小的代价恢复数据。备份与恢复是互相联系的，备份策略与恢复应结合起来考虑。

1．备份内容

数据库中数据的重要程度决定了数据恢复的必要性与重要性，也就决定了数据是否备份及如何备份。数据库需备份的内容可分为数据文件（包括主要数据文件和次要数据文件）、日志文件两部分。其中，数据文件中所存储的系统数据库是确保 SQL Server 2016 系统正常运行的重要依据。无疑，系统数据库必须完全备份。

2．由谁做备份

在 SQL Server 2016 中，具有下列角色的成员可以做备份操作。

（1）固定的服务器角色 sysadmin（系统管理员）。

（2）固定的数据库角色 db_owner（数据库所有者）。

（3）固定的数据库角色 db_backupoperator（允许进行数据库备份的用户）。

除了以上三个角色之外，还可以通过授权允许其他角色进行数据库备份。

3．备份介质

备份介质是指将数据库备份到目标载体。在 SQL Server 2016 中，允许使用两种类型的备份介质。

（1）硬盘：最常用的备份介质，可以用于备份本地文件，也可以用于备份网络文件。

（2）磁带：大容量的备份介质，仅可用于备份本地文件。

4．何时备份

对于系统数据库和用户数据库，其备份时机是不同的。

（1）系统数据库。当系统数据库 master、msdb 和 model 中的任何一个被修改以后，都要将其备份。

master 数据库包含了 SQL Server 2016 系统有关数据库的全部信息，删除 master 数据库，SQL Server 2016 可能无法启动，并且用户数据库可能无效。

当修改了系统数据库 msdb 或 model 时，也必须对它们进行备份，以便在系统出现故障时恢复作业及用户创建的数据库信息。

> **注意：**
> 不要备份数据库 TempDB，因为它仅包含临时数据。

（2）用户数据库。当创建数据库或加载数据库时，应备份数据库。当为数据库创建索引时，应备份数据库，以便恢复时能够节省大量的时间。

当清理了日志或执行了不记日志的 T-SQL 命令时，应备份数据库，这是因为若日志记录被清除或命令未记录在事务日志中，日志中将不包含数据库的活动记录，因此不能通过日志恢复数据。不记日志的命令有 BACKUP LOG WITH NO_LOG、WRITETEXT、UPDATETEXT、SELECT INTO、命令行实用程序、BCP 命令等。

5. 限制的操作

SQL Server 2016 在执行数据库备份的过程中，允许用户对数据库继续操作，但不允许用户在备份时执行下列操作：创建或删除数据库文件；创建索引；不记日志的命令。

若在系统正执行上述操作中的任何一种情况时试图备份，则备份进程不能执行。

6. 备份方法

数据库备份常用的两类方法是完全备份和差异备份。完全备份每次都备份整个数据库或事务日志，差异备份则只备份自上次备份以来发生过变化的数据库数据。差异备份也称为增量备份。

SQL Server 2016 中有两种基本的备份：一是只备份数据库，二是备份数据库和事务日志，它们又都可以与完全或差异备份相结合。另外，当数据库很大时，也可以进行个别文件或文件组的备份，从而将数据库备份分割为多个较小的备份过程。这样就形成了以下四种备份方法：

（1）完全数据库备份。这种方法按常规定期备份整个数据库，包括事务日志。当系统出现故障时，可以恢复到最近一次数据库备份时的状态，但自该备份后所提交的事务都将丢失。

完全数据库备份的主要优点是简单，备份是单一操作，可按一定的时间间隔预先设定，恢复时只需一个步骤就可以完成。

若数据库不大，或者数据库中的数据变化很少，甚至是只读的，那么就可以对其进行全量数据库备份。

（2）数据库和事务日志备份。这种方法不用很频繁地定期进行数据库备份，而是在两次完全数据库备份期间，进行事务日志备份，所备份的事务日志记录了两次数据库备份之间所有的数据库活动记录。当系统出现故障后，能够恢复所有备份的事务，而只丢失未提交或提交但未执行完的事务。

执行恢复时，需要两步：首先恢复最近的完全数据库备份，然后恢复在该完全数据库备份以后的所有事务日志备份。

（3）差异备份。差异备份只备份自上次数据库备份后发生更改的部分数据库，它用来扩充完全数据库备份或数据库和事务日志备份方法。对于一个经常修改的数据库，采用差异备份策略可以减少备份和恢复的时间。差异备份比全量备份工作量小而且备份速度快，对正在运行的系统影响也较小，因此可以更经常地备份。经常备份将减少丢失数据的危险。

使用差异备份方法，执行恢复时，若是数据库备份，则用最近的完全数据库备份和最近的差异数据库备份来恢复数据库；若是差异数据库和事务日志备份，则用最近的完全数据库备份和最近的差异备份后的事务日志备份来恢复数据库。

（4）数据库文件或文件组备份。这种方法只备份特定的数据库文件或文件组，同时还要定期备份事务日志，这样在恢复时可以只还原已损坏的文件，而不用还原数据库的其余部分，从而加快了恢复速度。

对于被分割在多个文件中的大型数据库，可以使用这种方法进行备份。例如，如果数据库由几个在物理上位于不同磁盘上的文件组成，当其中一个磁盘发生故障时，只需还原发生了故障的磁盘文件。文件或文件组备份和还原操作必须与事务日志备份一起使用。

文件或文件组备份能够更快地恢复已隔离的媒体故障，迅速还原损坏的文件，在调度和媒体处理上具有更大的灵活性。

9.1.2　数据库恢复的概念

数据库恢复就是当数据库出现故障时，将备份的数据库加载到系统，从而使数据库恢复到备份时的正确状态。系统进行恢复操作时，先执行一些系统安全性的检查，包括检查所要恢复的数据库是否存在、数据库是否变化及数据库文件是否兼容等，然后根据所采用的数据库备份类型采取相应的恢复措施。

与备份操作相比，恢复操作较为复杂，因为它是在系统异常的情况下执行的操作。通常恢复要经过以下两个步骤。

1. 准备工作

数据库恢复的准备工作包括系统安全性检查和备份介质验证。在进行恢复时，系统先执行安全性检查、重建数据库及其相关文件等操作，保证数据库安全地恢复，这是数据库恢复必要的准备，可以防止错误的恢复操作。例如，用不同的数据库备份或用不兼容的数据库备份信息覆盖某个已存在的数据库。当系统发现出现了以下情况时，恢复操作将不再进行。

（1）指定要恢复的数据库已存在，但在备份文件中记录的数据库与其不同。

（2）服务器上数据库文件集与备份中的数据库文件集不一致。

（3）未提供恢复数据库所需的所有文件或文件组。

安全性检查是系统在执行恢复操作时自动进行的。恢复数据库时，要确保数据库的备份是有效的，即要验证备份介质，得到数据库备份的信息。这些信息包括：

- 备份文件或备份集名及描述信息；
- 所使用的备份介质类型（磁带或磁盘等）；
- 所使用的备份方法；
- 执行备份的日期和时间；
- 备份集的大小；
- 数据库文件及日志文件的逻辑和物理文件名；
- 备份文件的大小。

2. 执行恢复数据库的操作

可以提供使用图形向导方式或 T-SQL 语句执行恢复数据库的操作。

9.2　数据库备份

进行数据库备份时，先要创建用来存储备份的备份设备。备份设备一般是硬盘。备份设备分为永久备份和临时备份设备两类。创建备份设备后，才能将需要备份的数据库备份到备份设备中。创建备份设备和数据库备份可通过 SMSS 或 T-SQL 命令进行。

9.2.1 创建备份设备

备份设备应有一个物理名称，它是操作系统访问物理设备时所使用的名称，但 SQL Server 使用逻辑名访问会更加方便。要使用备份设备的逻辑名进行备份，就必须先创建命名的备份设备，否则就只能使用物理名访问备份设备。将可以使用逻辑名访问的备份设备称为命名备份设备，而将只能使用物理名访问的备份设备称为临时备份设备。

1. 创建永久备份设备

如果要使用备份设备的逻辑名来引用备份数据库，就必须在使用它之前创建命名备份设备。当希望所创建的备份设备能够重新使用或设置系统自动备份数据库时，就要使用永久备份设备。

若使用磁盘设备备份，那么备份设备实际上就是磁盘文件。

创建该备份设备有两种方法：执行系统存储过程 sp_addumpdevice 和使用 SMSS。

（1）执行系统存储过程创建备份设备。

语法格式如下：

```
sp_addumpdevice [ @devtype = ] '设备类型' ,
      [ @logicalname = ] '逻辑名' ,
      [ @physicalname = ] '物理名'
```

说明：“设备类型”指出介质类型，可以是 DISK（硬盘文件）或者 TAPE（磁带）。

【例 9.1】 在本地硬盘上创建一个备份设备。

```
USE  xscj
GO
EXEC sp_addumpdevice 'DISK', 'myBK1',
        'E:\MyDB\myBKfile1.bak'
```

所创建的备份设备的逻辑名是 myBK1；所创建的备份设备的物理名是 E:\MyDB\\myBKfile1.bak。备份设备的物理文件一定不能直接保存在磁盘根目录下。

（2）执行系统存储过程删除备份设备。

当所创建的备份设备不再需要时，可以用系统存储过程 sp_dropdevice 删除它。例如：

```
EXEC sp_dropdevice 'myBK1', DELFILE
```

2. 使用多个备份设备

SQL Server 可以同时向多个备份设备写入数据，即进行并行的备份。并行备份将需备份的数据分别备份在多个设备上，这多个备份设备构成了备份集。如图 9.1 所示为在多个备份设备上进行备份，以及由备份的各组成部分形成的备份集。

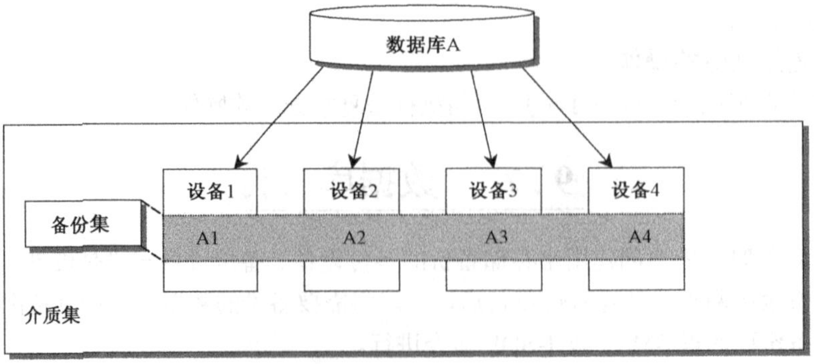

图 9.1 使用多个备份设备及备份集

使用并行备份可以减少备份操作的时间。例如，使用三个磁盘设备进行并行备份，与只使用一个磁盘设备进行备份相比，在正常情况下可以减少 2/3 的时间。

在用多个备份设备进行并行备份时，要注意：

（1）设备备份操作使用的所有设备必须具有相同的介质类型；

（2）多设备备份操作使用的设备的存储容量和运行速度可以不同；

（3）可以采用命名备份设备与临时备份设备的组合；

（4）从多设备备份恢复时，不必使用与备份时相同数量的设备。

9.2.2 以命令方式备份数据库

规划了备份的策略且确定了备份设备后，就可以执行实际的备份操作了。可以使用“对象资源管理器”“备份向导”“T-SQL 命令”执行备份操作。

本节讨论 T-SQL 提供的备份命令——BACKUP，该语句用于备份整个数据库、差异备份数据库、备份特定的文件或文件组及备份事务日志。

1. 备份整个数据库

1）备份命令

语法格式如下：

```
BACKUP DATABASE { 数据库名 }                    /*被备份的数据库名*/
    TO <备份设备>  [ , ... ]                    /*指出备份目标设备*/
[   MIRROR TO <备份设备> ...   ]
[   WITH INIT | NOINIT   ]
[   WITH NAME = '名称'   ]
```

说明：

（1）数据库名：指定备份的数据库。

（2）TO 子句：指定备份设备。它可以是逻辑备份设备，也可以直接使用物理备份设备。最多可指定 64 个备份设备。当备份设备为多个时，可以用 WITH NAME 指定名称，便于指定数据库恢复。

当用物理备份设备硬盘时，需要指定 TO DISK，并且物理备份设备必须输入完整的路径和文件名。当指定多个文件时，可以混合逻辑文件名和物理文件名。

（3）可以用“@变量”指定数据库名和备份设备，此时变量中已经赋值了数据库名和备份设备对应的字符串。

（4）如果指定的备份设备已存在且没有指定 INIT 选项，则备份将追加到该设备后面，否则覆盖原内容。

（5）MIRROR TO 子句：备份设备组是包含 2～4 个镜像服务器的镜像媒体集中的一个镜像。若要指定镜像媒体集，应针对第一个镜像服务器设备使用 TO 子句，后面跟最多 3 个 MIRROR TO 子句。备份设备必须在类型和数量上等同于 TO 子句中指定的设备。在镜像媒体集中，所有的备份设备必须具有相同的属性。

2）备份举例

【例 9.2】 将数据库 xscj 完全备份到 myBK1 逻辑设备中。

```
EXEC sp_addumpdevice 'DISK', 'myBK1',
        'E:\MyDB\myBKfile1.bak'
BACKUP DATABASE xscj TO myBK1
```

执行结果如图 9.2 所示。执行后在 E:\MyDB 目录中存在 myBKfile1.bak 文件，如图 9.3 所示。

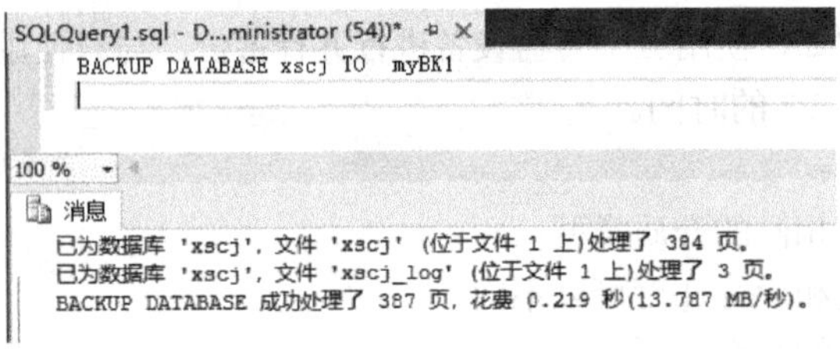

图 9.2　执行结果

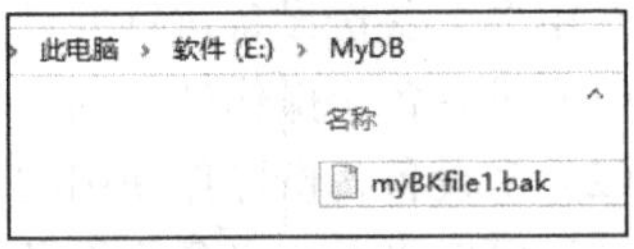

图 9.3　存在 myBKfile1.bak 文件

将数据库 xscj 完全备份到备份设备 myBK1，并覆盖该设备中原有的内容：

```
BACKUP DATABASE xscj TO myBK1 WITH INIT
```

将数据库 xscj 完全备份到备份设备 myBK1，执行追加的完全数据库备份，该设备上原有的备份内容都被保存：

```
BACKUP DATABASE xscj TO myBK1 WITH NOINIT
```

执行结果如图 9.4 所示，因为是追加备份，所以文件位置为 2。

【例 9.3】　将数据库 xscj 备份到多个备份设备。

```
USE xscj
GO
EXEC sp_addumpdevice 'DISK', 'myBK2', 'E:\MyDB\myBKfile2.bak'
EXEC sp_addumpdevice 'DISK', 'myBK3', 'E:\MyDB\myBKfile3.bak'
BACKUP DATABASE xscj TO myBK2, myBK3
    WITH NAME = 'xscjbk'
```

3）查看备份设备的内容

在“对象资源管理器”窗口中展开“服务器对象”→“备份设备”，选定要查看的备份设备，右击鼠标，在弹出的快捷菜单中选择“属性”菜单项，在打开的“备份设备”窗口中显示已有的备份设备，如图 9.5 所示。

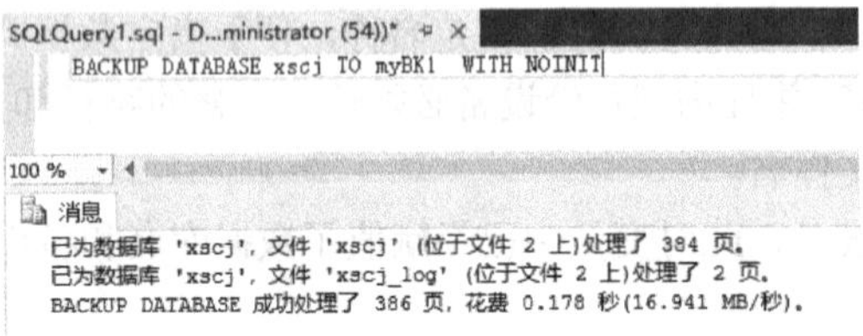

图 9.4　执行结果

图 9.5　备份设备

2. 差异备份数据库

对于需频繁修改的数据库，进行差异备份可以缩短备份和恢复的时间。只有当已经执行了完全数据库备份后才能执行差异备份。在进行差异备份时，SQL Server 将备份从最近的完全数据库备份后数据库发生了变化的部分。

语法格式如下：

```
BACKUP DATABASE { 数据库名 }
    READ_WRITE_FILEGROUPS
    [ , FILEGROUP = { 文件组名 } ... ]
TO  <备份设备> [ , ...  ]
[  MIRROR TO <备份设备> ...  ]
[  WITH DIFFERENTIAL  ]
```

说明：

（1）DIFFERENTIAL：表示差异备份的关键字。

（2）READ_WRITE_FILEGROUPS：指定在部分备份中备份所有读/写文件组。

（3）FILEGROUP：包含在部分备份中的读/写文件组的逻辑名称或变量的逻辑名称。

SQL Server 执行差异备份时，需注意下列几点：

（1）若在上次完全数据库备份后，数据库的某行被修改了，则执行差异备份只保存最后一次改动的值。

（2）为了使差异备份设备与完全数据库备份设备区分开来，应使用不同的设备名。

【例 9.4】　差异备份 xscj 数据库直接到磁盘文件。

```
BACKUP DATABASE xscj
    TO DISK ='E:\MyDB\myBKDIF1.bak'   WITH DIFFERENTIAL
```

3. 备份数据库文件或文件组

当数据库非常大时，可以进行数据库文件或文件组的备份。

语法格式如下：

```
BACKUP DATABASE { 数据库名 }
    <文件或文件组> [ , ... ]                          /*指定文件或文件组名*/
TO   <备份设备> [ , ... ]
[   MIRROR TO <备份设备>    ...   ]
```

其中：

```
<文件或文件组>::=
{
    FILE = { 逻辑文件名 }
    | FILEGROUP = { 逻辑文件组名 }
}
```

说明：

（1）<文件或文件组>：指定需要备份数据库文件或文件组，可以使用@字符串变量。

（2） FILE：指定一个或多个包含在数据库备份中的文件命名。

（3） FILEGROUP：指定一个或多个包含在数据库备份中的文件组命名。

> **注意：**
>
> 必须先通过使用 BACKUP LOG 将事务日志单独备份，才能使用文件和文件组备份来恢复数据库。

使用数据库文件或文件组备份时，要注意以下几点：

（1）必须指定文件或文件组的逻辑名。

（2）必须执行事务日志备份，以确保恢复后的文件与数据库其他部分的一致性。

（3）应轮流备份数据库中的文件或文件组，以使数据库中的所有文件或文件组都定期得到备份。

【例 9.5】　将 test2 数据库的数据文件和 PRIMARY 文件组分别备份到文件中。

先参考第 2 章创建的 test2 数据库，然后执行下列命令。

```
EXEC sp_addumpdevice 'DISK', 't2dat1', 'E:\MyDB\test2_dat.bak'
EXEC sp_addumpdevice 'DISK', 't2gp', 'E:\MyDB\test2_gp.bak'
GO
BACKUP    DATABASE test2    FILE ='test2_data1' TO t2dat1
BACKUP    DATABASE test2    FILEGROUP='PRIMARY' TO t2gp
GO
```

4．备份事务日志

备份事务日志用于记录前一次的数据库备份或事务日志备份后数据库所做出的改变。事务日志备份需在一次完全数据库备份后进行，这样才能将事务日志文件与数据库备份一起用于恢复。当进行事务日志备份时，系统进行下列操作。

（1）将事务日志中从前一次成功备份结束位置开始，到当前事务日志结尾处的内容进行备份。

（2）标识事务日志中活动部分的开始，即是指从最近的检查点或最早的打开位置开始至事务日志的结尾处。

进行事务日志备份使用 BACKUP LOG 语句，语法格式如下：

```
BACKUP LOG
    ......                                   /*其余选项与数据库的完全备份 BACKUP 相同*/
WITH
    {  NORECOVERY | STANDBY =  撤销文件名}
    [,  NO_TRUNCATE   ]
```

说明：

（1）NORECOVERY：该选项将内容备份到日志尾部，不覆盖原有的内容。

（2）STANDBY：该选项将备份日志尾部，并使数据库处于只读或备用模式。其中，“撤销文件名”指定容纳回滚（roll back）更改的存储文件。如果随后执行操作，则必须撤销这些回滚更改。如果指定的撤销文件名不存在，SQL Server 将创建该文件；如果该文件已存在，则 SQL Server 将重写它。

（3）NO_TRUNCATE：若数据库被损坏，使用该选项可以备份最近的所有数据库活动，SQL Server 将保存整个事务日志。当执行恢复时，可以恢复数据库和事务日志。

> **注意：**
>
> BACKUP LOG 语句指定只备份事务日志，所备份的日志内容范围是从上一次成功执行了事务日志备份之后到当前事务日志的末尾。该语句大部分选项的含义与 BACKUP DATABASE 语句中同名选项的含义相同。

【例 9.6】 创建一个命名的备份设备 myBKlog，并备份 xscj 数据库的事务日志。

```
USE xscj
GO
EXEC sp_addumpdevice 'DISK' , 'myBKlog' , 'E:\MyDB\myBKlog.bak'
BACKUP LOG xscj TO myBKlog
```

9.3 数据库恢复

恢复是与备份相对应的操作，备份的主要目的是为了在系统出现异常情况（如硬件失败、系统软件瘫痪或误操作而删除了重要数据等）时将数据库恢复到某个正常的状态。

SQL Server 进行数据库恢复时，将自动执行下列操作以确保数据库迅速而完整地还原。

（1）进行安全检查。安全检查是系统的内部机制，是数据库恢复时的必要操作，它可以防止由于偶然的误操作而使用了不完整的信息或其他数据库备份来覆盖现有的数据库。

当出现以下几种情况时，系统将不能恢复数据库：

- 使用与被恢复的数据库名不同的数据库名去恢复数据库；
- 服务器上的数据库文件组与备份的数据库文件组不同；
- 需恢复的数据库名或文件名与备份的数据库名或文件名不同，那么 SQL Server 将拒绝此恢复过程。

（2）重建数据库。当从完全数据库备份中恢复数据库时，SQL Server 将重建数据库文件，并把所重建的数据库文件置于备份数据库时这些文件所在的位置，所有的数据库对象都将自动重建，用户无须重建数据库的结构。

在 SQL Server 中，恢复数据库的语句是 RESTORE。

1．恢复数据库的准备

在进行数据库恢复之前，RESTORE 语句要校验有关备份集或备份介质的信息，其目的是确保数据库备份介质是有效的。

在“对象资源管理器”窗口中展开“服务器对象”，在其中的“备份设备”，选择欲查看的备份介质，右击鼠标，在弹出的快捷菜单中选择“属性”菜单项。在打开的“备份设备”窗口中单击“媒体内容”选项卡，将显示所选备份介质的有关信息，如备份介质所在的服务器名、备份数据库名、备份类型、备份日期、到期日及大小等信息。

2．恢复整个数据库命令

当存储数据库的物理介质被破坏，或整个数据库被误删除或被破坏时，就要恢复整个数据库。在恢复整个数据库时，SQL Server 系统将重新创建数据库及与数据库相关的所有文件，并将文件存放在原来的位置。

语法格式如下：

```
RESTORE DATABASE { 数据库名 }                    /*指定被还原的目标数据库*/
[ FROM <备份设备> [ ,... ]  ]                   /*指定备份设备*/
[ WITH RECOVERY | NORECOVERY | STANDBY =
      { 备用文件名 }
]
……
```

【例 9.7】 使用 RESTORE 语句从一个已存在的命名备份介质 myBK1 中恢复整个数据库 xscj。

为了检验效果，在恢复数据库之前，用户可以对 xscj 数据库做一些修改，如删除其中一个表，以便确认是否恢复了数据库。

恢复数据库的命令如下：

```
RESTORE DATABASE xscj
    FROM myBK1
    WITH   FILE=1, REPLACE
```

> **注意：**
>
> 在恢复前需要打开备份设备的属性页，查看数据库备份在备份设备中的位置。如果将备份的位置 3 作为最新备份，那么 WITH 子句的 FILE 选项值就要设为 1。
>
> 在恢复 xscj 数据库前需要将当前数据库设置为 master。

执行结果如图 9.6 所示。

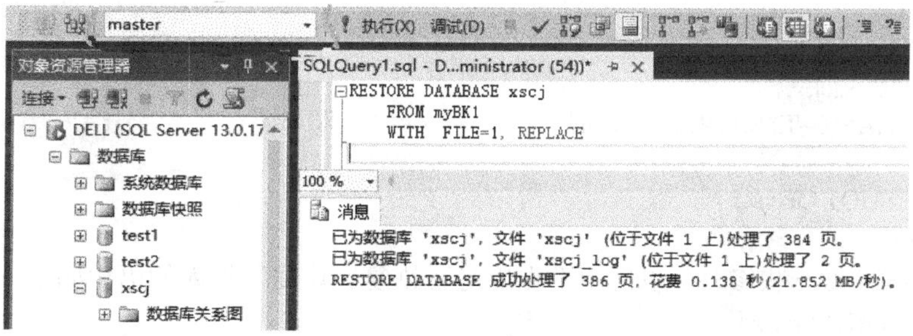

图 9.6 执行结果

命令执行成功后，用户可查看数据库是否恢复。

3. 恢复数据库的部分内容命令

应用程序或用户的误操作，如无效更新或误删表格等，往往只影响到数据库的某些相对独立的部分。在这些情况下，SQL Server 提供了将数据库的部分内容还原到另一个位置的机制，以使损坏或丢失的数据可复制回原始数据库。

4. 恢复特定的文件或文件组

若某个或某些文件被破坏或被误删除，则可以从文件或文件组备份中进行恢复，而不必进行整个数据库的恢复。

5. 恢复事务日志

使用事务日志恢复，可将数据库恢复到指定的时间点。

语法格式如下：

```
RESTORE LOG { 数据库名 |@数据库名变量 }
[ <文件或文件组> [ , ... ] ]
[ FROM <备份设备> [ , ... ] ]
[ WITH
    [ RECOVERY | NORECOVERY | STANDBY = {备用文件名 |@备用文件名变量 } ]
    ……
    | , <指定时间点>
]
```

执行事务日志恢复必须在进行完全数据库恢复之后。

以下语句是从备份介质 myBK1 进行完全恢复数据库 xscj 后，再进行事务日志（myBKlog）恢复。

```
RESTORE DATABASE xscj
    FROM myBK1
    WITH NORECOVERY, REPLACE
GO
RESTORE LOG xscj
    FROM myBKlog
```

6. 恢复到数据库快照

可以使用 RESTORE 语句将数据库恢复到创建数据库快照时的状态。此时，恢复的数据库会覆盖原来的数据库。

语法格式如下：

```
RESTORE DATABASE { 数据库名 }
    FROM DATABASE_SNAPSHOT = 数据库快照名
```

【例 9.8】 创建 xscj 数据库的快照，并将数据库恢复到创建该快照时的状态。

首先创建 xscj 数据库的快照：

```
CREATE DATABASE xscj_1
    ON
    (
        NAME=xscj,
        FILENAME='E:\MyDB\xscj_1.mdf'
    )
    AS SNAPSHOT OF xscj
GO
```

然后，对数据库做一些修改，以确定数据库是否恢复。恢复数据库的语句如下：

```
RESTORE DATABASE xscj
    FROM DATABASE_SNAPSHOT='xscj_1'
```

9.4 附加数据库和数据库复制

本节先介绍附加数据库，然后再简单介绍数据库复制。

1. 附加数据库

创建数据库时，在指定（或者默认）的目录下生成数据库文件和日志文件。例如， 采用默认参数创建 pxscj 数据库，在默认目录下会找到对应的 2 个文件：pxscj.mdf 和 pxscj_log.ldf。当数据库发生异常、数据库中的数据丢失时，可以保存这些文件，也可以采用数据库文件来恢复数据库，这种方法叫做附加数据库。或者要将其他 SQLServer 服务器中的数据库复制到当前 SQLServer 服务器中时，也可以使用数据库文件的附加功能。

运行“SQL Server Management Studio（SSMS）”，采用 Windows 系统管理员（Administrator）或者 SQLSerevr 服务器超级（sa）用户连接到服务器。

在“对象资源管理器”窗口中右击“数据库”→“附加”→“附加数据库”→“添加”，在 E:\myDB 目录中选择要附加的数据库文件 pxscj.mdf，单击“确定”按钮返回。此时，“附加数据库”窗口中列出了要附加数据库的原始文件和日志文件的信息，如图 9.7 所示。

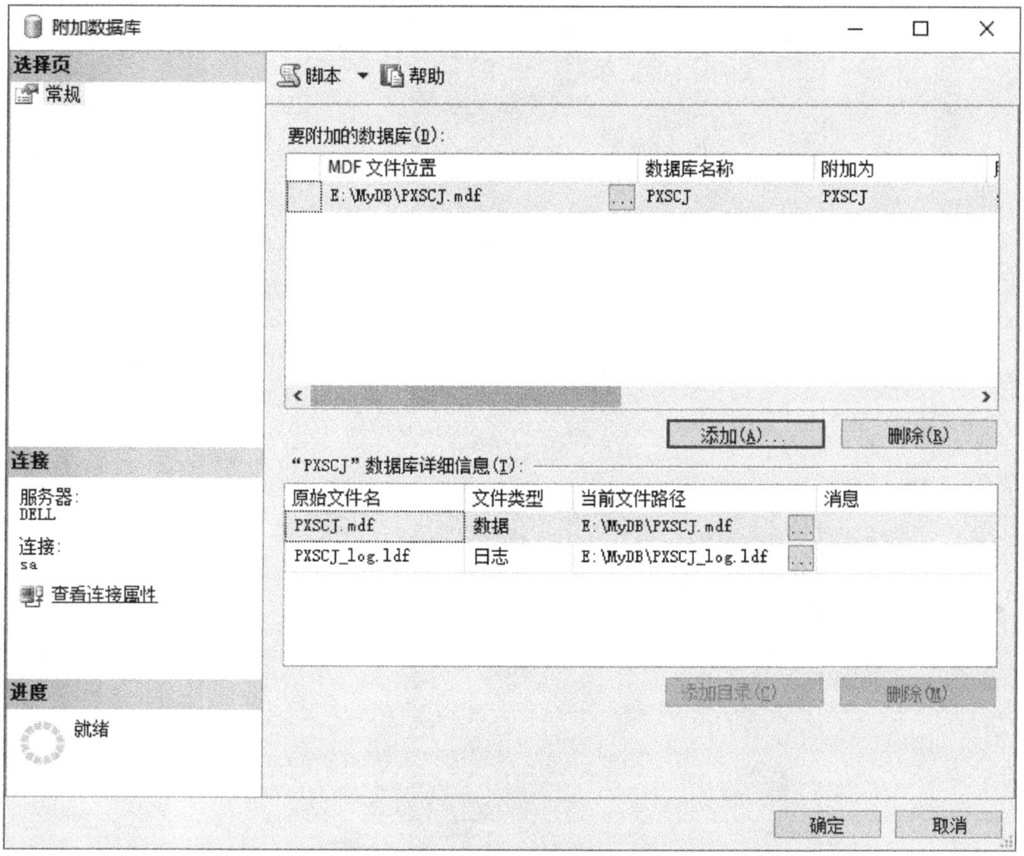

图 9.7 “附加数据库”窗口

单击“确定”按钮开始附加数据库。成功后，将会在“数据库”列表中找到附加成功的数据库。

2. 数据库复制

在 SQL Server 中，可以使用“复制数据库向导”将数据库复制或转移到另一个服务器中。使用“复制数据库向导”前需要启动 SQL Server 代理服务，可以使用 SQL Server 配置管理器来完成。进入 SQL Server 配置管理器后，双击“SQL Server 代理服务”选择，弹出“SQL Server 代理属性”对话框，单击“启动”按钮，启动该服务后就可以使用“复制数据库向导”了。

也可以直接在“对象资源管理器”窗口中启动 SQL Server 代理服务：“对象资源管理器”→右击“SQL Server 代理”→“启动”，在弹出的“确认”对话框中单击“是”按钮即可。

注意：

在复制数据库文件时，一定要先通过 SQL Server 配置管理器停止 SQL Server 服务，然后才能复制数据文件，否则是无法复制的。

第 10 章 系统安全管理

数据的安全性管理是数据库服务器应实现的重要功能之一。SQL Server 2016 数据库采用了非常复杂的安全保护措施，其安全管理体现在如下方面。

（1）对用户登录进行身份验证。当用户登录到数据库系统时，系统对该用户的账户和口令进行验证，包括确认用户账户是否有效及能否访问数据库系统。

（2）对用户进行的操作进行权限控制。当用户登录到数据库后，只能对数据库中的数据在允许的权限内进行操作。

10.1 SQL Server 2016 的安全机制

SQL Server 2016 的安全机制包含通过 SQL Server 身份验证模式进入 SQL Server 实例，通过 SQL Server 安全性机制控制对 SQL Server 2016 数据库及其对象的操作。

10.1.1 SQL Server 身份验证模式

身份验证模式是指系统确认用户的方式。SQL Server 有两种验证模式：Windows 身份验证和 SQL Server 身份验证。这是在安装 SQL Server 的过程中由“数据库引擎配置”确定的，如图 10.1 所示。

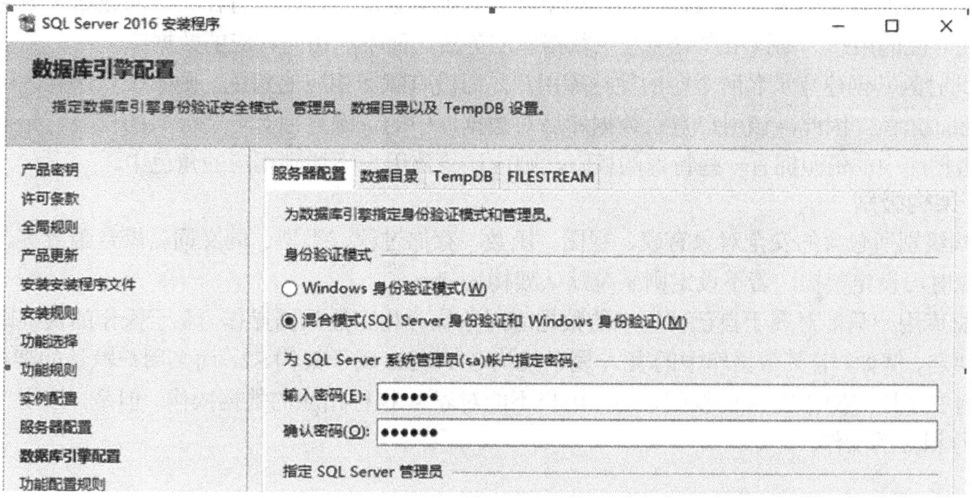

图 10.1 数据库引擎配置

1. Windows 身份验证模式

用户登录 Windows 时进行身份验证，登录 SQL Server 时就不再进行身份验证了。

> **注意：**
> （1）必须将 Windows 账户加入到 SQL Server 中，才能使用 Windows 账户登录 SQL Server。

（2）如果使用 Windows 账户登录到另一个网络的 SQL Server，则必须在 Windows 中设置彼此的托管权限。

2. SQL Server 身份验证模式

在 SQL Server 验证模式下，SQL Server 服务器要对登录的用户进行身份验证。系统管理员必须设定登录验证模式的类型为混合验证模式。当采用混合模式时，SQL Server 系统既允许使用 Windows 登录名登录，也允许使用 SQL Server 登录名登录。

10.1.2 SQL Server 安全性机制

SQL Server 的安全性机制主要是通过 SQL Server 的安全性主体和安全对象来实现的。SQL Server 安全性主体主要有三个级别：服务器级别、数据库级别、架构级别。

1. 服务器级别

服务器级别所包含的安全对象主要有登录名、固定服务器角色等。其中，登录名用于登录数据库服务器，而固定服务器角色用于给登录名赋予相应的服务器权限。

SQL Server 中的登录名主要有两种：第一种是 Windows 登录名，第二种是 SQL Server 登录名。

Windows 登录名对应 Windows 身份验证模式，该验证模式所涉及的账户类型主要有 Windows 本地用户账户、Windows 域用户账户、Windows 组。

SQL Server 登录名对应 SQL Server 身份验证模式，在该验证模式下，能够使用的账户类型主要是 SQL Server 账户。

2. 数据库级别

数据库级别所包含的安全对象主要有用户、角色、应用程序角色、证书、对称密钥、非对称密钥、程序集、全文目录、DDL 事件、架构等。

用户安全对象是用来访问数据库的。如果某人只拥有登录名，而没有在相应的数据库中为其创建登录名所对应的用户，则该用户只能登录数据库服务器，而不能访问相应的数据库。

若此时为其创建登录名所对应的数据库用户，而没有赋予相应的角色，则系统默认为该用户自动具有 public 角色。因此，该用户登录数据库后对数据库中的资源只拥有一些公共的权限。如果要让该用户对数据库中的资源拥有一些特殊的权限，则应该将该用户添加到相应的角色中。

3. 架构级别

架构级别所包含的安全对象有表、视图、函数、存储过程、类型、同义词、聚合函数等。在创建这些对象时可设定架构，若不设定则系统默认架构为 dbo。

数据库用户只能对属于自己架构中的数据库对象执行相应的数据操作。至于操作的权限则由数据库角色决定。例如，若某数据库中的表 A 属于架构 S1，表 B 属于架构 S2，而某用户默认的架构为 S2，如果没有授予用户操作表 A 的权限，则该用户不能对表 A 执行相应的数据操作。但是，该用户可以对表 B 执行相应的操作。

10.1.3 SQL Server 数据库安全验证过程

一个用户如果要对某一数据库进行操作，则必须满足以下三个条件：

（1）登录 SQL Server 服务器时必须通过身份验证；

（2）必须是该数据库的用户，或者是某一数据库角色的成员；

（3）必须有对数据库对象执行该操作的权限。

下面介绍 SQL Server 是如何在这三方面进行管理的。

不管使用哪种验证方式，用户都必须具备有效的 Windows 用户登录名。SQL Server 有两个常用的默认登录名：sa 和计算机名\Windows 管理员账户名（Adminstrator）。其中，sa 是 SQL Serevr 系统管理员，在 SQL Server 中拥有系统和数据库的所有权限，如图 10.2 所示。

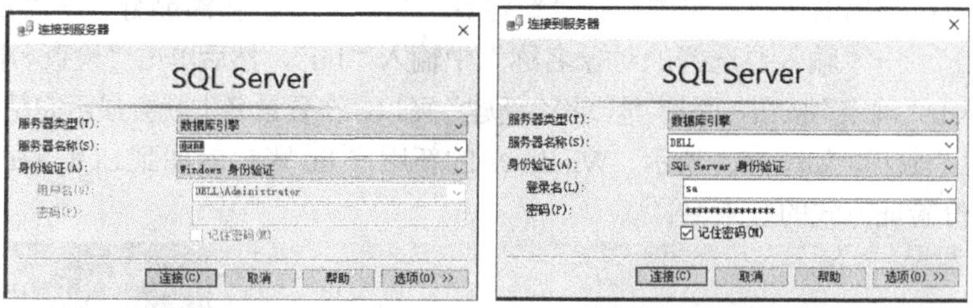

（a）Windows 身份验证连接　　（b）SQL Serevr 身份验证连接

图 10.2　连接服务器

除了 sa 是 SQL Serevr 系统管理员，SQL Server 为 Windows 管理员提供的默认用户账户，在 SQL Server 中拥有系统和数据库的所有权限。所以在一开始为了熟悉 SQL Server 功能，可以用 sa 或者 Windows 系统管理员登录 SQL Server 服务器和数据库，它可以对数据库各种对象进行任何操作。其后再创建用户账户，分配权限，然后再用指定账户登录 SQL Server 服务器和数据库，操作指定对象等。

10.2 建立和管理用户账户

建立和管理用户账户可通过界面或者命令方式进行。

10.2.1 以界面方式管理用户账户

1．建立 Windows 身份验证模式的登录名

在安装本地 SQL Server 2016 的过程中，选择 Windows 身份验证方式。在此情况下，如果要增加一个 Windows 的新用户 liu，那么如何授权该用户，使其能通过信任连接访问 SQL Server 呢？

（1）创建 Windows 的用户。

以 Windows 管理员身份登录到 Windows，右击屏幕左下角，选择“计算机管理”→“用户和组”，完成新用户“liu”的创建，如图 10.3 所示。

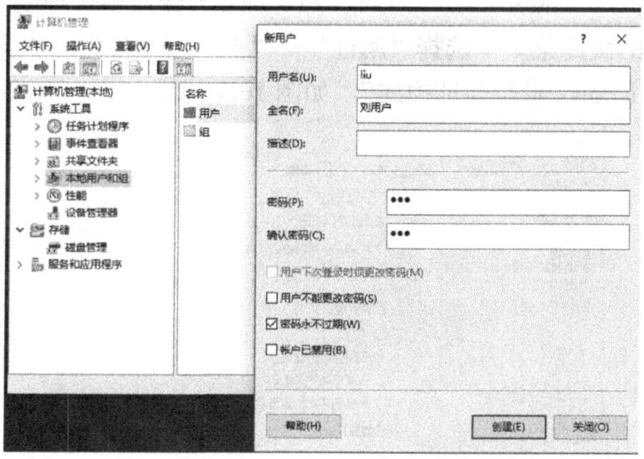

图 10.3　Windows 创建新用户

这时只能以“liu”用户登录启动 Windows，但不能登录 SQL Server，因为它还没有在 SQL Server 加入该 Windows 账户。

（2）将 Windows 账户加入 SQL Server 中。

以 SQL Server 管理员身份连接 SQL Server 服务器，在“对象资源管理器”→“安全性”→“登录名”，右击鼠标，在弹出的快捷菜单中选择“新建登录名”→“登录名-新建”→“常规”→“搜索”，在“选择用户或组”→“输入要选择的对象名称”中输入“liu”，然后单击“检查名称”按钮，系统生成“DELL\liu”，单击“确定”按钮，回到“登录名-新建”窗口，在登录名中就会显示完整名称“DELL\liu”，选择默认数据库为“xscj”，如图 10.4 所示。Windows 的新用户 liu 账户就加到 SQL Server 中，即新建了一个 Windows 身份验证方式的登录名。

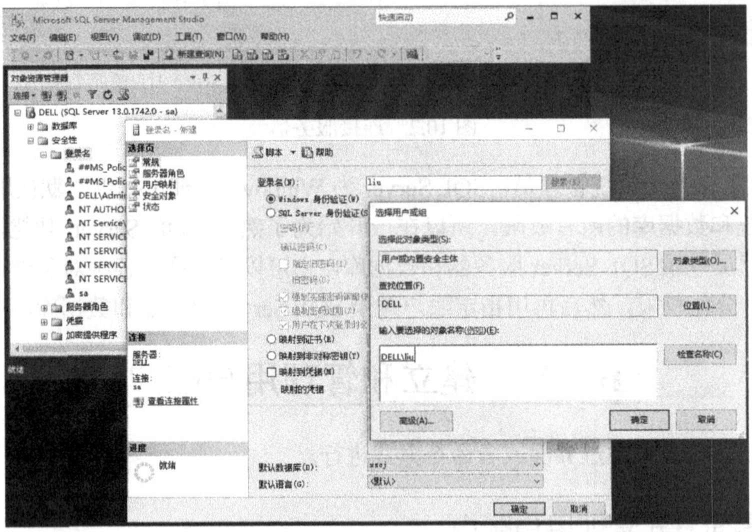

图 10.4 “选择用户或组”对话框

（3）以 liu 登录 Windows，然后启动 SQL Server，选择 Windows 身份验证连接即可进入 SQL Serevr。

2. 建立 SQL Server 身份验证模式的登录名

（1）将身份验证模式设为混合模式。

如果用户在安装 SQL Server 时未将身份验证模式设置为混合模式，则先要将其设为混合模式，步骤如下。

以系统管理员身份登录“SSMS”，在“对象资源管理器”窗口中选择要登录的 SQL Server 服务器图标，右击鼠标，在弹出的快捷菜单中选择“属性”→“服务器属性”→“安全性”。选择服务器身份验证为“SQL Server 和 Windows 身份验证模式”，如图 10.5 所示。

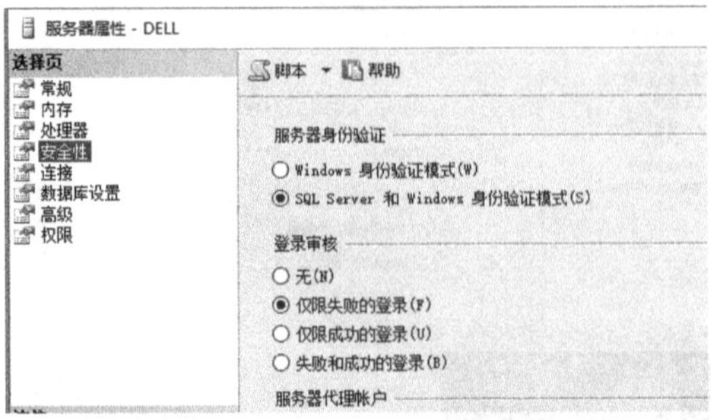

图 10.5 “服务器属性-DELL”窗口

单击“确定”按钮，保存新的配置，重启 SQL Server 服务即可。

（2）创建 SQL Server 身份验证模式的登录名。

在“对象资源管理器”→“安全性”→“登录名”，右击选择“新建登录名”选项，系统显示“登录名-新建”对话框。选择“SQL Server 身份验证”选项， 登录名输入“SQL_liu”，输入密码和确认密码“sqlliu”， 并将“强制密码过期”复选框中的钩去掉，默认数据库为“xscj”，如图 10.6 所示。

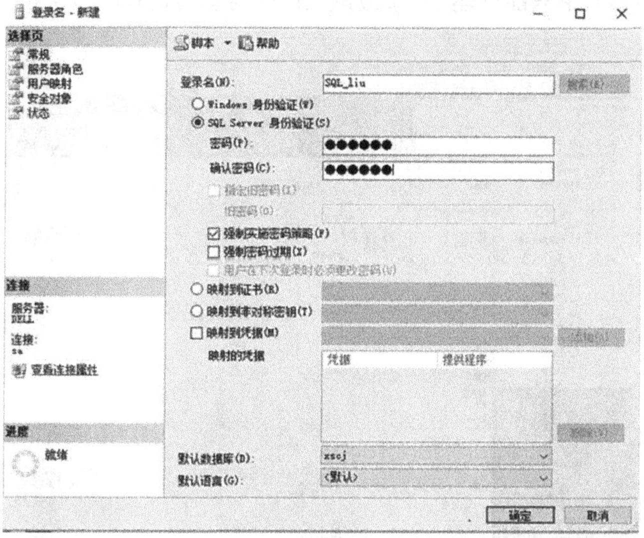

图 10.6　新建 SQL Server 登录名

单击“确认”按钮，新用户 SQL_liu 账户就加到 SQL Server 中，即新建了一个 SQL Server 身份验证方式的登录名。

（3）以 SQL Server 登录名连接 SQL Server。

重启 SQL Server，在“身份验证”框中选择“SQL Server 身份验证”选项，“登录名”填写为“SQL_liu”，并输入密码“sqlliu”，单击“连接”按钮，即可连接 SQL Server，如图 10.7 所示。此时的“对象资源管理器”窗口如图 10.8 所示。

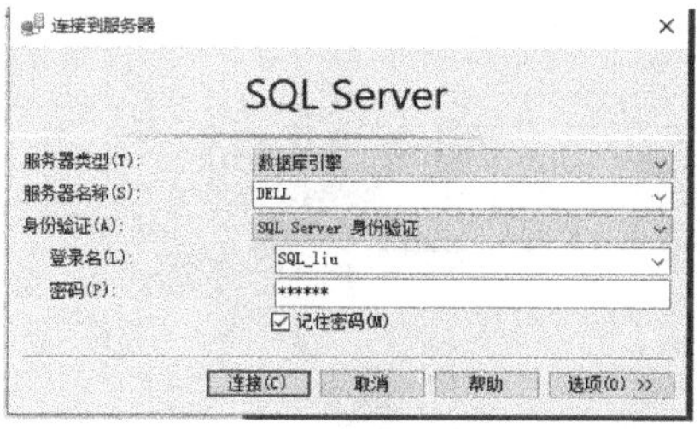

图 10.7　连接 SQL Server

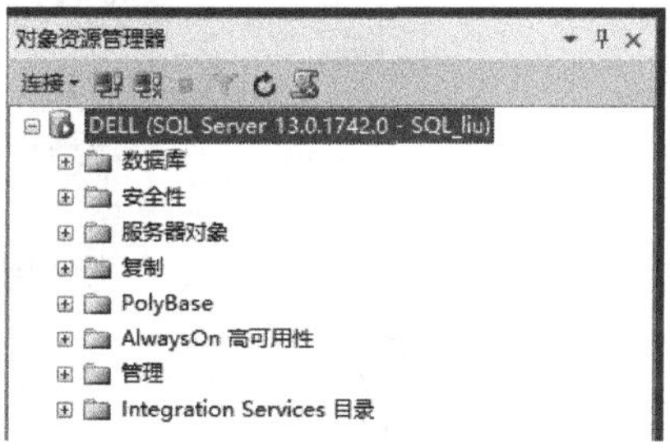

图 10.8　“对象资源管理器”窗口

3. 管理数据库用户

在实现了数据库的安全登录后，检验用户权限的下一个安全等级就是数据库的访问权。数据库的访问权是通过映射数据库的用户与登录账户之间的关系来实现的。

一个登录名连接上 SQL Server 2016 以后，就需要设置用户访问数据库的权限。为此，需要创建数据库用户账户，然后给这些用户账户授予权限。设置权限以后，用户就可以用这个账户连接 SQL Server 并访问允许访问的数据库了。

（1）以登录名新建数据库用户。

以系统管理员身份连接 SQL Server，展开"数据库"→"xscj"→"安全性"→右击"用户"，选择"新建用户"→"数据库用户-新建"。

在"用户名"框中填写数据库用户名"xscj_SQL_liu"。

在"登录名"框中填写能够登录 SQL Server 的登录名，如"SQL_liu"。

一个登录名在本数据库中只能创建一个数据库用户，这里可选择默认架构为 dbo，如图 10.9 所示。

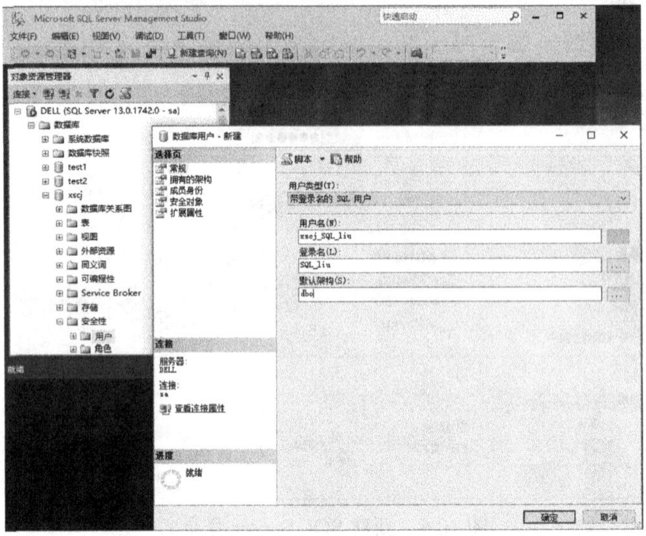

图 10.9　新建数据库用户（SQL Server 登录名）

单击"确定"按钮完成创建，还可以修改现有数据库用户的属性，或者删除该用户。

（2）采用上述方法在 xscj 数据库下新建 Windows 登录名"DELL\liu"对应的数据库用户"xscj_liu"，如图 10.10 所示。

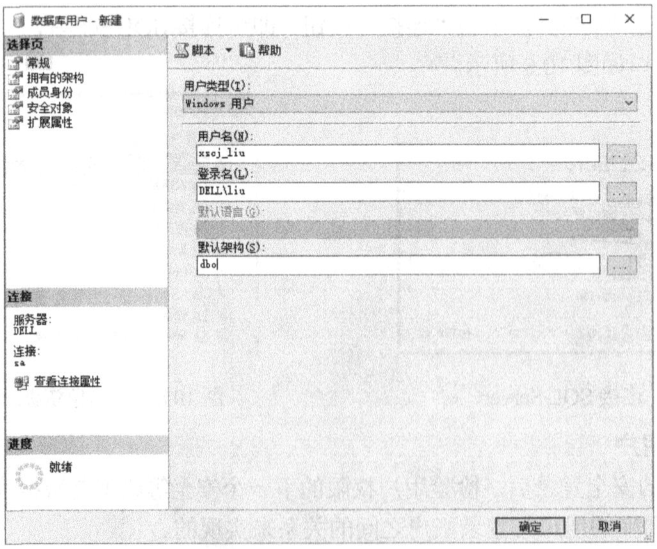

图 10.10　新建数据库用户（Windows 登录名）

10.2.2 以命令方式管理用户账户

在 SQL Server 2016 中，还能以命令方式操作用户账户，如创建登录名、创建数据库用户等。

1. 登录名创建

1）创建登录名

语法格式如下：

```
CREATE LOGIN 登录名
{
    WITH PASSWORD = '密码' [ HASHED ] [ MUST_CHANGE ]
        [ , <选项列表> [ , ... ] ]                    /*WITH 子句用于创建 SQL Server 登录名*/
    | FROM                                            /*FROM 子句用于创建其他登录名*/
    {
        WINDOWS [ WITH <Windows 选项> [ , ... ] ]
        | CERTIFICATE 证书名
        | ASYMMETRIC KEY 非对称密钥名
    }
}
```

其中：

```
<选项列表> ::=
    SID = 登录 GUID
    | DEFAULT_DATABASE = 数据库
    | DEFAULT_LANGUAGE = 语言
    | CHECK_EXPIRATION = { ON | OFF}
    | CHECK_POLICY = { ON | OFF}
    [ CREDENTIAL = 凭据名 ]
<Windows 选项> ::=
    DEFAULT_DATABASE = 数据库
    | DEFAULT_LANGUAGE = 语言
```

有四种类型的登录名：Windows 登录名、SQL Server 登录名、证书映射登录名和非对称密钥映射登录名。这里只具体介绍前两种。

（1）创建 Windows 验证模式登录名。

创建 Windows 登录名使用 FROM 子句，在 FROM 子句的语法格式中，Windows 关键字指定将登录名映射到 Windows 登录名，其中，<Windows 选项>为创建 Windows 登录名的选项，DEFAULT_DATABASE 指定默认数据库，DEFAULT_LANGUAGE 指定默认语言。

> **注意：**
> 创建 Windows 登录名时，首先要确认该 Windows 用户是否已经创建，在指定登录名时要符合“[域\用户名]”的格式，“域”为本地计算机名。

【例 10.1】 以命令方式创建 Windows 登录名 tao（假设 Windows 用户 tao 已经创建，本地计算机名为“DELL”），默认数据库为 xscj。

```
USE xscj
GO
CREATE LOGIN [DELL\tao]
    FROM WINDOWS
        WITH DEFAULT_DATABASE= xscj
```

当前执行该命令的用户需要具有相应的权限。

命令执行成功后，在“数据库”→“安全性”→“登录名”列表上就可以查看到该登录名。

FROM 子句中还有另外两个选项：CERTIFICATE 选项用于指定将与登录名关联的证书名称；ASYMMETRIC KEY 选项用于指定将与此登录名关联的非对称密钥的名称。

（2）创建 SQL Server 验证模式登录名。

创建 SQL Server 登录名使用 WITH 子句，其中：

PASSWORD：用于指定正在创建的登录名密码，“'密码'”为密码字符串。HASHED 选项指定在 PASSWORD 参数后输入的密码已经过哈希运算。如果未选择此选项，则在将作为密码输入的字符串存储到数据库之前，对其进行哈希运算。如果指定 MUST_CHANGE 选项，则 SQL Server 会在首次使用新登录名时提示用户输入新密码。

<选项列表>：用于指定在创建 SQL Server 登录名时的如下选项。

- SID：指定新 SQL Server 登录名的全局唯一标识符。如果未选择此选项，则自动指派。
- DEFAULT_DATABASE：指定默认数据库。如果未指定此选项，则默认数据库将设置为 master。
- DEFAULT_LANGUAGE：指定默认语言。如果未指定此选项，则默认语言将设置为服务器的当前默认语言。
- CHECK_EXPIRATION：指定是否对此登录名强制实施密码过期策略，默认值为 OFF。
- CHECK_POLICY：指定应对此登录名强制实施运行 SQL Server 的计算机的 Windows 密码策略，默认值为 ON。

【例 10.2】 创建 SQL Server 登录名为 SQL_tao，密码为 sqltao，默认数据库设为 xscj。

```
CREATE LOGIN SQL_tao
    WITH PASSWORD='sqltao',
        DEFAULT_DATABASE=xscj
```

2）删除登录名

删除登录名使用 DROP LOGIN 命令，语法格式如下：

```
DROP LOGIN 登录名
```

例如，删除 Windows 登录名 tao 和 SQL Server 登录名 SQL_tao。

```
DROP LOGIN [DELL\tao]
DROP LOGIN SQL_tao
```

后面还要使用该登录名，实际操作不要删除。

2. 数据库用户创建

1）创建数据库用户

创建数据库用户使用 CREATE USER 命令，语法格式如下：

```
CREATE USER 用户名
[{ FOR | FROM }
{
    LOGIN 登录名
    | CERTIFICATE 证书名
    | ASYMMETRIC KEY 非对称密钥名
}
| WITHOUT LOGIN
]
[ WITH DEFAULT_SCHEMA = 架构名 ]
```

说明：

（1）用户名：用于指定数据库用户名。FOR 或 FROM 子句用于指定相关联的登录名。

（2）LOGIN 登录名：指定要创建数据库用户的 SQL Server 登录名。“登录名”必须是服务器中有效的登录名。当此登录名进入数据库时，它将获取正在创建的数据库用户的名称和 ID。

（3）WITHOUT LOGIN：指定不将用户映射到现有登录名。

（4）WITH DEFAULT_SCHEMA：指定服务器为此数据库用户解析对象名称时将搜索的第一个架构，默认为 dbo。

【例 10.3】 使用 SQL Server 登录名 SQL_tao 和 Windows 登录名[DELL\tao]，在 xscj 数据库中创建数据库用户 xscj_SQL_tao 和 xscj_tao，默认架构名使用 dbo。

```
USE xscj
GO
CREATE USER xscj_SQL_tao
    FOR LOGIN SQL_tao
    WITH DEFAULT_SCHEMA=dbo
CREATE USER xscj_tao
    FOR LOGIN [DELL\tao]
    WITH DEFAULT_SCHEMA=dbo
```

命令执行成功后，可以在数据库 xscj 的“安全性”的“用户”列表中查看到该数据库用户。

2）删除数据库用户

删除数据库用户使用 DROP USER 语句。

语法格式如下：

```
DROP USER 用户名
```

“用户名”为要删除的数据库用户名，在删除之前要使用 USE 语句指定数据库。

例如，删除 xscj 数据库的数据库用户 xscj_SQL_tao。

```
USE xscj
GO
DROP USER xscj_SQL_tao, xscj_tao
```

实际不做删除操作。

10.3 角色管理

在 SQL Server 中，通过角色可将用户分为不同的类，对相同类用户（相同角色的成员）进行统一管理，赋予相同的操作权限。一个角色就相当于 Windows 账户管理中的一个用户组，可以包含多个用户。

SQL Server 给用户提供了预定义的服务器角色（固定服务器角色）、数据库角色（固定数据库角色）和应用程序角色。固定服务器角色和固定数据库角色都是 SQL Server 内置的，不能进行添加、修改和删除。用户也可根据需要，创建自己的数据库角色，以便对具有同样操作的用户进行统一管理。

10.3.1 固定服务器角色

服务器角色独立于各个数据库。如果在 SQL Server 中创建一个登录名后，要赋予该登录者管理服务器的权限，此时可设置该登录名为服务器角色的成员。SQL Server 提供了以下固定服务器角色。

（1）sysadmin：系统管理员，角色成员可对 SQL Server 服务器进行所有的管理工作，为最高管理角色。这个角色一般适合于数据库管理员（DBA）。

（2）securityadmin：安全管理员，角色成员既可以管理登录名及其属性，也可以授予、拒绝、撤销服务器级和数据库级的权限，还可以重置 SQL Server 登录名的密码。

（3）serveradmin：服务器管理员，角色成员具有对服务器进行设置及关闭服务器的权限。

（4）setupadmin：设置管理员，角色成员可以添加和删除连接服务器，并执行某些系统存储过程。

（5）processadmin：进程管理员，角色成员可以终止 SQL Server 实例中运行的进程。

（6）diskadmin：用于管理磁盘文件。

（7）dbcreator：数据库创建者，角色成员可以创建、更改、删除或还原任何数据库。

（8）bulkadmin：可执行 BULK INSERT 语句，但是这些成员对要插入数据的表必须有 INSERT 权限。BULK INSERT 语句的功能是以用户指定的格式复制一个数据文件至数据库表或视图。

（9）public：其角色成员可以查看任何数据库。

用户只能将一个用户登录名添加为上述某个固定服务器角色的成员，不能自行定义服务器角色。

1. 以界面方式添加服务器角色成员

（1）以系统管理员身份登录到 SQL Server 服务器，在“对象资源管理器”→“安全性”→“登录名”，右击选择“属性”→“登录属性”。

（2）在打开的“登录属性”窗口中选择“服务器角色”选项页，在“登录属性”窗口右边列出了所有的固定服务器角色，用户可以根据需要，在服务器角色前的复选框中打钩，为登录名添加相应的服务器角色。此处默认已经选择了“public”服务器角色（选择登录名需要加入的服务器角色），单击“确定”按钮完成添加。

也可以选择“安全性”→“服务器角色”，在其下面列出了所有服务器角色，双击某个服务器角色，系统进入该服务器角色属性对话框，然后加入登录用户。

由于所有登录 SQL Serevr 服务器的用户默认自动加入了“public”服务器角色，所以，登录后可以在 SSMS 上看到登录的服务器包含哪些数据库，却不能看到数据库中包含哪些表，以及界面或者命令方式操作表等对象，如图 10.11 所示。

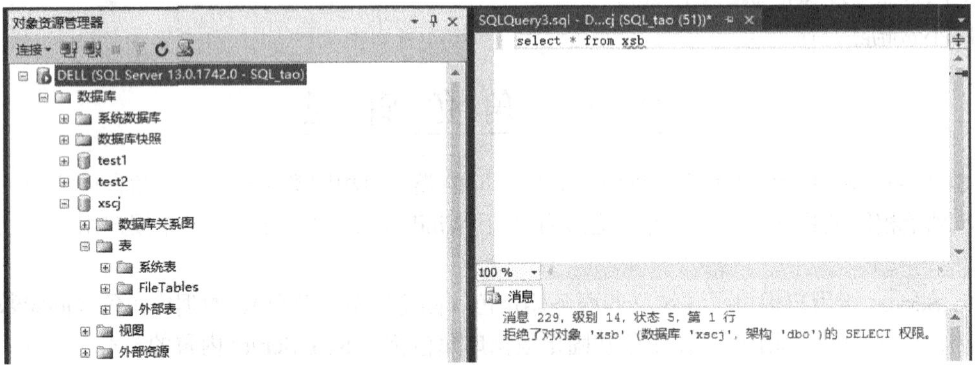

图 10.11 不能看到界面或者命令方式操作表等对象

2. 利用“系统存储过程”添加固定服务器角色成员

利用系统存储过程 sp_addsrvrolemember 可将一个登录名添加到某一个固定服务器角色中，使其成为固定服务器角色的成员，语法格式如下：

```
sp_addsrvrolemember [ @登录名 = ] 'login', [@角色名 =] 'role'
```

参数含义：'login'指定添加到固定服务器角色'role'的登录名，'login'可以是 SQL Server 登录名或 Windows 登录名；对于 Windows 登录名，如果还没有授予 SQL Server 访问权限，将自动对其授予访问权限。固定服务器角色名'role'必须为 sysadmin、securityadmin、serveradmin、setupadmin、processadmin、diskadmin、dbcreator、bulkadmin 和 public 之一。

说明：

（1）将登录名添加为固定服务器角色的成员后，该登录名就会得到与此固定服务器角色相关的权限。

（2）不能更改 sa 角色成员资格。

（3）不能在用户定义的事务内执行 sp_addsrvrolemember 存储过程。

（4）sysadmin 固定服务器的成员可以将任何固定服务器角色添加到某个登录名，其他固定服务器角色的成员可以执行 sp_addsrvrolemember，为某个登录名添加同一个固定服务器角色。

（5）如果不想让用户有任何管理权限，就不要将其指派给服务器角色，这样就可以将用户限定为普通用户。

【例 10.4】　将 SQL Server 登录名“SQL_tao”添加到 sysadmin 固定服务器角色中。

```
EXEC sp_addsrvrolemember 'SQL_tao', 'sysadmin'
```

关闭 SQL Server，重新启动 SQL Server，以 SQL Server 登录名“SQL_tao”登录 SQL Server。

在查询分析器中重新执行 T-SQL 命令，命令能够有效执行，如图 10.12 所示。

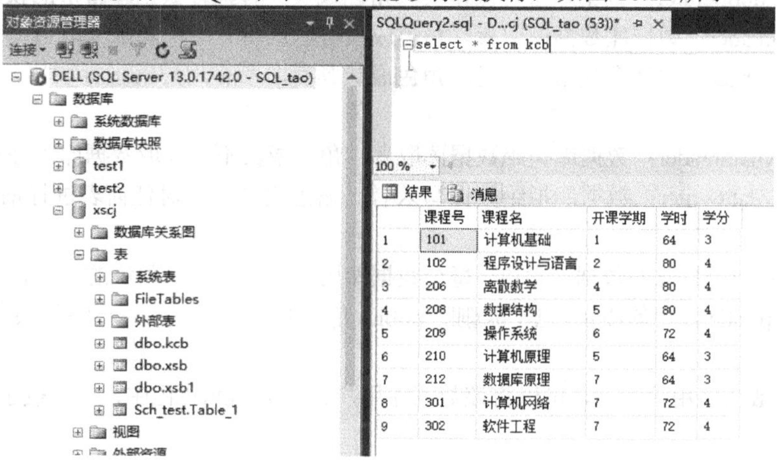

图 10.12　有效执行

同样也可以执行其他 T-SQL 命令（如 delete from kcb），或者在 SSMS 中进行操作。

3．利用“系统存储过程”删除固定服务器角色成员

利用 sp_dropsrvrolemember 系统存储过程可从固定服务器角色中删除 SQL Server 登录名或 Windows 登录名，语法格式如下：

```
sp_dropsrvrolemember [ @登录名 = ] 'login' , [ @角色名 = ] 'role'
```

参数含义：'login'为将要从固定服务器角色删除的登录名。'role'为服务器角色名，默认值为 NULL，必须是有效的固定服务器角色名。

例如，从 sysadmin 固定服务器角色中删除 SQL Server 登录名 SQL_tao。

```
EXEC sp_dropsrvrolemember 'SQL_tao', 'sysadmin'
```

也可在“对象资源管理器”窗口中删除固定服务器角色中的登录名。

10.3.2　固定数据库角色

固定数据库角色定义在数据库级别上，并且有权进行特定数据库的管理及操作。SQL Server 提供了以下固定数据库角色。

（1）db_owner：数据库所有者。角色成员可执行数据库的所有管理操作。

用户发出的所有 SQL 语句均受限于该用户具有的权限。例如，CREATE DATABASE 仅限于 sysadmin 和 dbcreator 固定服务器角色的成员使用。

sysadmin 固定服务器角色的成员、db_owner 固定数据库角色的成员，以及数据库对象的所有者都可授予、拒绝或废除某个用户或某个角色的权限。使用 GRANT 赋予执行 T-SQL 语句或对数据进行操作的权限；使用 DENY 拒绝权限，并防止指定的用户、组或角色从组和角色成员的关系中继承权限；使用 REVOKE 取消以前授予或拒绝的权限。

（2）db_accessadmin：数据库访问权限管理者。角色成员具有增加、删除数据库使用者、数据库角色和组的权限。

（3）db_securityadmin：数据库安全管理员。角色成员具有可管理数据库中的权限，如设置数据库表的增加、删除、修改和查询等存取权限。

（4）db_ddladmin：数据库 DDL 管理员。角色成员可增加、修改或删除数据库中的对象。

（5）db_backupoperator：数据库备份操作员。角色成员具有执行数据库备份的权限。

（6）db_datareader：数据库数据读取者。角色成员可以从所有用户表中读取数据。

（7）db_datawriter：数据库数据写入者。角色成员具有对所有用户表进行增加、删除、修改的权限。

（8）db_denydatareader：数据库拒绝数据读取者。角色成员不能读取数据库中任何表的内容。

（9）db_denydatawriter：数据库拒绝数据写入者。角色成员不能对任何表进行增加、删除、修改操作。

（10）public：一个特殊的数据库角色。每个数据库用户都是 public 角色的成员，因此不能将用户、组或角色指派为 public 角色的成员，也不能删除 public 角色的成员。通常，将一些公共的权限赋给 public 角色。

在创建一个数据库用户之后，可以将该数据库用户加入数据库角色中，从而授予其管理数据库的权限。

例如，对于前面已建立的 xscj 数据库中的数据库用户“xscj_tao”，如果要给其赋予数据库管理员权限，可通过“对象资源管理器”窗口或“系统存储过程”窗口将该用户加入 db_owner 角色。

1．以界面方式添加固定数据库角色成员

（1）以系统管理员身份登录 SQL Server 服务器，在“对象资源管理器”窗口中展开“数据库”→“xscj”→“安全性”→“用户”，选择一个数据库用户（如“xscj_liu”），双击或右击选择“属性”菜单项，打开“数据库用户”窗口。

（2）打开窗口中，在“常规”选项页的“数据库角色成员身份”栏中，用户可以根据需要，在数据库角色（如“db_owner”）前的复选框中打钩，为数据库用户添加相应的数据库角色，单击“确定”按钮完成添加。

2．利用系统存储过程添加固定数据库角色成员

利用系统存储过程 sp_addrolemember 可以将一个数据库用户添加到某一固定数据库角色中，使其成为该固定数据库角色的成员，语法格式如下：

```
sp_addrolemember [ @角色名 = ] 'role', [ @成员名 = ] 'security_account'
```

参数含义：'role'为当前数据库中的数据库角色的名称。'security_account'为添加到该角色的安全账户，可以是数据库用户或当前数据库角色。

说明：

（1）当使用 sp_addrolemember 将用户添加到角色时，新成员将继承所有应用到角色的权限。

（2）不能将固定数据库或固定服务器角色或者 dbo 添加到其他角色。例如，不能将 db_owner 固定数据库角色添加成为用户定义的数据库角色的成员。

（3）在用户定义的事务中不能使用 sp_addrolemember。

（4）只有 sysadmin 固定服务器角色和 db_owner 固定数据库角色中的成员可以执行 sp_ addrolemember，以将成员添加到数据库角色。

（5）db_securityadmin 固定数据库角色的成员可以将用户添加到任何用户定义的角色。

【例 10.5】 将 xscj 数据库中的数据库用户 xscj_sql_liu 添加为固定数据库角色 db_owner 的成员。

（1）目前，数据库用户 xscj_sql_liu 没有加入任何固定数据库角色，所以不能对 xscj 表进行操作。

（2）数据库用户 xscj_sql_liu 加入固定数据库角色 db_owner。

```
USE xscj
GO
EXEC sp_addrolemember 'db_owner', 'xscj_SQL_liu'
```

查看固定数据库角色的成员。在“对象资源管理器”窗口中，在 xscj 数据库的“安全性”→“角色”→“数据库角色”，选择“数据库角色”（如“db_owner”），右击选择“属性”菜单项，在“属性”窗口中的“角色成员”栏下可以看到（包括 xscj_liu、xscj_SQL_liu）该数据库角色的成员列表，如图 10.13 所示。

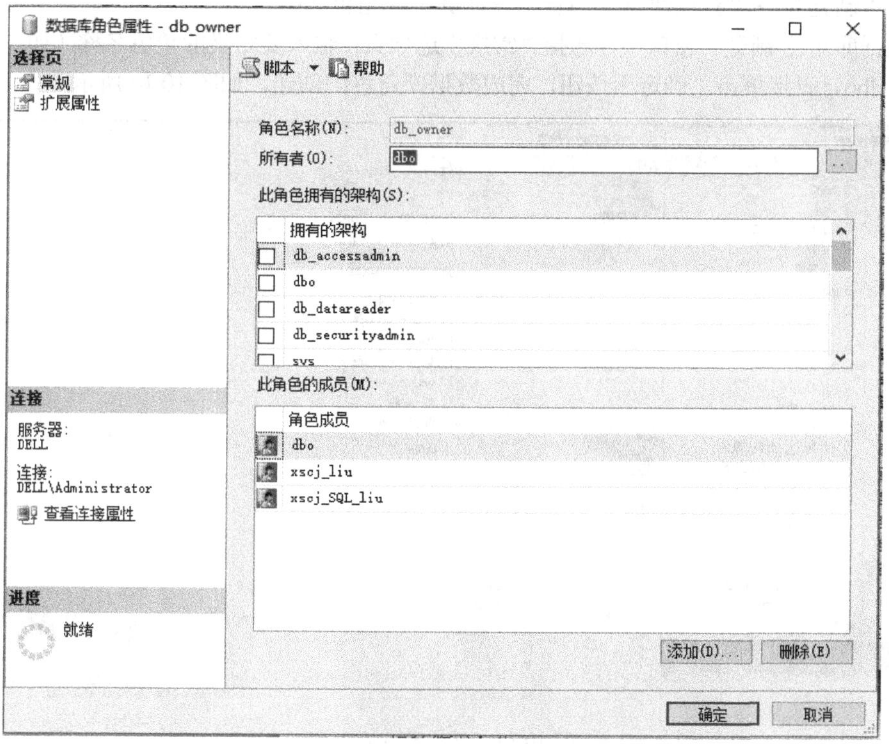

图 10.13 数据库角色属性

（3）以 xscj_sql_liu 登录 SQL Server，就可以对 xscj 数据库的表等进行操作。

3. 利用系统存储过程删除固定数据库角色成员

利用系统存储过程 sp_droprolemember 可以将某一成员从固定数据库角色中去除。

语法格式如下：

```
sp_droprolemember [ @角色名 = ] 'role' , [ @成员名 = ] 'security_account'
```

说明：删除某一角色的成员后，该成员将失去作为该角色的成员身份所拥有的任何权限；不能删除 public 角色的用户，也不能从任何角色中删除 dbo。

例如，将数据库用户 xscj_SQL_liu 和 xscj_liu 从 db_owner 中去除。

```
EXEC sp_droprolemember 'db_owner', 'xscj_SQL_liu'
EXEC sp_droprolemember 'db_owner', 'xscj_liu'
```

10.3.3 自定义数据库角色

固定数据库角色的权限是固定的，有时，一些用户需要某些特定的权限，如数据库的删除、修改和执行权限。固定数据库角色无法满足这种要求，这时就需要创建一个自定义数据库角色。

在创建数据库角色时将某些权限授予该角色，然后将数据库用户指定为该角色的成员。这样，用户将继承这个角色的所有权限。

1. 以界面方式创建数据库角色

（1）创建数据库角色。

以 Windows 系统管理员身份连接 SQL Server，在“对象资源管理器”窗口中展开“数据库”，选择要创建角色的数据库（如 xscj），展开其中的“安全性”→“角色”，右击鼠标，在弹出的快捷菜单中选择“新建”→“新建数据库角色”→“数据库角色-新建”。

在“数据库角色-新建”窗口中，选择“常规”选项页，输入要定义的角色名称（如 ROLE1），所有者默认为 dbo，直接单击“确定”按钮，完成数据库角色的创建，如图 10.14 所示。

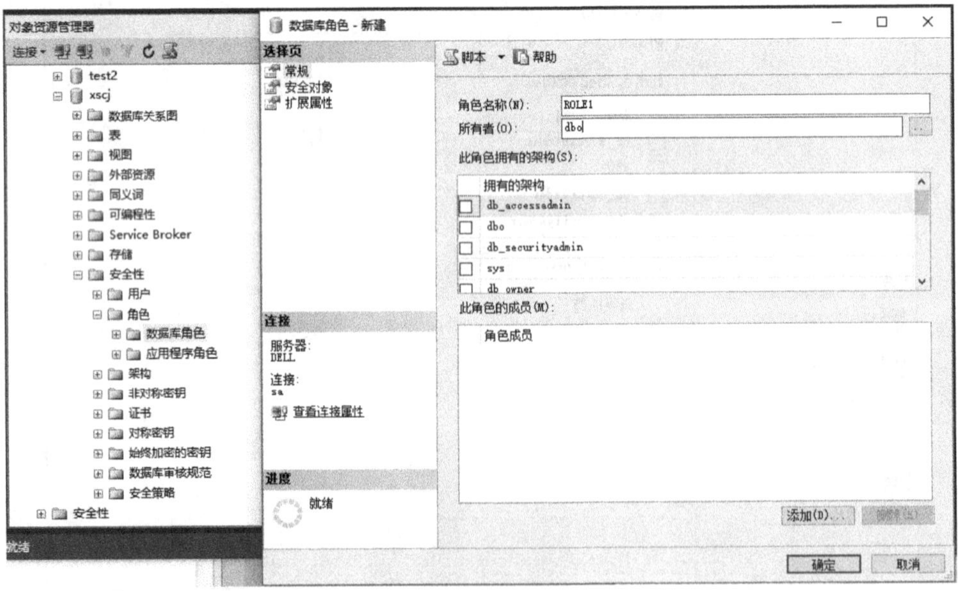

图 10.14 新建数据库角色

（2）将数据库用户加入数据库角色。

将用户加入自定义数据库角色的方法与将用户加入固定数据库角色的方法类似。例如，创建 xscj 数据库的用户 myxs_SQL_test，将该用户加入 ROLE1 角色。

（3）指定新建数据库角色的权限。在“数据库角色-新建”窗口单击“安全对象”→“搜索”→“添加对象”→“特定对象…”→“确定”，打开“选择对象”对话框。

单击“对象类型”→“选择对象类型”→“表”→“确定”。

单击“浏览”按钮，选择“[dbo].[kcb]”→“确认”，返回“数据库角色-新建”对话框，单击需要授予权限复选框。如果限定操作列，则选择“选择”→“列权限”→“课程号、课程名、开课学期”。

（4）当授予数据库角色权限时，这个角色的成员也将获得相同的权限。

2. 命令创建数据库角色

（1）定义数据库角色。创建用户自定义数据库角色可以使用 CREATE ROLE 语句。

语法格式如下：

```
CREATE ROLE 角色名 [ AUTHORIZATION 所有者名 ]
```

说明：“角色名”为要创建数据库角色的名称。“AUTHORIZATION 所有者名”用于指定新的数据库角色的所有者，如果未指定，则执行 CREATE ROLE 的用户将拥有该角色。

【例 10.6】 在当前数据库中创建名为 ROLE2 的新角色，并指定 dbo 为该角色的所有者。

```
USE xscj
GO
CREATE ROLE ROLE2
    AUTHORIZATION dbo
```

（2）给数据库角色添加成员。向用户定义数据库角色添加成员可以使用存储过程 sp_ addrolemember。

【例 10.7】 将 SQL Server 登录名 myxs_test]创建的 xscj 的数据库用户 myxs_test 添加到数据库角色 ROLE1 中，将数据库角色 ROLE2 添加到 ROLE1 中。

```
EXEC sp_addrolemember 'ROLE2','myxs_test'
EXEC sp_addrolemember 'ROLE1','ROLE2'
```

将一个成员从数据库角色中去除可以使用系统存储过程 sp_droprolemember。

（3）查看效果。以 myxs_SQL_test 用户对应的登录名“SQL_test”登录 SQL Server，新建“查询分析器”，输入“select 课程号, 课程名 from kcb”，显示结果如图 10.15 所示。

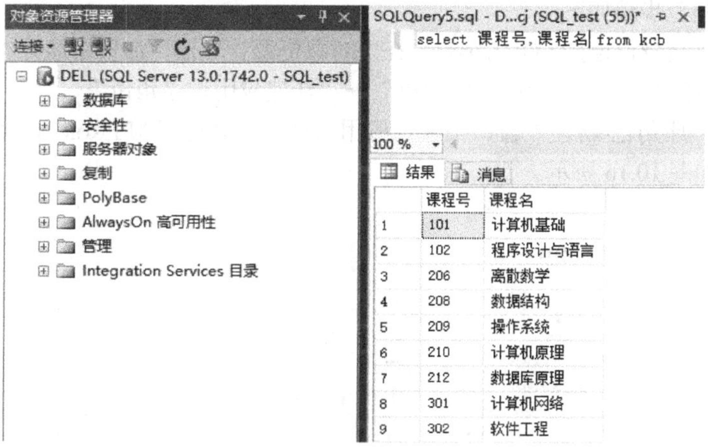

图 10.15　有效执行

但如果输入“select * from kcb”，则系统显示权限错误。因为“*”表示显示所有列，而设置权限时没有包含所有列。

3. 命令删除数据库角色

要删除数据库角色可以使用 DROP ROLE 语句，语法格式如下：

```
DROP ROLE 角色名
```

其中，“角色名”为要删除的数据库角色的名称。

说明：

（1）无法从数据库删除拥有安全对象的角色。若要删除拥有安全对象的数据库角色，必须先转移这些安全对象的所有权，或从数据库删除它们。

（2）无法从数据库删除拥有成员的角色。若要删除拥有成员的数据库角色，必须先删除角色的所有成员。

（3）不能使用 DROP ROLE 删除固定数据库角色。

【例 10.8】 删除数据库角色 ROLE2。

在删除 ROLE2 之前，先需要将 ROLE2 中的成员删除，可以使用界面方式，也可以使用命令方式。若使用界面方式，只需在 ROLE2 的属性页中操作即可。确认 ROLE2 可以删除后，使用以下命令删除 ROLE2：

```
DROP ROLE ROLE2
```

10.3.4 应用程序角色

应用程序角色相对于服务器角色和数据库角色来说比较特殊，它没有默认的角色成员。应用程序角色能够使应用程序用其自身的、类似用户的特权来运行。使用应用程序角色可以只允许通过特定应用程序连接的用户访问特定数据，用户仅用其 SQL Server 登录名和数据库账户将无法访问数据。

使用应用程序角色的一般过程如下：创建一个应用程序角色，并给其指派权限；用户打开批准的应用程序，并登录 SQL Server；激活应用程序角色，为此需要使用系统存储过程 sp_setapprole。

应用程序角色一旦被激活，SQL Server 就将用户作为应用程序来看待，并给用户指派应用程序角色所拥有的权限。

创建应用程序角色步骤如下：

（1）以系统管理员身份连接 SQL Server，在“对象资源管理器”窗口中展开“数据库”→“xscj”→“安全性”→“角色”，右击“应用程序角色”→“新建应用程序角色”。

（2）在“应用程序角色-新建”窗口中输入应用程序角色名称“APPRole”，默认架构“dbo”，设置密码为“123”，如图 10.16 所示。

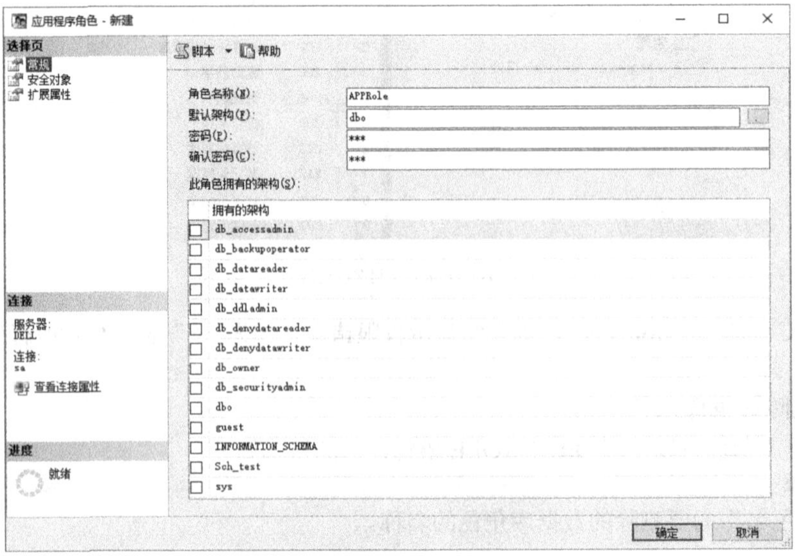

图 10.16 新建应用程序角色（常规）

在“安全对象”选项页中，可以单击“搜索”按钮，添加“特定对象”选项，选择对象为“xsb”表。单击“确定”按钮回到“安全对象”选项页中，授予 xsb 表的“选择”权限，完成后单击“确定”按钮，如图 10.17 所示。

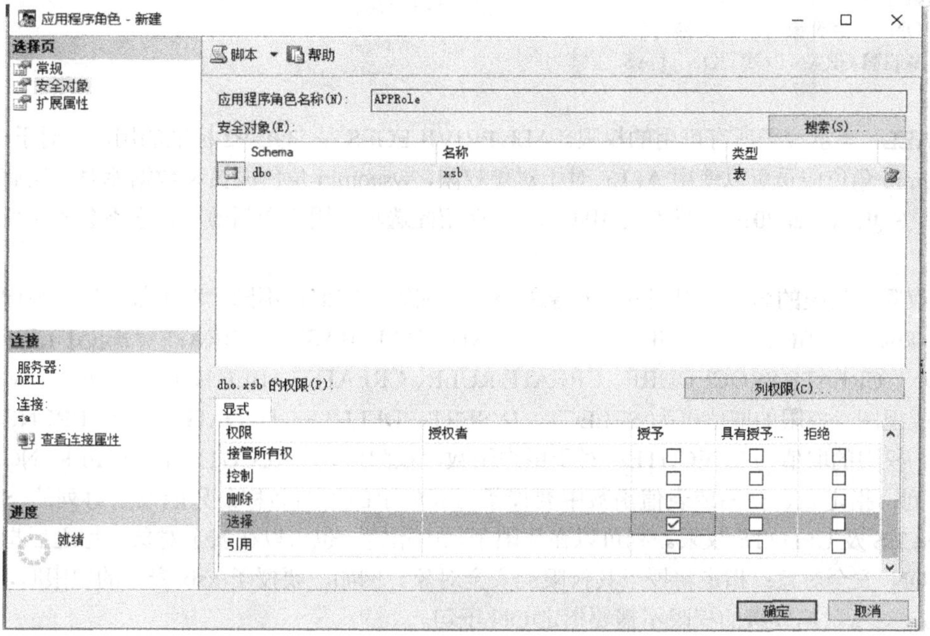

图 10.17　新建应用程序角色（安全对象）

通过下列命令创建应用程序角色。

- 创建应用程序角色： CREATE APPLICATION ROLE (Transact-SQL)。
- 更改应用程序角色：ALTER APPLICATION ROLE (Transact-SQL)。
- 删除应用程序角色：DROP APPLICATION ROLE (Transact-SQL)。

(3) 与数据库角色不同的是，应用程序角色默认情况下不包含任何成员，而且是非活动的。应用程序角色使用两种身份验证模式。使用系统存储过程 sp_setapprole 激活应用程序角色，语句如下：

```
EXEC sp_setapprole 'APPRole', '123'
```

sp_setapprole 有了一个可创建 Cookie 的选项。Cookie 包含启用应用程序角色之前的上下文信息。sp_unsetapprole 可以使用此 Cookie 将会话还原到其原始上下文。

(4) 以任何用户登录 SQL Server，即使没有设置该用户操作 xscj 数据库的权限，但仍然可以得到应用程序角色赋予的权限。

10.4　数据库权限的管理

数据库的权限指明了用户能够获得哪些数据库对象的使用权，以及用户能够对哪些对象执行何种操作。用户在数据库中拥有的权限取决于用户账户的数据库权限和用户所在数据库角色的类型。

10.4.1　授予权限

权限的授予可以以命令方式或界面方式完成。

1．以命令方式授予权限

利用 GRANT 语句可以给数据库用户或数据库角色授予数据库级别或对象级别的权限。

语法格式如下：

```
GRANT { ALL [ PRIVILEGES ] } | 权限 [ ( 列 [ ,... ] ) ] [ ,... ]
    [ ON 安全对象 ] TO 主体 [ ,... ]
    [ WITH GRANT OPTION ] [ AS 主体 ]
```

说明：

（1）ALL：表示授予所有可用的权限。ALL PRIVILEGES 是 SQL-92 标准的用法。对于语句权限，只有 sysadmin 角色成员可以使用 ALL；对于对象权限，sysadmin 角色成员和数据库对象所有者都可以使用 ALL。SQL Server 2016 不推荐使用此选项，保留此选项仅用于向后兼容，它不会授予所有可能的权限。

（2）权限：权限的名称。根据安全对象的不同，权限的取值也不同。对于数据库，权限取值可为 BACKUP DATABASE、BACKUP LOG、CREATE DATABASE、CREATE DEFAULT、CREATE FUNCTION、CREATE PROCEDURE、CREATE RULE、CREATE TABLE 或 CREATE VIEW；对于表、表值函数或视图，权限的取值可为 SELECT、INSERT、DELETE、UPDATE 或 REFERENCES；对于存储过程，权限的取值为 EXECUTE；对于用户函数，权限可为 EXECUTE 和 REFERENCES。

（3）列：指定表、视图或表值函数中要授予对其权限的列的名称。只能授予对列的 SELECT、REFERENCES 及 UPDATE 权限。列可以在权限子句中指定，也可以在安全对象名称之后指定。

（4）ON 安全对象：指定将授予其权限的安全对象。例如，要授予 xsb 表上的权限时，ON 子句为 ON xsb。对于数据库级的权限不需要指定 ON 子句。

（5）主体：主体的名称，指被授予权限的对象，可为当前数据库的用户、数据库角色，指定的数据库用户、角色必须在当前数据库中存在，不可将权限授予其他数据库中的用户、角色。

（6）WITH GRANT OPTION：表示允许被授权者在获得指定权限的同时，还可以将指定权限授予其他用户、角色或 Windows 组，WITH GRANT OPTION 子句仅对对象权限有效。

（7）AS 主体：指定当前数据库中执行 GRANT 语句的用户所属的角色名或组名。当对象上的权限被授予一个组或角色时，用 AS 将对象权限进一步授予不是组或角色成员的用户。

GRANT 语句可使用两个特殊的用户账户：public 角色和 guest 用户。授予 public 角色的权限可应用于数据库中的所有用户；授予 guest 用户的权限可为所有在数据库中没有数据库用户账户的用户使用。

【例 10.9】 给 xscj 数据库上的用户 xscj_liu 和 xscj_SQL_liu 授予创建表的权限。

以系统管理员（sa）身份登录 SQL Server，新建一个查询，输入以下语句：

```
USE xscj
GO
GRANT CREATE TABLE
    TO xscj_liu, xscj_SQL_liu, ROLE1
GO
```

说明：授予数据库级权限时，CREATE DATABASE 权限只能在 master 数据库中被授予。

另外，如果用户账户含有空格、反斜杠（\），则要用引号或中括号将安全账户括起来。

【例 10.10】 首先在 xscj 数据库中给 public 角色授予 xsb 表的 SELECT 权限。然后，将其他一些权限授予用户 xscj _liu 和 xscj_SQL_liu，使用户有对 xsb 表的所有操作权限。

以系统管理员身份登录 SQL Server，新建一个查询，输入以下语句：

```
USE xscj
GO
```

```
GRANT SELECT
    ON xsb
    TO public, ROLE2
GO
GRANT INSERT, UPDATE, DELETE, REFERENCES
    ON xsb
    TO xscj_liu, xscj_SQL_liu
GO
```

2. 以界面方式授予语句权限

1）授予数据库的权限

【例 10.11】 数据库用户 xscj_SQL_tao 授予 xscj 数据库的 CREATE TABLE 语句的权限（创建表的权限）。

（1）选择“xscj”数据库，右击鼠标，选择“属性”菜单项进入 xscj 数据库的“数据库属性”窗口，选择“权限”页。在“用户或角色”栏中选择需要授予权限的用户或角色：xscj_SQL_tao，在窗口下方列出的“权限”列表中找到相应的权限：创建表，在复选框中打钩，单击“确定”按钮即可完成，如图 10.18 所示。

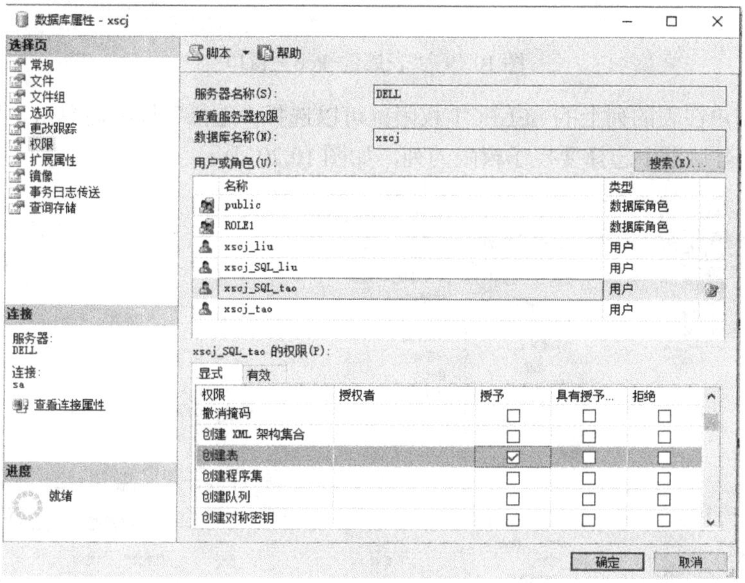

图 10.18 “数据库属性-xscj”窗口

（2）如果需要授予权限的用户在“用户或角色”列表中不存在，则可以单击“搜索”按钮将该用户添加到列表中再选择。单击“有效”选项卡可以查看该用户在当前数据库中有哪些权限。

2）授予数据库对象上的权限

【例 10.12】 给数据库用户 xscj _SQL_tao 授予 kcb 表上的 SELECT、INSERT 的权限。

（1）选择“xscj”数据库→“表”→“kcb”，右击鼠标，选择“属性”菜单项进入 kcb 表的属性窗口，选择“权限”选项页。

（2）单击“搜索”按钮，在弹出的“选择用户或角色”窗口中单击“浏览”按钮，选择需要授权的用户或角色：xscj_SQL_tao，选择后单击“确定”按钮回到“表属性-kcb”窗口。

在“权限”列表中选择需要授予的权限，如“插入”，如图 10.19 所示。

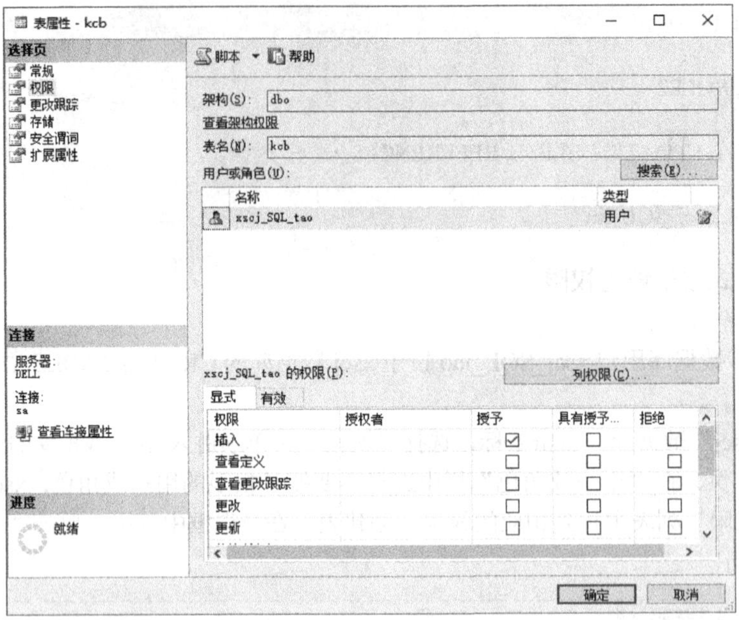

图 10.19 “表属性-kcb”窗口

如果要授予用户在表的列上的 SELECT 权限，可以选择“选择”权限后单击“列权限”按钮，在弹出的“列权限”对话框中选择要授予权限的列，如图 10.20 所示。

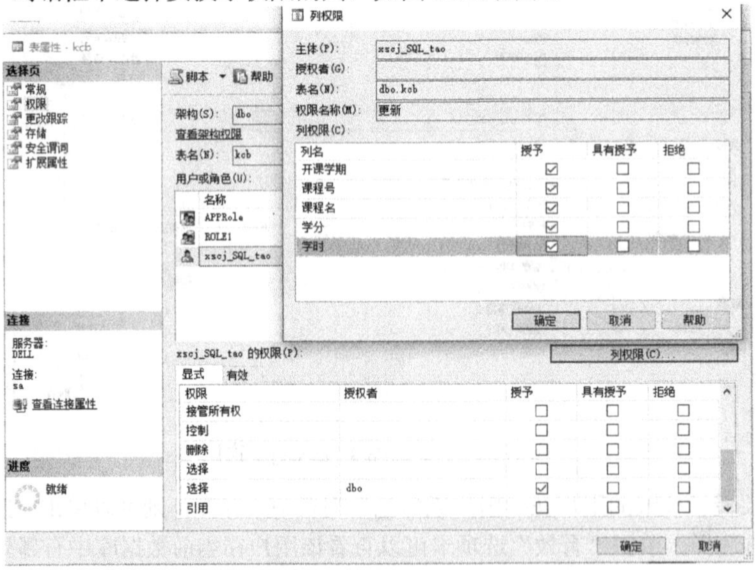

图 10.20 授予权限

（3）对用户授予权限后，可以用该用户身份登录 SQL Server，然后对数据库执行相关的操作，以测试是否得到已授予的权限。

10.4.2 拒绝权限

使用 DENY 命令可以拒绝给当前数据库内的用户授予的权限，并防止数据库用户通过其组或角色成员资格继承权限。

语法格式如下：

```
DENY { ALL [ PRIVILEGES ] }
    | 权限 [ ( 列 [ ,... ] ) ] [ ,... ]
    [ ON 安全对象 ] TO 主体 [ ,... ]
    [ CASCADE] [ AS 主体 ]
```

说明：CASCADE 表示拒绝授予指定用户或角色该权限，同时对该用户或角色授予该权限的所有其他用户和角色也拒绝授予该权限。当主体具有带 WITH GRANT OPTION 的权限时，为必选项。DENY 命令语法格式其他各项的含义与 GRANT 命名中的相同。

> **注意**：
>
> （1）如果使用 DENY 语句禁止用户获得某个权限，那么以后将该用户添加到已得到该权限的组或角色时，该用户不能访问这个权限。
>
> （2）默认情况下，sysadmin、db_securityadmin 角色成员和数据库对象所有者具有执行 DENY 的权限。

【例 10.13】 对 xscj_SQL_liu 用户和 ROLE2 角色成员不允许使用 CREATE VIEW 和 CREATE TABLE 语句。

```
DENY CREATE VIEW, CREATE TABLE
    TO xscj_SQL_liu, ROLE2
GO
```

【例 10.14】 拒绝用户 xscj_SQL_liu、[DELL\liu]对 xsb 表的一些权限，这样，这些用户就没有对 xsb 表的操作权限了。

```
USE xscj
GO
DENY SELECT, INSERT, UPDATE, DELETE
    ON xsb TO xscj_SQL_liu, [DELL\liu]
GO
```

以界面方式拒绝权限也是在相关的数据库或对象的属性窗口中操作的，在相应的“拒绝”复选框中选择即可。

10.4.3 撤销权限

利用 REVOKE 命令可撤销以前给当前数据库用户授予或拒绝的权限。

语法格式如下：

```
REVOKE [ GRANT OPTION FOR ]
{
    [ ALL [ PRIVILEGES ] ]
        | 权限 [ ( 列 [ ,... ] ) ] [ ,... ]
}
[ ON 安全对象 ]
{ TO | FROM } 主体 [ ,... ]
[ CASCADE] [ AS 主体 ]
```

说明：

（1）REVOKE 只适用于当前数据库内的权限。GRANT OPTION FOR 表示将撤销授予指定权限的能力。

（2）REVOKE 只在指定的用户、组或角色上取消授予或拒绝的权限。

例如，给 wang 用户账户授予了查询 xsb 表的权限，该用户账户是 ROLE1 角色的成员。

如果取消了 ROLE1 角色查询 xsb 表的访问权，并且已显式授予 wang 查询表的权限，则 wang 仍能查询该表。

若未显式授予 wang 查询 xsb 表的权限，那么取消 ROLE1 角色的权限也将禁止 wang 查询该表。

（3）REVOKE 权限默认授予 sysadmin 固定服务器角色成员、db_owner 和 db_securityadmin 固定数据库角色成员。

【例 10.15】 取消已授予用户权限。

（1）取消授予多个用户的多个语句权限。

```
REVOKE CREATE TABLE, CREATE DEFAULT
    FROM xscj_liu, xscj_SQL_liu
GO
```

（2）取消 xscj_liu 授予或拒绝的在 xsb 表上的 SELECT 权限。

```
REVOKE SELECT
    ON xsb
    FROM xscj_liu
```

10.5 数据库架构的定义和使用

在 SQL Server 2016 中，数据库架构是一个独立于数据库用户的非重复命名空间，数据库中的对象都属于某一个架构。一个架构只能有一个所有者，所有者可以是用户、数据库角色等。架构的所有者可以访问架构中的对象，并且还可以授予其他用户访问该架构的权限。

可以用“对象资源管理器”和 T-SQL 语句两种方式来创建架构，但必须具有 CREATE SCHEMA 权限。

10.5.1 以界面方式创建架构

1．创建架构

（1）以系统管理员身份登录 SQL Server，在“对象资源管理器”窗口中展开“数据库”→“xscj”→“安全性”，选择“架构”选项，右击鼠标，在弹出的快捷菜单中选择“新建架构”菜单项。

（2）在打开的“架构-新建”窗口中选择“常规”选项页，在窗口右边“架构名称”下面的文本框中输入架构名称（如 Sch_test）。单击“搜索”按钮，在打开的“搜索角色和用户”对话框中单击“浏览”按钮，在打开的“查找对象”对话框中，在用户“xscj_SQL_tao”前面的复选框中打钩，单击“确定”按钮，返回“搜索角色和用户”对话框。单击“确定”按钮，返回“架构-新建”窗口，如图 10.21 所示。

（3）在 “权限”选项页中，单击“搜索”按钮，选择用户 xscj_SQL_tao，为用户分配“选择”权限，如图 10.22 所示。

单击“确定”按钮，保存上述设置。这样就将用户 xscj_SQL_tao 设为架构 Sch_test 的所有者。

用同样的方法，还可以授予其他用户访问该架构的权限。

（4）创建完后，在“数据库”→“xscj”→“安全性”→“架构”中，可以找到该创建后的新架构，打开该架构的属性窗口可以更改架构的所有者。

2．架构应用

（1）在 xscj 数据库中新建一个名为 table_1 的表。在创建表时，表的默认架构为 dbo。在表“属性”

窗口中将其架构修改为 Sch_test，如图 10.23 所示。

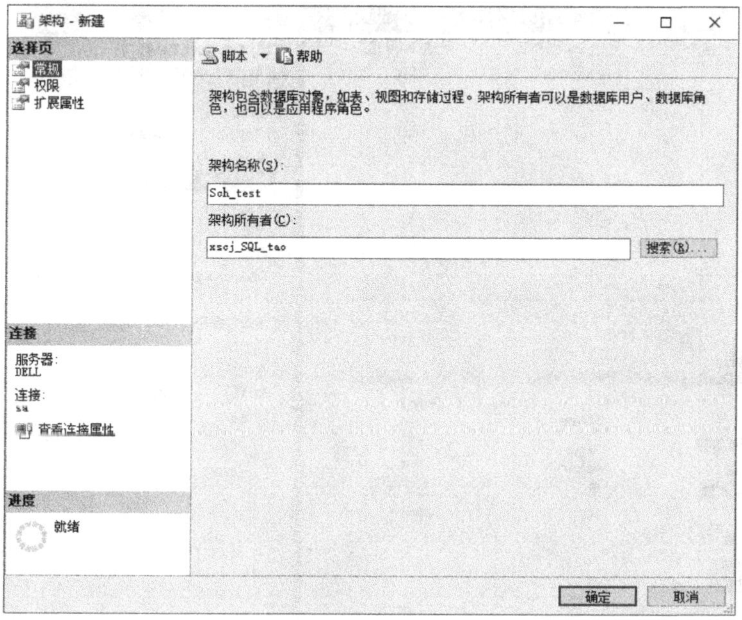

图 10.21 新建架构（1）

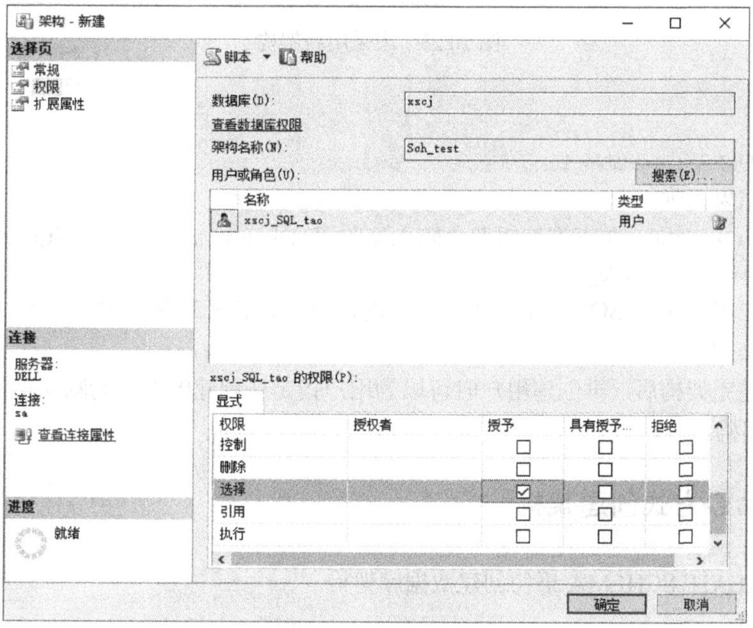

图 10.22 新建构架（2）

设置完成后保存该表，保存后的表可以在“对象资源管理器”窗口中找到，此时表名已经变成 Sch_test.table_1。

（2）打开表 Sch_test. table_1，在表中输入数据记录。

（3）重新启动“SSMS”，使用 SQL Server 身份验证方式，以 SQL_tao 的登录名连接 SQL Server。在连接成功后，创建一个新的查询，在“查询分析器”窗口中输入查询表 Sch_test. table_1 中数据的

T-SQL 语句。

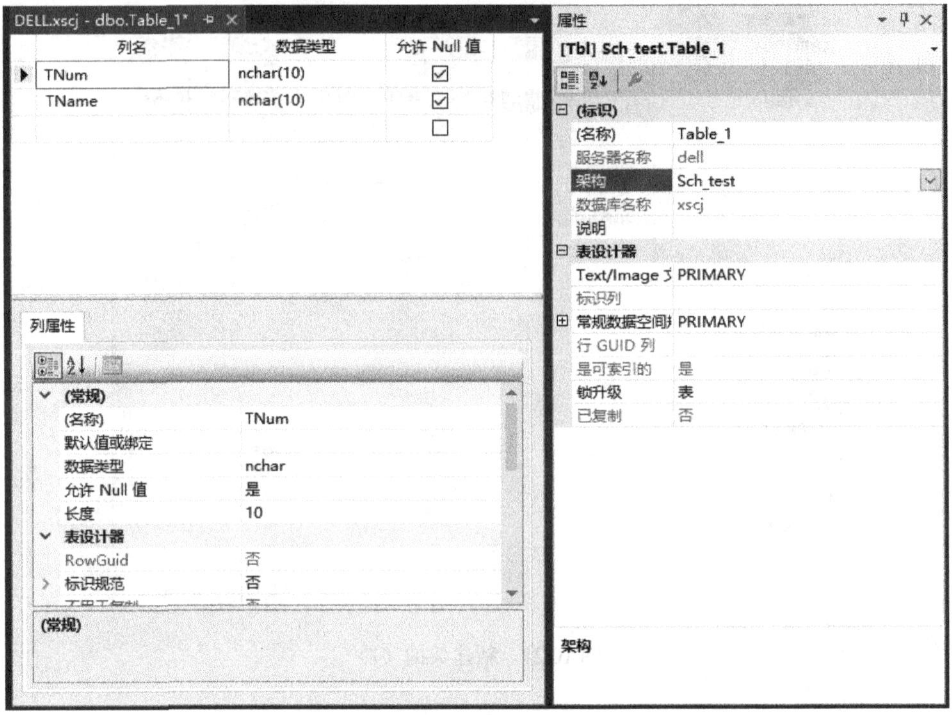

图 10.23　表采用新架构

```
USE xscj
GO
SELECT * FROM Sch_test.table_1
```

查询成功，结果正确。

再新建一个 SQL 查询，在查询编辑器中输入删除表 Sch_test. table_1 的 T-SQL 语句：

```
DELETE FROM Sch_test.table_1
```

很明显，由于用户 xscj_SQL_tao 所属的架构没有相应的 DELETE 权限，因此无法对表 Sch_test. table_1 执行删除操作。

说明：在创建完架构后，再创建用户时可以为用户指定新创建的架构为默认架构，或者将架构指定为用户拥有的架构。

10.5.2　以命令方式创建架构

可以使用 CREATE SCHEMA 语句创建数据库架构。

语法格式如下：

```
CREATE SCHEMA <架构名子句> [ <架构元素> [ , ... ] ]
```

其中：

```
<架构名子句> ::=
{
    架构名
    | AUTHORIZATION  所有者名
    | 架构名  AUTHORIZATION  所有者名
```

```
}
<架构元素> ::=
{
    表定义 | 视图定义 | grant 语句
    revoke 语句 | deny 语句
}
```

说明：

①架构名：在数据库内标识架构的名称，架构名称在数据库中要唯一。

②AUTHORIZATION 所有者名：指定将拥有架构的数据库级主体（如用户、角色等）的名称。此主体还可以拥有其他架构，并且可以不使用当前架构作为其默认架构。

③表定义：指定在架构内创建表的 CREATE TABLE 语句。执行此语句的主体必须对当前数据库具有 CREATE TABLE 权限。

④视图定义：指定在架构内创建视图的 CREATE VIEW 语句。执行此语句的主体必须对当前数据库具有 CREATE VIEW 权限。

⑤grant 语句：指定可对除新架构外的任何安全对象授予权限的 GRANT 语句。

⑥revoke 语句：指定可对除新架构外的任何安全对象撤销权限的 REVOKE 语句。

⑦deny 语句：指定可对除新架构外的任何安全对象拒绝授予权限的 DENY 语句。

【例 10.16】 创建架构 sch1，其所有者为用户 xscj_liu。

以系统管理员身份登录 SQL Server，新建一个查询，输入以下语句：

```
USE xscj
GO
CREATE SCHEMA   sch1
    AUTHORIZATION xscj_liu
```

另外，要删除可以使用 DROP SCHEMA 语句，例如：

```
DROP SCHEMA   sch1
```

> **注意：**
>
> 删除架构时必须保证架构中没有对象。例如，无法删除架构 Sch_test，是因为表 table_1 属于架构 Sch_test，必须先删除表 table_1 才能删除架构 Sch_test。

第 11 章　其他概念

本章主要讨论 SQL Server 中的一些其他概念，包括事务、锁定、SQL Server 自动化管理和 SQL Server 服务等。

11.1　事　务

到目前为止，数据库都是假设只有一个用户在使用，但是实际情况往往是多个用户共享数据库。多个用户可能在同一时刻去访问或修改同一部分数据，这样可能导致数据库中的数据不一致，这时就需要用到事务。

1．事务与 ACID 属性

事务在 SQL Server 中相当于一个执行单元，它由一系列 T-SQL 语句组成。这个单元中的每个 SQL 语句是互相依赖的，并且单元作为一个整体是不可分割的。如果单元中的一个语句不能完成，整个单元就会回滚（撤销），所有影响到的数据将返回到事务开始以前的状态。因此，只有事务中的所有语句都成功地执行，才能说这个事务被成功地执行。

用一个简单的例子来帮助理解事务：公司添加一名新雇员，如图 11.1 所示。这里的过程由三个基本步骤组成：在雇员数据库中为雇员创建一条记录；为雇员分配部门；建立雇员的工资记录。这三项任务构成了一个事务，任何一个任务的失败都会导致整个事务被撤销，而使系统返回到以前的状态。

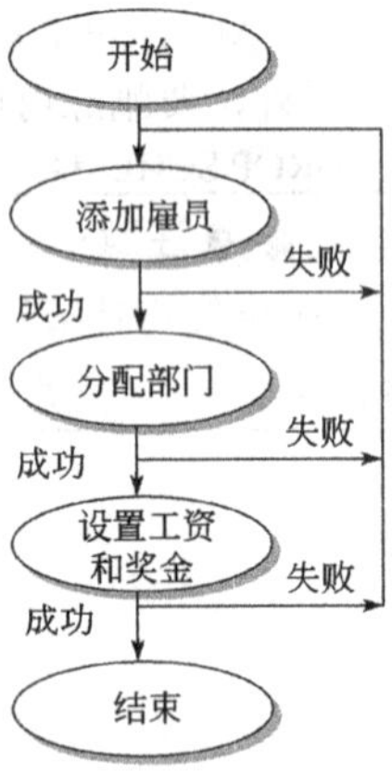

图 11.1　添加雇员事务

在形式上，每个事务的处理必须满足 ACID 原则，即原子性（Atomicity）、一致性（Consistency）、隔离性（Isolation）和持久性（Durability）。

（1）原子性。原子性意味着每个事务都必须被认为是一个不可分割的单元。假设一个事务由两个或者多个任务组成，其中的语句必须同时成功，才能认为事务是成功的。如果事务失败，系统将会返回到事务以前的状态。

在添加雇员这个例子中，原子性是指如果没有创建雇员相应的工资表和部门记录，就不可能向雇员数据库添加雇员。

原子的执行是一个或者全部发生或者什么也没有发生的命题。在一个原子操作中，如果事务中的任何一个语句失败，前面执行的语句都将返回，以保证数据的整体性没有受到影响。这在一些关键系统中尤其重要，现实世界的应用程序（如金融系统）执行数据输入或更新，绝不能出现数据丢失或数据错误，以保证数据安全性。

（2）一致性。不管事务是完全成功完成还是中途失败，当事务使系统中的所有数据处于一致的状态时存在一致性。一致性是指如果从系统中删除了一个雇员，则所有和该雇员相关的数据，包括工资数据和组的成员资格也要被删除。

（3）隔离性。隔离性是指每个事务在自己的空间发生，和其他发生在系统中的事务隔离，而且事务的结果只有在其完全被执行时才能看到。即使在这样的一个系统中同时发生了多个事务，隔离性原则也会保证某个特定事务在完全完成之前，其结果是看不见的。

当系统支持多个同时存在的用户和连接（如 SQL Server）时，隔离性就尤其重要。如果系统不遵循这个基本规则，就可能导致大量数据的破坏，如每个事务各自空间的完整性很快地被其他冲突事务所侵犯。

（4）持久性。持久性意味着一旦事务执行成功，在系统中产生的所有变化将是永久的。即使系统崩溃，一个提交的事务仍然存在。当一个事务完成、数据库的日志已经被更新时，持久性就开始发生作用了。大多数 RDBMS 产品通过保存所有行为的日志来保证数据的持久性，这些行为是指在数据库中以任何方法更改数据。数据库日志记录了所有对于表的更新、查询、报表等。

2. 多用户使用问题

当多个用户对数据库并发访问时，可能会导致丢失更新、脏读、不可重复读和幻读等问题。

（1）丢失更新（Lost Update）：指当两个或多个事务选择同一行，并基于最初选定的值更新该行时，由于每个事务都不知道其他事务的存在，因此最后的更新将重写由其他事务所做的更新，这将导致数据丢失。

（2）脏读（Dirty Read）：指一个事务正在访问数据，而其他事务也在更新该数据，但尚未提交，此时就会发生脏读问题，即第一个事务所读取的数据是“脏”（不正确）数据，它可能会引起错误。

（3）不可重复读（Unrepeatable Read）：当一个事务多次访问同一行且每次读取不同的数据时，会发生此问题。不可重复读与脏读有相似之处，因为该事务也是正在读取其他事务正在更改的数据。当一个事务访问数据时，另外的事务也访问该数据并对其进行修改，因此就发生了由于第二个事务对数据的修改而导致第一个事务两次读到的数据不一样的情况，这就是不可重复读。

（4）幻读（Phantom Read）：当一个事务对某行执行插入或删除操作，而该行属于某个事务正在读取行的范围时，会发生幻读问题。事务第一次读的行范围显示出其中一行已不存在于第二次读或后续读中，因为该行已被其他事务删除。同样，由于其他事务的插入操作，事务的第二次读或后续读显示有一行已不存在于原始读中。

3. 事务处理

SQL Server 中的事务可以分为两类：系统提供的事务和用户定义的事务。

系统提供的事务是在执行某些 T-SQL 语句时，一条语句就构成了一个事务，这些语句包括 ALTER TABLE、CREATE、DELETE、DROP、FETCH、GRANT、INSERT、OPEN、REVOKE、SELECT、UPDATE、TRUNCATE TABLE。

例如，执行如下创建表的语句：

```
CREATE TABLE xxx
(
    f1 int          NOT NULL,
    f2 char(10)   NOT NULL,
    f3 varchar(30) NULL
)
```

以上语句本身构成一个事务，它要么建立包含 3 列的表结构，要么对数据库没有任何影响，而不会建立包含 1 列或 2 列的表结构。

在实际应用中，大量使用的是用户自定义的事务。用户自定义事务的定义方法主要有以下几个步骤。

（1）开始事务。在 SQL Server 中，显式地开始一个事务可以使用 BEGIN TRANSACTION 语句。语法格式如下：

```
BEGIN { TRAN | TRANSACTION }
[
    { 事务名 | @事务名变量 }
```

```
    [ WITH MARK [ 'dEscription' ] ]
]
```

说明：

①TRAN：TRAN 是 TRANSACTION 的同义词。

②事务名：分配给事务的名称，必须遵循标识符规则，但字符数不能大于 32。

③@事务名变量：用户定义的、含有有效事务名称的变量名称。

④WITH MARK['dEscription']：指定在日志中标记事务。dEscription 是描述该标记的字符串。如果使用了 WITH MARK，则必须指定事务名。

（2）结束事务。COMMIT TRANSCATION 语句是提交语句，它将事务开始以来所执行的所有数据都修改为数据库的永久部分，也标志一个事务的结束。语法格式如下：

```
COMMIT { TRAN | TRANSACTION }
    [ 事务名 |@事务名变量 ]]
```

标志一个事务的结束也可以使用 COMMIT WORK 语句，语法格式如下：

```
COMMIT [WORK]
```

此语句的功能与 COMMIT TRANSACTION 相同，但 COMMIT TRANSACTION 接受用户定义的事务名称，而 COMMIT WORK 不带参数。

（3）撤销事务。若要结束一个事务，可以使用 ROLLBACK TRANSACTION 语句。它使事务回滚到起点，撤销从最近一条 BEGIN TRANSACTION 语句以后对数据库的所有更改，同时也标志了一个事务的结束。语法格式如下：

```
ROLLBACK { TRAN | TRANSACTION }
    [ 事务名 |@事务名变量 ]
```

说明：

（1）事务名：为 BEGIN TRANSACTION 语句上的事务分配的名称；

（2）@事务名变量：为用户定义的、含有有效事务名称的变量名称。

ROLLBACK TRANSACTION 语句不能用在 COMMIT 语句之后。

另外，一条 ROLLBACK WORK 语句也能撤销一个事务，功能与 ROLLBACK TRANSACTION 语句一样，但 ROLLBACK TRANSACTION 语句接受用户定义的事务名称。

语法格式如下：

```
ROLLBACK [ WORK ] [ ; ]
```

（4）回滚事务。ROLLBACK TRANSACTION 语句除了能够撤销整个事务外，还可以使事务回滚到某个点，不过在这之前需要使用 SAVE TRANSACTION 语句来设置一个保存点。

SAVE TRANSACTION 的语法格式如下：

```
SAVE { TRAN | TRANSACTION }
    { 保存点名 |@保存点变量 }
```

说明：

保存点名是分配给保存点的名称；@保存点变量为包含有效保存点名称的用户定义变量的名称。

SAVE TRANSACTION 语句会向已命名的保存点回滚一个事务。如果在保存点被设置后，当前事务对数据进行了更改，则这些更改会在回滚中被撤销。语法格式如下：

```
ROLLBACK { TRAN | TRANSACTION }
    [ 保存点名 |@保存点变量 ]
```

其中，“保存点名”是 SAVE TRANSACTION 语句中的保存点名。在事务中允许有重复的保存点名称，但指定保存点名称的 ROLLBACK TRANSACTION 语句只将事务回滚到使用该名称的最近的 SAVE TRANSACTION。

下面 8 个语句说明了有关事务的处理过程：

①BEGIN TRANSACTION mytran1。

②UPDATE …

③DELETE…

④SAVE TRANSACTION S1。

⑤DELETE…

⑥ROLLBACK TRANSACTION S1。

⑦INSERT…

⑧COMMIT TRANSACTION。

说明：

①开始了一个事务 mytran1。

②、③对数据进行了修改，但没有提交。

④设置了一个保存点 S1。

⑤除了数据外，但没有提交。

⑥事务回滚到保存点 S1，这时语句⑤所做的修改被撤销了。

⑦添加了数据。

⑧结束了这个事务 mytran1，这时只有语句②、③、⑦对数据库做的修改被持久化。

【例 11.1】 定义一个事务，向 pxscj 数据库的 xsb 表添加一行数据，然后删除该行数据。但执行后，新插入的数据行并没有被删除，因为事务中使用了 ROLLBACK 语句将操作回滚到保存点 My_sav，即删除前的状态。

```
BEGIN TRANSACTION My_tran
USE pxscj
INSERT INTO xsb
    VALUES('191315', '胡新华', 1, '1996-06-27', '计算机', 50, NULL)
SAVE TRANSACTION My_sav
DELETE FROM xsb WHERE 学号='191315'
ROLLBACK TRAN My_sav
COMMIT WORK
GO
```

执行完上述语句后使用 SELECT 语句查询 xsb 表中的记录：

```
SELECT *
    FROM xsb
    WHERE 学号='191315'
```

执行结果仍然是“胡新华”记录信息。

在 SQL Server 中事务是可以嵌套的。例如，在 BEGIN TRANSACTION 语句之后还可以再使用 BEGIN TRANSACTION 语句在本事务中开始另外一个事务。在 SQL Server 中有一个系统全局变量@@TRANCOUNT，这个全局变量用于报告当前等待处理的嵌套事务的数量。如果没有等待处理的事务，则这个变量值为 0。BEGIN TRANSACTION 语句将使@@TRANCOUNT 的值加 1。ROLLBACK TRANSACTION 语句将使@@TRANCOUNT 的值递减到 0，但 ROLLBACK TRANSACTION savepoint_name 语句不影响@@TRANCOUNT 的值。COMMIT TRANSACTION 和 COMMIT WORK 语句将使@@TRANCOUNT 的值减 1。

前面所提及的事务都是在一个服务器上的操作，还有一种称为分布式事务的用户定义事务。分布式事务跨越两个或多个服务器，通过建立分布式事务并执行它，以及通过事务管理器负责协调事务管理，保证数据的完整性。SQL Server 中主要的事务管理器是 Microsoft 分布式事务处理协调器（MS DTC）。对于应用程序，管理分布式事务很像管理本地事务。事务结束时，应用程序请求提交或回滚事务。不同的是，分布式事务提交必须由事务管理器管理，以避免出现因网络故障而导致一个事务由某些资源管理器成功提交，但由另一些资源管理器回滚的情况。由于本书篇幅有限，有关分布式事务的具体内容在这里不进行详细讨论。

4．事务隔离级

每一个事务都有一个所谓的隔离级，它定义了用户彼此之间隔离和交互的程度。关系型数据库管理系统的一个最重要的属性就是，它可以“隔离”在服务器上正在处理的不同会话。在单用户的环境中，这个属性无关紧要，因为在任意时刻只有一个会话处于活动状态。但是在多用户环境中，许多关系型数据库管理系统会话在任一给定时刻都是活动的。在这种情况下，能够隔离事务是很重要的，这样可以保证数据库性能不受到影响。

为了了解隔离的重要性，有必要花些时间来考虑如果不强加隔离会发生什么。如果没有事务的隔离性，不同的 SELECT 语句将会在同一个事务的环境中检索到不同的结果，因为在这期间，数据已经基本上被其他事务所修改。这将导致不一致性，同时很难相信结果集，从而不能利用查询结果作为计算的基础。因而隔离性强制对事务进行某种程度的隔离，保证应用程序在事务中看到一致的数据。

较低的隔离级别可以增加并发，但代价是降低数据的正确性。相反，较高的隔离级别可以确保数据的正确性，但可能对并发产生负面影响。

在 SQL Server 中，可以使用 SET TRANSACTION ISOLATION LEVEL 语句来设置事务的隔离级别。

语法格式如下：

```
SET TRANSACTION ISOLATION LEVEL
{
    READ UNCOMMITTED
    | READ COMMITTED
    | REPEATABLE READ
    | SNAPSHOT
    | SERIALIZABLE
}
```

说明：SQL Server 提供了 5 种隔离级：未提交读（READ UNCOMMITTED）、提交读（READ COMMITTED）、可重复读（REPEATABLE READ）、快照（SNAPSHOT）和序列化（SERIALIZABLE）。

（1）未提交读。未提交读提供了事务之间最小限度的隔离，允许脏读，但不允许丢失更新。如果一个事务已经开始写数据，则另外一个事务不允许同时进行写操作，但允许其他事务读取此行数据。该隔离级别可以通过“排他锁”实现。

（2）提交读。提交读是 SQL Server 默认的隔离级别，处于这一级的事务可以看到其他事务添加的新记录，而且其他事务对现存记录做出的修改一旦被提交，也可以看到。也就是说，这意味着在事务处理期间，如果其他事务修改了相应的表，那么同一个事务的多个 SELECT 语句可能返回不同的结果。提交读允许不可重复读取，但不允许脏读。该隔离级别可以通过“共享锁”“排他锁”实现。

（3）可重复读。处于这一级的事务禁止不可重复读取和脏读取，但是有时可能出现幻读。读取数据的事务将会禁止写事务（但允许读事务），写事务则禁止任何其他事务。

（4）快照。处于这一级别的事务只能识别在其开始之前提交的数据修改。在当前事务中执行的语句将看不到在当前事务开始以后由其他事务所做的数据修改。其效果就好像事务中的语句获得了已提交数据的快照，因为该数据在事务开始时就存在。必须在每个数据库中将

ALLOW_SNAPSHOT_ISOLATION 数据库选项设置为 ON，才能开始一个使用 SNAPSHOT 隔离级别的事务。设置的方法如下：

```
ALTER DATABASE 数据库名
    SET ALLOW_SNAPSHOT_ISOLATION ON
```

（5）序列化。序列化是隔离事务的最高级别，提供严格的事务隔离。它要求事务序列化执行，事务只能一个接着一个地执行，不能并发执行。

隔离级别越高，越能保证数据的完整性和一致性，但是对并发性能的影响也越大。对于大多数应用程序，可以优先考虑把数据库的隔离级别设为提交读，它能够避免脏读，而且具有较好的并发性能。

下面就 pxscj 数据库的隔离级别设置做一个简单示范，在 SSMS 中打开两个“查询分析器”窗口，在第一个窗口中执行如下语句，更新课程表 kcb 中的信息：

```
USE pxscj
GO
BEGIN TRANSACTION
UPDATE kcb SET 课程名='计算机导论' WHERE 课程号='101'
```

由于代码中并没有执行 COMMIT 语句，所以数据变动操作实际上还没有最终完成。接下来，在另一个窗口中执行下列语句查询课程表 kcb 中的数据：

```
SELECT * FROM kcb
```

“结果”窗口中将不显示任何查询结果，窗口底部提示“正在执行查询…”。出现这种情况的原因是，pxscj 数据库的默认隔离级别是提交读，若一个事务更新了数据，但事务尚未结束，这时就发生了脏读的情况。

在第一个窗口中使用 ROLLBACK 语句回滚以上操作。这时，使用 SET 语句设置事务的隔离级别为未提交读，执行如下语句：

```
SET TRANSACTION ISOLATION LEVEL READ UNCOMMITTED
```

这时再重新执行修改和查询的操作就能够查询到事务正在修改的数据行，因为未提交读隔离级别允许脏读。

11.2 锁　定

当用户对数据库并发访问时，为了确保事务的完整性和数据库的一致性，需要使用锁定，它是实现数据库并发控制的主要手段。锁定可以防止用户读取正在由其他用户更改的数据，并可以防止多个用户同时更改相同数据。如果不使用锁定，则数据库中的数据可能在逻辑上不正确，并且对数据的查询可能会产生意想不到的结果。具体地说，锁定可以防止数据、丢失、更新、脏读、不可重复读和幻读。

当两个事务分别锁定某个资源，而又分别等待对方释放其锁定的资源时，就会发生死锁。

1．锁定粒度

在 SQL Server 中，可被锁定的资源从小到大分别是行、页、扩展盘区、表和数据库，被锁定的资源单位称为锁定粒度。可见，上述 5 种资源单位的锁定粒度是由小到大排列的。锁定粒度不同，系统的开销将不同，并且锁定粒度与数据库访问并发度是一对矛盾，锁定粒度大，系统开销小，但并发度会降低；锁定粒度小，系统开销大，但并发度可提高。

2．锁定模式

SQL Server 使用不同的锁定模式锁定资源，这些锁定模式确定了并发事务访问资源的方式，共有 7 种锁定模式，分别是排他锁（Exclusive，X）、共享锁（Shared，S）、更新锁（Update，U）、意向锁（Intent）、键范围锁（Key-range）、架构锁（Schema）和大容量更新锁（Bulk Update，BU）。

（1）排他锁。排他锁可以防止并发事务对资源进行访问。其他事务不能读取或修改排他锁锁定的数据。

（2）共享锁。共享锁允许并发事务读取一个资源。当一个资源上存在共享锁时，任何其他事务都不能修改数据。一旦读取数据完毕，资源上的共享锁便立即释放，除非将事务隔离级别设置为可重复读或更高级别，或者在事务生存周期内用锁定提示保留共享锁。

（3）更新锁。更新锁可以防止通常形式的死锁。一般更新模式由一个事务组成，此事务读取记录，获取资源（页或行）的共享锁，然后修改行，此操作要求把锁转换为排他锁。如果两个事务获得了资源上的共享锁，然后试图同时更新数据，则其中的一个事务将尝试把锁转换为排他锁。从共享模式到排他锁的转换必须等待一段时间，因为一个事务的排他锁与其他事务的共享锁不兼容，这就是锁等待。第二个事务试图获取排他锁以进行更新。由于两个事务都要转换为排他锁，并且每个事务都等待另一个事务释放共享锁，因此会发生死锁，这就是潜在的死锁问题。

为避免这种情况的发生，可使用更新锁。一次只允许有一个事务可获得资源的更新锁，如果该事务要修改锁定的资源，则更新锁将转换为排他锁；否则为共享锁。

（4）意向锁。意向锁表示 SQL Server 需要在层次结构中的某些底层资源（如表中的页或行）上获取共享锁或排他锁。例如，放置在表级的共享意向锁表示事务打算在表中的页或行上放置共享锁。在表级设置意向锁可防止另一个事务随后在包含那一页的表上获取排他锁。意向锁可以提高性能，因为 SQL Server 仅在表级检查意向锁来确定事务是否可以安全地获取该表上的锁，而无须检查表中的每行或每页上的锁以确定事务是否可以锁定整个表。

意向锁包括意向共享锁（IS）、意向排他锁（IX）和意向排他共享锁（ISX）。

- 意向共享锁：通过在各资源上放置共享锁，表明事务的意向是读取层次结构中的部分底层资源。
- 意向排他锁：通过在各资源上放置排他锁，表明事务的意向是修改层次结构中的部分底层资源。
- 意向排他共享锁：通过在各资源上放置意向排他锁，表明事务的意向是读取层次结构中的全部底层资源并修改部分底层资源。

（5）键范围锁。键范围锁用于序列化的事务隔离级别，可以保护由 T-SQL 语句读取的记录集合中隐含的行范围。键范围锁可以防止幻读，还可以防止对事务访问的记录集进行幻想插入或删除。

（6）架构锁。执行表的数据定义语言操作（如增加列或删除表）时使用架构修改锁。

当编译查询时，使用架构稳定性锁。架构稳定性锁不阻塞任何事务锁，包括排他锁。因此在编译查询时，其他事务（包括在表上有排他锁的事务）都能继续运行，但不能在表上执行 DDL 操作。

（7）大容量更新锁。当将数据大容量复制到表，且指定了 TABLOCK 提示或者使用 sp_tableoption 设置了 table lock on bulk 表选项时，将使用大容量更新锁。大容量更新锁允许进程将数据并发地大容量复制到同一表，同时可防止其他不进行大容量复制数据的进程访问该表。

11.3 自动化管理

SQL Server 提供了使任务自动化的内部功能，本节主要介绍 SQL Server 中任务自动化的基础知识，如作业、警报、操作员等。

数据库的自动化管理实际上是指对预先能够预测到的服务器事件或必须按时执行的管理任务，根据已经制订好的计划做出必要的操作。通过数据库自动化管理，可以处理一些日常的事务和事件，减轻数据库管理员的负担；当服务器发生异常时通过自动化管理可以自动发出通知，以便让管理员及时获得信息，并做出处理。例如，如果希望在每个工作日下班后备份公司的所有服务器，就可以使该任务自动执行。将备份安排在星期一至星期五的 22:00 之后运行，如果备份出现问题将自动发出通知。

在 SQL Server 中要进行自动化管理，需要按以下步骤进行操作。

（1）确定哪些管理任务或服务器事件定期执行，以及这些任务或事件是否可以通过编程方式进行管理。

（2）使用自动化管理工具定义一组作业、计划、警报和操作员。

（3）运行已定义的 SQL Server 代理作业。

SQL Server 自动化管理能够实现以下 7 种管理任务。

（1）任何 T-SQL 语法中的语句。

（2）操作系统命令。

（3）VBScript 或 JavaScript 之类的脚本语言。

（4）复制任务。

（5）数据库创建和备份。

（6）索引重建。

（7）报表生成。

1．SQL Server 代理

SQL Server 代理是一种 Microsoft Windows 服务，它执行安排的管理任务，即“作业”。SQL Server 代理运行作业、监视 SQL Server 并处理警报。

在安装 SQL Server 时，SQL Server 代理服务默认是禁用的，要执行管理任务，必须先启动 SQL Server 代理服务。可以在 SQL Server 配置管理器或 SSMS 的资源管理器中启动 SQL Server 代理服务。

在 SQL Server 代理服务启动以后，需要正确配置 SQL Server 代理。SQL Server 代理的配置信息主要保存在系统数据库 msdb 的表中，使用 SQL Server 用户对象来存储代理的身份验证信息。在 SQL Server 中，必须将 SQL Server 代理配置为使用 sysadmin 固定服务器角色成员的账户，才能执行其功能。该账户必须拥有以下 Windows 权限。

- 调整进程的内存配额。
- 以操作系统方式操作。
- 跳过遍历检查。
- 作为批处理作业登录。
- 作为服务登录。
- 替换进程级记号。

如果需要验证账户是否已经设置了所需的 Windows 权限，请参考有关 Windows 文档。

通常情况下，为 SQL Server 代理选择的账户都是为此目的创建的域账户，并且有严格控制的访问权限。使用域账户不是必需的，但是如果使用本地计算机上的账户，那么 SQL Server 代理就没有权限访问其他计算机上的资源。SQL Server 需要访问其他计算机的情况很常见，例如，当它在另一台计算机上的某个位置创建数据库备份和存储文件时。

SQL Server 代理服务可以使用 Windows 身份验证或 SQL Server 身份验证连接到 SQL Server 本地实例，但是无论选择哪种身份验证，账户都必须是 sysadmin 固定服务器角色的成员。

2．操作员

SQL Server 代理服务支持通过操作员通知管理员的功能。操作员是在完成作业或出现警报时可以接收电子通知的人员或组的别名。操作员主要有两个属性：操作员名称和联系信息。

每一个操作员都必须具有一个唯一的名称，操作员的联系信息决定了通知操作员的方式。

3．作业

在 SQL Server 中，可以使用 SQL Server 代理作业来自动执行日常管理任务并反复运行它们，从而提高管理效率。作业是一系列由 SQL Server 代理按顺序执行的指定操作。作业可以执行一系列活动，包括运行 Transact-SQL 脚本、命令行应用程序、Microsoft ActiveX 脚本、Integration Services 包、Analysis Services 命令、查询或复制任务。作业可以运行重复任务或那些可计划的任务，它们可以通过生成警报来自动通知用户作业状态，从而极大地简化了 SQL Server 管理。作业可以手动运行，也可以配置为根据计划或响应警报来运行。

创建作业时，可以给作业添加成功、失败或完成时接收通知的操作员。那么当作业结束时，操作员可以收到作业的输出结果。

4．警报

对事件的自动响应称为“警报”。SQL Server 允许创建警报来解决潜在的错误问题。用户可以针对一个或多个事件定义警报，指定希望 SQL Server 代理如何响应发生的这些事件。

事件由 SQL Server 生成并输入到 Microsoft Windows 应用程序日志中。SQL Server 代理读取应用程序日志，并将写入的事件与定义的警报比较。当 SQL Server 代理找到匹配项时，它将发出自动响应事件的警报。除了监视 SQL Server 事件以外，SQL Server 代理还监视性能条件和 Windows Management Instrumentation（WMI）事件。

若要定义警报，则需要指定警报的名称、触发警报的事件或性能条件、SQL Server 代理响应事件或性能条件所执行的操作。每个警报都响应一种特定的事件，事件类型可以是 SQL Server 事件、SQL Server 性能条件或 WMI 事件。事件类型决定了用于指定具体事件的参数，根据事件类型，警报可以分为事件警报、性能警报和 WMI 警报。

5．数据库邮件

数据库邮件（Database Mail）是从 SQL Server 数据库引擎中发送电子邮件的企业解决方案。通过使用数据库邮件，数据库应用程序可以向用户发送电子邮件。邮件中可以包含查询结果，还可以包含来自网络中任何资源的文件。数据库邮件主要使用简单邮件传输协议（SMTP）服务器（而不是 SQL Mail 所要求的 MAPI 账号）来发送电子邮件。

在默认情况下，数据库邮件处于非活动状态。要使用数据库邮件，必须使用数据库邮件配置向导、sp_configure 存储过程或基于策略的外围应用配置功能显式地启用数据库邮件。

可以在 SQL Server 代理中创建从 SQL Server 接收电子邮件的操作员，在要执行的作业或警报中指定以电子邮件形式通知该操作员，然后在作业执行完成或警报激活时，SQL Server 将发送电子邮件到操作员的邮箱中。

6．维护计划向导

对于企业级数据库的管理操作，如数据库的备份、优化等一些需要经常执行的操作，虽然可以使用作业来执行，但是必须为每个数据库都创建作业，这样会使工作变得很烦琐。SQL Server 提供了维护计划向导来解决这类问题。

维护计划向导用于创建 SQL Server 代理可定期运行的维护计划。维护计划向导有助于用户设置核心维护任务，从而确保数据库运行正常、定期进行备份并确保数据库一致。维护计划向导可创建一个或多个 SQL Server 代理作业，代理作业可对多服务器环境中的本地服务器或目标服务器执行这些任务。若要创建或管理维护计划，用户必须是 sysadmin 固定服务器角色的成员。

维护计划创建完成后，可以在“管理”的“维护计划”节点下看到新创建的维护计划“管理数据库”。右击该维护计划，选择“修改”菜单项可以在打开的“管理数据库（设计）”窗口下进行修改；选择“查看历史记录”选项可以查看维护计划最后执行的工作任务。选择“执行”菜单项可以执行该维护计划。

第2部分　实　验

实验 1

SQL Server 2016 环境

1．SQL Server 2016 的安装（选做）

检查软、硬件配置是否达到 SQL Server 2016 的安装要求，参照第 1 章内容安装 SQL Server 2016，熟悉 SQL Server 2016 的安装方法。

（1）下载并安装 JDK。

（2）SQL Server 2016 及其组件安装。

安装时选择“混合模式”为身份验证模式，并为内置的系统管理员账户“sa”设置密码，密码设为“123456”。

（3）安装 SQL Server Management Studio (SSMS)。

2．对象资源管理器（窗口）的使用

（1）启动 SSMS，分别以 Windows 账户（Administrator）和 SQL Server 账户（sa）登录连接 SQL Server 2016，系统显示“SQL Server Management Studio”界面。

在“SQL Server Management Studio”界面中，左边是“对象资源管理器”窗口，它以目录树的形式组织对象。右边是操作界面，如“查询分析器”窗口、“表设计器”窗口等。

（2）了解系统数据库和数据库的对象。

在 SQL Server 2016 安装后，系统生成了 4 个数据库：master、model、msdb 和 tempdb。

在“对象资源管理器”窗口中单击“系统数据库”选项，系统显示 4 个系统数据库。选择系统数据库 master，观察 SQL Server 2016“对象资源管理器”窗口中数据库对象的组织方式。其中，表、视图在“数据库”节点下，存储过程、触发器、函数、类型、默认值、规则等在“可编程性”中，用户、角色、架构等在“安全性”中。

（3）尝试不同数据库对象的操作方法。

展开系统数据库“master”，选择“表”→“系统表”→“dbo.spt_values”，右击鼠标，系统显示操作快捷菜单。

（4）认识表的结构。

单击“dbo.spt_values”→“列”，查看该表有哪些列。

3. 查询分析器的使用

在“SQL Server Management Studio”窗口中单击“新建查询”按钮。在“对象资源管理器”窗口的右边就会出现“查询分析器”窗口，在该窗口中输入下列命令：

```
USE master
SELECT *
    FROM    dbo.spt_values
GO
```

其中，使用“USE master”命令选择当前数据库为“master”，如果在“SQL Server Manage Studio”面板上的可用数据库下拉框中选择当前数据库为“master”，则“USE master”命令可以省略。

单击“！执行”按钮，命令执行结果为该表记录内容。

4.“SQL Server Management Studio”的其他界面

（1）单击菜单栏“视图”→“模板资源管理器”，主界面右侧将出现“模板资源管理器”窗口。在该窗口中选择“database”→“create database”，查看 CREATE DATABASE 语句的结构。

（2）单击菜单栏的“视图”→“已注册服务器”，打开“已注册服务器”窗口，查看已经注册的服务器的信息。

（3）参考第 1 章，查看环境配置和服务器属性。

5. 思考与练习

（1）下载并安装 Navicat，通过 Navicat 连接 SQL Server 2016。

（2）通过命令行进入 SQL Server 2016。

（3）通过网络查看 SQL Server 2016 的帮助文档。

（4）SQL Server 2016 主要有哪些组件？如何安装？如何启用？

实验 2

创建数据库和表

实验内容：创建用于企业管理的员工管理数据库，数据库名为 YGGL。

数据库 YGGL 的逻辑文件初始大小为 10 MB，最大为 50 MB，数据库自动增长，增长方式是按 5%比例增长。日志文件初始大小为 2 MB，最大可增长到 5 MB，按 1 MB 增长。

数据库的逻辑文件名和物理文件名均采用默认值，事务日志的逻辑文件名和物理文件名也均采用默认值。

要求：分别使用“对象资源管理器”窗口和 T-SQL 命令完成数据库的创建工作。

实验步骤：

1．在“对象资源管理器”窗口中创建数据库

（1）创建数据库 YGGL。

使用系统管理员用户以 Windows 身份验证方式登录 SQL Server 服务器，在“对象资源管理器”窗口中选择其中的“数据库”节点，右击鼠标，在弹出的快捷菜单中选择“新建数据库”菜单项，打开“新建数据库”窗口。

在“新建数据库”窗口的“常规”选项页中输入数据库名“YGGL”，设置“所有者”为默认值。在“数据库文件”下方的列表栏中，分别设置“数据文件”“日志文件”的增长方式和增长比例。设置完成后单击“确定”按钮完成数据库的创建。

（2）删除 YGGL 数据库。

在“对象资源管理器”窗口中选择数据库 YGGL，右击鼠标，在弹出的快捷菜单中选择“删除”菜单项。在打开的“删除对象”窗口中单击“确定”按钮，执行删除操作。

使用命令方式删除数据库 YGGL：单击“新建查询”按钮，在“查询分析器”窗口中输入如下脚本后，单击“!执行”按钮执行。

```
USE   master
GO
DROP DATABASE YGGL
```

2．使用 T-SQL 语句创建数据库 YGGL

在“查询分析器”窗口中输入如下语句：

```
CREATE   DATABASE   YGGL
ON
(
    NAME='YGGL_Data',
    FILENAME='C:\Program Files\Microsoft SQL Server\MSSQL10.SQL2008\MSSQL\DATA\YGGL.mdf',
```

```
    SIZE=10 MB,
    MAXSIZE=50 MB,
    FILEGROWTH=5%
)
LOG ON
(
    NAME='YGGL_Log',
    FILENAME='C:\Program Files\Microsoft SQL Server\MSSQL10.SQL2008\MSSQL\DATA\YGGL_Log.ldf',
    SIZE=2 MB,
    MAXSIZE=5 MB,
    FILEGROWTH=1 MB
)
GO
```

单击快捷工具栏的“!执行”按钮，执行上述语句，并在“对象资源管理器”窗口中查看执行结果。如果“数据库”列表中未列出 YGGL 数据库，则右击“数据库”→“刷新”。

3．思考与练习

（1）在 YGGL 数据库存在的情况下，使用 CREATE DATABASE 语句新建数据库 YGGL，查看错误信息。

（2）创建数据库 YGGL1，使用界面方式或 ALTER DATABASE 语句尝试修改 YGGL1 数据库的逻辑文件的初始大小。

实验 3

表数据的插入、修改和删除

实验 3.1　表结构的创建

实验内容：数据库 YGGL 包含 Emplo yees（员工自然信息）表、Departments（部门信息）表和 Salary（员工薪水情况）表。表的结构分别如表 T3.1、表 T3.2 和表 T3.3 所示。

表 T3.1　Employees 表结构

列　名	数据类型	长　度	是否可空	说　明
EmployeeID	定长字符串型（char）	6	×	员工编号，主键
Name	定长字符串型（char）	10	×	姓名
Education	定长字符串型（char）	4	×	学历
Birthday	日期型（date）	系统默认	×	出生日期
Sex	位型（bit）	系统默认	×	性别，默认值为 1
WorkYear	整数型（tinyint）	系统默认	√	工作时间
Address	不定长字符串型（varchar）	40	√	地址
PhoneNumber	定长字符串型（char）	12	√	电话号码
DepartmentID	定长字符串型（char）	3	×	员工部门号，外键

表 T3.2　Departments 表结构

列　名	数据类型	长　度	是否可空	说　明
DepartmentID	定长字符串型（char）	3	×	部门编号，主键
DepartmentName	定长字符串型（char）	20	×	部门名
Note	不定长字符串（varchar）	100	√	备注

表 T3.3　Salary 表结构

列　名	数据类型	长　度	是否可空	说　明
EmployeeID	定长字符串型（char）	6	×	员工编号，主键
InCome	浮点型（float）	系统默认	×	收入
OutCome	浮点型（float）	系统默认	×	支出

在创建好的数据库 YGGL 中创建数据表。

实验步骤:

1. 在“对象资源管理器”窗口中创建表

（1）创建表。

以创建 Employees 表为例，在“对象资源管理器”窗口中展开数据库“YGGL”→“表”，右击鼠标，在弹出的快捷菜单中选择“新建表”菜单项；在表设计窗口中输入 Employees 表的各字段信息；单击工具栏中的“保存”按钮；在弹出的“保存”对话框中输入表名“Employees”，单击“确定”按钮即创建了表 Employees。创建后的 Employees 表的结构如图 T3.1 所示。

列名	数据类型	允许 Null 值
EmployeeID	char(6)	☐
Name	char(10)	☐
Education	char(4)	☐
Birthday	date	☐
Sex	bit	☐
WorkYear	tinyint	☑
Address	varchar(40)	☑
PhoneNumber	char(12)	☑
DepartmentID	char(3)	☐
		☐

图 T3.1　Employees 表的结构

按同样的操作过程，创建表 Departments 和表 Salary。

（2）删除表。

在“对象资源管理器”窗口中展开“数据库”，选择其中的“YGGL”选项。展开“YGGL”中的“表”节点，右击其中的“dbo.Employees”表，在弹出的快捷菜单中选择“删除”菜单项，打开“删除对象”窗口。在“删除对象”窗口单击“确定”按钮，完成表 Employees 的删除。

按同样的操作过程也可以删除表 Departments 和表 Salary。

如果本表与其他表存在依赖关系，则必须先解除依赖关系，才能删除。

2. 使用 T-SQL 语句创建表

在“查询分析器”窗口中输入以下 T-SQL 语句：

```
USE YGGL
GO
CREATE TABLE Employees
(   EmployeeID      char(6)       NOT NULL PRIMARY KEY,
    Name            char(10)      NOT NULL,
    Education       char(4)       NOT NULL,
    Birthday        date          NOT NULL,
    Sex             bit           NOT NULL DEFAULT 1,
    WorkYear        tinyint       NULL,
    Address         varchar(40)   NULL,
    PhoneNumber     char(12)      NULL,
    DepartmentID    char(3)       NOT NULL
)
GO
```

单击快捷工具栏的“!执行”按钮，执行上述语句，即可创建表 Employees。

按同样的方法也可以创建表 Departments 和表 Salary，并在“对象资源管理器”窗口中查看结果。

实验 3.2　表记录的插入、修改和删除

实验内容：在 YGGL 数据库的数据表中加入记录。

使用“对象资源管理器”窗口和 T-SQL 语句配合，向 YGGL 数据库表 Employees、Departments 和 Salary 中插入多行数据记录，然后修改和删除一些记录。样本数据如表 T3.4、表 T3.5 和表 T3.6 所示。

表 T3.4　Employees 表数据样本

编　号	姓　名	学　历	出生日期	性　别	工作时间	住　址	电　话	部门号
000001	王林	大专	1966-01-23	1	8	中山路 32-1-508	83355668	2
010008	伍容华	本科	1976-03-28	1	3	北京东路 100-2	83321321	1
020010	王向容	硕士	1982-12-09	1	2	四牌楼 10-0-108	83792361	1
020018	李丽	大专	1960-07-30	0	6	中山东路 102-2	83413301	1
102201	刘明	本科	1972-10-18	1	3	虎踞路 100-2	83606608	5
102208	朱俊	硕士	1965-09-28	1	2	牌楼巷 5-3-106	84708817	5
108991	钟敏	硕士	1979-08-10	0	4	中山路 10-3-105	83346722	3
111006	张石兵	本科	1974-10-01	1	1	解放路 34-1-203	84563418	5
210678	林涛	大专	1977-04-02	1	2	中山北路 24-35	83467336	3
302566	李玉珉	本科	1968-09-20	1	3	热和路 209-3	58765991	4
308759	叶凡	本科	1978-11-18	1	2	北京西路 3-7-52	83308901	4
504209	陈林琳	大专	1969-09-03	0	5	汉中路 120-4-12	84468158	4

表 T3.5　Departments 表数据样本

部门号	部门名称	备　注	部门号	部门名称	备　注
1	财务部	NULL	4	研发部	NULL
2	人力资源部	NULL	5	市场部	NULL
3	经理办公室	NULL			

表 T3.6　Salary 表数据样本

编　号	收　入	支　出	编　号	收　入	支　出
000001	2100.8	123.09	108991	3259.98	281.52
010008	1582.62	88.03	020010	2860.0	198.0
102201	2569.88	185.65	020018	2347.68	180.0
111006	1987.01	79.58	308759	2531.98	199.08
504209	2066.15	108.0	210678	2240.0	121.0
302566	2980.7	210.2	102208	1980.0	100.0

使用 MERGE 语句根据在一个表中找到的差异在另一个表中插入、更新或删除行，实现对两个表进行信息同步。

要特别注意的是：在执行插入、修改、删除等数据更新操作时，必须保证数据的完整性。

实验步骤：

1．使用界面初始化数据库 YGGL 中所有表的数据

（1）在“对象资源管理器”窗口中展开“数据库 YGGL”节点，选择要进行操作的表“Employees”，右击鼠标，在弹出的快捷菜单上选择“编辑前 200 行”菜单项，进入“表数据”窗口。

在此窗口中，表中的记录按行显示，每个记录占一行。用户可通过“表数据”窗口加入表中的记录，输完一行记录后将光标移到下一行即保存了上一行记录。

（2）用同样的方法向 Departments 表和 Salary 表中分别插入表中的记录。

注意：

- 插入的数据要符合列的类型。试着在 tinyint 型的列中插入字符型数据（如字母），查看发生的情况。
- bit 类型的列在用界面方式插入数据时只能插入 True 或 False。True 表示 1，False 表示 0。
- 不能插入两行有相同主键的数据。例如，如果编号为 000001 的员工信息已经在 Employees 中存在，则不能向 Employees 表再插入编号为 000001 的数据行。

2．使用界面修改数据库 YGGL 中的表数据

（1）在“对象资源管理器”窗口中删除表 Employees 的第 1 行和表 Salary 的第 1 行。

方法：在“对象资源管理器”窗口中选择表 Employees，右击鼠标，在弹出的快捷菜单中选择“编辑前 200 行”菜单项，在打开的“表数据”窗口中选中要删除的行，右击鼠标，在弹出的快捷菜单中选择“删除”菜单项。

Salary 表中数据删除方法与此相同。

注意进行删除操作时，应保持作为两表主键 EmployeeID 的值数据完整性。

（2）在“对象资源管理器”窗口中将表 Employees 编号为 020018 记录的部门号改为 4。

方法：在“对象资源管理器”窗口中右击表 Employees，选择“编辑前 200 行”菜单项，在“表数据”窗口中将光标定位至编号为 020018 记录的 DepartmentID 字段，将值 1 改为 4。将光标移出本行即保存了修改。

3．使用 T-SQL 命令插入表数据

（1）向表 Employees 中插入一行数据记录，在“查询分析器”窗口中输入以下 T-SQL 语句：

```
USE YGGL
GO
INSERT INTO Employees VALUES('000001', '王林', '大专', '1966-01-23', 1 , 8,
                              '中山路 32-1-508', '83355668', '2')
```

单击快捷工具栏的“!执行”按钮，执行上述语句，在验证操作是否成功时，可以在“对象资源管理器”窗口中打开 Employees 表观察数据的变化。

（2）向表 Salary 插入一行数据记录：

```
INSERT INTO Salary(EmployeeID, InCome, OutCome)
    VALUES ('000001', 2100.8, 123.09)
```

思考与练习：INSERT INTO 语句还可以通过 SELECT 子句来添加其他表中的数据，但是 SELECT 子句中的列要与添加表的列数目和数据类型都一一对应。假设有另一个空表 Employees2，结构和 Employees 表相同，使用 INSERT INTO 语句将 Employees 表的数据添加到 Employees2 中。语句如下：

```
INSERT INTO Employees2   SELECT * FROM Employees
```

查看 Employees2 表中的变化。

4．使用 T-SQL 语句修改表数据

（1）使用 T-SQL 命令修改表 Salary 中某个记录的字段值：

```
UPDATE Salary
```

```
    SET InCome = 2890
    WHERE EmployeeID = '000001'
```

执行上述语句，将编号为 000001 的职工收入改为 2890。

（2）将所有职工收入增加 100：

```
UPDATE Salary
    SET InCome = InCome +100;
```

执行完上述语句，打开 Salary 表查看数据的变化。可见，使用 SQL 语句操作表数据比在界面管理工具中操作表数据更为灵活。

（3）使用 SQL 命令删除表 Employees 中编号为 000001 的职工信息：

```
DELETE FROM Employees
    WHERE EmployeeID= '000001'
```

（4）删除所有女性员工信息：

```
DELETE FROM Employees
    WHERE Sex=0
```

（5）使用 TRANCATE TABLE 语句删除表中所有行：

```
TRUNCATE TABLE Salary
```

执行上述语句，将删除 Salary 表中的所有行。

注意：

实验时一般不要轻易做这个操作，因为后面的实验还要用到这些数据。如要查看该命令的效果，可建一个临时表，输入少量数据后进行。

（6）创建一个 Employees3 表，使用 MERGE 语句使 Employees3 表中的数据和 Employees 表中的数据同步。

```
MERGE INTO Employees3
    USING Employees ON Employees3.EmployeeID= Employees.EmployeeID
    WHEN MATCHED
        THEN UPDATE SET Employees3.Name= Employees.Name,
                        Employees3.Education=Employees.Education,
                        Employees3.Birthday= Employees.Birthday,
                        Employees3.Sex=Employees.Sex,
                        Employees3.WorkYear= Employees.WorkYear,
                        Employees3.Address=Employees.Address,
                        Employees3.PhoneNumber= Employees.PhoneNumber,
                        Employees3.DepartmentID= Employees. DepartmentID
    WHEN NOT MATCHED
        THEN INSERT VALUES(Employees.EmployeeID, Employees.Name, Employees.Education,
                        Employees.Birthday, Employees.Sex, Employees.WorkYear,
                        Employees.Address,Employees.PhoneNumber,
                        Employees. DepartmentID)
    WHEN NOT MATCHED BY SOURCE
        THEN DELETE;
```

5. 思考与练习

（1）使用 INSERT、DELETE 和 UPDATE 语句所有对表的修改到表 T3.4~表 T3.6 状态，方便在以后的实验中使用。

（2）在 YGGL1 数据库中创建表 Salary1（参照表 Salary 的结构），表 Salary1 比表 Salary 多一列计算列，列名为“ActIncome”，由 InCome-OutCome 得到。

（3）在 YGGL1 数据库中创建表 Employees1（结构与 Employees 相同），分别使用命令行方式和界面方式将表 Emplorees1 中的 Address 列删除，并将 Sex 列的默认值修改为 0。

（4）什么是临时表？怎样创建临时表？

实验 4

数据库的查询和视图

实验 4.1　数据库的查询

1．基本查询

（1）对于实验 2 给出的数据库表结构，查询每个雇员的所有数据。

新建一个查询，在“查询分析器”中输入如下语句并执行：

```
USE YGGL
GO
SELECT  *
    FROM Employees
```

思考与练习：用 SELECT 语句查询 Departments 和 Salary 表中所有的数据信息。

为了方便，后面的语句可能省略打开 YGGL 数据库命令：

```
USE YGGL
GO
```

（2）用 SELECT 语句查询 Employees 表中每个雇员的地址和电话。

新建一个查询，在“查询分析器”中输入如下语句并执行：

```
SELECT  Address,  PhoneNumber
    FROM Employees
```

思考与练习：

- 用 SELECT 语句查询 Departments 和 Salary 表的一列或若干列。
- 查询 Employees 表中的部门号和性别，要求使用 DISTINCT 消除重复行。

（3）查询 EmployeeID 为 000001 的雇员地址和电话。

```
SELECT  Address,  PhoneNumber
    FROM    Employees
    WHERE   EmployeeID = '000001'
GO
```

思考与练习：

- 查询月收入高于 2000 元的员工电话。
- 查询 1970 年以后出生的员工姓名和住址。
- 查询所有财务部员工的电话和姓名。

（4）查询 Employees 表中女雇员的地址和电话，使用 AS 子句将结果中各列的标题分别指定为地址、电话。

```
SELECT  Address AS 地址, PhoneNumber AS 电话
    FROM    Employees
    WHERE   Sex = 0
```

思考与练习：查询 Employees 表中男员工的姓名和出生日期，要求将各列标题用中文表示。

（5）查询 Employees 表中员工的姓名和性别，要求 Sex 值为 1 时显示为“男”，为 0 时显示为“女”。

```
SELECT Name AS 姓名,
        CASE
            WHEN Sex= 1 THEN '男'
            WHEN Sex= 0 THEN '女'
        END AS 性别
    FROM Employees
```

思考与练习：查询 Employees 员工的姓名、住址和收入水平，2000 元以下显示为低收入，2000～3000 元显示为中等收入，3000 元以上显示为高收入。

（6）计算每个雇员的实际收入。

```
SELECT  EmployeeID，实际收入= InCome - OutCome
    FROM Salary
```

思考与练习：使用 SELECT 语句进行简单的计算。

（7）获得员工总数。

```
SELECT COUNT(*)
    FROM Employees
```

思考与练习：

- 计算 Salary 表中员工月收入的平均数。
- 获得 Employees 表中年龄最大的员工电话。
- 计算 Salary 表中所有员工的总支出。
- 查询财务部雇员的最高和最低收入。

（8）找出所有姓王的雇员的部门号。

```
SELECT  DepartmentID
    FROM    Employees
    WHERE   Name LIKE '王%'
```

思考与练习：

- 找出所有其地址中含有“中山”的雇员电话及部门号。
- 查找员工号码中倒数第二个数字为“0”的员工姓名、地址和学历。

（9）找出所有收入在 2000～3000 元之间的员工电话。

```
SELECT EmployeeID
    FROM Salary
    WHERE InCome BETWEEN 2000 AND 3000
```

思考与练习：找出所有在部门“1”或“2”工作的雇员电话。

注意：

了解在 SELECT 语句中 LIKE、BETWEEN…AND、IN、NOT 及 CONTAIN 谓词的作用。

（10）使用 INTO 子句，由表 Salary 创建“收入在 1500 元以上的员工”表，包括编号和收入。

```
SELECT EmployeeID as 编号, InCome as 收入
    INTO  收入在1500元以上的员工
```

```
    FROM    Salary
    WHERE   InCome > 1500
```

思考与练习：使用 INTO 子句，由表 Employees 创建“男员工”表，包括编号和姓名。

2. 子查询

（1）查找在财务部工作的雇员情况。

```
SELECT  *
    FROM    Employees
    WHERE   DepartmentID =
            (
                SELECT DepartmentID
                    FROM    Departments
                    WHERE   DepartmentName = '财务部'
            )
```

思考与练习：用子查询的方法查找所有收入在 2500 元以下的雇员情况。

（2）查找财务部年龄不低于研发部雇员年龄的雇员姓名。

```
SELECT  Name
    FROM    Employees
    WHERE   DepartmentID    IN
    (
        SELECT  DepartmentID
            FROM Departments
            WHERE DepartmentName = '财务部'
    )
    AND
    Birthday !> ALL
    (
        SELECT Birthday
            FROM Employees
            WHERE DepartmentID IN
            (
                SELECT  DepartmentID
                FROM    Departments
                WHERE   DepartmentName = '研发部'
            )
)
```

思考与练习：用子查询的方法查找研发部比所有财务部雇员收入都高的雇员姓名。

（3）查找比所有财务部的雇员收入都高的雇员姓名。

```
SELECT Name
    FROM    Employees
    WHERE   EmployeeID  IN
    (
        SELECT EmployeeID
            FROM    Salary
            WHERE   InCome >ALL
            (
                SELECT InCome
```

```
                FROM    Salary
                WHERE   EmployeeID  IN
                (
                    SELECT   EmployeeID
                        FROM    Employees
                        WHERE   DepartmentID =
                        (
                            SELECT   DepartmentID
                                FROM    Departments
                                WHERE   DepartmentName = '财务部'
                        )
                )
        )
)
```

思考与练习：用子查询的方法查找所有年龄比研发部雇员年龄都大的雇员姓名。

3. 连接查询

（1）查询每个雇员的情况及其薪水的情况。

```
SELECT   Employees . * ,    Salary . *
    FROM    Employees , Salary
    WHERE   Employees.EmployeeID = Salary.EmployeeID
```

思考与练习：查询每个雇员的情况及其工作部门的情况。

（2）使用内连接的方法查询名字为“王林”的员工所在的部门。

```
SELECT DepartmentName
    FROM Departments JOIN Employees ON Departments. DepartmentID=Employees. DepartmentID
    WHERE Employees.Name='王林'
```

思考与练习：

- 使用内连接方法查找出不在财务部工作的所有员工信息。
- 使用外连接方法查找出所有员工的月收入。

（3）查找财务部收入在 2000 元以上的雇员姓名及其薪水详情。

新建一个查询，在“查询分析器”中输入如下语句并执行：

```
SELECT Name,   InCome,   OutCome
    FROM    Employees , Salary , Departments
    WHERE   Employees.EmployeeID = Salary.EmployeeID
        AND   Employees.DepartmentID = Departments.DepartmentID
        AND   DepartmentName = '财务部'
        AND   InCome > 2000
```

思考与练习：查询研发部在 1976 年以前出生的雇员姓名及其薪水详情。

4. 使用聚合函数查询

（1）求财务部雇员的平均收入。

新建一个查询，在“查询分析器”中输入如下语句并执行：

```
SELECT   AVG(InCome) AS '财务部平均收入'
    FROM    Salary
    WHERE   EmployeeID   IN
    (
```

```
    SELECT EmployeeID
        FROM    Employees
        WHERE   DepartmentID =
        (
            SELECT   DepartmentID
                FROM    Departments
                WHERE   DepartmentName = '财务部'
        )
)
```

思考与练习：查询财务部雇员的最高和最低收入。

（2）求财务部雇员的平均实际收入。

新建一个查询，在“查询分析器”中输入如下语句并执行：

```
SELECT AVG(InCome-OutCome) AS '财务部平均实际收入'
    FROM    Salary
    WHERE   EmployeeID   IN
    (
        SELECT   EmployeeID
            FROM    Employees
            WHERE   DepartmentID =
            (
                SELECT DepartmentID
                    FROM    Departments
                    WHERE   DepartmentName = '财务部'
            )
    )
```

思考与练习：查询财务部雇员的最高和最低收入。

（3）求财务部雇员的总人数。

新建一个查询，在“查询分析器”中输入如下语句并执行：

```
SELECT   COUNT( EmployeeID )
    FROM    Employees
    WHERE   DepartmentID =
    (
        SELECT   DepartmentID
            FROM    Departments
            WHERE   DepartmentName = '财务部'
    )
```

思考与练习：统计财务部收入在 2500 元以上的雇员人数。

5．查询结果分组和排序

（1）查找 Employees 表中男性和女性的人数。

```
SELECT Sex, COUNT(Sex)
    FROM Employees
    GROUP BY Sex;
```

思考与练习：

- 按部门列出在该部门工作的员工人数。

- 按员工的学历分组，排列出本科、大专和硕士的人数。

（2）查找员工数超过2人的部门名称和员工数量。

```
SELECT Employees.DepartmentID, COUNT(*) AS 人数
    FROM Employees, Departments
    WHERE Employees.DepartmentID=Departments.DepartmentID
    GROUP BY Employees.DepartmentID
    HAVING COUNT(*)>2
```

思考与练习：按员工的工作年份分组，统计各个工作年份的人数，如工作1年的多少人，工作2年的多少人。

（3）将各雇员的情况按收入由低到高排列。

新建一个查询，在“查询分析器”中输入如下语句并执行。

```
SELECT   Employees . *, Salary . *
    FROM     Employees, Salary
    WHERE    Employees. EmployeeID = Salary.EmployeeID
    ORDER BY   InCome
```

思考与练习：

- 将员工信息按出生时间从小到大排列。
- 在ODER BY子句中使用子查询，查询员工姓名、性别和工龄的信息，要求按实际收入从大到小排列。

实验4.2　视图的使用

1. 创建视图

（1）创建YGGL数据库上的视图DS_VIEW，视图包含Departments表的全部列。

```
CREATE VIEW DS_VIEW
    AS SELECT *   FROM Departments
```

（2）创建YGGL数据库上的视图Employees_view，视图包含“员工电话”“姓名”“实际收入”三列。

使用如下SQL语句：

```
CREATE VIEW Employees_view(EmployeeID, Name, RealIncome)
      AS
      SELECT Employees. EmployeeID, Name, InCome-OutCome
            FROM Employees, Salary
             WHERE Employees. EmployeeID= Salary. EmployeeID
```

思考与练习：

- 在创建视图时SELECT语句有哪些限制？
- 在创建视图时有哪些注意点？
- 创建视图，包含员工号码、姓名、所在部门名称和实际收入这几列。

2. 查询视图

（1）从视图DS_VIEW中查询出部门号为“3”的部门名称。

```
SELECT DepartmentName
    FROM DS_VIEW
    WHERE DepartmentID='3'
```

（2）从视图Employees_view中查询出姓名为“王林”的实际收入。

```
SELECT RealIncome
    FROM Employees_view
    WHERE Name='王林'
```

思考与练习：

- 若视图关联了某表中的所有字段，而此时该表中添加了新的字段，视图中能否查询到该字段？
- 自己创建一个视图，并查询视图中的字段。

3. 更新视图

在更新视图前需要了解可更新视图的概念，了解什么视图是不可以进行修改的。更新视图真正更新的是和视图关联的表。

（1）向视图 DS_VIEW 中插入一行数据“6, 广告部, 广告业务”。

```
INSERT INTO DS_VIEW VALUES('6','广告部','广告业务')
```

执行完该命令，使用 SELECT 语句分别查看视图 DS_VIEW 和基本表 Departments 中发生的变化。

尝试向视图 Employees_view 中插入一行数据，看看会发生什么情况。

（2）修改视图 DS_VIEW，将部门号为“5”的部门名称修改为“生产车间”。

```
UPDATE DS_VIEW
    SET DepartmentName='生产车间'
    WHERE DepartmentID='5'
```

执行完该命令，使用 SELECT 语句分别查看视图 DS_VIEW 和基本表 Departments 中发生的变化。

（3）将视图 Employees_view 中员工号为“000001”的员工姓名修改为“王浩”。

```
UPDATE Employees_view
    SET Name='王浩'
    WHERE EmployeeID='000001'
```

（4）删除视图 DS_VIEW 中部门号为“1”的一行数据。

```
DELETE FROM DS_VIEW
    WHERE DepartmentID='1'
```

注意：

为了便于以后的操作，请将删除的数据尽快恢复到原来的状态。

思考与练习：视图 Employees_view 中无法插入和删除数据，其中的 RealIncome 字段也无法修改，为什么？

4. 删除视图

删除视图 DS_VIEW。

```
DROP VIEW DS_VIEW
```

5. 在界面工具中操作视图

（1）创建视图：启动“SQL Server Management Studio”，在“对象资源管理器”窗口中展开“数据库”→“YGGL”，选择其中的“视图”项，右击鼠标，在弹出的快捷菜单上选择“新建视图”菜单项。在随后出现的“添加表”窗口中，添加所需关联的基本表。在视图窗口的关系图窗口中显示了基本表的全部列信息。根据需要在窗口中选择创建视图所需的字段。完成后单击“保存”按钮保存。

（2）查询视图：新建一个查询，输入 T-SQL 查询命令即可像查询表一样查询视图。

（3）删除视图：展开“YGGL 数据库”→“视图”，选择要删除的视图，右击选择“删除”选项，单击“确认”按钮即可。

实验 5

T-SQL 编程

1．自定义数据类型的使用

（1）对于实验 2 给出的数据库表结构，再自定义一数据类型 ID_type，用于描述员工编号。在“查询分析器”窗口中输入如下程序并执行：

```
USE YGGL
EXEC sp_addtype 'ID_type',
    char(6)','not null'
GO
```

注意：不能漏掉单引号。

思考与练习：在“对象资源管理器”窗口中展开“数据库”→“PXSCJ”→“可编程性”，右击“类型”→“新建”，在“新建数据类型”窗口中使用界面方式创建一个用户自定义数据类型。

（2）在 YGGL 数据库中创建表 Employees3，表结构与 Employees 类似，只是 EmployeeID 列使用的数据类型为用户自定义数据类型 ID_type。

```
USE YGGL
GO
IF EXISTS (SELECT name FROM sysobjects  WHERE  name='Employees3')
    DROP table employees3
/*首先在系统表中查看 Employees3 表是否存在，若存在，则删除该表*/
CREATE TABLE Employees3
(   EmployeeID ID_type,                  /*定义字段 EmployeeID 的类型为 ID_type */
    Name        char(10)      NOT NULL,
    Education   char(4)       NOT NULL,
    Birthday    date          NOT NULL,
    Sex         bit           NOT NULL DEFAULT 1,
    WorkYear    tinyint       NULL,
    Address     varchar(40) NULL,
    PhoneNumber char(12)      NULL,
    DepartmentID char(3)      NOT NULL,
    PRIMARY KEY(EmployeeID)
)
GO
```

2．变量的使用

（1）对于实验 2 给出的数据库表结构，创建一个名为 female 的用户变量，并在 SELECT 语句中使用该局部变量查找表中所有女员工的编号、姓名。

```
USE YGGL
DECLARE @female bit
SET @female=0
/*变量赋值完毕，使用以下语句查询*/
SELECT EmployeeID, Name
    FROM Employees
    WHERE Sex=@female
```

（2）定义一个变量，用于获取号码为 102201 的员工电话。

```
DECLARE @phone char(12)
SET @phone=(SELECT PhoneNumber
                FROM Employees
                WHERE EmployeeID='102201')
SELECT @phone
```

执行完该语句后可以得到变量 phone 的值。

思考与练习：定义一个变量，用于描述 YGGL 数据库的 Salary 表中 000001 号员工的实际收入，然后查询该变量。

3. 运算符的使用

（1）使用算数运算符“-”查询员工的实际收入。

```
SELECT InCome-OutCome
    FROM Salary
```

（2）使用比较运算符“>”查询 Employees 表中工作时间大于 5 年的员工信息。

```
SELECT *
    FROM Employees
    WHERE WorkYear > 5
```

思考与练习：熟悉各种常用运算符的功能和用法，如 LIKE、BETWEEN 等。

4. 流程控制语句

（1）判断 Employees 表中是否存在编号为 111006 的员工，如果存在则显示该员工信息，不存在则显示“查无此人”。

```
IF EXISTS(SELECT Name FROM Employees WHERE EmployeeID= '111006')
    SELECT * FROM Employees WHERE EmployeeID= '111006'
ELSE
    SELECT '查无此人'
```

思考与练习：判断姓名为“王林”的员工实际收入是否高于 3000 元，如果是则显示其收入，否则显示“收入不高于 3000”。

（2）假设变量 X 的初始值为 0，每次加 1，直至 X 变为 5。

```
DECLARE @X INT
SET @X=1
WHILE @X<5
    BEGIN
        SET @X=@X+1
        PRINT 'X='+CONVERT(char(1),@X)
    END
GO
```

思考与练习：使用循环输出一个用“*”组成的三角形。

（3）使用 CASE 语句对 Employees 表按部门进行分类。

```
USE YGGL
GO
SELECT   EmployeeID , Name, Address, DepartmentID=
    CASE DepartmentID
        WHEN 1   THEN  '财务部'
        WHEN 2   THEN  '人力资源部'
        WHEN 3   THEN  '经理办公室'
        WHEN 4   THEN  '研发部'
        WHEN 5   THEN  '市场部'
    END
    FROM         Employees
```

思考与练习：使用 IF 语句实现以上功能。

5．自定义函数的使用

（1）定义一个函数实现如下功能：对于一个给定的 DepartmentID 值，查询该值在 Departments 表中是否存在，若存在则返回 0，否则返回-1。

新建一个查询，在“查询分析器”中输入如下程序并执行：

```
CREATE FUNCTION CHECK_ID(@departmentid char(3))
    RETURNS integer AS
    BEGIN
        DECLARE @num int
        IF EXISTS (SELECT departmentID FROM departments WHERE @departmentid =departmentID)
            SELECT @num=0
        ELSE
            SELECT @num=-1
        RETURN @num
    END
GO
```

（2）写一段 T-SQL 程序调用上述函数。当向表 Employees 插入一行记录时，首先调用函数 CHECK_ID 检索该记录的 DepartmentID 值在表 Departments 的 DepartmentID 字段中是否存在对应值，若存在则将该记录插入表 Employees。

在“查询分析器”中输入如下程序并执行：

```
USE YGGL
GO
DECLARE @num int
SELECT @num=dbo.CHECK_ID('2')
IF @num=0
    INSERT Employees
        VALUES('990210','张英','本科', '1982-03-24', 0, 4, '南京市镇江路 2 号', '8497534', '2')
GO
```

思考与练习：自定义一个函数，计算出一个数的阶乘。

6．系统内置函数的使用

（1）求一个数的绝对值。

```
SELECT ABS(-123)
```

思考与练习：

- 使用 RAND()函数产生一个 0～1 的随机值。
- 使用 SQUARE()函数获得一个数的平方。
- 使用 SQRT()函数返回一个数的平方根。

（2）求财务部雇员的总人数。

```
USE YGGL
SELECT COUNT( EmployeeID ) AS 财务部人数
    FROM Employees
    WHERE DepartmentID =
        ( SELECT DepartmentID
              FROM Departments
              WHERE DepartmentName = '财务部')
```

思考与练习：

- 求财务部收入最高的员工姓名。
- 查询员工收入的平均数。
- 聚合函数如何与 GROUP BY 函数一起使用？

（3）使用 ASCII 函数返回字符表达式最左端字符的 ASCII 值。

```
SELECT ASCII('abc')
```

思考与练习：

- 使用 CHAR()函数将 ASCII 码代表的字符组成字符串。
- 使用 LEFT()函数返回从字符串'abcdef'左边开始的 3 个字符。

（4）获得当前的日期和时间。

```
SELECT getdate()
```

查询 YGGL 数据库中员工号为 000001 的员工出生的年份：

```
SELECT YEAR(Birthday)
     FROM Employees
     WHERE EmployeeID= '000001';
```

思考与练习：

- 使用 DAY()函数返回指定日期时间的天数。
- 列举出其他的时间日期函数。
- 使用其他类型的系统内置函数。

实验 6

索引和数据完整性的使用

实验6.1　索　　引

1. 建立索引

（1）使用 CREATE INDEX 语句创建索引。

① 对 YGGL 数据库的 Employees 表中的 DepartmentID 列建立索引。

在“查询分析器”中输入如下程序并执行：

```
USE YGGL
GO
CREATE INDEX depart_ind
    ON  Employees (DepartmentID)
GO
```

② 在 Employees 表的 Name 列和 Address 列上建立复合索引。

```
CREATE INDEX Ad_ind
    ON Employees(Name, Address)
```

③ 对 Departments 表上的 DepartmentName 列建立唯一非聚集索引。

```
CREATE UNIQUE INDEX  Dep_ind
    ON Departments (DepartmentName)
```

思考与练习：

- 索引创建完后在“对象资源管理器”窗口中查看表中的索引。
- 了解索引的分类情况。
- 使用 CREATE INDEX 语句能创建主键吗？
- 在什么情况下可以看到建立索引的好处？

（2）使用界面方式创建索引。

在 Employees 表的 PhoneNumber 列上创建索引，步骤如下。

启动“SQL Server Management Studio”，在“对象资源管理器”窗口中展开数据库 YGGL，展开表 Employees，右击“索引”→“新建索引”。在新建索引的窗口中填写索引的名称和类型，单击“添加”按钮，在列表框中选择要创建索引的列。选择完单击“确定”按钮即完成创建工作。

思考与练习：

- 使用界面方式创建一个复合索引。
- 在 Employees 表的表设计窗口中选择 Address 列，选择“索引/键”菜单项，在新窗口中为 Address

列创建一个唯一索引。

- 创建一个数据量很大的新表，查看使用索引和不使用索引的区别。

2. 重建索引

重建表 Employees 中的所有索引。

```
USE YGGL
GO
ALTER INDEX ALL
    ON Employees REBUILD
```

思考与练习：重建表 Employees 中 EmployeeID 列上的索引。

3. 删除索引

使用 DROP INDEX 语句删除表 Employees 上的索引 depart_ind，使用如下 SQL 语句：

```
DROP INDEX depart_ind ON Employees
```

思考与练习：

- 使用 DROP INDEX 一次性删除 Employees 表上的多个索引。
- 使用界面方式删除表 Departments 上的索引。

实验6.2 完 整 性

（1）创建一个表 Employees5，只含 EmployeeID、Name、Sex 和 Education 列。将 Name 设为主键，作为列 Name 的约束。对 EmployeeID 列进行 UNIQUE 约束，并作为表的约束。

```
CREATE TABLE Employees5
(
    EmployeeID    char(6)     NOT NULL,
    Name          char(10)    NOT NULL PRIMARY KEY,
    Sex           tinyint,
    Education     char(4),
    CONSTRAINT UK_id UNIQUE(EmployeeID)
)
```

（2）删除上例中创建的 UNIQUE 约束。

```
ALTER TABLE   Employees5
    DROP   CONSTRAINT UK_id
GO
```

思考与练习：

- 使用 T-SQL 命令创建一个新表，使用一个复合列作为主键和表的约束，并为其命名。
- 使用 ALTER TABLE 语句为表 Employees5 添加一个新列 Address，并为该列定义 UNIQUE 约束。
- 使用界面方式为一个新表定义主键和 UNIQUE 约束，并了解如何使用图形向导方式删除主键和 UNIQUE 约束。

（3）创建新表 student，只考虑“号码”“性别”两列，性别只能包含男或女。

```
CREATE TABLE student
(
    号码 char(6)      NOT NULL,
    性别 char(2)      NOT NULL
        CHECK(性别 IN ('男','女'))
```

```
)
```

思考与练习：向该表插入数据，“性别”列插入“男”“女”以外的字符，查看会发生什么情况。

（4）创建新表 Salary2，结构与 Salary 相同，但 Salary2 表不允许 OutCome 列大于 Income 列。

```
CREATE TABLE Salary2
(
    EmployeeID char(6)     NOT NULL,
    Income     float       NOT NULL,
    OutCome    float       NOT NULL,
    CHECK(Income>=OutCome)
)
```

思考与练习：

- 向表中插入数据，查看 OutCome 值比 Income 值大时会发生什么情况。
- 创建一个表 Employees6，只考虑“学号”“出生日期”两列，出生日期必须晚于 1980 年 1 月 1 日。

（5）对 YGGL 数据库中的 Employees 表进行修改，为其增加“DepartmentID”字段的 CHECK 约束。

在“查询分析器”窗口中输入如下程序并执行：

```
USE YGGL
GO
ALTER TABLE Employees
   ADD CONSTRAINT depart CHECK (DepartmentID >=1 AND DepartmentID <=5)
```

思考与练习：测试 CHECK 约束的有效性。

（6）创建一个规则对象，用以限制输入到该规则所绑定列中的值只能是该规则中列出的值。

```
CREATE RULE list_rule
   AS @list IN ('财务部', '研发部', '人力资源部', '销售部')
GO
EXEC sp_bindrule 'list_rule', 'Departments.DepartmentName'
GO
```

思考与练习：

- 建立一个规则对象，限制值在 0 至 20 之间。然后把它绑定到 Employees 表的 WorkYear 字段上。
- 删除上述建立的规则对象。

（7）创建一个表 Salary3，要求所有 Salary3 表上 EmployeeID 列的值都要出现在 Salary 表中，利用参照完整性约束实现，要求当删除或修改 Salary 表上的 EmployeeID 列时，Salary3 表中的 EmployeeID 值也会随之变化。

使用如下 SQL 语句：

```
CREATE TABLE Salary3
(
    EmployeeID char(6)     NOT NULL PRIMARY KEY,
    InCome     float       NOT NULL,
    OutCome    float (8)   NOT NULL,
    FOREIGN KEY(EmployeeID)
      REFERENCES Salary(EmployeeID)
           ON  UPDATE  CASCADE
           ON  DELETE   CASCADE
)
```

思考与练习：

- 创建完 Salary3 表后，初始化该表的数据与 Salary 表相同。删除 Salary 表中一行数据，再查看 Salary3 表的内容，看看会发生什么情况。
- 使用 ALTER TABLE 语句向 Salary 表中的 EmployeeID 列上添加一个外键，要求当 Empolyees 表中要删除或修改与 EmployeeID 值有关的行时，检查 Salary 表有没有与该 EmployeeID 值相关的记录，如果存在则拒绝更新 Employees 表。
- 在“对象资源管理器”窗口中建立 Departments、Employees 和 Salary 三个表之间的参照关系。

实验 7

存储过程和触发器的使用

实验 7.1 存 储 过 程

（1）创建存储过程，使用 Employees 表中的员工人数来初始化一个局部变量，并调用这个存储过程。

```
USE YGGL
GO
CREATE PROCEDURE TEST @NU MBER1 int OUTPUT
    AS
    BEGIN
        DECLARE @NU MBER2 int
        SET @NU MBER2=(SELECT COUNT(*) FROM Employees)
        SET @NU MBER1=@NU MBER2
    END
GO
```

执行该存储过程，并查看结果：

```
DECLARE @num int
EXEC TEST @num OUTPUT
SELECT @num
```

（2）创建存储过程，比较两个员工的实际收入，若前者比后者高就输出 0，否则输出 1。

```
CREATE PROCEDURE COMPA @ID1 char(6), @ID2 char(6), @BJ int OUTPUT
    AS
    BEGIN
        DECLARE @SR1 float, @SR2 float
        SELECT @SR1=InCome-OutCome FROM Salary WHERE EmployeeID=@ID1
        SELECT @SR2=InCome-OutCome FROM Salary WHERE EmployeeID=@ID2
        IF @ID1>@ID2
            SET @BJ=0
        ELSE
            SET @BJ=1
    END
GO
```

执行该存储过程，并查看结果：

```
DECLARE @BJ int
EXEC COMPA '000001', '108991', @BJ OUTPUT
SELECT @BJ
```

（3）创建添加职员记录的存储过程 EmployeeAdd。

```
USE YGGL
GO
CREATE   PROCEDURE EmployeeAdd
(
    @employeeid char(6),@name char(10), @education char(4), @birthday datetime,
    @workyear tinyint, @sex bit,@address char(40) ,@phonenumber char(12),
    @departmentID char(3)
)   AS
    BEGIN
    INSERT INTO Employees
        VALUES( @employeeid , @name, @education, @birthday, @workyear,
                @sex, @address, @phonenumber, @departmentID )
    END
    RETURN
GO
```

执行该存储过程：

```
EXEC EmployeeAdd '990230','刘朝', '本科', '840909', 2, 1,'武汉小洪山 5 号', '85465213', '3'
```

（4）创建一个带有 OUTPUT 游标参数的存储过程，在 Employees 表中声明并打开一个游标。

```
USE YGGL
GO
CREATE PROCEDURE em_cursor @em_cursor cursor VARYING OUTPUT
    AS
    BEGIN
        SET @em_cursor = CURSOR   FORWARD_ONLY STATIC
            FOR
                SELECT *    FROM Employees
        OPEN @em_cursor
    END
GO
```

声明一个局部游标变量，执行上述存储过程，并将游标赋值给局部游标变量，然后通过该游标变量读取记录：

```
DECLARE @MyCursor cursor
EXEC em_cursor @em_cursor = @MyCursor OUTPUT                /*执行存储过程*/
FETCH NEXT FROM @MyCursor
WHILE (@@FETCH_STATUS = 0)
    BEGIN
        FETCH NEXT FROM @MyCursor
    END
CLOSE @MyCursor
DEALLOCATE @MyCursor
GO
```

（5）创建存储过程，使用游标确定一个员工的实际收入是否排在前三名。结果为 1 表示是，结果为 0 表示否。

```
CREATE PROCEDURE TOP_THREE @EM_ID char(6), @OK bit OUTPUT
    AS
    BEGIN
        DECLARE @X_EM_ID char(6)
        DECLARE @ACT_IN int, @SEQ int
        DECLARE SALARY_DIS cursor FOR                          /*声明游标*/
            SELECT EmployeeID, InCome-OutCome
                FROM Salary
                ORDER BY InCome-OutCome DESC
        SET @SEQ=0
        SET @OK=0
        OPEN SALARY_DIS
        FETCH SALARY_DIS INTO @X_EM_ID, @ACT_IN                /*读取第一行数据*/
        WHILE @SEQ<3 AND @OK=0                                 /*比较前三行数据*/
        BEGIN
            SET @SEQ=@SEQ+1
            IF @X_EM_ID=@EM_ID
                SET @OK=1
            FETCH SALARY_DIS INTO @X_EM_ID, @ACT_IN
        END
        CLOSE SALARY_DIS
        DEALLOCATE SALARY_DIS
    END
```

执行该存储过程，并查看结果：

```
DECLARE @OK BIT
EXEC TOP_THREE '108991',@OK OUTPUT
SELECT @OK
```

思考与练习：

- 创建存储过程，要求当一个员工的工作年份大于 6 年时将其转到经理办公室工作。
- 创建存储过程，根据每个员工的学历将收入提高 500 元。
- 创建存储过程，使用游标计算本科及以上学历的员工在总员工数中所占的比例。
- 使用命令方式修改存储过程的定义。

实验 7.2 触发器

对于 YGGL 数据库，表 Employees 的 DepartmentID 列与表 Departments 的 DepartmentID 列应满足参照完整性规则，即：

- 向 Employees 表添加记录时，该记录的“DepartmentID”字段值在 Departments 表中应存在。
- 修改 Departments 表的“DepartmentID”字段值时，该字段在 Employees 表中的对应值也应修改。
- 删除 Departments 表中的记录时，该记录的“DepartmentID”字段值在 Employees 表中对应的记录也应删除。

对于上述参照完整性规则，在此通过触发器实现。

在“查询分析器”中输入各触发器的代码并执行。

（1）向 Employees 表插入或修改一个记录时，通过触发器检查记录的 DepartmentID 值在 Departments 表中是否存在，若不存在，则取消插入或修改操作。

```
USE YGGL
GO
CREATE TRIGGER EmployeesIns ON dbo.Employees
    FOR INSERT , UPDATE
    AS
    BEGIN
        IF ((SELECT DepartmentID from inserted)   NOT IN
                (SELECT DepartmentID FROM Departments))
            ROLLBACK                        /*对当前事务回滚，即恢复到插入前的状态*/
    END
GO
```

向 Employees 表插入或修改一行记录，查看效果。

（2）修改 Departments 表“DepartmentID”字段值时，该字段在 Employees 表中的对应值也做相应修改。

```
USE YGGL
GO
CREATE TRIGGER DepartmentsUpdate ON dbo.Departments
    FOR UPDATE
    AS
    BEGIN
        UPDATE Employees
            SET DepartmentID=(SELECT DepartmentID FROM   inserted)
            WHERE   DepartmentID=(SELECT DepartmentID FROM deleted)
    END
GO
```

（3）删除 Departments 表中记录的同时删除该记录“DepartmentID”字段值在 Employees 表中对应的记录。

```
CREATE TRIGGER DepartmentsDelete ON dbo.Departments
    FOR DELETE
    AS
    BEGIN
        DELETE FROM Employees
            WHERE   DepartmentID=(SELECT DepartmentID FROM deleted)
    END
GO
```

（4）创建 INSTEAD OF 触发器，当向 Salary 表中插入记录时，先检查 EmployeeID 列上的值在 Employees 中是否存在，如果存在则执行插入操作，如果不存在则提示“员工号不存在”。

```
CREATE TRIGGER EM_EXISTS ON Salary
    INSTEAD OF INSERT
    AS
    BEGIN
        DECLARE @EmployeeID char(6)
```

```
        SELECT @EmployeeID= EmployeeID    FROM inserted
        IF(@EmployeeID IN(SELECT EmployeeID FROM Employees))
            INSERT INTO Salary SELECT * FROM inserted
        ELSE
            PRINT '员工号不存在'
    END
```

向 Salary 表中插入一行记录查看效果：

```
INSERT INTO Salary VALUES('111111',2500.3,123.2)
```

（5）创建 DDL 触发器，当删除 YGGL 数据库的一个表时，提示“不能删除表”，并回滚删除表的操作。

```
USE YGGL
GO
CREATE TRIGGER table_delete
    ON DATABASE
    AFTER DROP_TABLE
    AS
        PRINT '不能删除该表'
        ROLLBACK TRANSACTION
```

思考与练习：

- 对于 YGGL 数据库，表 Employees 的 EmployeeID 列与表 Salary 的 EmployeeID 列应满足参照完整性规则，请用触发器实现两个表间的参照完整性。
- 当修改表 Employees 时，若将 Employees 表中员工的工作时间增加 1 年，则将收入增加 500 元，若增加 2 年则增加 1000 元，依次增加。若工作时间减少则无变化。
- 创建 UPDATE 触发器，当 Salary 表中 InCome 值增加 500 时，OutCome 值则增加 50。
- 创建 INSTEAD OF 触发器，实现向不可更新视图插入数据。
- 创建 DDL 触发器，当删除数据库时，提示“无法删除”并回滚删除操作。

实验 8

备份恢复与导入导出

实验 8.1　数据库的备份

1. 在“对象资源管理器”窗口中对数据库进行完全备份

（1）创建备份设备。

以系统管理员身份连接 SQL Server，打开“对象资源管理器”窗口，在展开的“服务器对象”中选择“备份设备”，右击鼠标，在弹出的快捷菜单中选择“新建备份设备”菜单项，

在“备份设备”窗口的“常规”选项页中分别输入备份设备的名称（如 ygglbk）和完整的物理路径名（可通过该文本框右侧的“…”按钮单击选择路径，这里保持默认设置），输入完毕后，单击“确定”按钮，完成备份设备的创建。

（2）数据库完全备份。

在“对象资源管理器”窗口中展开“服务器对象”→“备份设备”，右击鼠标，在弹出的快捷菜单上选择“备份数据库”菜单项，在“备份数据库”窗口中的“选项”页列表中选择“常规”选项页，在窗口右边的“常规”选项页中选择“源数据库”为“YGGL”，在“备份类型”后面的下拉列表中选择“备份类型”为“完整”。

单击“添加”按钮选择要备份的目标备份设备。其他常规属性采用系统默认设置。如果需要覆盖备份设备中的原有备份集，则需要在“选项”选项页中选择“覆盖所有现有备份集”。设置完成后，单击“确定”按钮，则系统开始执行备份。

思考与练习：

- 了解如何使用“对象资源管理器”窗口进行差异备份、事务日志备份。
- 如何进行文件和文件组备份？
- 如果在一个备份设备中已经备份，那么如何使新的备份覆盖旧的备份？
- 如何将数据库一次备份到多个备份设备中？
- 使用“复制数据库向导”创建数据库 YGGL 的一个副本 YGGL_new。

2. 使用 T-SQL 语句对数据库进行备份

（1）使用逻辑名 CPYGBAK 创建一个命名的备份设备，并将数据库 YGGL 完全备份到该设备。在“查询分析器”中输入如下语句并执行：

```
USE master
GO
EXEC sp_addumpdevice 'disk' , 'CPYGBK', 'E:\data\CPYGBK.bak'
```

```
BACKUP DATABASE YGGL TO CPYGBK
```

（2）将数据库 YGGL 完全备份到备份设备 test 中，并覆盖该设备上原有的内容。

```
EXEC sp_addumpdevice 'disk' , 'test', 'E:\data\test.bak'
BACKUP DATABASE YGGL TO test WITH INIT
```

（3）创建一个命名的备份设备 YGGLLOGBK，并备份 PXSCJ 数据库的事务日志。

```
USE master
GO
EXEC sp_addumpdevice 'disk' , 'YGGLLOGBK' , 'E:\data\YGGLlog.bak'
BACKUP LOG YGGL TO YGGLLOGBK
```

思考与练习：

- 写出将数据库 YGGL 完全备份到备份设备 CPYGBK，并覆盖该设备上原有内容的 T-SQL 语句，执行该语句。
- 使用差异备份方法备份数据库 YGGL 到备份设备 CPYGBK 中。
- 备份 YGGL 数据库的文件和文件组到备份设备 CPYGBK 中。

实验 8.2 数据库的恢复

1．在“对象资源管理器”窗口中对数据库进行完全恢复

在“对象资源管理器”窗口中右击“数据库”节点，选择“还原数据库”菜单项，在所出现的窗口中填写要恢复的数据库名称，在“源设备”栏中选择备份设备（如 CPYGBAK），此时在设备集框中将显示该设备中包含的备份集，选择要恢复的备份集，单击“确定”按钮即可恢复数据库。如果数据库中存在与要恢复的数据库同名的数据库，则需要选择“选项”选项页中的“覆盖现有数据库”。

2．使用 T-SQL 语句恢复数据库

（1）恢复整个数据库 YGGL。

在“查询分析器”中输入如下语句并执行：

```
RESTORE DATABASE YGGL
    FROM CPYGBK
    WITH REPLACE
```

（2）使用事务日志恢复数据库 YGGL。

```
RESTORE DATABASE YGGL
    FROM CPYGBK
    WITH NORECOVERY, REPLACE
GO
RESTORE LOG YGGL
    FROM YGGLLOGBK
```

思考与练习：

- 如何恢复数据库中的部分数据？
- 使用“对象资源管理器”窗口中附加数据库的方法，将从其他服务器中复制来的数据库文件附加到当前数据库服务器中。

实验 9

数据库的安全性

实验9.1 数据库用户的管理

1. Windows 登录名

1）使用界面方式创建 Windows 身份模式的登录名。

（1）以管理员身份登录到 Windows，选择“开始”→“管理工具”→“计算机管理”→“计算机管理”。在该窗口中选择“本地用户和组”中的“用户”图标右击，在弹出的快捷菜单中选择“新用户”菜单项，打开“新用户”窗口，新建一个用户 zheng。

（2）以管理员身份登录到“SQL Server Management Studio”，在“对象资源管理器”窗口中选择“安全性”，右击“登录名”，在弹出的快捷菜单中选择“新建登录名”菜单项。在“新建登录名”窗口中单击“搜索”按钮添加 Windows 用户名 zheng。选择“Windows 身份验证模式”选项，单击“确定”按钮完成。

2）使用命令方式创建 Windows 身份模式的登录名。

语句如下：

```
USE master
GO
CREATE LOGIN [DELL]
    FROM WINDOWS
```

说明：DELL 为使用的当前计算机名。

思考与练习：使用用户 zheng 登录 Windows，然后启动“SQL Server Management Studio”，以 Windows 身份验证模式连接，看看与以系统管理员身份登录时有什么不同。

2. SQL Server 登录名

（1）使用界面方式创建 SQL Server 登录名。

方法：在“对象资源管理器”窗口的“安全性”中，右击“登录名”选项，在弹出的快捷菜单中选择“新建登录名”菜单项。在“新建登录名”窗口中输入要创建的登录名 yan，并选择“SQL Server 身份验证模式”，输入密码，取消选择“用户在下次登录时必须更改密码”选项，单击“确定”按钮。

（2）以命令方式创建 SQL Server 登录名，语句如下：

```
CREATE LOGIN yan
    WITH PASSWORD='123456'
```

思考与练习：在“资源管理器”窗口中重新连接数据库引擎，使用 SQL Server 身份验证模式登录，登录名使用 yan，查看与使用 Windows 系统管理员身份模式登录时的不同。

3．数据库用户

（1）使用界面方式创建 YGGL 的数据库用户。

方法：在“对象资源管理器”窗口中右击数据库 YGGL 的“安全性”节点下的“用户”，在弹出的快捷菜单中选择“新建用户”菜单项，在“数据库用户”窗口中输入要新建的数据库用户名 yan，输入使用的登录名 yan。“默认架构”为 dbo，单击“确定”按钮。

（2）使用命令方式创建 YGGL 的数据库用户，语句如下：

```
USE YGGL
GO
CREATE USER yan
    FOR LOGIN yan
    WITH DEFAULT_SCHEMA=dbo
```

思考与练习：分别使用界面方式和命令方式删除数据库用户。

实验 9.2　服务器角色的应用

1．固定服务器角色

（1）通过“资源管理器”添加固定服务器角色成员。

方法：以系统管理员身份登录 SQL Server，展开“安全性”→“登录名”，选择要添加的登录名（如 yan），右击“属性”→“登录名属性”→“服务器角色”，选择要添加到的服务器角色，单击“确定”按钮即可。

（2）使用系统存储过程 sp_addsrvrolemember 将登录名添加到固定服务器角色中。

```
EXEC sp_addsrvrolemember 'yan', 'sysadmin'
```

2．固定数据库角色

（1）以界面方式为固定数据库角色添加成员。

方法：在数据库“YGGL”中展开“安全性”→“角色”→“数据库角色”，选择“db_owner”选项，右击鼠标，在弹出的快捷菜单中选择“属性”菜单项，进入“数据库角色属性”窗口，单击“添加”按钮可以为该固定数据库角色添加成员。

（2）使用系统存储过程 sp_addrolemember 将 YGGL 的数据库用户添加到固定数据库角色 db_owner 中，语句如下：

```
USE YGGL
GO
EXEC sp_addrolemember 'db_owner', 'yan'
```

3．自定义数据库角色

（1）以界面方式创建自定义数据库角色，并为其添加成员。

以系统管理员身份登录 SQL Server，在数据库 YGGL 中展开“安全性”下的“角色”节点，右击“数据库角色”→“新建数据库角色”，在新建窗口中输入要创建的角色名 myrole，单击“确定”按钮。

在新建角色 myrole 的“属性”窗口中单击“添加”按钮可以为其添加成员。

（2）以命令方式创建自定义数据库角色。

```
USE YGGL
GO
CREATE ROLE myrole
    AUTHORIZATION dbo
```

思考与练习：

- 在“对象资源管理器”窗口中为数据库角色 myrole 添加成员。
- 如何在“对象资源管理器”窗口中删除数据库角色成员 myrole?

实验9.3 数据库权限管理

1. 授予数据库权限

（1）以界面方式授予数据库用户 YGGL 数据库上的 CREATE TABLE 权限。

以系统管理员身份登录到 SQL Server，在“对象资源管理器”窗口中右击数据库“YGGL”，在弹出的快捷菜单中选择“属性”菜单项进入 YGGL 数据库的“属性”窗口，选择“权限”选项页。在“权限”选项页中选择数据库用户 yan，在下方的权限列表中选择相应的数据库级别上的权限，如“创建表”，在“授予”复选框中打钩即可。选择完成后单击“确定”按钮。

（2）以界面方式授予数据库用户在 Employees 表上的 SELECT、DELETE 权限。

以系统管理员身份登录到 SQL Server，找到 Employees 表，右击选择“属性”菜单项进入表“Employees”的“属性”窗口，选择“权限”选项页，单击“搜索”按钮选择要授予权限的用户或角色，然后在权限列表中选择要授予的权限，如“选择”“删除”。

（3）以命令方式授予用户 yan 在 YGGL 数据库上的 CREATE TABLE 权限。

```
USE YGGL
GO
GRANT CREATE TABLE
    TO yan
GO
```

（4）以命令方式授予用户 yan 在 YGGL 数据库上 Salary 表中的 SELECT、DELETE 权限。

```
USE YGGL
GO
GRANT SELECT, DELETE
    ON Salary
    TO yan
GO
```

思考与练习：

- 授予用户权限后，以该用户身份登录 SQL Server，新建一个查询，查看能否使用相应的权限。
- 创建数据库架构 yg_test，其所有者为用户 yan。再授予用户 wei 对架构 yg_test 进行查询、添加的权限。

2. 拒绝和撤销数据库权限

（1）以命令方式拒绝用户 yan 在 Departments 表上的 DELETE 和 UPDATE 权限。

```
USE YGGL
GO
DENY DELETE, UPDATE
    ON Departments TO yan
GO
```

（2）以命令方式撤销用户 yan 在 Salary 表中的 SELECT、DELETE 权限。

```
REVOKE SELECT, DELETE
    ON Salary
```

```
FROM yan
```

思考与练习：

- 使用界面方式拒绝用户 yan 在 Employees 表中的 INSERT 权限，并撤销其在数据库 YGGL 中的 CREATE TABLE 权限。
- 如何使用命令方式拒绝多个用户在表 Employees 中的 SELECT、DELETE 权限？

实验 10

SQL Server 与 XML

1. 编写一段 XML 代码

编写一段 XML 代码，并保存为 Employ.xml 文件，文件中存储员工的信息。

新建一个文本文档，在其中输入以下语句：

```
<?xml version="1.0" encoding="UTF-8"?>
<员工信息>
    <员工>
    <姓名 编号="000001">王林</姓名>
    <学历>大专</学历>
    <出生日期>1966-01-23</出生日期>
    </员工>
    <员工>
    <姓名 编号="010008">伍容华</姓名>
    <学历>本科</学历>
    <出生日期>1976-03-28</出生日期>
    </员工>
</员工信息>
```

保存文件，文件名为 Employ.xml。

思考与练习：编写一段有关学生信息的 XML 代码。

2. 使用 XML 数据类型

使用 XML 数据类型定义一个表 tableA，并向表中插入一行数据。

创建使用如下语句：

```
USE YGGL
GO
CREATE TABLE tableA
(
    num     int     NOT NULL PRIMARY KEY,
    info    xml     NOT NULL
)
```

插入数据行的代码如下：

```
INSERT INTO tableA values(1, '<员工信息><姓名 编号= "000001">王林</姓名>
                              <学历>本科</学历></员工信息>')
```

思考与练习：使用行集函数 OPENROWSET 将 Employ.xml 文件中的 XML 数据插入到表 tableA 中。

3．使用 XML 数据类型方法查询

使用 XML 数据类型方法查询 XML 实例中的 XML 数据，并掌握 XQuery 语言的基本用法。

（1）声明一个 XML 变量并将有关员工信息的 XML 数据分配给它，再使用 query()方法对文档指定 XQuery 来查询<姓名>子元素。

```
DECLARE @xmldoc xml
SET @xmldoc=' <公司>
    <员工信息>
    <员工>
        <姓名 编号= "000001">王林</姓名>
        <性别>男</性别>
        <年龄>43</年龄>
    </员工>
    <员工>
        <姓名 编号="000002">陈燕</姓名>
        <性别>女</性别>
        <年龄>25</年龄>
    </员工>
    </员工信息>
</公司>'
SELECT @xmldoc.query('/公司/员工信息/员工/姓名') AS 员工姓名
```

思考与练习：使用 query()方法查询“编号”属性值为“000001”的员工的“姓名”节点。

（2）使用 value()方法从 XML 数据中查询出元素的第一个“编号”值，并赋给 char 类型的变量。

```
DECLARE @xmldoc xml
DECLARE @number char(6)
SET @xmldoc=' <公司>
    <员工信息>
    <员工>
        <姓名 编号= "000001">王林</姓名>
        <性别>男</性别>
        <年龄>43</年龄>
    </员工>
    <员工>
        <姓名 编号="000002">陈燕</姓名>
        <性别>女</性别>
        <年龄>25</年龄>
    </员工>
    </员工信息>
</公司>'
SELECT @number=@xmldoc.value('(/公司/员工信息/员工/姓名/@编号)[1]', 'char(6)')
SELECT @number AS 员工编号
```

思考与练习：

- 思考 query()方法和 value()方法的不同之处。
- 使用 value()方法返回“陈燕”的编号值。

（3）使用 XML DML 语句在一段员工信息数据中一个节点的后面添加一个节点。

```
DECLARE @xmldoc xml
SET @xmldoc='<员工信息>
                <姓名 编号='000001'>王林</姓名>
                <性别>男</性别>
                <年龄>46</年龄>
             </员工信息>'
SELECT @xmldoc AS 插入节点前数据
SET @xmldoc.modify('insert <出生日期>1991-02-10</出生日期> after (/员工信息/性别)[1]')
SELECT @xmldoc 插入节点后数据
```

思考与练习：

- 使用 modify()方法删除 XML 数据中的一个节点。
- 使用 modify()方法修改“姓名”节点的“编号”属性值为“000003”。
- 使用其他的 XML 数据类型方法对 XML 数据进行操作，如使用 exist()方法判断一个 XML 变量中是否存在某个属性。
- 使用 FLWOR 表达式查询 XML 数据。

4. FOR XML 子句的使用

（1）查询 YGGL 数据库的 Employees 表中工作时间大于 3 年的员工信息，并将结果使用 FOR XML RAW 模式返回为<row>元素，元素的属性名和值为表中各列的列名和列值。

```
USE YGGL
GO
SELECT *
    FROM Employees
    WHERE WorkYear>3
    FOR XML RAW
```

思考与练习：

- 使用 FOR XML RAW 模式将 Employees 表中数据显示为 XML 类型，并指定根元素名为<员工信息>。
- 使用 FOR XML AUTO 模式将查询结果返回为嵌套的 XML 树形式。要求使用表名作为元素名称，FROM 子句中的每一个表都被表示为一个 XML 元素，使用列名作为属性名。

（2）使用 FOR XML PATH 模式查找学历为硕士的员工信息，使用<硕士员工>作为父级元素名，“联系电话”作为<硕士员工>的属性。<硕士员工>元素下是<员工信息>元素，<编号>、<姓名>和<工作时间>作为<员工信息>的子元素。

```
SELECT PhoneNumber AS '@联系电话',
        EmployeeID AS '员工信息/编号',
        Name AS '员工信息/姓名',
        WorkYear AS '员工信息/工作时间'
    FROM Employees
    WHERE Education='硕士'
    FOR XML PATH('硕士员工')
```

运行结果如下：

```
<硕士员工 联系电话="83792361        ">
  <员工信息>
```

```
      <编号>020010</编号>
      <姓名>王向容      </姓名>
      <工作时间>2</工作时间>
    </员工信息>
  </硕士员工>
  <硕士员工 联系电话="84708817        ">
    <员工信息>
      <编号>102208</编号>
      <姓名>朱俊        </姓名>
      <工作时间>2</工作时间>
    </员工信息>
  </硕士员工>
  <硕士员工 联系电话="83346722        ">
    <员工信息>
      <编号>108991</编号>
      <姓名>钟敏        </姓名>
      <工作时间>4</工作时间>
    </员工信息>
  </硕士员工>
```

思考与练习：

- 使用 FOR XML PATH 模式查询实际收入大于 2000 元的员工信息，使用员工的实际收入作为<员工信息>元素的属性。
- 比较 FOR XML PATH 模式和 FOR XML EXPLICIT 模式的不同之处。

第3部分　习　　题

习　题　0

习题答案

一、选择题

1. SQL Server 是（　　）。

A. 数据库　　B. DBA　　C. DBMS　　D. 数据库系统

2. SQL Server 组织数据采用（　　）。

A. 层次模型　　B. 网状模型　　C. 关系模型　　D. 数据模型

3.（　　）是实体属性。

A. 形状　　B. 汽车　　C. 盘子　　D. 高铁

4. 在数据库管理系统中设计表属于（　　）。

A. 概念结构设计　　B. 逻辑结构设计　　C. 物理结构设计　　D. 数据库设计

5. 图书与读者之间是（　　）。

A. 一对一关系　　B. 多对一关系　　C. 多对多关系　　D. 一对多关系

6. SQL Server 用户通过（　　）操作数据库对象。

A. DBMS　　B. SQL　　C. T-SQL　　D. 应用程序

7. 用（　　）平台开发的程序是 C/S 程序。

A. Java EE　　B. PHP　　C. Visual C#　　D. ASP.NET

二、说明题

1. 什么是数据、数据库、数据库管理系统、数据库管理员、数据库系统？

2. 关系数据模型的主要特征是什么？当前流行的关系数据库管理系统有哪些？

3. 采用什么方式操作关系数据库？

4. 某高校中有若干个系部，每个系部都有若干个年级和教研室，每个教研室有若干个教师，其中，有的教授和副教授每人带若干个研究生，每个年级有若干个学生，每个学生选修若干门课程，每门课可由若干个学生选修，试用 E-R 图描述此学校的关系概念模型。

5. 解释以下术语：实体、属性、码、E-R 图。

6. 试举出一个自己身边的关系模型，并用 E-R 图来描述。

7. 试描述 SQL 语言的特点。

习　题　1

习题答案

1. SQL Server 2016 为什么需要提供不同的版本？

2. SQL Server 2016 为了学习安装和为了实际应用安装有什么不同？

3. 一台计算机安装多个 SQL Server 的，如何区分它们？

4. 如何指定登录 SQL Server 的方式，在学习 SQL Server 初期应该选择什么登录名比较方便？

5. 如何指定用户数据库文件存放位置？

习 题 2

习题答案

一、选择题

1. 下列说法错误的是（　　）。

A. 用户操作逻辑数据库

B. DBMS 操作物理数据库

C. 操作物理数据库最终需要通过操作系统实现

D. 物理数据库中包含数据库对象

2. 数据存放在（　　）中。

A. 数据库　　B. 索引　　C. 表　　D. 视图

3. 在 SQL Server 中，（　　）不是必需的。

A. 主数据文件　　B. 辅助数据文件　　C. 日志文件　　D. 文件组

4. 下列说法错误的是（　　）。

A. 数据库文件默认的位置是在安装 SQL Server 时确定的

B. 数据库文件位置是在创建数据库时确定的

C. 数据库成功创建后，数据文件名和日志文件名可以改变

D. 界面创建的数据库可以通过命令方式修改

5. 下列说法错误的是（　　）。

A. 数据库逻辑文件名是由 SQL Server 管理的

B. 数据库逻辑文件名是由操作系统管理的

C. 数据库物理文件名是由操作系统管理的

D. 数据库采用多个文件比单一大文件要好

6. 系统数据库（　　）最重要。

A. master　　B. model　　C. msdb　　D. tempdb

7. 命令格式记不清，可（　　）的方法。

A. 采用百度搜索　　B. 采用查找 SQL Server 模板

C. 采用界面方式操作　　D. 采用 SQL Server 帮助

8. 下列说法错误的是（　　）。

A. 以命令创建的数据库可以通过界面方式修改

B. 以界面创建的数据库可以通过命令方式修改

C. 以界面创建的数据库不能通过命令方式修改

D. 数据库删除后不能恢复

二、填空题

1. 文件组用于______________________________。

2. 系统数据库的作用是______________________________。

3. 数据库的最大容量受____________________限制。

4. 对象资源管理器采用____________________结构组织数据库对象。

5. 列举几个数据库属性______________________________。

三、操作题

1．写出创建产品销售数据库 cpxs 的 T-SQL 语句：数据库初始大小为 10 MB，最大为 100 MB，数据库自动增长，增长方式为 10%；日志文件初始为 2 MB，最大可增长到 5 MB（默认为不限制），按 1 MB 增长（默认按 10%比例增长）；其余参数自定。

2．将创建的 cpxs 数据库的增长方式改为按 5 MB 增长。

3．创建 cpxs 数据库的数据库快照。

四、问答题

1．简述 SQL Server 数据库对象的大致作用。

2．数据库为什么采用初始大小、增长方式和最大大小？

3．日志文件的作用是什么？什么情况下可以删除？

4．数据库快照的作用是什么？

5．命令方式操作数据库有什么好处？

习 题 3

习题答案

一、选择题

1．性别字段不宜选择（　　）。

A．字符型　　B．整数型　　C．位型　　D．浮点型

2．出生时间字段不宜选择（　　）。

A．date　　B．char　　C．int　　D．datetime

3．（　　）字段可以采用默认值。

A．姓名　　B．专业　　C．备注　　D．出生时间

4．删除表的所有记录采用（　　）。

A．DELETE　　B．DROP TABLE

C．TRUNCATE TABLE　　D．A 和 C

5．修改记录内容不能采用（　　）。

A．UPDATE　　B．DELETE 和 INSERT

C．界面方式　　D．ALTER

6．删除列的内容不能采用（　　）。

A．先删除界面后添加该字段　　B．UPDATE

C．DETETE　　D．ALTER

7．插入记录时，（　　）不会出错。

A．非空字段为空　　B．主键内容不唯一

C．字符内容超过长度　　D．采用默认值的字段 INSERT 没有留位置

8．采用（　　）可以控制字段输入的内容。

A．设置字段属性　　B．人为控制界面输入

C．先输入后检查　　D．设置记录属性

9．关于数据库表不正确的说法是（　　）。

A．表用于存放数据库中最基本的数据

B．可以以界面方式创建后，以命令方式修改

C．表数据存放在文件组中

D. 在修改字段名时保存列内容

二、操作题

1. 区分下列数据类型的使用差别。

char/nchar，varchar/nvarchar，text/ntext

int，smallint，tiny，bigint

binary [(*n*)]，varbinary [(*n*)]，varbinary(MAX)，image

date，time，smalldatetime，datetime2，datetimeoffset

decimal，numeric，real，float，money，smallmoney

2. 分析字段类型的利弊。

（1）姓名选择 char 和 nchar，char 和 varchar。

（2）备注选择 char 和 varchar。

（3）性别选择 bit 和 int，bit 和 char。

（4）出生时间选择 date 和 datetime。

3. 写出创建产品销售数据库 cpxs 中所有表的 T-SQL 语句。所包含的表如下。

产品表（cpb）：产品编号、产品名称、价格、库存量。

销售商表（xsb）：客户编号、客户名称、地区、负责人、电话。

产品销售表（cpxsb）：销售日期、产品编号、客户编号、数量、销售额。

4. 在创建的 cpxs 数据库的产品表中增加“产品简介”列，之后再删除该列。

5. 写出 T-SQL 语句，对产品销售数据库产品表进行如下操作。

（1）插入如下记录：

0001	空调	3000	200
0203	冰箱	2500	100
0301	彩电	2800	50
0421	微波炉	1500	50

（2）将产品数据库的产品表中每种商品的价格打 8 折。

（3）将产品数据库的产品表中价格打 8 折后低于 50 元的商品删除。

6. 把 testdb 数据库的 tabc 表中记录按照 lx 字段值分成 ta、tb 和 tc 三个表。对没有说明的内容，自己定义。

三、问答题

1. 为什么姓名字段不能作为主键？为什么主键字段内容不能为空？为什么学号字段不能采用数值型？为什么存放图片字段不能采用字符型？

2. 定长字符型和不定长字符型的优缺点。

3. 简要说明空值的概念及其作用。

4. 以界面方式与使用 T-SQL 语言修改数据记录相比较，哪一种方法的使用更方便？哪一种方法的功能更强大、更为灵活？

习 题 4

习题答案

一、选择题

1. SELECT 不能实现（　　）。

A. 获得多个关联表中符合条件的记录　　B. 统计汇总表中符合条件的记录

C．输出列包含的表达式　　D．将符合条件的记录构建新表

2．SELECT 不能实现（　　）。

A．排除部分列　　B．输出符合条件的部分行

C．对查询结果进行分类　　D．不出现重复行

3．SELECT 查询结果顺序不可以是（　　）。

A．主键值顺序　　B．ORDER 控制　　C．物理记录顺序　　D．随机顺序

4．SELECT 查询条件可以通过（　　）控制。

A．WHERE　　B．HAVING　　C．无条件　　D．A、B 和 C

5．多表查询可通过（　　）实现。

A．FROM 包含多表　　B．子查询　　C．UNION　　D．A、B 和 C

6．下列说法错误的是（　　）。

A．界面创建的视图不能通过命令修改　　B．能够完全像操作表一样操作视图

C．视图中是定义而无数据　　D．删除视图不会影响原表数据

7．视图不能实现（　　）的功能。

A．控制操作表的列和记录　　B．把常用多表查询变成对视图的简单操作

C．可以更新原表内容　　D．可以修改原表结构

二、操作题

产品销售数据库 cpxs 包含的表如下。

产品表（cpb）：产品编号、产品名称、价格、库存量。

销售商表（xsb）：客户编号、客户名称、地区、负责人、电话。

产品销售表（cpxsb）：销售日期、产品编号、客户编号、数量、销售额。

写出 SQL 语句，对产品销售数据库进行如下操作：

（1）查找价格在 2000～2900 元之间的商品。

（2）计算所有商品的总价格。

（3）在产品销售数据库上创建冰箱产品表的 bxcp 视图。

（4）在 bxcp 视图上查询库存量在 100 台以下的产品编号。

三、说明题

1．试说明 SELECT 语句的 FROM、WHERE、GROUP 及 ORDER 子句的作用。

2．能够在 WHERE 中使用的运算符有哪些？各运算符的功能是什么？

3．使用 EXISTS 关键字引入的子查询与使用 IN 关键字引入的子查询在语法上有哪些不同？

习　题　5

习题答案

1．为什么需要使用游标？

2．为什么说游标需要若干个语句配合使用？

3．游标内容与变量之间如何交流数据？

4．举一个使用 FETCH 语句从表中读取数据的实例。

习　题　6

习题答案

一、选择题

1．下列（　　）不是常量。

A．N'a student'　　B．0xABC　　C．1998-04-15　　D．2.0

2．关于用户自定义数据类型的说法，错误的是（　　）。

A．只能是系统提供的数据类型　　B．可以是系统数据类型的表达式

C．是具体化系统的数据类型　　D．是为了用户规范和方便阅读

3．关于变量说法错误的是（　　）。

A．变量用于临时存放数据　　B．用户只能定义局部变量

C．变量可用于操作数据库命令　　D．全局变量可以读/写

4．关于查询条件不可以是（　　）形式表达式。

A．a| b>=c　　B．a>b AND b!=c　　C．EXISTS select　　D．UNKNOWN

5．下列说法错误的是（　　）。

A．SELECT 可以运算字符表达式

B．SELECT 中的输出列可以是由字段组成的表达式

C．TRY…CATCH 是对命令执行错误的控制

D．T-SQL 程序用于触发器和存储过程中

6．下列说法错误的是（　　）。

A．语句体包含一个以上语句需要采用 BEGIN…END

B．多重分支只能用 CASE 语句

C．WHILE 中循环体可以一次不执行

D．注释内容不会产生任何动作

7．关于循环的说法，错误的是（　　）。

A．GOTO 语句可以跳出多重循环

B．CONTINUE 语句跳过循环体没有执行的其他语句

C．BREAK 语句跳出当前最内层循环

D．RETURN 跳到最外面循环

8．对数据库表操作采用（　　），返回若干条记录。

A．行集函数　　B．聚合函数

C．标量函数　　D．包含用户定义的函数表达式

二、操作题

1．定义用户变量 today，并使用一条 SET 语句和一条 SELECT 语句把当前的日期赋值给它。

2．创建一个用户自定义数据类型 faxno，基本数据类型为 varchar，长度为 24，不允许为空。

3．在 SQL Server 中，标识符@、@@、#、##的意义是什么？

4．找出下列语句的语法错误。

```
USE cpxs
GO
DECLARE @ss INT
GO
SELECT @ss=89
```

```
GO
```

5．使用循环计算一个数的阶乘。

三、说明题

1．说明变量的分类及用法。

2．T-SQL 流程控制语句的关键字包括哪些？

3．T-SQL 的运算符一共包括哪些？运算符的优先级如何？

4．举例说明用户自定义函数的使用方法。

5．试说明系统内置函数的分类及各类函数的特点。

习 题 7

习题答案

一、选择题

1．关于索引的说法，错误的是（　　）。

A．一个表可以不创建索引，但需要创建主键
B．一个表可以创建一个聚集索引
C．一个表可以创建多个聚集索引
D．B 和 C

2．关于索引的说法，错误的是（　　）。

A．一个表可以创建多个唯一索引
B．一个表可以创建多个不唯一索引
C．创建非聚集索引并不改变表记录的排列顺序
D．如果索引已经存在则不能创建

3．不能采用（　　）创建索引。

A．CREATE TABLE
B．CREATE INDEX
C．ALTER TABLE
D．ALTER INDEX

4．两表没有创建任何索引，不能创建（　　）。

A．实体完整性　B．域完整性　C．参照完整性　D．A 和 C

5．实现列值的唯一性不能通过（　　）。

A．主键　B．UNIQUE　C．identity 属性　D．CHECK 约束

6．实现列值的非空不能通过（　　）。

A．NOT NULL　B．DEFAULT　C．CHECK 约束　D．数据类型

7．在成绩表、学生表、课程表和教师表之间，（　　）。

A．成绩表与教师表之间具有参照完整性
B．课程表与教师表之间具有参照完整性
C．学生表和教师表之间具有参照完整性
D．成绩表与学生表和课程表具有参照完整性

8．关于完整性与索引的关系说法，错误的是（　　）。

A．没有索引不能实现完整性
B．没有实现完整性的表必须人为操作来达到完整性
C．已经实现完整性的可以将其解除
D．索引就是为了实现完整性

二、说明题

1．试描述索引的概念与作用。

2．索引是否越多越好？为什么？

3．表设置主键是否就创建了索引？

4. 规则与 CHECK 约束的不同之处是什么？

5. 试说明数据完整性的含义及分类。

6. 对数据库没有定义完整性会产生什么问题？

7. 在 SQL Server 中，可采用哪些方法实现数据完整性？各举一例并分别用 T-SQL 命令实现。

8. 能否对没有定义完整性的已有数据的数据库重新设置完整性？

习 题 8

习题答案

一、选择题

1. 关于存储过程的说法，错误的是（　　）。

A. 方便用户完成某些功能

B. 用户存储过程方便用户批量执行 T-SQL 命令

C. 用户存储过程不能调用系统存储过程

D. 应用程序可以调用用户存储过程

2. 存储过程与外界的交互通过（　　）。

A. 表　　B. 输入参数　　C. 输出参数　　D. 游标

3. 存储过程的修改不能采用（　　）。

A. 界面方式修改以命令方式创建的存储过程　　B. ALTER PROCEDURE

C. 先删除后创建　　D. CREATE PROCEDURE

4. 关于触发器的正确说法是（　　）。

A. DML 触发器控制表记录

B. DDL 触发器实现数据库管理

C. DML 触发器不能控制所有数据完整性

D. 触发器中的 T-SQL 代码是在事件产生时执行

5. 关于触发器的错误说法是（　　）。

A. INSERT 触发器先插入记录后判断　　B. DELETE 触发器先删除记录后判断

C. UPDATE 触发器先判断后修改记录　　D. A 和 B

6. 关于触发器的错误说法是（　　）。

A. 游标一般用于存储过程　　B. 游标也可用于触发器

C. 应用程序可以调用触发器　　D. 触发器一般针对表

二、说明题

1. 试说明存储过程的特点及分类。

2. 举例说明存储过程的定义与执行。

3. 什么是 inserted 表和 deleted 表？

4. DML 触发器和 DDL 触发器的区别是什么？在产品销售数据库（cpxs）产品表（cpb）上分别创建一个 DML 和 DDL 触发器。

习 题 9

习题答案

一、选择题

1. 在完全备份数据库时，（　　）不是必需的。

A．master　　B．用户数据库　　C．数据库文件　　D．model

2．在差异备份数据库时，（　　）不是必需的。

A．数据库差异备份　　B．事务日志备份　　C．数据库文件　　D．msdb

3．创建备份设备，（　　）。

A．可以使备份和恢复通过逻辑设备进行

B．临时备份设备只能用于临时备份

C．一个数据库可以同时备份到多个设备上，用每一个设备均可恢复

D．命令方式备份可以自动进行

4．对于恢复数据库，错误的是（　　）。

A．可以用完全备份恢复数据库

B．可以用差异备份和日志文件恢复数据库

C．可以用数据库文件附加恢复数据库

D．可以恢复事务日志，只能恢复数据库到固定的时间点

5．对于恢复数据库，正确的是（　　）。

A．事务日志文件在完全备份数据库后可以删除　　B．事务日志文件损坏，不能差异恢复数据库

C．可以恢复数据库文件或文件组　　D．A、B 和 C

6．关于备份和恢复的说法，不正确的是（　　）。

A．完全备份数据文件可以恢复事务日志文件　　B．备份事务日志文件才能恢复事务日志文件

C．完全备份数据文件一般不自动进行　　D．数据库复制是在远端数据库备份

二、说明题

1．为什么在 SQL Server 中需设置备份与恢复功能？

2．设计备份策略的指导思想是什么？主要考虑哪些因素？

3．创建产品销售数据库（cpxs）的备份到备份设备 cpxs.bak。

4．数据库恢复要执行哪些操作？

5．T-SQL 中用于数据库备份和恢复的命令选项的含义分别是什么？

6．使用备份设备 cpxs.bak 中的数据库备份恢复产品销售数据库（cpxs）。

习　题　10

习题答案

一、选择题

1．操作数据库对象需要（　　）。

A．登录 SQL Server 实例　　B．登录数据库

C．对指定对象具有操作权限　　D．A、B 和 C

2．采用混合模式登录 SQL Server，说法不正确是（　　）。

A．该模式是在 SQL Server 实例安装时指定的

B．该模式可以使用 Windows 登录名登录

C．该模式允许使用 SQL Server 登录名登录

D．sa 是 SQL Server 实例的系统管理员

3．用户对服务器的权限不能通过（　　）得到。

A．加入固定服务器角色中　　B．应用程序角色

C．本地 Windows 用户　　D．其他特殊权限

4．用户对数据库的权限可通过（　　）得到。

A．加入固定数据库角色中

B．加入自定义数据库角色中

C．Windows 用户加入固定数据库角色中

D．A、B、C 和其他

5．通过架构级别不能实现（　　）。

A．用户操作数据库对象的权限

B．系统默认架构为 dbo

C．可以操作不同数据库

D．用户可以加入多个架构

6．关于权限的说法，不正确的是（　　）。

A．可通过界面方式分配权限

B．可通过命令方式删除权限

C．对象的权限包含执行何种操作

D．只要能够进入数据库即可授权

二、说明题

1．SQL Server 采用哪些措施实现数据库的安全管理？

2．如何创建 Windows 身份验证模式的登录名？

3．如何创建 SQL Server 身份验证模式的登录名？

4．服务器角色分为哪几类？每一类有哪些权限？

5．固定数据库角色分为哪几类？每一类有哪些操作权限？

6．自定义一个数据库角色，并授予其产品销售数据库（cpxs）上的权限。

7．如何给一个数据库角色和用户赋予操作权限？

8．数据库中架构的作用是什么？使用界面方式创建数据库架构，并将架构的某些权限授予某个用户。

习　题　11

习题答案

1．ACID 属性主要有哪几个？

2．说明为什么需要开始事务、结束事务、撤销事务和回滚事务。

3．开始一个事务，将产品销售数据库（cpxs）产品表（cpb）中的一行数据移动到 cpb1 表中。

4．SQL Server 中有哪几种锁定模式？

5．创建一个作业，要求每周的星期五对产品销售数据库（cpxs）做一次备份。

6．创建一个事件警报，当错误级别为 16 时激活警报，通知操作员 wang。

7．使用维护计划向导对产品销售数据库（cpxs）定期执行数据库检查完整性、重新组织索引、备份数据库的任务。

第4部分 SQL Server 2016综合应用

实习0 创建实习数据库

实习0.1 创建数据库及其对象

1．采用 SSMS 连接到 SQL Server 2016 服务器

运行“SQL Server Management Studio（SSMS）”，采用 Windows 系统管理员（Administrator）或 SQL Server 超级用户（sa）或具有创建数据库权限的用户连接到服务器，如图 P0.1 所示。

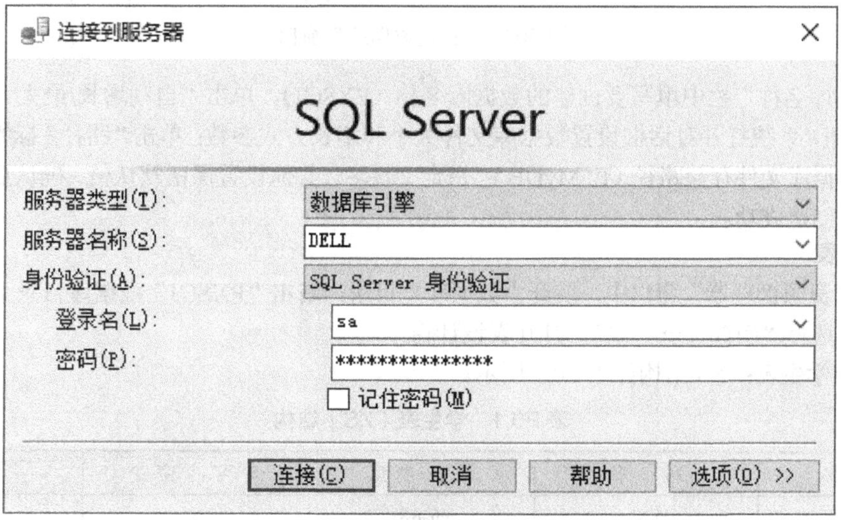

图 P0.1 “连接到服务器”对话框

2．创建数据库

启动 SQL Server 2016 Management Studio，连接到数据库服务器（DELL）。右击“对象资源管理器”窗口中服务器目录下的“数据库”选项，在弹出菜单中选择“新建数据库”选项，打开如图 P0.2 所示的“新建数据库”窗口。

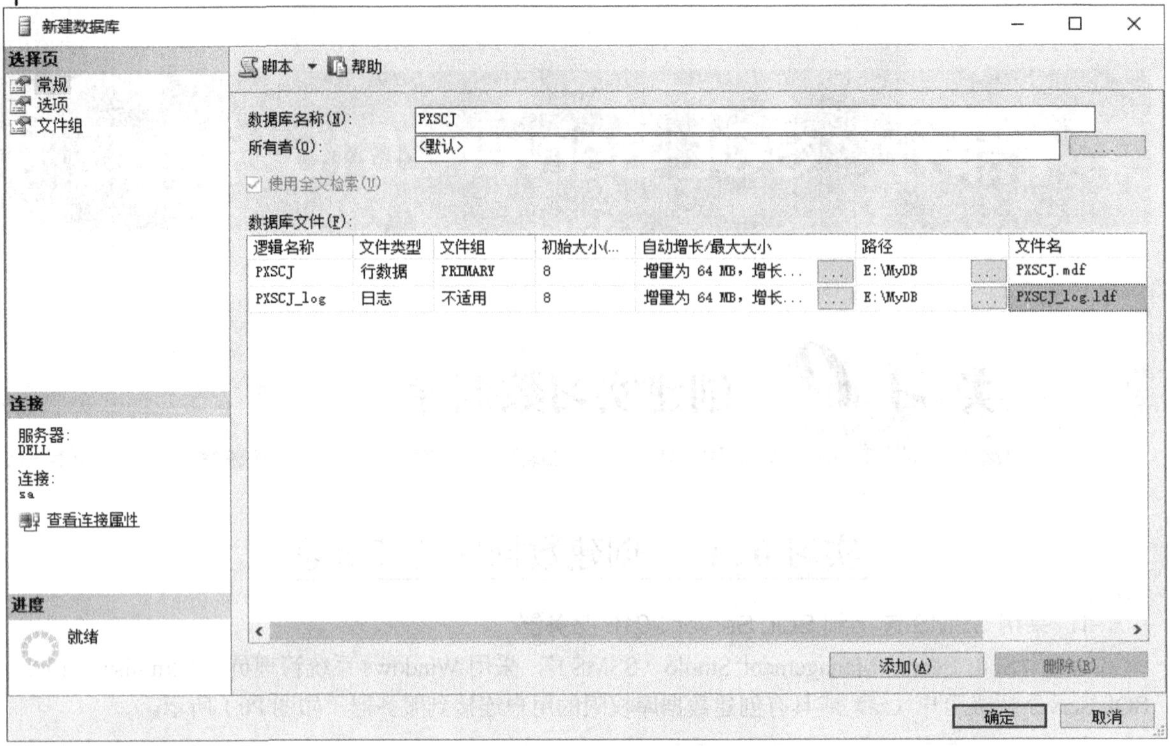

图 P0.2 “新建数据库”窗口

在“数据库名称”栏中填写要创建的数据库名称（PXSCJ），单击“自动增长/最大大小” 标签栏下的“…”按钮，系统打开对话框设置数据库文件大小和增长方式参数；单击“路径”标签栏下的“…”按钮自定义数据库文件存储路径（E:\MyDB）；指定文件名，其他设置保留默认值，确认后单击“确定”按钮，数据库创建成功。

3. 创建表

在“对象资源管理器”窗口中，展开“数据库”目录，右击“PXSCJ”数据库目录下的“表”项，在弹出菜单中选择“新建”→“表”，打开表设计窗口。

（1）创建学生表：XS 结构如表 P0.1 所示。

表 P0.1 学生表（XS）结构

项 目 名	列 名	数 据 类 型	可 空	说 明
姓名	XM	char(8)	×	主键
性别	XB	bit		
出生时间	CSSJ	date		
已修课程数	KCS	int		
照片	ZP	image		

根据以上表结构，在表设计窗口中分别输入（选择）各列的列名、数据类型、是否允许为空等属性。在各列的属性均编辑完成后，单击“保存”按钮，出现“选择名称”对话框，输入表名称，单击“确定”按钮即可创建表。设计结果如图 P0.3 所示。

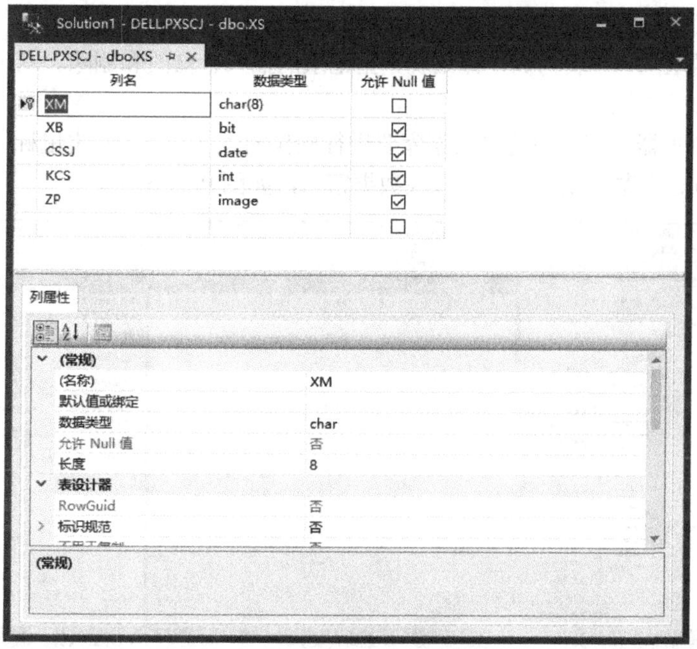

图 P0.3　创建学生（xs）表

（2）创建成绩表：CJ 结构如表 P0.2 所示。

表 P0.2　成绩表（CJ）结构

项　目　名	列　　名	数 据 类 型	可　　空	说　　明
姓名	XM	char(8)	×	主键
课程名	KCM	char(12)	×	主键
成绩	CJ	int		0<=CJ<=100

设计结果如图 P0.4 所示。

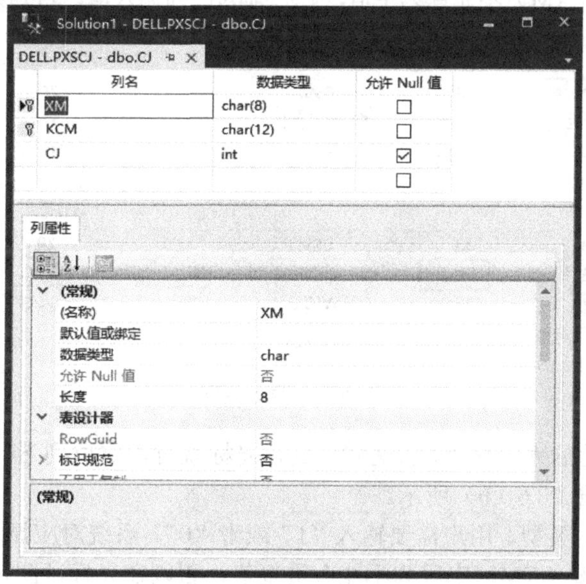

图 P0.4　创建成绩（CJ）表

4．以界面方式操作表数据

下面以新创建的 XS、CJ 表为例，介绍表数据记录的插入、修改和删除。

（1）打开表。

在“对象资源管理器”窗口中选择数据库要进行操作的表（XS），右击鼠标，在弹出的快捷菜单中选择“编辑前 200 行”菜单项，系统打开表数据窗口，如图 P0.5 所示。

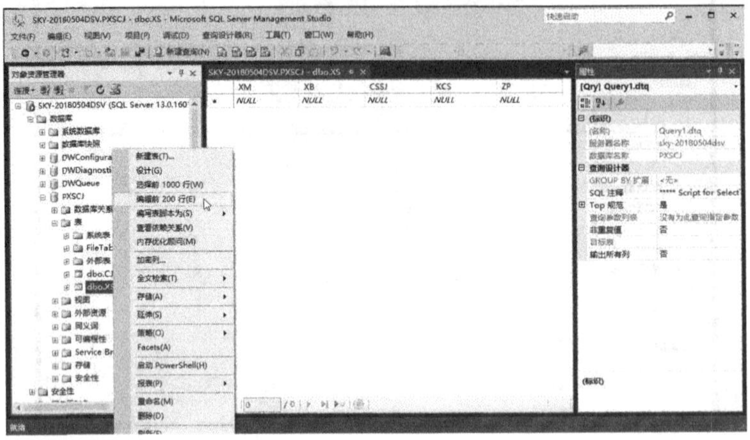

图 P0.5　打开数据库表

在此窗口中，表中的记录将按行显示，每个记录占一行。可以看到，此时表中还没有数据。可向表中插入记录，之后可以删除和修改已经插入的记录。

（2）插入记录。

在输入数据时，将光标定位在第 1 行，然后逐列输入值。输入完成后，将光标定位到当前表尾的下一行。将新记录添加在表尾，并可以向表中插入多条记录。

输入时需要注意：

①没有输入数据的记录所有列显示为“NULL”。

②若表的某些列（如 XM）不允许为空值，则必须为该列输入值，否则系统显示错误信息。已经输入内容的列系统显示“!”提示，如图 P0.6（a）所示。

	XM	XB	CSSJ	KCS	ZP
✎	李艳妮	! False	! NULL	NULL	NULL
*	NULL	NULL	NULL	NULL	NULL

（a）

	XM	XB	CSSJ	KCS	ZP
	李艳妮	False	2000-09-16	0	NULL
▸*	NULL	NULL	NULL	NULL	NULL

（b）

图 P0.6　输入数据

③输入不允许为空值的列，其他列没有输入的，光标就可以定位到下一行，此时设置默认值的列就会填入默认值，如图 P0.6（b）所示。

④性别字段为“bit”类型，用户需要输入“1”或者“0”，系统对应显示“True”或者“False”。

⑤输入记录中的主键（XM）字段列不能有重复值，否则在光标试图定位到下一行时系统会显

示错误信息，并且不能离开该行，如图 P0.7 所示。

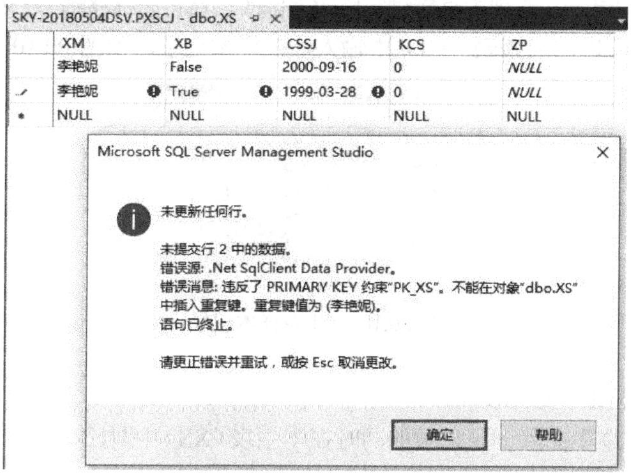

图 P0.7　主键不能有重复值

如图 P0.8 所示为本书实习程序运行测试时插入的少量数据。

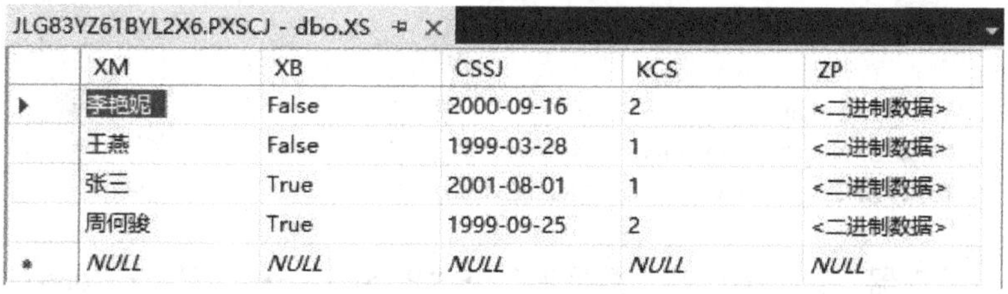

图 P0.8　插入了数据的 XS 表

（3）删除记录。

当表中的某些记录不再需要时，要将其删除。在表数据窗口中定位到需删除的记录行，单击该行最前面的黑色箭头处选择全行，右击鼠标，选择“删除”选项，将出现一个确认对话框，单击“是”按钮将删除所选择的记录，单击“否”按钮将不删除该记录，如图 P0.9 所示。

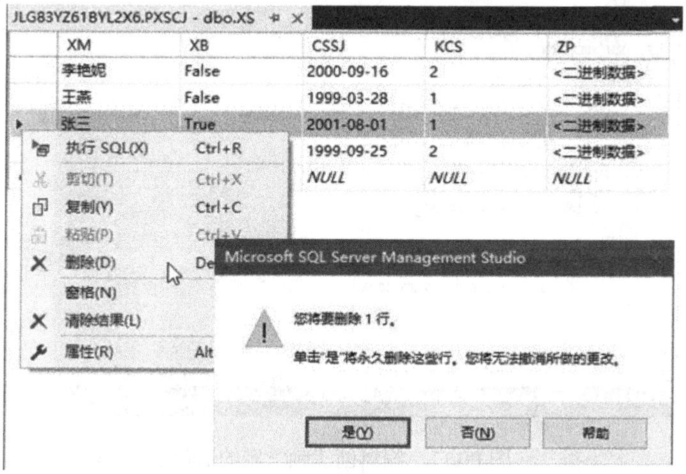

图 P0.9　删除记录

（4）修改记录。

先定位到要修改的记录行，在列中直接进行修改，修改之后将光标移到下一行即可保存所做的修改。

按照上述方法，也可以向成绩表（CJ）中输入一些样本记录，如图 P0.10 所示。

JLG83YZ61BYL2X6.PXSCJ - dbo.CJ

	XM	KCM	CJ
▸	李艳妮	计算机基础	80
	李艳妮	计算机网络	70
	王燕	计算机基础	75
	张三	计算机基础	40
	周何骏	计算机基础	90
	周何骏	计算机网络	85
*	NULL	NULL	NULL

图 P0.10　CJ 表样本记录

5. 创建触发器

（1）触发器 CJ_INSERT_KCS。

作用：在成绩表（CJ）中插入一条记录的同时在学生表（XS）中对应该生记录的已修课程数（KCS）字段加 1。

创建的语句如下：

```
CREATE TRIGGER CJ_INSERT_KCS
        ON CJ AFTER INSERT
    AS
    BEGIN
        DECLARE @xm char(8)
        SELECT @xm=XM from inserted
        UPDATE XS SET KCS=KCS+1 WHERE XM=@xm
    END
```

在“对象资源管理器”窗口中展开“数据库”→“PXSCJ”→“表”→“dbo.CJ”→“触发器”，右击，在弹出的菜单中选择“新建触发器”选项，在打开的触发器脚本编辑窗口中输入创建触发器的语句，如图 P0.11 所示。

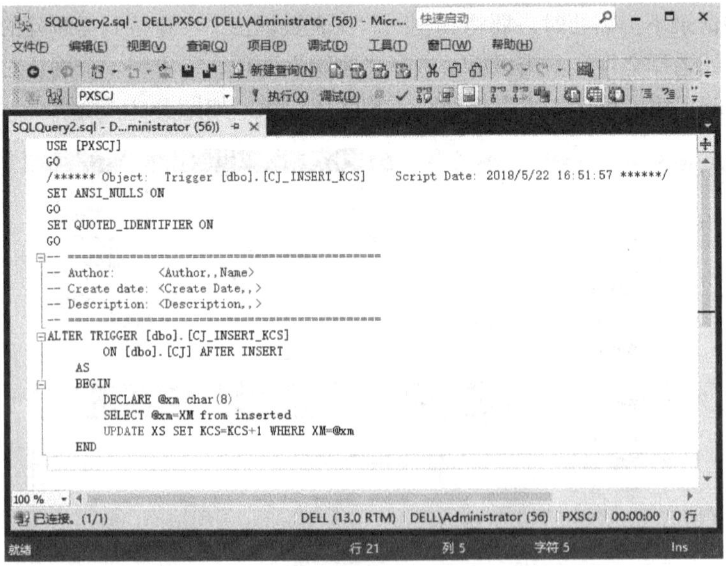

图 P0.11　编辑创建触发器的语句

（2）触发器 CJ_DELETE_KCS。

作用：在成绩表（CJ）中删除一条记录，则在学生表（XS）中对应该生记录的已修课程数（KCS）字段减 1。

在“查询分析器”中输入如下创建触发器的语句：

```
CREATE TRIGGER CJ_DELETE_KCS
        ON CJ FOR DELETE
    AS
    BEGIN
        DECLARE @xm char(8)
        SELECT @xm=XM from deleted
        UPDATE XS SET KCS=KCS-1 WHERE XM=@xm
    END
```

输入完成后，单击“！ 执行”按钮，若执行成功，则触发器创建完成。

6．创建完整性

在学生表（XS）中删除某学生记录，将会同步删除成绩表（CJ）中对应该生的所有记录。

（1）在“对象资源管理器”窗口中展开“数据库”→“PXSCJ”，右击“数据库关系图”项，在弹出的菜单中选择“新建数据库关系图”选项，在弹出的对话框中单击“是”按钮，打开“添加表”对话框，如图 P0.12 所示。

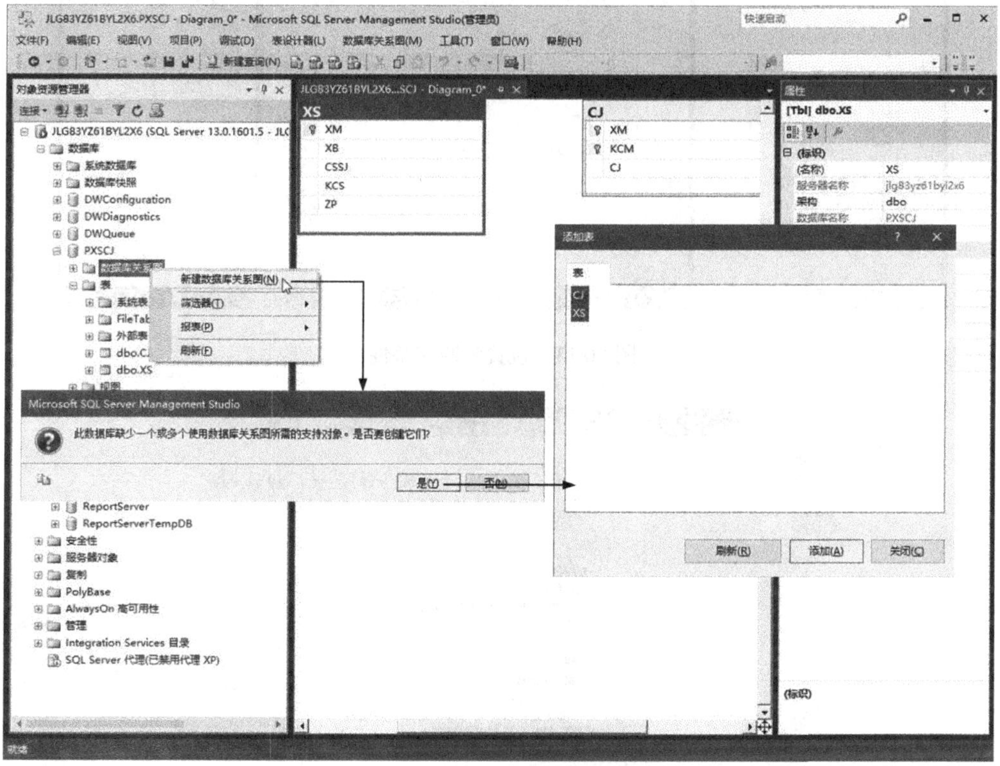

图 P0.12　添加表对象

选择要添加的表（本实习同时选 CJ 和 XS 两表），单击“添加”按钮完成表的添加，之后单击“关闭”按钮退出窗口。

（2）在“数据库关系图”窗口中，将 XS 表中的 XM（姓名）字段拖曳到 CJ 表的 XM（姓名）字段。在弹出的“表和列”对话框中输入关系名、设置主键表、外键表和列名，如图 P0.13 所示，单击“确定”按钮。

（3）在“外键关系”对话框中，设置“INSERT 和 UPDATE 规范”的“更新规则”为“不执行任何操作”“删除规则”为“级联”，如图 P0.14 所示，单击“确定”按钮。

（4）单击“保存”按钮保存，在弹出的“选择名称”对话框中输入关系图名称（这里取默认名）。单击“确定”按钮，在弹出的“保存”对话框中单击“是”按钮，保存设置。至此，完整性参照关系创建完成，读者可通过在主表（XS）和从表（CJ）中插入、删除数据，来验证彼此之间的参照关系。

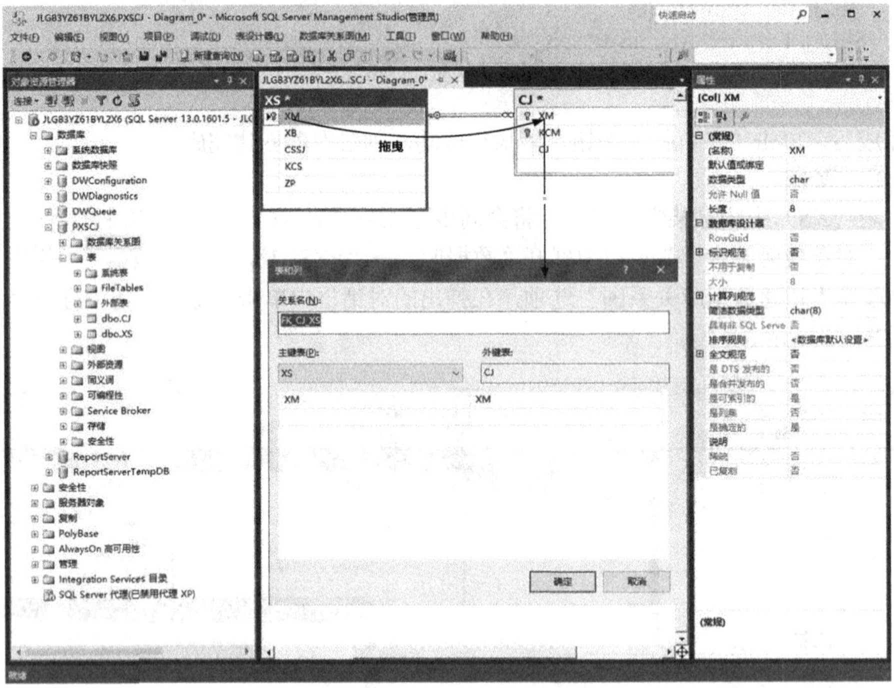

图 P0.13　设置参照完整性

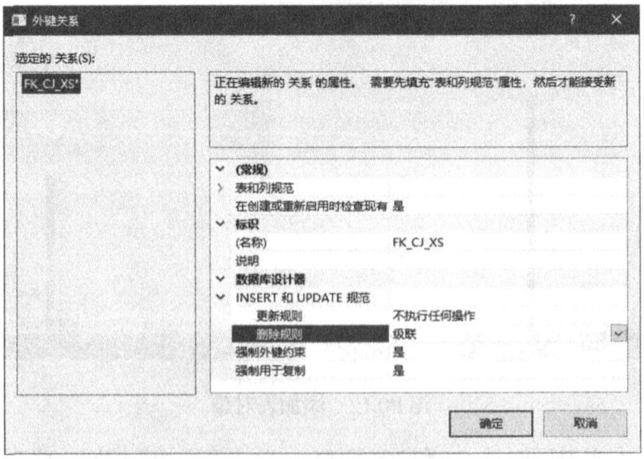

图 P0.14　设置外键关系

7. 创建存储过程

在“对象资源管理器”窗口中展开“数据库”→“PXSCJ”→“可编程性”，右击“存储过程”选项，在弹出的菜单中选择“新建”→“存储过程”，在打开的存储过程脚本编辑窗口中输入要创建的存储过程代码，如图 P0.15 所示。

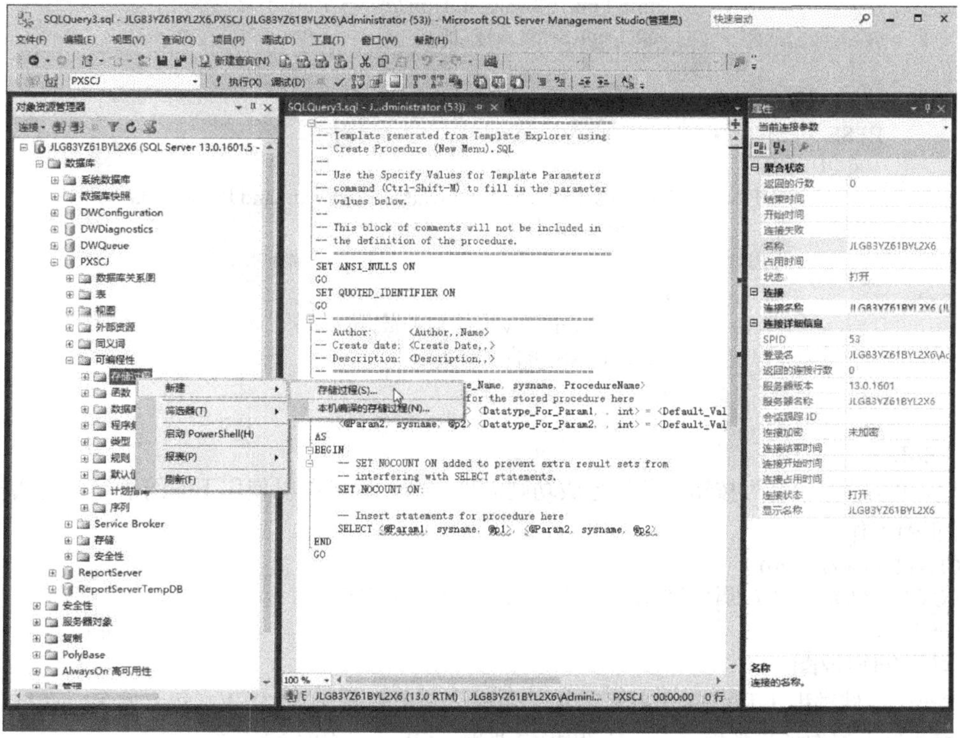

图 P0.15 编辑创建存储过程的代码

创建的存储过程 CJ_AddDel_PROC，实现对成绩表（CJ）记录的插入和删除。

输入参数：

姓名（@xm char(8)）

课程名（@kcm char(12)）

成绩（@cj int）

功能选择（@SEL int）其中，1. 插入，2. 删除

输出参数：

操作结果（@RS char(20)）

在“查询分析器”中输入代码如下：

```
CREATE PROCEDURE CJ_AddDel_PROC @xm char(8), @kcm char(12), @cj int, @SEL int, @RS char(20)
OUTPUT
    AS
    BEGIN
        IF @kcm=''
            SET @RS='请填写课程名'
        ELSE IF @xm=''
            SET @RS='请选择姓名'
        ELSE IF @SEL=1
```

```
                BEGIN
                    IF EXISTS(select * from CJ where XM=@xm and KCM=@kcm)
                        SET @RS='记录已存在'
                    ELSE
                        BEGIN
                            insert into CJ values(@xm,@kcm,@cj)
                            SET @RS='录入成功'
                        END
                END
            ELSE
                BEGIN
                    IF NOT EXISTS(select * from CJ where XM=@xm and KCM=@kcm)
                        SET @RS='记录不存在'
                    ELSE
                        BEGIN
                            delete from CJ where XM=@xm and KCM=@kcm
                            SET @RS='删除成功'
                        END
                END
    END
```

输入完单击“！执行”按钮，若执行成功则创建完成。读者可以使用下面的语句来测试该存储过程是否能正确工作：

```
DECLARE @rs char(20)
EXEC CJ_AddDel_PROC '周何骏','计算机基础',90,1,@rs OUTPUT
SELECT @rs
```

8．动态创建视图

创建一个存储过程 CJ_View_PROC，用于生成成绩表视图 CJ_VIEW（包含姓名、课程名、成绩字段），视图包含查询指定学生（@xm）和指定课程（@kcm）的成绩记录。

输入参数：

姓名（@xm　char(8)）

课程名（@kcm　char(12)）

存储过程的代码如下：

```
CREATE PROCEDURE CJ_View_PROC @xm char(8), @kcm char(12)
    AS
IF EXISTS(select * from sysobjects where name='CJ_VIEW')
    DROP VIEW CJ_VIEW
IF(@xm='' and @kcm='')
    EXEC('CREATE VIEW CJ_VIEW AS select XM,KCM,CJ from CJ')
IF(@xm=''and @kcm!= '')
    EXEC('CREATE VIEW CJ_VIEW AS select XM,KCM,CJ from CJ where KCM=' + '' '' + @kcm + '''')
IF(@xm!= '' and @kcm='')
    EXEC('CREATE VIEW CJ_VIEW AS select XM,KCM,CJ from CJ where XM=' + '' '' + @xm + '''')
IF(@xm!= '' and @kcm!= '')
    EXEC('CREATE VIEW CJ_VIEW AS select XM,KCM,CJ from CJ where XM=' + '''' + @xm + '''' + ' and
KCM=' + '''' + @kcm + '''')
```

同理，读者也可以使用下面语句来测试该存储过程和查看其生成的视图：

```
EXEC CJ_View_PROC '周何骏','计算机网络'
select * from CJ_VIEW
```

实习 0.2 应用系统功能和界面

1. 系统主页

本实习"学生成绩管理系统"的主页，如图 P0.16 所示。

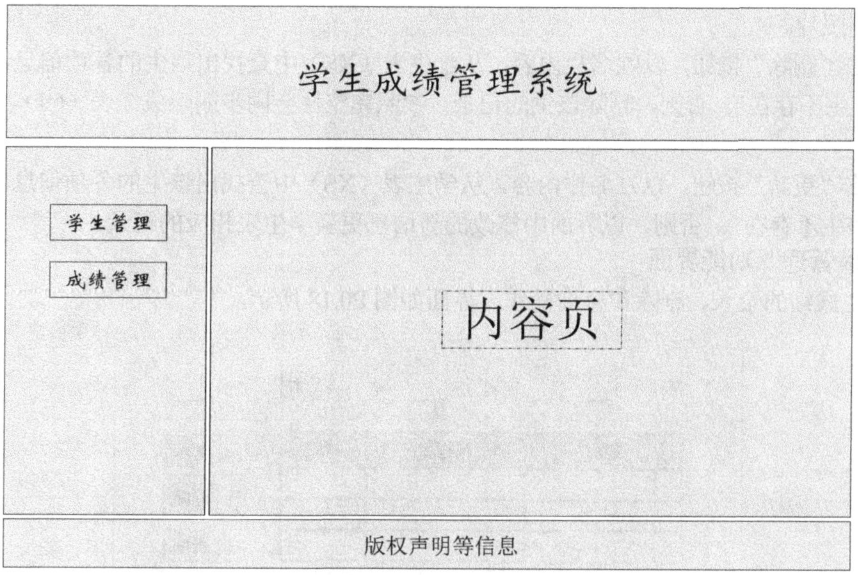

图 P0.16 "学生成绩管理系统"主页

它由上、中、底 3 部分构成：上部是网页头，中间为页面主体，底部显示版权信息。其中，中间部分又可分为左右两块区，左边是"功能导航"页，用户可单击"学生管理""成绩管理"按钮分别进入到系统不同的功能界面，在右边内容页加载显示相应的界面。

2. "学生管理"功能界面

主要实现对学生信息的管理操作，界面如图 P0.17 所示。

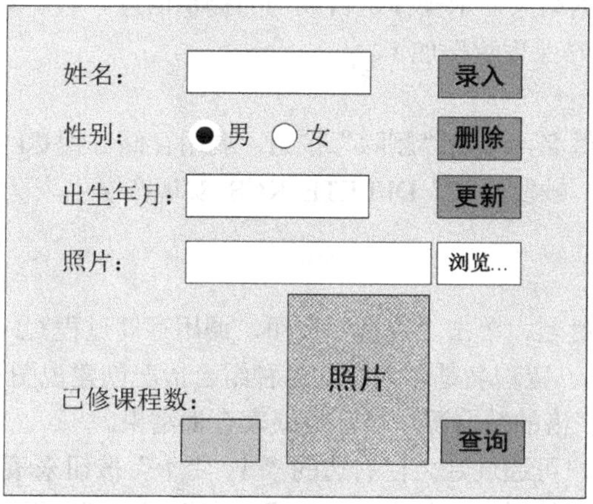

图 P0.17 "学生管理"功能界面

其中，已修课程栏为只读，不可改。

（1）输入学生姓名、性别、出生年月等信息；单击"浏览..."按钮，弹出对话框，选择学生照片文件，在照片控件中显示。单击“录入”按钮：如果学生表（XS）尚无该生（姓名字段没有找到），则往学生表中插入一条记录，各字段填入表单数据内容。若选择了照片，还要将照片以二进制形式存入学生表 ZP 字段。

（2）单击“查询”按钮，以姓名栏内容，从学生表（XS）中查找出该生的各项信息，如果没有找到，提示“该生不存在”。否则，将查询结果记录内容显示在相应的控件中。若 ZP 字段存有数据，还要显示该生的照片。

（3）单击“删除”按钮，以姓名栏内容，从学生表（XS）中查找出该生的各项信息，如果没有找到，提示“该生不存在”。否则，删除该生的记录。参照完整性会同步删除成绩表（CJ）中该生的所有成绩记录。

（4）单击“更新”按钮，以姓名栏内容，从学生表（XS）中查找出该生的各项信息，如果没有找到，提示“该生不存在”。否则，以界面中修改的新信息更新学生表相应的记录。

3.“成绩管理”功能界面

实现学生成绩的录入、删除和查询操作，界面如图 P0.18 所示。

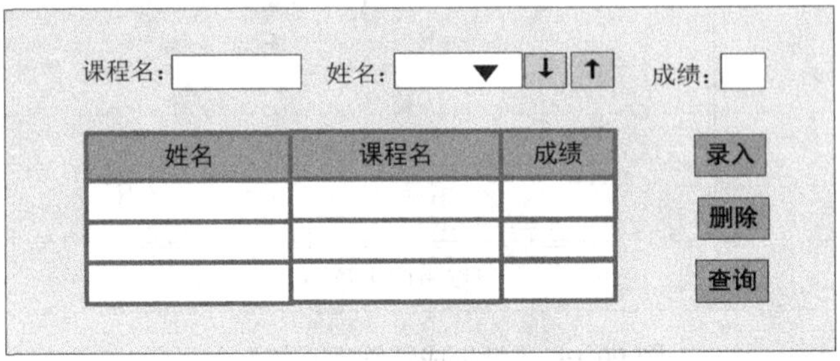

图 P0.18 “成绩管理”功能界面

查询成绩表（CJ）所有记录作为表格的数据源。

（1）初始时，系统从学生表（XS）中检索出所有学生的姓名，加载到“姓名”后下拉列表中供用户选择。姓名、课程名和成绩框为空，下面表格将显示成绩表中的所有记录。

（2）输入课程名、选择姓名，在“成绩”文本框中输入数字数据，单击“录入”按钮，调用存储过程 CJ_AddDel_PROC。根据结果显示操作是否成功的提示信息。触发器 CJ_INSERT_KCS 实现在学生表（XS）中对应该生“已修课程数”加 1。

刷新表格显示。

（3）输入课程名、选择姓名，单击“删除”按钮，调用存储过程 CJ_AddDel_PROC。根据结果显示操作是否成功的提示信息。触发器 CJ_DELETE_KCS 实现在学生表（XS）中对应该生“已修课程数”减 1。

刷新表格显示。

（4）输入课程名、选择姓名，单击“查询”按钮，调用存储过程 CJ_View_PROC（以姓名、课程名作为输入参数），根据姓名、课程名是否为空的各种组合情况创建视图 CJ_VIEW。

将视图 CJ_VIEW 作为表格的数据源，显示成绩表查询结果。

（5）用游标控制实现用户可通过姓名栏右边的“↓”“↑”按钮来滚动显示学生信息。

以上就是实习部分要实现的系统的基本功能需求，在不同的开发平台和环境下，这些功能的具体呈现形式（如 Web 程序与 Windows 桌面客户端程序）会有所差别，同时考虑到技术难度且为节省篇幅，某些功能（如游标、照片显示）并未在所有实习中都实现。

实习 0.3　应用系统的数据接口

客户端应用程序或应用服务器向数据库服务器请求服务时，必须要先和数据库建立连接。虽然现有的 DBMS 几乎都遵循 SQL 标准，但不同厂家开发的 DBMS 还是有差异的，存在适应性和可移植性等方面的问题，为此，人们研究和开发了连接不同 DBMS 的通用方法、技术和软件接口。

1. ODBC 数据库接口

ODBC 即开放式数据库互联（Open DataBase Connectivity），是微软公司推出的一种实现应用程序和关系数据库之间通信的接口标准。符合该标准的数据库就可以通过 SQL 语句编写的程序对数据库进行操作，但只针对关系数据库。目前，所有的关系数据库都符合该标准。ODBC 本质上是一组数据库访问 API（应用程序编程接口），由一组函数调用组成，核心是 SQL 语句。

在具体操作时，必须先用 ODBC 管理器注册一个数据源，管理器再根据数据源提供的数据库位置、数据库类型及 ODBC 驱动程序等信息，建立起 ODBC 与具体数据库的联系。这样，只要应用程序将数据源名提供给 ODBC，ODBC 就能建立起与相应数据库的连接。

2. ADO.NET 数据库接口

ADO.NET 数据模型是由 ADO 发展而来，但它不只是对 ADO 的改进，而是采用了一种全新的技术。主要体现在以下几个方面：

（1）ADO.NET 不是采用 ActiveX 技术，而是与.NET 框架紧密结合的产物。

（2）ADO.NET 包含对 XML 标准的完全支持，这对于跨平台交换数据具有重要意义。

（3）ADO.NET 既能在与数据源连接的环境下工作，又能在断开与数据源连接的条件下工作。特别是后者，非常适合于网络应用的需要，因为在网络环境下，始终做到保持与数据源连接，不符合网站的要求，不仅效率低，付出代价高，而且常会引发由于多个用户同时访问而带来的冲突。因此，ADO.NET 系统集中主要精力来解决在断开与数据源连接的条件下处理数据的问题。

ADO.NET 提供了面向对象的数据库视图，并且在其对象中封装了许多数据库属性和关系。最重要的是，它通过多种方式封装和隐藏了很多数据库访问的细节，可以完全不知道对象在与 ADO.NET 对象交互，也不用担心数据移动到另一个数据库或者从另一个数据库获得数据等细节问题。如图 P0.19 显示了通过 ADO.NET 访问数据库的接口模型。

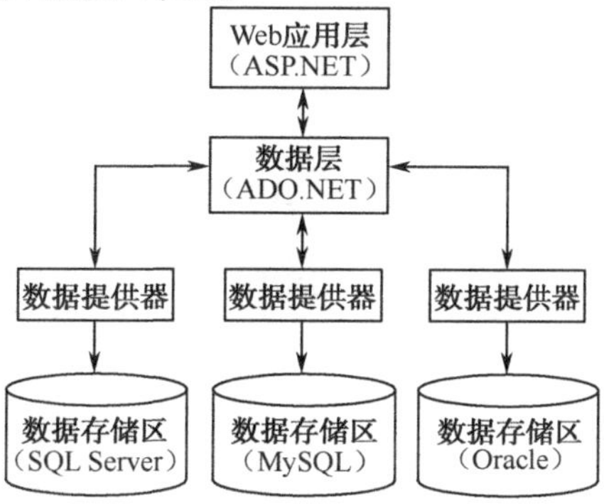

图 P0.19　通过 ADO.NET 访问数据库的接口模型

数据层是实现 ADO.NET 断开式连接的核心，从数据源读取的数据先缓存到数据集中，然后被程序或控件调用。数据源可以是数据库或 XML 数据。

数据提供器用于建立数据源与数据集之间的联系，它能连接各种类型的数据源，并能按要求将数据源中的数据提供给数据集，或者从数据集向数据源返回编辑后的数据。

3. JDBC 数据库接口

JDBC（Java DataBase Connectivity）是 JavaSoft 开发的，以 Java 语言编写的用于数据库连接和操作的类和接口，可为多种关系数据库提供统一的访问方式。通过 JDBC 对数据库的访问包括 4 个主要组件：Java 应用程序、JDBC 驱动器管理器、驱动器和数据源。

在 JDBC API 中有两层接口：应用程序层和驱动程序层。前者使开发人员可以通过 SQL 调用数据库和取得结果，后者处理与具体数据库驱动程序的所有通信。

使用 JDBC 接口操作数据库有如下优点：

（1）JDBC API 与 ODBC 十分相似，有利于用户理解。

（2）使编程人员从复杂的驱动器调用命令和函数中解脱出来，而致力于应用程序功能的实现。

（3）JDBC 支持不同的关系数据库，增强了程序的可移植性。

4. SQL Server 2016 驱动程序

（1）SQL Server 的 Microsoft JDBC Driver。

（2）Microsoft Drivers for PHP for SQL Server。

（3）Microsoft ODBC Driver for SQL Server。

（4）DB2 5.0 版本的 Microsoft OLE DB 提供程序。

在接下来的数个实习中，将结合具体的平台环境尽可能多地展示不同数据接口访问 SQL Server 2016 数据库的方式。

实习 1　PHP 7/SQL Server 2016 学生成绩管理系统

本系统是在 Windows 10 环境下，基于 PHP 脚本语言实现的学生成绩管理系统，Web 服务器使用 Apache 2.4，后台数据库使用 SQL Server 2016。

实习 1.1　PHP 开发平台搭建

实习 1.1.1　创建 PHP 环境

1. 操作系统准备

由于 PHP 环境需要使用操作系统 80 端口，为防止该端口为系统中的其他进程占用，必须预先对操作系统进行如下设置。

打开 Windows 10 注册表（在 Windows 开始菜单中展开“Windows 系统”→“命令提示符”，输入“regedit”后按回车键，调出注册表编辑器），找到 HKEY_LOCAL_MACHINE\SYSTEM\CurrentControlSet\Services\HTTP，找到一个 DWORD 项 Start，将其值改为 0，如图 P1.1 所示。

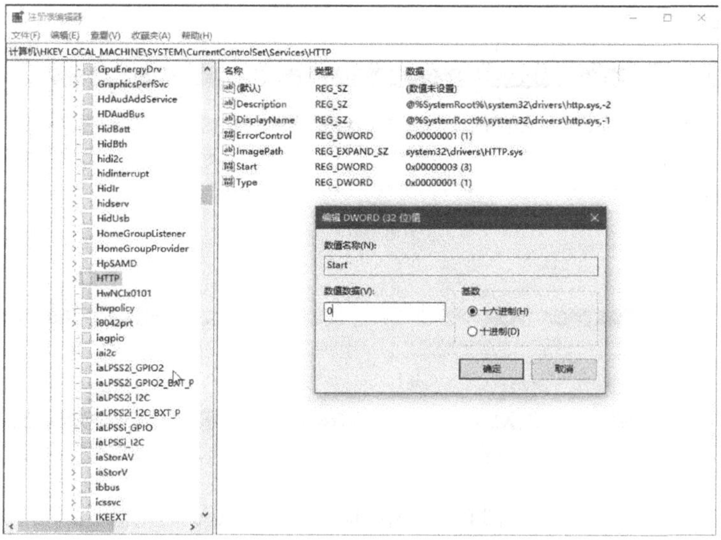

图 P1.1　修改注册表 Start 项的值

然后，将 Start 项所在 HTTP 文件夹 SYSTEM 的权限设为拒绝，具体操作如图 P1.2 所示。

经以上设置后，就可以非常顺利地安装 Apache 服务器和 PHP 了。

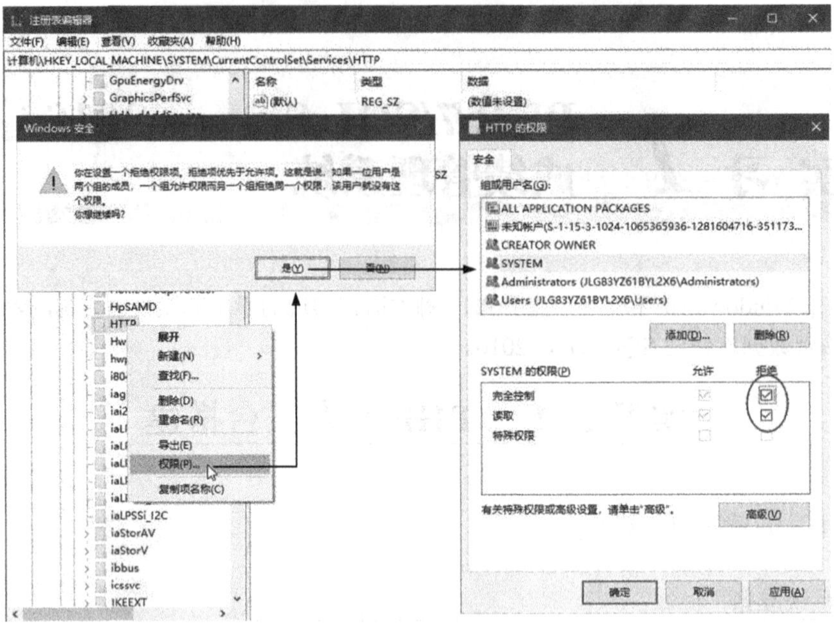

图 P1.2　设置 SYSTEM 的权限

2．安装 Apache 服务器

（1）获取 Apache 软件包。

Apache 是开源软件，可以免费获得。首先，访问 Apache 官网下载页 http://httpd.apache.org/download.cgi，如图 P1.3 所示。

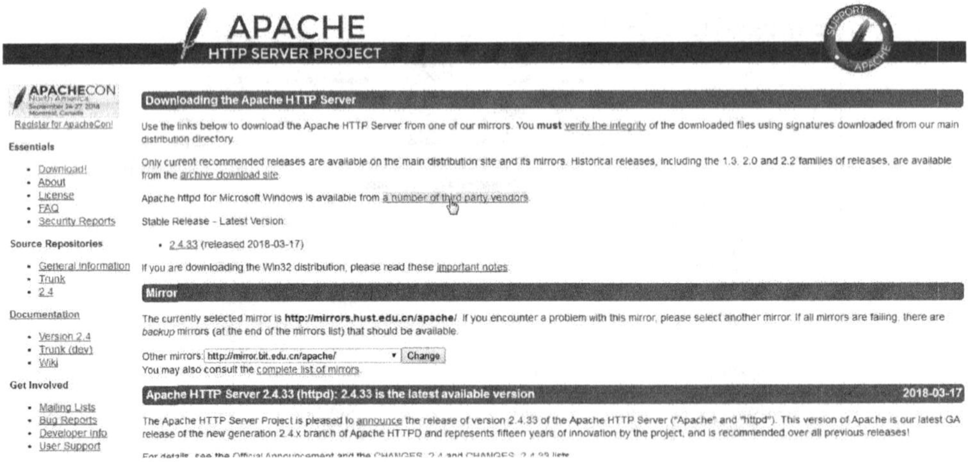

图 P1.3　Apache 官网下载页

可以看到当前官方发布的 Apache 最新版本为 2.4.33，但是 Apache 官方并不提供编译好的 Windows 平台可运行软件包（仅提供源码），而是委托几个第三方公司去完成编译，在 Apache 官网上保留有通往这些第三方网站的入口，如图 P1.3 所示，单击页面上的“a number of third party vendors.”链接，进入到如图 P1.4 所示页面。

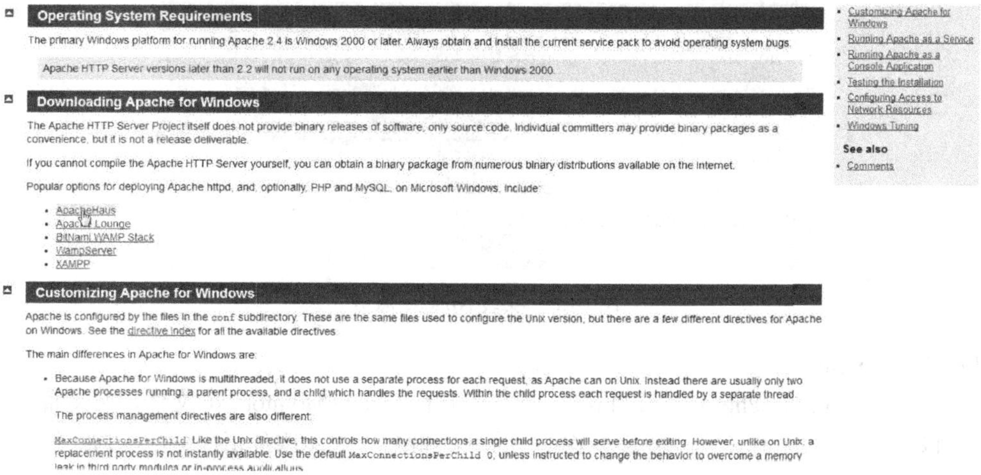

图 P1.4　提供 Apache 的第三方站点链接

选择排在首位的供应商 ApacheHaus，单击链接进入其官网下载已编译好的 Apache 软件，得到安装包文件名为 httpd-2.4.33-o110h-x64-vc14-r2.zip。

（2）定义服务器根目录。

将安装包解压至 C:\Program Files\Php\Apache24 目录下，进入其下的\conf 子目录，找到 Apache 的配置文件 httpd.conf，用 Windows 记事本打开，在其中定义服务器根目录，如图 P1.5 所示。

```
Define SRVROOT "C:/Program Files/Php/Apache24"
```

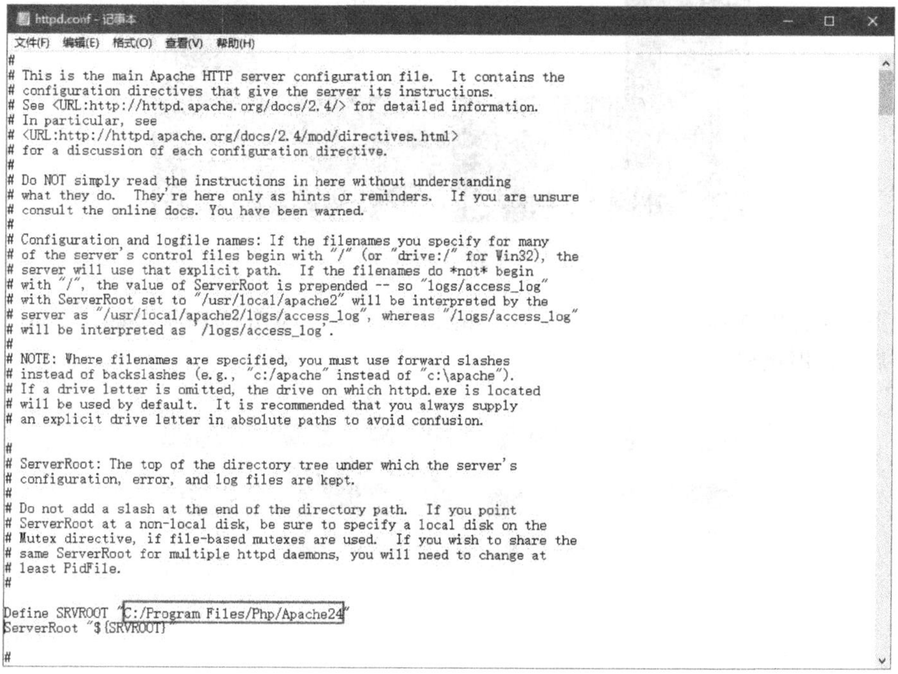

图 P1.5　定义 Apache 服务器根目录

（3）安装 Apache 服务。

进入 Windows 命令行，输入以下命令安装 Apache 服务，如图 P1.6 所示。

```
httpd.exe -k install -n apache
```

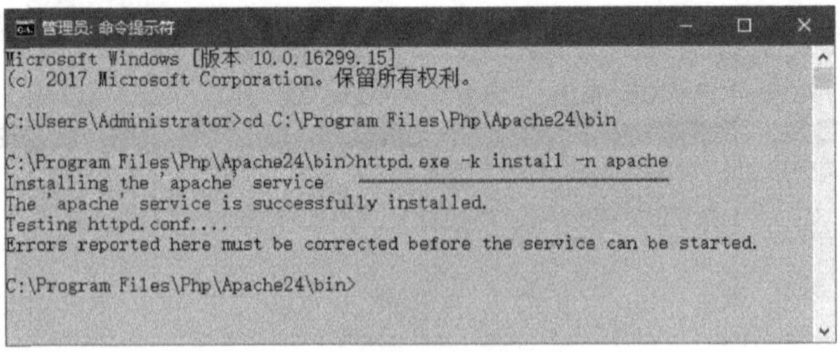

图 P1.6　安装 Apache 服务

（4）启动 Apache。

进入 C:\Program Files\Php\Apache24\bin，双击其中的 ApacheMonitor.exe 文件，在桌面任务栏右下角出现一个图标，如图 P1.7 所示，图标内的三角形为绿色时表示服务正在运行，为红色时表示服务停止。

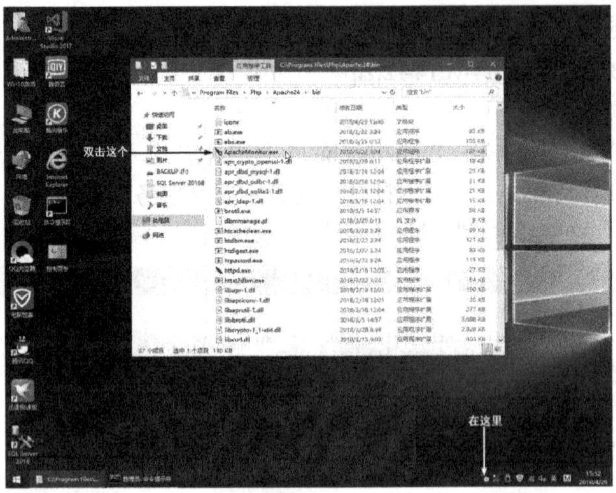

图 P1.7　启动 Apache 服务

双击该图标会弹出 Apache 服务管理界面，如图 P1.8 所示，单击其中的“Start”“Stop”“Restart”按钮可分别启动、停止和重启 Apache 服务。

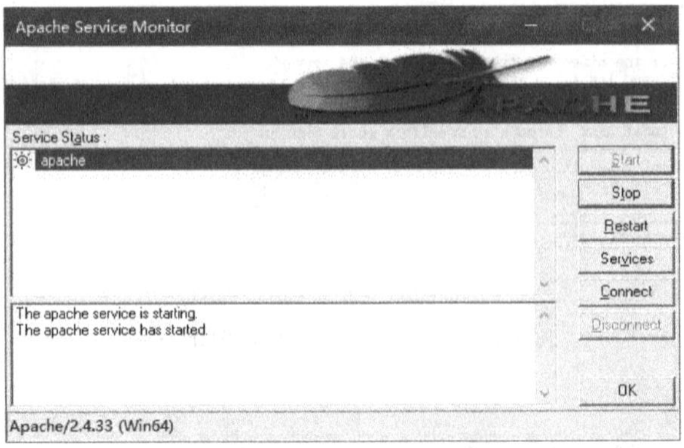

图 P1.8　Apache 服务管理界面

至此，Apache 安装完成。用户可以测试一下是否安装成功，在浏览器地址栏中输入 http://localhost 或 http://127.0.0.1 后按回车键。如果安装成功，会出现如图 P1.9 所示的页面。

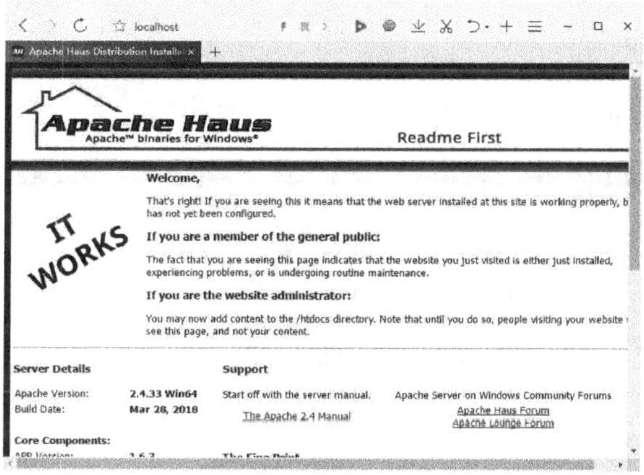

图 P1.9 Apache 安装成功

说明：在 Apache 服务器根目录下有一个 htdocs 文件夹，这也是 Apache 的文档根目录，需要访问的页面文件都要保存在该目录下才能运行。

3. 安装 PHP 7

Windows 专用的 PHP 官方下载地址为 https://windows.php.net/download/。本书选择的版本为 PHP 7.0.30，下载得到的文件名为 php-7.0.30-Win32-VC14-x64.zip，将其解压至 C:\Program Files\Php\php70 目录下。

（1）指定扩展库目录。

进入 C:\Program Files\Php\php70 目录，找到一个名为 php.ini-production 的文件，将其复制一份在原目录下并重命名为 php.ini（作为 PHP 的配置文件使用），用 Windows 记事本打开，在其中指定扩展库目录，如图 P1.10 所示。

```
extension_dir = "C:/Program Files/Php/php70"
On windows:
extension_dir = "C:/Program Files/Php/php70/ext"
```

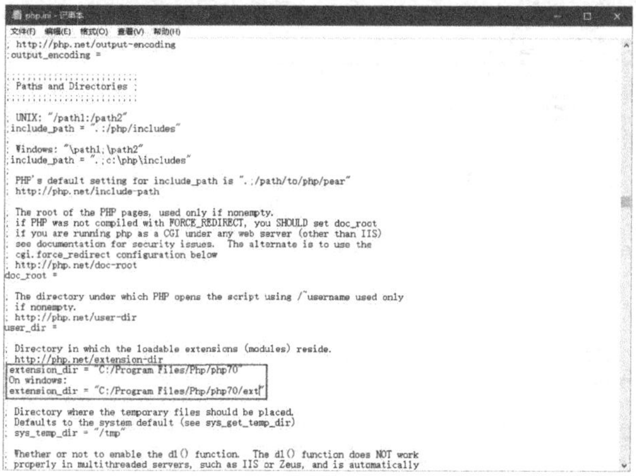

```
; http://php.net/output-encoding
;output_encoding =

;;;;;;;;;;;;;;;;;;;;;;;;;
; Paths and Directories ;
;;;;;;;;;;;;;;;;;;;;;;;;;

; UNIX: "/path1:/path2"
;include_path = ".:/php/includes"
;
; Windows: "\path1;\path2"
;include_path = ".;c:\php\includes"
;
; PHP's default setting for include_path is ".;/path/to/php/pear"
; http://php.net/include-path

; The root of the PHP pages, used only if nonempty.
; if PHP was not compiled with FORCE_REDIRECT, you SHOULD set doc_root
; if you are running php as a CGI under any web server (other than IIS)
; see documentation for security issues.  The alternate is to use the
; cgi.force_redirect configuration below
; http://php.net/doc-root
doc_root =

; The directory under which PHP opens the script using /~username used only
; if nonempty.
; http://php.net/user-dir
user_dir =

; Directory in which the loadable extensions (modules) reside.
; http://php.net/extension-dir
extension_dir = "C:/Program Files/Php/php70"
On windows:
extension_dir = "C:/Program Files/Php/php70/ext"

; Directory where the temporary files should be placed.
; Defaults to the system default (see sys_get_temp_dir)
; sys_temp_dir = "/tmp"

; Whether or not to enable the dl() function.  The dl() function does NOT work
; properly in multithreaded servers, such as IIS or Zeus, and is automatically
```

图 P1.10 指定 PHP 扩展库目录

（2）开放扩展库（.dll）。

接着，在 php.ini 文件中，设置开放（去掉行前分号）以下这些基本的扩展库，如图 P1.11 所示。

```
extension=php_curl.dll
extension=php_gd2.dll
extension=php_mbstring.dll
extension=php_mysqli.dll
extension=php_pdo_mysql.dll
```

php.ini - 记事本
文件(F) 编辑(E) 格式(O) 查看(V) 帮助(H)

```
;   extension=msql.so
;
; ... or with a path:
;
;   extension=/path/to/extension/msql.so
;
; If you only provide the name of the extension, PHP will look for it in its
; default extension directory.
;
; Windows Extensions
; Note that ODBC support is built in, so no dll is needed for it.
; Note that many DLL files are located in the extensions/ (PHP 4) ext/ (PHP 5+)
; extension folders as well as the separate PECL DLL download (PHP 5+).
; Be sure to appropriately set the extension_dir directive.
;
;extension=php_bz2.dll
extension=php_curl.dll
;extension=php_fileinfo.dll
;extension=php_ftp.dll
extension=php_gd2.dll
;extension=php_gettext.dll
;extension=php_gmp.dll
;extension=php_intl.dll
;extension=php_imap.dll
;extension=php_interbase.dll
;extension=php_ldap.dll
extension=php_mbstring.dll
;extension=php_exif.dll      ; Must be after mbstring as it depends on it
extension=php_mysqli.dll
;extension=php_oci8_12c.dll  ; Use with Oracle Database 12c Instant Client
;extension=php_openssl.dll
;extension=php_pdo_firebird.dll
extension=php_pdo_mysql.dll
;extension=php_pdo_oci.dll
;extension=php_pdo_odbc.dll
;extension=php_pdo_pgsql.dll
;extension=php_pdo_sqlite.dll
;extension=php_pgsql.dll
;extension=php_shmop.dll
;
; The MIBS data available in the PHP distribution must be installed.
```

图 P1.11　开放 PHP 基本扩展库

（3）Apache 整合 PHP。

进入 C:\Program Files\Php\Apache24\conf 目录，打开 Apache 配置文件 httpd.conf，在其中添加如下配置，如图 P1.12 所示。

```
LoadModule php7_module "C:/Program Files/Php/php70/php7apache2_4.dll"
AddType application/x-httpd-php .php .html .htm
PHPIniDir "C:/Program Files/Php/php70/"
```

httpd.conf - 记事本
文件(F) 编辑(E) 格式(O) 查看(V) 帮助(H)

```
#LoadModule slotmem_shm_module modules/mod_slotmem_shm.so
#LoadModule socache_dbm_module modules/mod_socache_dbm.so
#LoadModule socache_memcache_module modules/mod_socache_memcache.so
LoadModule socache_shmcb_module modules/mod_socache_shmcb.so
#LoadModule speling_module modules/mod_speling.so
LoadModule ssl_module modules/mod_ssl.so
LoadModule status_module modules/mod_status.so
#LoadModule substitute_module modules/mod_substitute.so
#LoadModule unique_id_module modules/mod_unique_id.so
#LoadModule userdir_module modules/mod_userdir.so
#LoadModule usertrack_module modules/mod_usertrack.so
#LoadModule version_module modules/mod_version.so
#LoadModule vhost_alias_module modules/mod_vhost_alias.so
#LoadModule watchdog_module modules/mod_watchdog.so
#LoadModule xml2enc_module modules/mod_xml2enc.so
LoadModule php7_module "C:/Program Files/Php/php70/php7apache2_4.dll"
AddType application/x-httpd-php .php .html .htm
PHPIniDir "C:/Program Files/Php/php70/"

<IfModule unixd_module>
#
# If you wish httpd to run as a different user or group, you must run
# httpd as root initially and it will switch.
#
# User/Group: The name (or #number) of the user/group to run httpd as.
# It is usually good practice to create a dedicated user and group for
# running httpd, as with most system services.
#
User daemon
Group daemon

</IfModule>

# 'Main' server configuration
#
# The directives in this section set up the values used by the 'main'
# server, which responds to any requests that aren't handled by a
# <VirtualHost> definition.  These values also provide defaults for
# any <VirtualHost> containers you may define later in the file.
#
# All of these directives may appear inside <VirtualHost> containers,
```

图 P1.12　Apache 2.4 整合 PHP 7 配置

将 php 解压文件中的 libssh2.dll 放入 Apache 2.4 解压目录下的 bin 文件夹。

配置完后重启 Apache 服务管理器，其下方的状态栏会显示"Apache/2.4.33 (Win64) OpenSSL/1.1.0h PHP/7.0.30"，如图 P1.13 所示（注意与图 P1.8 比较），这说明 PHP 已经安装成功。

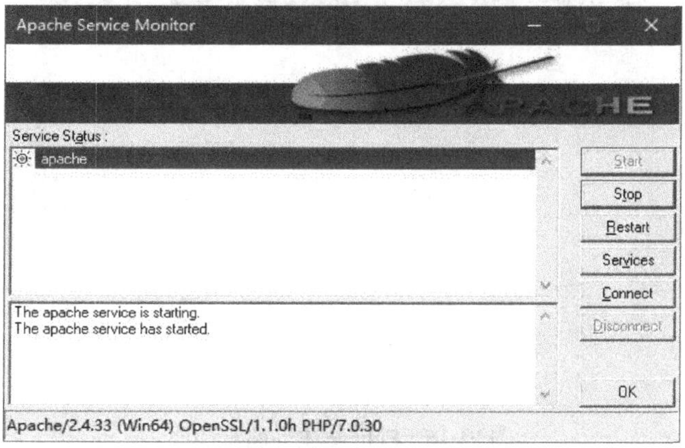

图 P1.13　Apache 已支持 PHP

实习 1.1.2　Eclipse 安装与配置

1. 安装 JRE

Eclipse 需要 JRE 的支持，而 JRE 包含在 JDK 中。由于 SQL Server 2016 本身需要 JDK 才能运行，所以在安装 SQL Server 2016 前已经安装了 JDK。本书安装的版本是 JDK 8 Update 172，安装可执行文件为 jdk-8u172-windows-x64.exe。按照向导的步骤操作，完成后，JRE 安装到了目录"C:\Program Files\Java\jre1.8.0_172"。

2. 安装 Eclipse

Eclipse 下载地址为 https://www.eclipse.org/downloads/eclipse-packages/。Eclipse 官方针对不同平台的开发者提供了特定插件的打包版，本书选择 Eclipse for PHP Developers（基于 Eclipse Oxygen.3）。下载得到的文件名为 eclipse-php-oxygen-3a-win32-x86_64.zip，解压到 D:\eclipse 文件夹，双击其中 eclipse.exe 文件即可运行 Eclipse。

Eclipse 启动画面如图 P1.14 所示。软件启动后会自动进行配置，并提示用户选择工作空间，如图 P1.15 所示，单击"Browse…"按钮可修改 Eclipse 的工作空间。

图 P1.14　Eclipse 启动画面

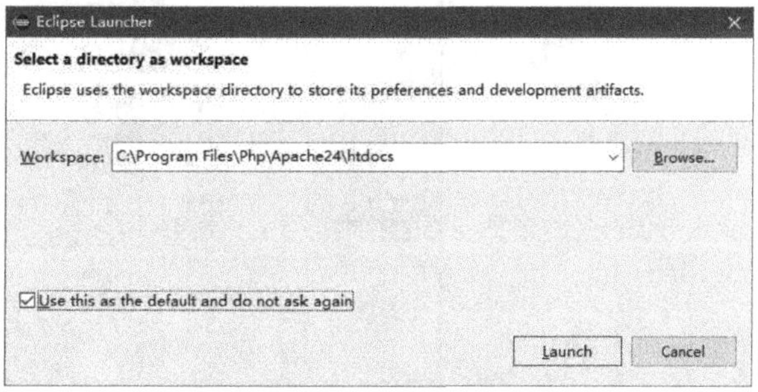

图 P1.15　Eclipse 工作空间选择

本书开发使用的路径为“C:\Program Files\Php\Apache24\htdocs”。单击“Launch”按钮，进入 Eclipse 主界面欢迎页，如图 P1.16 所示。

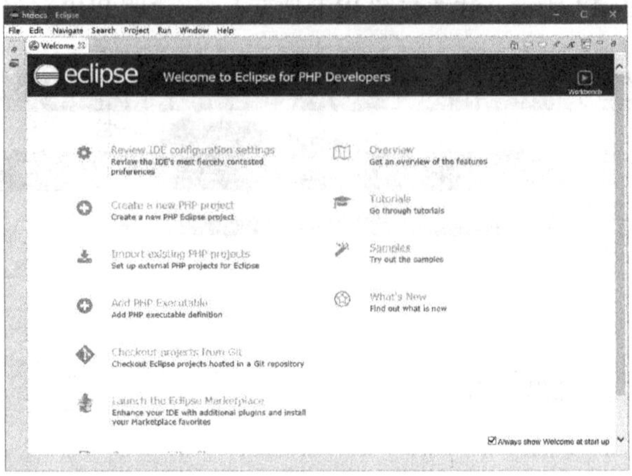

图 P1.16 Eclipse 主界面欢迎页

实习 1.2 PHP 开发入门

实习 1.2.1 PHP 项目的建立

（1）启动 Eclipse，选择主菜单“File”→“New”→“PHP Project”，如图 P1.17 所示。

（2）在弹出的项目信息对话框的“Project Name”栏中输入项目名“WebPHPXscj”，如图 P1.18 所示，所用 PHP 版本选“php7.0”（与本书安装的版本一致）。

（3）单击“Finish”按钮，Eclipse 会在 Apache 安装目录的 htdocs 文件夹下自动创建一个名为“WebPHPXscj”的文件夹，并创建项目设置和缓存文件。

（4）项目创建完成后，工作界面“Project Explorer”区域会出现一个“WebPHPXscj”项目树，右击选择“New”→“PHP File”，如图 P1.19 所示，即可创建.php 源文件。

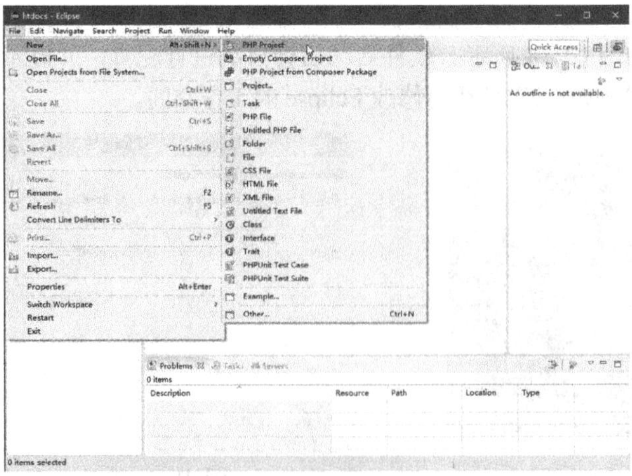

图 P1.17 新建 PHP 项目

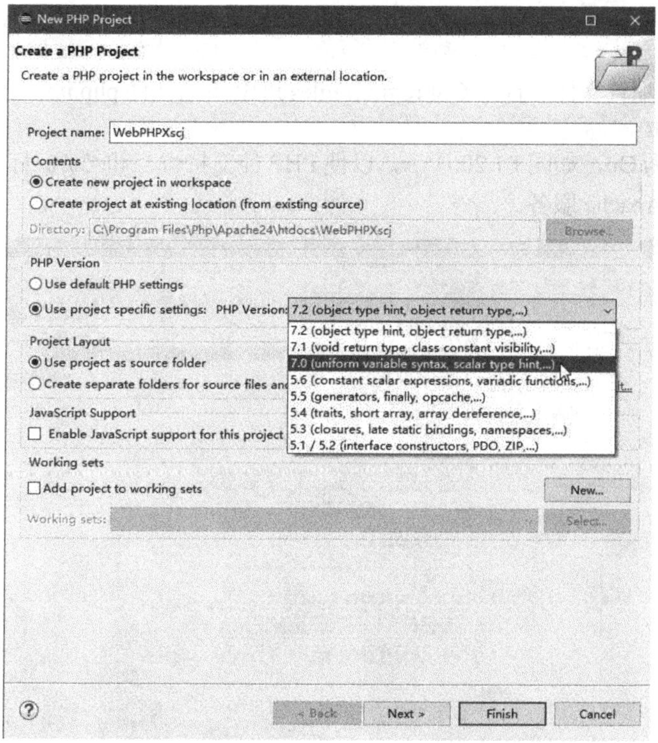

图 P1.18　项目信息对话框

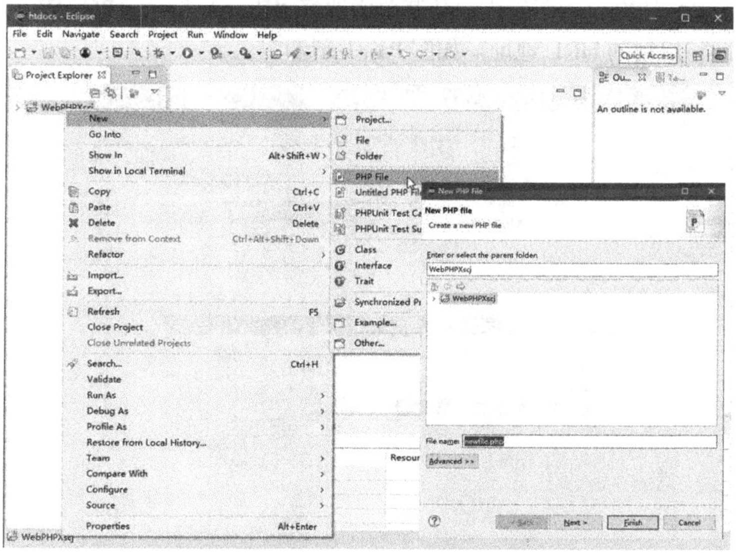

图 P1.19　新建 PHP 源文件

实习 1.2.2　PHP 项目的运行

Eclipse 默认创建的 PHP 文件名为 newfile.php，在其中输入代码：

```
<?php
```

```
    phpinfo();
?>
```

然后修改 PHP 的配置文件，打开 C:\Program Files\PHP 下的文件 php.ini，在其中找到如下语句：

```
short_open_tag = Off
```

将这里的 Off 改为 On，如图 P1.20 所示，以使 PHP 能支持<??>和<%%>标记方式。确认修改后，保存配置文件，重启 Apache 服务。

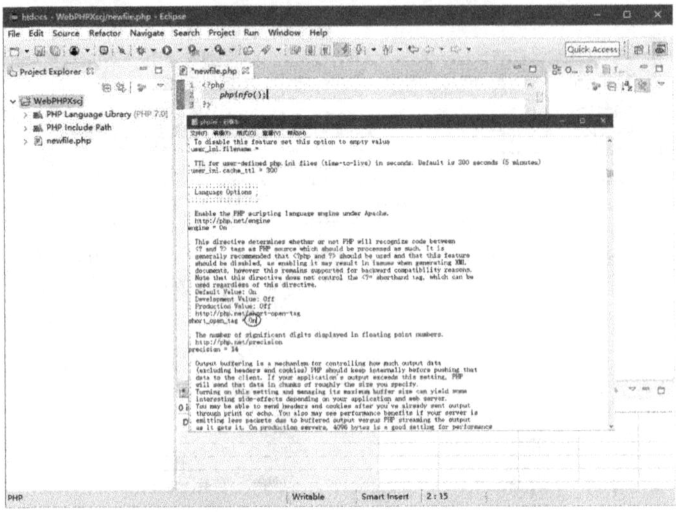

图 P1.20　编写测试文件及修改配置

单击工具栏按钮右边的下箭头，从菜单中选择“Run As”→“PHP Web Application”，弹出对话框显示出程序即将启动的 URL 地址，如图 P1.21 所示。

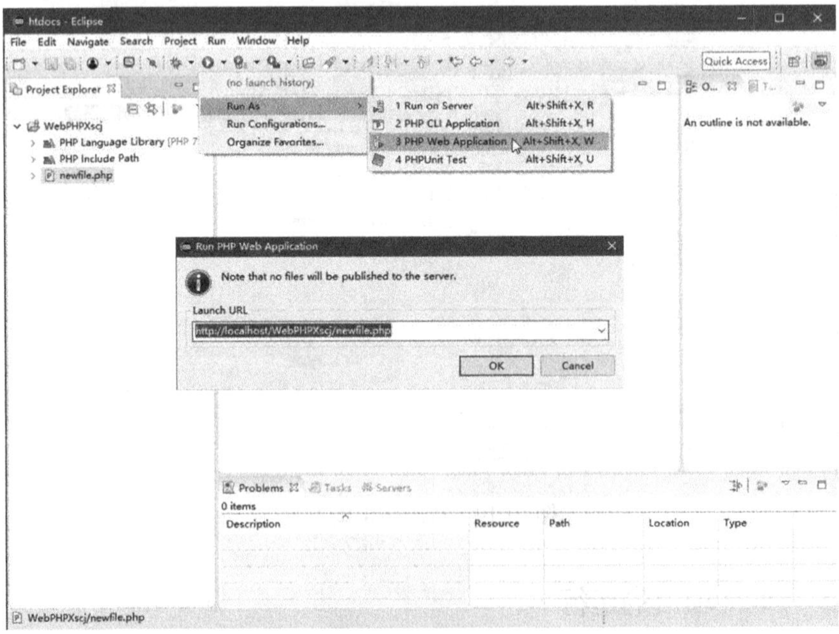

图 P1.21　Eclipse 运行 PHP 程序

单击“OK”按钮确认后，在开发环境界面中央的主工作区就显出 PHP 的版本信息页，如图 P1.22

所示。

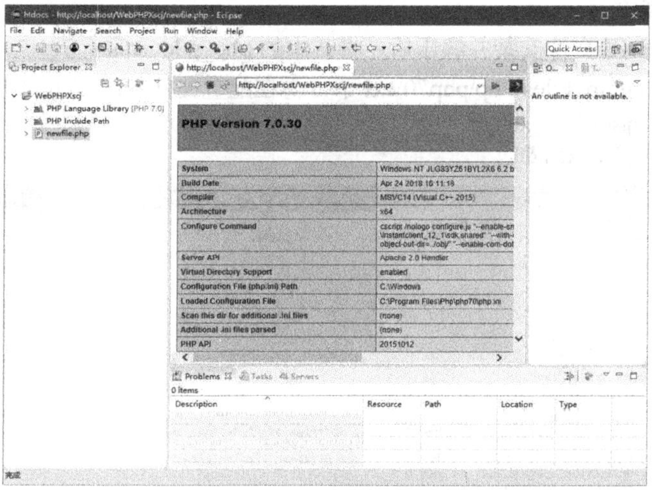

图 P1.22　PHP 版本信息页

除了使用 Eclipse 在 IDE 中运行 PHP 程序外，还可以直接从浏览器运行。打开浏览器，输入 http://localhost/WebPHPXscj/newfile.php 后按回车键，浏览器中也显示出 PHP 版本信息页。

实习 1.2.3　PHP 连接 SQL Server 2016

PHP 可采用两种方式连接到 SQL Server 2016 数据库：

① 使用原生的 sqlsrv 接口；

② 通过 PDO 通用接口。

本实习将在程序中演示这两种访问方式，但在此之前，必须安装 PHP 的 SQL Server 驱动，这个驱动是由微软官方开发提供的。从微软官网下载 SQL Server 的 ODBC 驱动安装包 msodbcsql.msi 及 PHP 的 SQL Server 扩展库 SQLSRV40.EXE。

1. 安装 ODBC 驱动

双击 msodbcsql.msi 选项启动安装向导，如图 P1.23 所示。

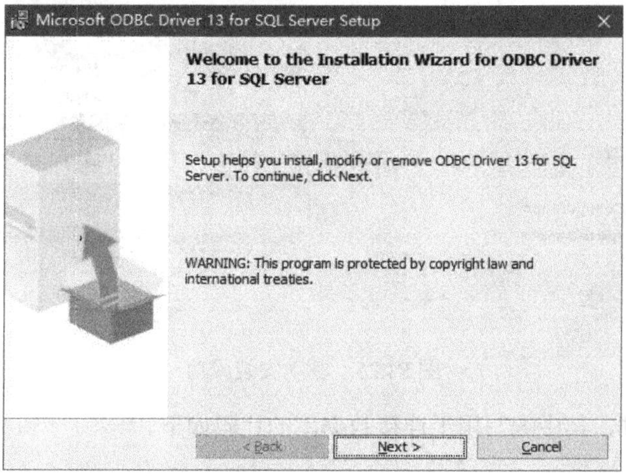

图 P1.23　安装 ODBC 驱动

单击“Next”按钮跟着向导的步骤往下操作即可，每一步皆取默认设置，过程从略。

2．安装驱动扩展库

双击 SQLSRV40.EXE 文件安装并解压后，将其中的 php_pdo_sqlsrv_7_ts_x64.dll 和 php_sqlsrv_7_ts_x64.dll 复制到 C:\Program Files\Php\php70\ext 下，再在配置文件 php.ini 里添加，如图 P1.24 所示。

```
extension=php_pdo_sqlsrv_7_ts_x64.dll
extension=php_sqlsrv_7_ts_x64.dll
```

图 P1.24　添加扩展库配置

完成后重启 Apache，再次运行测试页 newfile.php，在其上看到如图 P1.25 中圈出的内容，就表示驱动安装成功了。

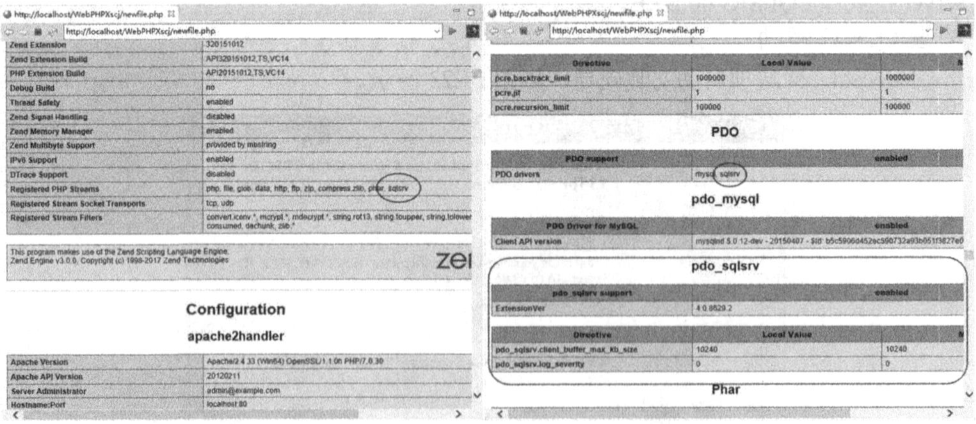

图 P1.25　驱动安装成功

新建 fun.php 源文件，其中编写用于连接数据库的代码如下。

```
<?php
    try {
```

```
        //用原生 sqlsrv 接口连接数据库
        $myConstr = array("Database"=>"PXSCJ", "UID"=>"sa", "PWD"=>"njnu123456");
        $myCon = sqlsrv_connect("localhost", $myConstr);
        //用 PDO 方式连接数据库
        $myCon_PDO = new PDO("sqlsrv:Server=localhost;Database=PXSCJ", "sa", "njnu123456");
                                                    //创建 SQL Server 2016 的 PDO 对象
    }catch (Exception $ex){
        echo "数据库连接失败！异常信息如下:".$ex->getMessage();//若失败则输出异常信息
    }
?>
```

实习 1.3　系统主页设计

实习 1.3.1　主界面

本系统主界面采用框架网页实现，下面先给出各前端页面的 html 源码。

1．启动页

启动页面为 index.html，代码如下：

```
<html>
<head>
    <meta http-equiv="Content-Type" content="text/html; charset=utf-8"/>
    <title>学生成绩管理系统</title>
</head>
<body topMargin="0" leftMargin="0" bottomMargin="0" rightMargin="0">
    <table width="675" border="0" align="center" cellpadding="0" cellspacing="0" style="width: 778px; ">
        <tr>
            <td><img src="images/学生成绩管理系统.gif" width="790" height="97"></td>
        </tr>
        <tr>
            <td><iframe src="main_frame.html" width="790" height="313"></iframe></td>
        </tr>
        <tr>
            <td><img src="images/底端图片.gif" width="790" height="32"></td>
        </tr>
    </table>
</body>
</html>
```

页面分上中下三部分，其中，上下两部分都只是一张图片，中间部分为一框架页（加黑代码为源文件名），运行时往框架页中加载具体的导航页和相应功能界面。

2．框架页

框架页为 main_frame.html，代码如下：

```
<html>
<frameset  cols="217,*">
    <frame  frameborder=0  src="http://localhost/WebPHPXscj/main.php"  name="frmleft"  scrolling
="no"  noresize>
    <frame  frameborder=0  src="body.html"  name="frmmain"  scrolling="no"  noresize>
</frameset>
```

```
</html>
```

其中，加黑处“http://localhost/WebPHPXscj/main.php”就是系统导航页的启动 URL，页面装载后位于框架左区。

框架右区则用于显示各个功能界面，初始默认为 body.html，源码如下：

```
<html>
<head>
    <meta http-equiv="Content-Type" content="text/html; charset=utf-8"/>
</head>
<body topMargin="0" leftMargin="0" bottomMargin="0" rightMargin="0">
    <img src="images/主页.gif" width="678" height="500">
</body>
</html>
```

这只是一个填充了背景图片的空白页，在运行时，系统会根据用户操作，往框架右区动态加载不同功能的 PHP 页面来替换该页。

在项目根目录下创建 images 文件夹，其中放入用到的三幅图片资源：“学生成绩管理系统.gif”、“底端图片.gif”和“主页.gif”。

实习 1.3.2 功能导航

本系统的导航页上有两个按钮，单击可分别进入“学生管理”“成绩管理”两个不同功能的页面，如图 P1.26 所示。

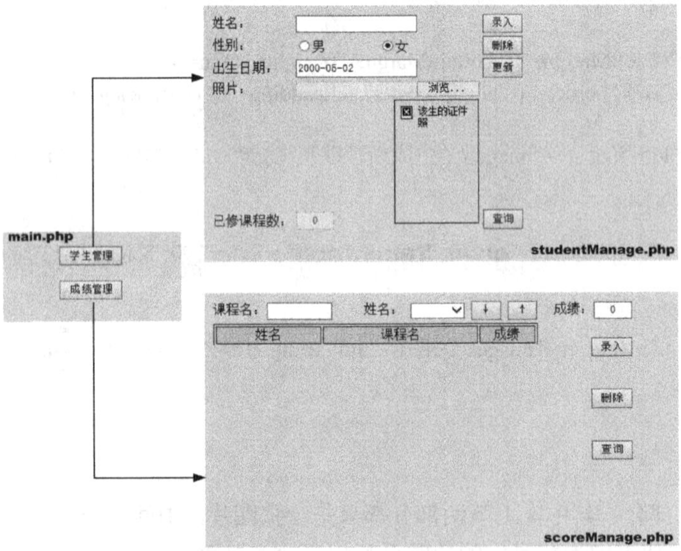

图 P1.26 功能导航

源文件 main.php 实现功能导航页，代码如下：

```
<?php
    header("content-type:text/html;charset=gbk");
?>
<html>
<body bgcolor="D9DFAA">
    <table bgcolor="D9DFAA" width="200" height="85">
```

```
            <tr>
                <td align="center"><input type="button" value="学生管理" onclick=parent.frmmain.location=
"studentManage.php"></td>
            </tr>
            <tr>
                <td align="center"><input type="button" value="成绩管理" onclick=parent.frmmain.location=
"scoreManage.php"></td>
            </tr>
        </table>
    </body>
    </html>
```

其中，加黑处是两个导航按钮分别要定位到的 PHP 源文件：studentManage.php 实现“学生管理”功能页，scoreManage.php 实现“成绩管理”功能页，它们的具体内容将在稍后介绍。

打开浏览器，在地址栏输入：http://localhost/WebPHPXscj/index.html，显示如图 P1.27 所示的页面。

图 P1.27　“学生成绩管理系统”主页

实习 1.4　学生管理

实习 1.4.1　界面设计

“学生管理”功能界面，如图 P1.28 所示。

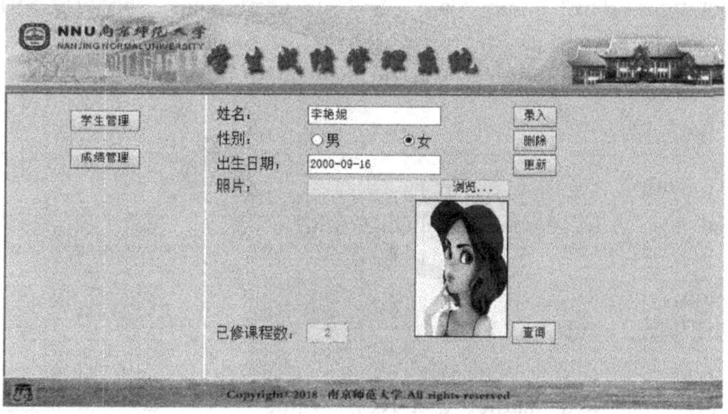

图 P1.28　“学生管理”功能界面

它由源文件 studentManage.php 实现，代码如下：

```
<?php
    header("content-type:text/html;charset=gbk");
    session_start();                                          //启动 SESSION 会话
?>
<html>
<body bgcolor="D9DFAA">
<?php
    //接收会话传回的变量值以便在页面显示
    $XM = $_SESSION['XM'];                                    //姓名
    $XB = $_SESSION['XB'];                                    //性别
    $CSSJ = $_SESSION['CSSJ'];                                //出生时间
    $KCS = $_SESSION['KCS'];                                  //已修课程数
    $name = $_SESSION['NAME'];                                //姓名变量用于查找显示照片
?>
<form method="post" action="studentAction.php" enctype="multipart/form-data">
<table>
    <tr>
        <td>姓名：</td>
        <td><input type="text" name="text_XM" value="<?php echo @$XM;?>"/></td>
        <td><input type="submit" name="button" value="录入"/></td>
    </tr>
    <tr>
        <td>性别：</td>
        <td>
            <input type="radio" name="radio_XB" value="1" <?php if (@$XB==1 || @$XB=="){?>che
cked="checked"<?php }?>/>男                                   //变量值 1 表示“男”
                  
            <input type="radio" name="radio_XB" value="0" <?php if (@$XB==0){?>checked="checke
d"<?php }?>/>女                                               //变量值 0 表示“女”
        </td>
        <td><input type="submit" name="button" value="删除"/></td>
    </tr>
    <tr>
        <td>出生日期：</td>
        <td><input type="date" name="date_CSSJ" value="<?php echo @$CSSJ==" ? '2000-05-02' : @$
CSSJ;?>"/></td>
        <td><input type="submit" name="button" value="更新"/></td>
    </tr>
    <tr>
        <td>照片：</td>
        <td><input type="file" name="file_Path"/></td>
    </tr>
    <tr valign="bottom">
        <td>已修课程数：</td>
        <td>
            <input type="text" name="text_KCS" value="<?php echo @$KCS==" ? 0 : @$KCS;?>" st
yle="text-align: center" size="5" disabled/>
                   
    <!-- 使用 img 控件调用 showpicture.php 页面用于显示照片，name 用于保存当前学生姓名值，time()函数用于
产生一个时间戳，防止服务器读取缓存中的内容-->
```

```
                    <?php echo "<img alt='该生的证件照' src='showpicture.php?name=$name&time=".time
().'" width=100 height=150 border='1'/>";?>
                </td>
                <td><input type="submit" name="button" value="查询"/></td>
            </tr>
    </table>
    </form>
    </body>
    </html>
```

从上段代码中的两个加黑处可见，在“姓名”栏输入学生姓名后单击“查询”按钮，可以将数据提交到 studentAction.php 页面，并将该生的信息显示在页面表单中。显示照片时调用 showpicture.php 文件。

showpicture.php 文件通过接收学生姓名变量值查找到该生的照片并显示，代码如下：

```
<?php
    header('Content-type: image/jpg');
    require "fun.php";

    $StuXm = $_GET['studentname'];
    $sql = "select ZP from XS where XM ='$StuXm'";
    $result = $db->query(iconv('GB2312', 'UTF-8', $sql));
    list($ZP) = $result->fetch(PDO::FETCH_NUM);
    $image = base64_decode($ZP);                          //
    echo $image;
?>

<?php
    header('Content-type:image/jpg');                     //输出 HTTP 头信息
    require 'fun.php';                                    //包含连接数据库的 PHP 文件
    //以 GET 方法从 studentManage.php 页面 img 控件的 src 属性中获取学生姓名值
    $Name = $_GET['name'];
    $mySql = "select ZP from XS where XM='$Name'";        //根据姓名查找照片
    $myRs = sqlsrv_query($myCon, $mySql);                 //执行查询（使用原生 sqlsrv 接口）
    $row = sqlsrv_fetch_array($myRs);                     //获取照片数据
    echo base64_decode($row['ZP']);                       //使用 base64 函数解码并返回输出照片
?>
```

因本程序插入照片的操作先通过 PHP 的 base64_encode()函数将图片文件编码后存入 SQL Server 数据库，故在显示照片时也要在 showpicture.php 文件中使用 base64_decode()函数将数据解码后才能显示。如果不是图片类型数据且不是通过 base64_encode()函数编码保存的，在显示时就不需要解码。

实习 1.4.2 功能实现

本实习的学生管理功能专门由 studentAction.php 实现，该页以 POST 方式接收 studentManage.php 页面提交的表单数据，对学生信息进行增、删、改、查等各种操作，同时将操作后的更新数据保存在 SESSION 会话中传回前端加以显示。

源文件 studentAction.php 的代码如下：

```
<?php
    include 'fun.php';                                   //包含连接数据库的 PHP 文件
    include 'studentManage.php';                         //包含前端界面的 PHP 页
```

```
        $Name = @$_POST['text_XM'];                              //姓名
        $Sex = @$_POST['radio_XB'];                              //性别
        $Birth = @$_POST['date_CSSJ'];                           //出生时间
        $tmp_file = @$_FILES["file_Path"]["tmp_name"];           //上传后在服务端储存的临时文件
        $handle = @fopen($tmp_file, 'rb');                       //打开文件
        $Photo = base64_encode(fread($handle, filesize($tmp_file)));  //读取上传的照片数据并编码
        $mySql = "select XM, XB, CONVERT(char(20),CSSJ,20) AS CSSJ, KCS from XS where XM='$Nam
e'";                                                             //查询学生信息
        $myRs = sqlsrv_query($myCon, $mySql);                    //执行查询（使用 sqlsrv 原生接口）
        $myDr = sqlsrv_fetch_array($myRs);
        function refresh(){                                      //在录入删除更新操作后刷新页面
            //这里采用另一种方式（PDO 通用接口）访问数据库
            $myCon_PDO = new PDO("sqlsrv:Server=localhost;Database=PXSCJ", "sa", "njnu123456");
            $mySql_PDO = "select XM, XB, CONVERT(char(20),CSSJ,20) AS CSSJ, KCS from XS where
XM='".$_SESSION['NAME']."'";
            $myRs_PDO = $myCon_PDO->query(iconv('gb2312', 'utf-8', $mySql_PDO));     //PDO 执行查询
            list($XM, $XB, $CSSJ, $KCS) = $myRs_PDO->fetch(PDO::FETCH_NUM);         //PDO 获取数据
            $_SESSION['XM'] = iconv('utf-8', 'gb2312', $XM);     //姓名（需要转换编码）
            $_SESSION['XB'] = $XB;                               //性别
            $_SESSION['CSSJ'] = $CSSJ;                           //出生时间
            $_SESSION['KCS'] = $KCS;                             //已修课程数
        }

        /**以下为各学生管理操作按钮的功能代码*/
        /*录入功能*/
        if (@$_POST['button'] == '录入'){                         //单击"录入"按钮
            if (@$Name == '') echo "<script>alert('请输入学生姓名。');</script>";
            elseif ($myDr) echo "<script>alert('该生的记录已存在。');</script>";
            else {                                               //不存在才可录入
                $mySql = "insert into XS values('$Name', $Sex, '$Birth', 0, NULL)";
                $ins_rs = sqlsrv_query($myCon, $mySql) or die('录入失败！');
                if (sqlsrv_rows_affected($ins_rs) > 0){          //返回值>0 表示插入成功
                    if ($tmp_file){                              //上传了照片的情况
                        $mySql = "update XS set ZP=CONVERT(varbinary(MAX),'$Photo') where XM='$Na
me'";
                        sqlsrv_query($myCon, $mySql);            //更新照片数据（使用 sqlsrv 原生接口）
                    }
                    $_SESSION['NAME'] = $Name;                   //姓名变量存入会话
                    refresh();
                    echo "<script>alert('录入成功！');location.href='studentManage.php';</script>";
                }
            }
        }
        /*删除功能*/
        if (@$_POST['button'] == '删除'){                         //单击"删除"按钮
            $mySql = "delete from XS where XM='$Name'";
            $del_rs = sqlsrv_query($myCon, $mySql);              //执行删除操作（使用 sqlsrv 原生接口）
            if (sqlsrv_rows_affected($del_rs) > 0){              //返回值>0 表示操作成功
                $_SESSION['NAME'] = '';                          //会话中姓名变量置空
                refresh();
                echo "<script>alert('学生 ".$Name."的记录已删。');location.href='studentManage.php';</script>";
```

```
            }
        }
        /*更新功能*/
        if (@$_POST['button'] == '更新'){                                  //单击“更新”按钮
            $mySql = "update XS set XM='$Name', XB=$Sex, CSSJ='$Birth' where XM='".$_SESSION['NAM
E']."'";
            $upt_rs = sqlsrv_query($myCon, $mySql);                       //执行更新操作（使用 sqlsrv 原生接口）
            if (sqlsrv_rows_affected($upt_rs) > 0){                       //返回值>0 表示操作成功
                if ($tmp_file){                                           //上传了新照片要更新
                    $mySql = "update XS set ZP=CONVERT(varbinary(MAX),'$Photo') where XM='$Name'";
                    sqlsrv_query($myCon, $mySql);
                }
                $_SESSION['NAME'] = $Name;
                refresh();
                echo "<script>alert('更新成功！');location.href='studentManage.php';</script>";
            }
        }
        /*查询功能*/
        if (@$_POST['button'] == '查询'){                                  //单击“查询”按钮
            if ($myDr){  //由于在一开始已执行了一次查询，结果存放在$myDr 变量中，故这里只要直接从该
变量读取学生信息到会话即可
                $_SESSION['XM']= $myDr['XM'];                             //姓名
                $_SESSION['XB'] = $myDr['XB'];                            //性别
                $_SESSION['CSSJ'] = $myDr['CSSJ'];                        //出生时间
                $_SESSION['KCS'] = $myDr['KCS'];                          //已修课程数
                $_SESSION['NAME'] = $Name;
                echo "<script>location.href='studentManage.php';</script>";
            }
        }
    ?>
```

实习 1.5 成绩管理

实习 1.5.1 界面设计

“成绩管理”功能界面，如图 P1.29 所示。

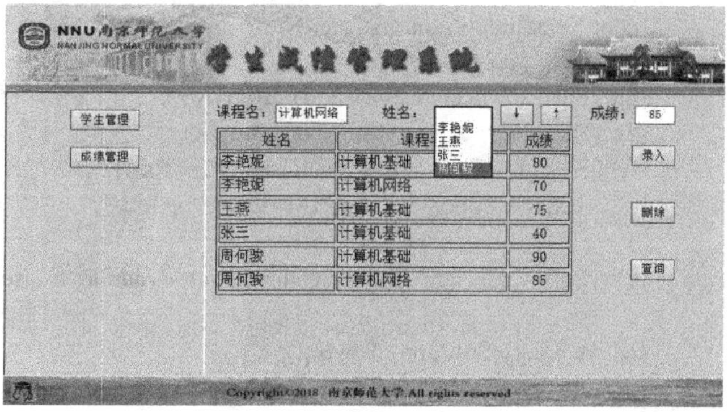

图 P1.29 “成绩管理”功能界面

它由源文件 scoreManage.php 实现，代码如下：

```
<?php
    header("content-type:text/html;charset=gbk");
    session_start();
?>
<html>
<body bgcolor="D9DFAA">
<?php
    $NM = $_SESSION['NM'];
    $CS = $_SESSION['CS'];
?>
<form method="post">
<table>
      <tr>
            <td>课程名：<input type="text" name="text_KCM" value="<?php echo @$CS;?>" size="10"/>&n
bsp;</td>
            <td>
                  姓名：
                  <!-- 以下 JS 代码是为了保证在页面刷新后，下拉列表中仍然保持着之前的选中项 -->
                  <script type="text/javascript">
                        function setCookie(name, value){
                              var exp = new Date();
                              exp.setTime(exp.getTime() + 24 * 60 * 60 * 1000);
                              document.cookie = name + "=" + escape(value) + ";expires=" + exp.toGMTStri
ng();
                        }
                        function getCookie(name){
                              var regExp = new RegExp("(^| )" + name + "=([^;]*)(;|$)");
                              var arr = document.cookie.match(regExp);
                              if(arr == null){
                                    return null;
                              }
                              return unescape(arr[2]);
                        }
                  </script>
                  <select name="combo_XM" id="select_1" onclick="setCookie('select_1',this.selectedIndex)">
                  <select name="combo_XM">
                        <?php
                              echo "<option></option>";
                              require 'fun.php';                              //包含连接数据库的 PHP 文件
                              $mySql = "select distinct(XM) from XS";         //查找所有的学生姓名
                              $myRs = sqlsrv_query($myCon, $mySql);           //执行查询（使用 sqlsrv 原生接口）
                              while(list($XM) = sqlsrv_fetch_array($myRs)){
                                    echo "<option value=$XM>$XM</option>";    //加载姓名到下拉框中
                              }
                              $mySql = "declare xm_indicator cursor dynamic for select distinct(XM) from X
S open xm_indicator";                                                         //创建指示姓名的游标、打开游标
                              sqlsrv_query($myCon, $mySql);
                        ?>
                  </select>
                  <script type="text/javascript">
```

```
                    var selectedIndex = getCookie("select_1");
                    if(selectedIndex != null){
                         document.getElementById("select_1").selectedIndex = selectedIndex;
                    }
               </script>
               <input type="submit" name="button" value=" ↓ "/>
               <input type="submit" name="button" value=" ↑ "/>
                
          </td>
          <td>成绩：<input type="text" name="text_CJ" style="text-align: center" size="5" value="0"/></td>
     </tr>
     <tr>
          <td rowspan="3" colspan="2">
               <table border="1" width="390">
                    <tr bgcolor="#CCCCC0">
                         <td align="center">姓名</td>
                         <td align="center">课程名</td>
                         <td align="center">成绩</td>
                    </tr>
                    <?php
                         include 'fun.php';                              //包含连接数据库的 PHP 文件
                         $mySql = "EXEC CJ_View_PROC '$NM', '$CS'";
                         $myRs = $myCon_PDO->query(iconv('gb2312', 'utf-8', $mySql));
                                                                         //执行存储过程（采用 PDO 接口）
                         $mySql = "select XM, KCM, CJ from CJ_VIEW";
                         $myRs = sqlsrv_query($myCon, $mySql);           //视图已生成（执行查询）
                         while(list($XM, $KCM, $CJ) = sqlsrv_fetch_array($myRs)){
                                                                         //获取结果集，以表格显示
                              echo "<tr><td>$XM </td><td>$KCM </td><td align=center>$CJ
</td><tr>";
                         }
                    ?>
               </table>
          </td>
          <td align="right"><input type="submit" name="button" value="录入"/></td>
     </tr>
     <tr>
          <td align="right"><input type="submit" name="button" value="删除"/></td>
     </tr>
     <tr>
          <td align="right"><input type="submit" name="button" value="查询"/></td>
     </tr>
</table>
</form>
</body>
</html>
```

该页面上先使用 PHP 脚本在初始就从数据库 XS 表中查询出所有学生的姓名，并将其加载到下拉列表中方便用户操作选择。再用 JavaScript 脚本将用户当前的选项保存在 Cookie 中，以保证在页面刷新后“姓名”下拉列表中仍然保持着之前用户选中的学生姓名。

实习 1.5.2 功能实现

本实习“成绩管理”模块主要实现对数据库成绩表（CJ）中学生成绩记录的录入和删除操作，其功能实现的代码也写在源文件 scoreManage.php 中（紧接实习 1.5.2 节页面 html 代码之后），如下：

```
<?php
    require 'fun.php';                                          //包含连接数据库的 PHP 文件
    $Name = @$_POST['combo_XM'];                                //获取提交的姓名
    $Course = @$_POST['text_KCM'];                              //获取提交的课程名
    $Score = @$_POST['text_CJ'];                                //获取提交的成绩
    $_SESSION['NM'] = $Name;
    $_SESSION['CS'] = $Course;
    function fetch_CURSOR($pos){                                //获取游标指定索引位置的姓名
        $mySql = "fetch ".$pos." from xm_indicator";
        $myRs = sqlsrv_query($myCon, $mySql);
        $row = sqlsrv_fetch_array($myRs);
        if ($row) return $row['XM'];
        else return '';
    }
    function adjust_CURSOR(){                                   //调整校正游标指针
        $mySql = "close xm_indicator open xm_indicator";        //先关闭游标再重新打开
        sqlsrv_query($myCon, $mySql);
        $curname = fetch_CURSOR('first');                       //游标指针指向第一个姓名
        while (@$curname != $_SESSION['NM'] && @$curname != '') $curname = fetch_CURSOR('next
');                                                             //将游标指针对准到当前姓名
    }
    function reflush(){                                         //此函数用于关闭并删除游标
        $mySql = "close xm_indicator deallocate xm_indicator";
        sqlsrv_query($myCon, $mySql);
        echo "<script>location.href='scoreManage.php';</script>";
    }
    if (@$_POST['button'] == '↓'){                              //查看下一个姓名
        if (@$Name != ''){
            adjust_CURSOR();                                    //校准游标指针
            $curname = fetch_CURSOR('next');                    //指向下一个姓名
            if (@$curname == '') $curname = fetch_CURSOR('first');   //若后面无学生则返回指第一个姓名
            $_SESSION['NM'] = $curname;                         //游标指向的当前姓名存于会话中
            reflush();                                          //游标使用过后要及时关闭
        }
    }
    if (@$_POST['button'] == '↑'){                              //查看上一个姓名
        if (@$Name != ''){
            adjust_CURSOR();
            $curname = fetch_CURSOR('prior');                   //指向上一个姓名
            if (@$curname == '') $curname = fetch_CURSOR('last');    //若已到第一个学生则返回末尾
            $_SESSION['NM'] = $curname;
            reflush();
        }
    }
    /**以下为各成绩管理操作按钮的功能代码*/
```

```
        /*录入功能*/
        if (@$_POST['button'] == '录入'){                                   //单击“录入”按钮
            $mySql = "DECLARE @rs char(20) EXEC CJ_AddDel_PROC '$Name', '$Course', '$Score', 1, @r
s OUTPUT";
            $myRs = sqlsrv_query($myCon, $mySql);                          //执行存储过程（使用 sqlsrv 接口）
            $_SESSION['NM'] = '';
            $_SESSION['CS'] = '';
            reflush();
        }
        /*删除功能*/
        if (@$_POST['button'] == '删除'){                                   //单击“删除”按钮
            $mySql = "DECLARE @rs char(20) EXECUTE CJ_AddDel_PROC '$Name', '$Course', '$Score', 2,
 @rs OUTPUT";
            $myRs = $myCon_PDO->query(iconv('gb2312', 'utf-8', $mySql)); //执行存储过程（使用 PDO 接口）
            $_SESSION['NM'] = '';
            $_SESSION['CS'] = '';
            reflush();
        }
        if (@$_POST['button'] == '查询'){
            reflush();
        }
    ?>
```

至此，这个基于 Windows 10 平台 PHP 7/SQL Server 2016 的“学生成绩管理系统”开发完成，用户还可以根据需要自行扩展其他的功能。

实习 2 Java EE 7/SQL Server 2016 学生成绩管理系统

本实习基于 Java EE 7（Struts 2）实现学生成绩管理系统，Web 服务器使用 Tomcat 8.x，访问 SQL Server　2014 数据库。

实习 2.1　Java EE 开发平台搭建

实习 2.1.1　安装软件

1. 安装 JDK 8

由于 SQL Server 2016 本身需要 JDK 才能运行，所以在安装 SQL Server 2016 前已经安装了 JDK。本书安装的版本是 JDK 8 Update 172，安装可执行文件为 jdk-8u172-windows-x64.exe。按照向导的步骤操作，完成后，JRE 安装到了目录“C:\Program Files\Java\jre1.8.0_172”。

这里设置环境变量，以便后面使用。下面是具体设置的方法。

1）打开“环境变量”对话框

右击桌面上的“电脑”图标，选择“属性”选项，在弹出的控制面板主页中单击“高级系统设置”链接项，在弹出的“系统属性”对话框中单击“环境变量”按钮，弹出“环境变量”对话框，操作如图 P2.1 所示。

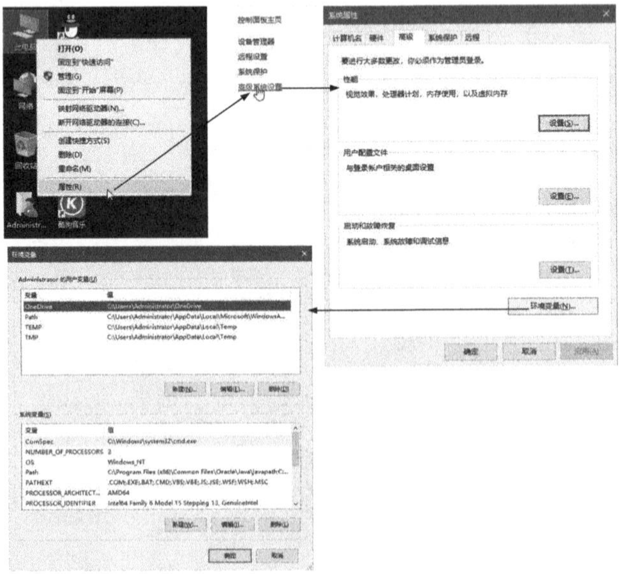

图 P2.1　打开“环境变量”对话框

2）新建系统变量 JAVA_HOME

在“系统变量”列表下单击“新建”按钮，弹出“新建系统变量”对话框。在“变量名”栏中输入“JAVA_HOME”，在“变量值”栏中输入 JDK 安装路径“C:\Program Files\Java\jdk1.8.0_172”，如图 P2.2（a）所示，单击“确定”按钮。

3）设置系统变量 Path

在“系统变量”列表中找到名为“Path”的变量，单击“编辑”按钮，在“编辑环境变量”对话框中加入路径“%JAVA_HOME%\bin”，如图 P2.2（b）所示，单击“确定”按钮。

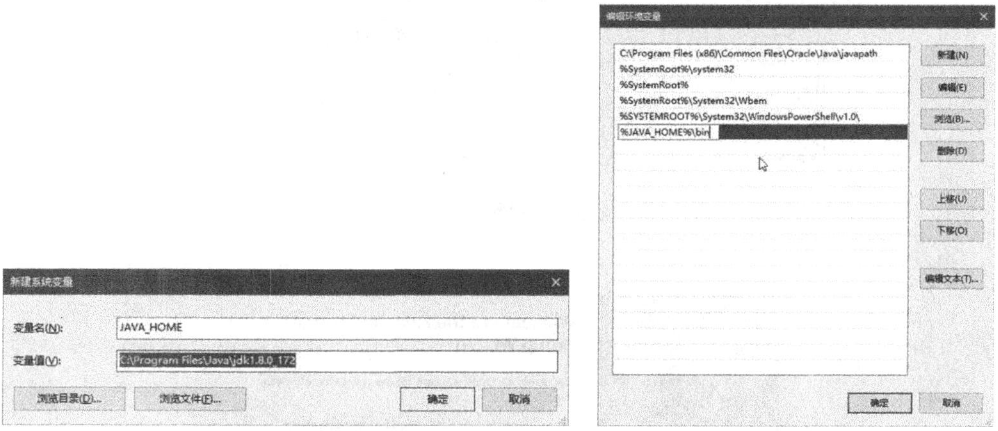

（a）新建 JAVA_HOME 变量　　（b）编辑 Path 变量

图 P2.2　设置环境变量

打开 Windows“命令提示符”窗口，输入“java -version”，如果环境变量设置成功就会出现 Java 的版本信息，如图 P2.3 所示。

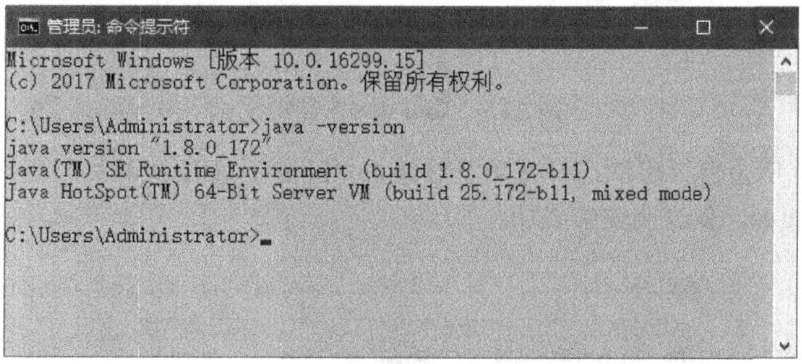

图 P2.3　环境变量设置成功

2. 安装 Tomcat 8

本实习采用最新 Tomcat 8.x 作为承载 Java EE 应用的服务器，可在其官网http://tomcat.apache.org/下载。图 P2.4 是 Tomcat 的发布页，其中，Core 下的 Windows Service Installer（手形鼠标所指）是一个安装版软件，下载获得执行文件 apache-tomcat-8.0.20.exe 后，双击启动安装向导，如图 P2.5 所示，安装过程均取默认选项，不再详细说明。

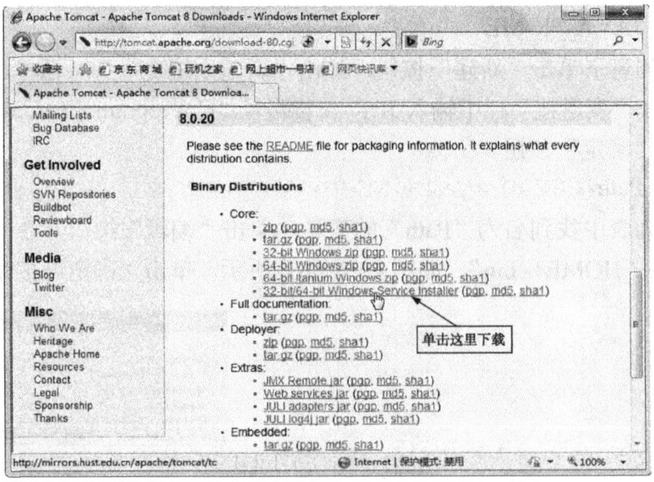

图 P2.4　Apache 官网上的 Tomcat 发布页

图 P2.5　Tomcat 8 安装向导

安装完 Tomcat 后会自行启动，打开浏览器输入“http://localhost:8080”后按回车键测试。若呈现如图 P2.6 所示的页面，就表明安装成功。

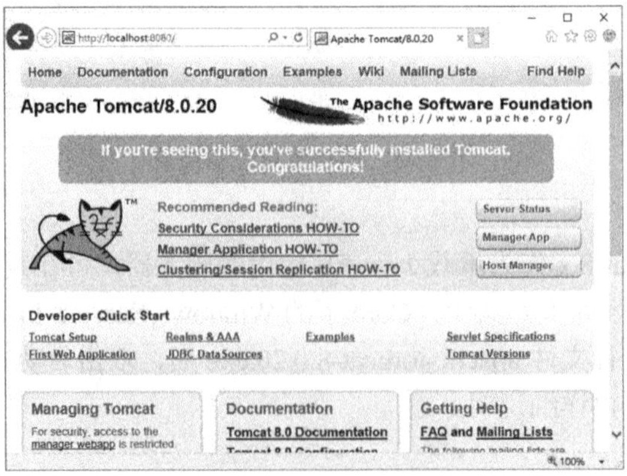

图 P2.6　Tomcat 8 安装成功

3．安装 MyEclipse 2017

MyEclipse 企业级工作平台（MyEclipse Enterprise Workbench，简称 MyEclipse）是一个功能强大的 Java EE集成开发环境（IDE）。由北京慧都科技有限公司与 Genuitec 公司合作运营 MyEclipse 中国官网，其网址为 http://www.myeclipsecn.com/，专为国内用户提供 MyEclipse 软件的下载和技术支持服务，本实习使用的是离线版安装包，文件名为 myeclipse-2017-ci-3-offline-installer-windows.exe，双击启动安装向导，如图 P2.7 所示。

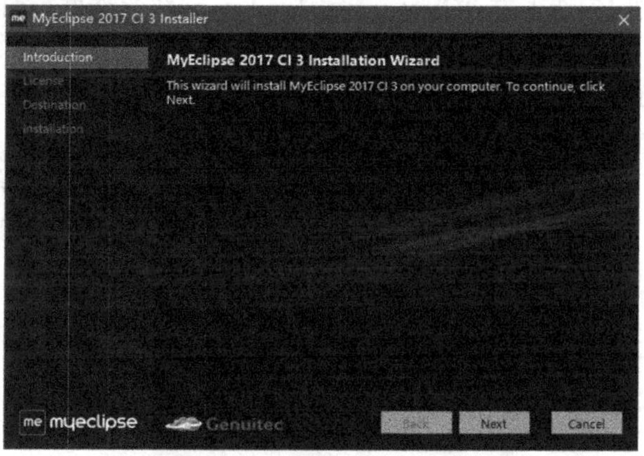

图 P2.7　MyEclipse 2017 安装向导

按照向导的指引往下操作，安装过程从略。

实习 2.1.2　环境整合

1．配置 MyEclipse 2017 所用的 JRE

在 MyEclipse 2017 中内嵌了 Java 编译器，但为了使用最新安装的 JDK，需要手动配置。启动 MyEclipse 2017，选择主菜单“Window”→“Preferences”，出现如图 P2.8 所示的窗口。

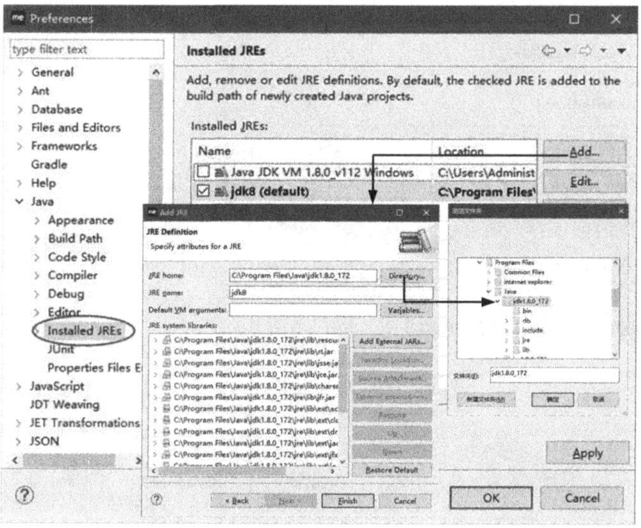

图 P2.8　配置 MyEclipse 2017 的 JRE

在展开的左侧项目树中选中“Java”→“Installed JREs”，单击右边“Add…”按钮，添加自己安装的 JDK 并命名为 jdk8。

2．集成 MyEclipse 2017 与 Tomcat 8

启动 MyEclipse 2017，选择主菜单“Window”→“Preferences”，在展开的左侧项目树中选中“Servers”→“Runtime Environments”项，右区出现“Server Runtime Environments”配置页，单击右侧的“Add…”按钮，弹出“New Server Runtime Environment”对话框，在列表中选“Tomcat”→“Apache Tomcat v8.0”，同时勾选下方“Create a new local server”复选框，如图 P2.9 所示。

单击“Next”按钮，进入“Tomcat Server”页配置服务器路径及 JRE，单击“Tomcat installation directory”栏右侧的“Browse...”按钮，选择本书安装 Tomcat 8 的目录，然后设置 Tomcat 8 所使用的 JRE（直接从 JRE 下拉列表中选），如图 P2.10 所示。

在 MyEclipse 2017 工具栏上单击复合按钮 右边的下箭头，选择“Tomcat v9.0 Server at localhost”→“Start”，主界面下方控制台区就会输出 Tomcat 的启动信息，如图 P2.11 所示，说明服务器已开启。

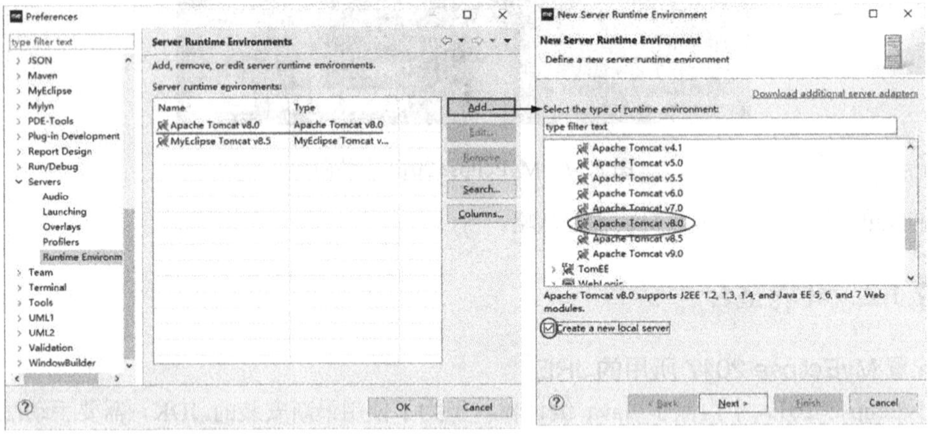

图 P2.9　配置服务器运行时环境

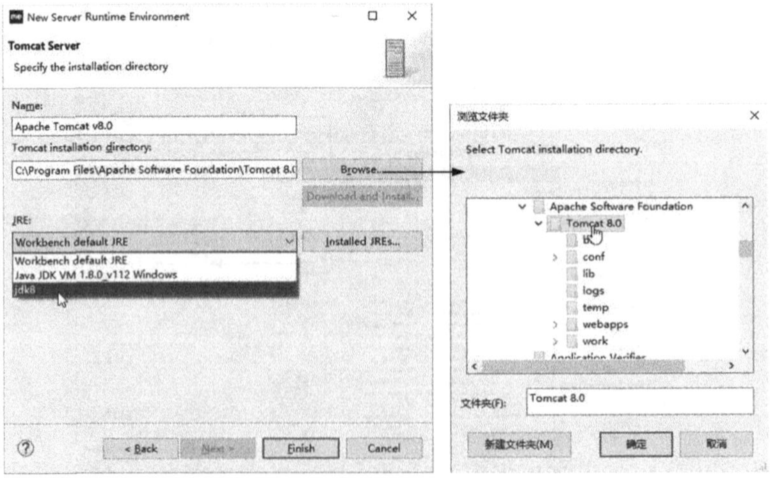

图 P2.10　配置 Tomcat 及其所使用的 JRE

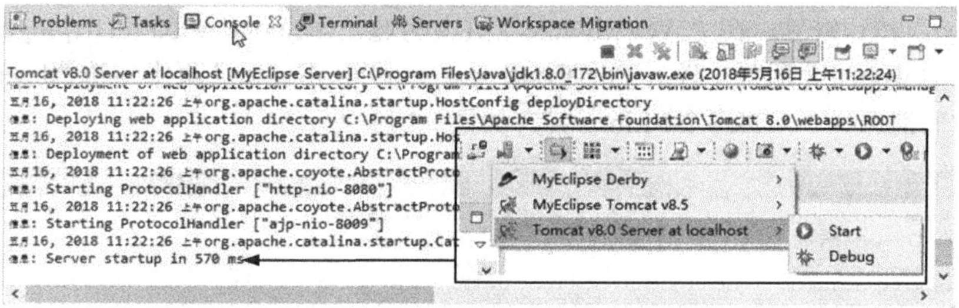

图 P2.11　由 MyEclipse 2017 来启动 Tomcat 8

打开浏览器，输入 http://localhost:8080 后按回车键。如果配置成功，将出现与（图 P2.6）一样的 Tomcat 8 首页，表示 MyEclipse 2017 已经与 Tomcat 8 紧密集成了。

至此，一个以 MyEclipse 2017 为核心的 Java EE 应用开发平台搭建成功。

实习 2.2　创建 Struts 2 项目

实习 2.2.1　创建 Java EE 项目

启动 MyEclipse 2017，选择主菜单“File”→“New”→“Web Project”，出现如图 P2.12 所示的对话框，填写“Project name”栏（项目名）为“WebJavaEEXscj”，在“Java EE version”下拉列表中选择“JavaEE 7 - Web 3.1”，在“Java version”下拉列表中选“1.8”，其余保持默认。

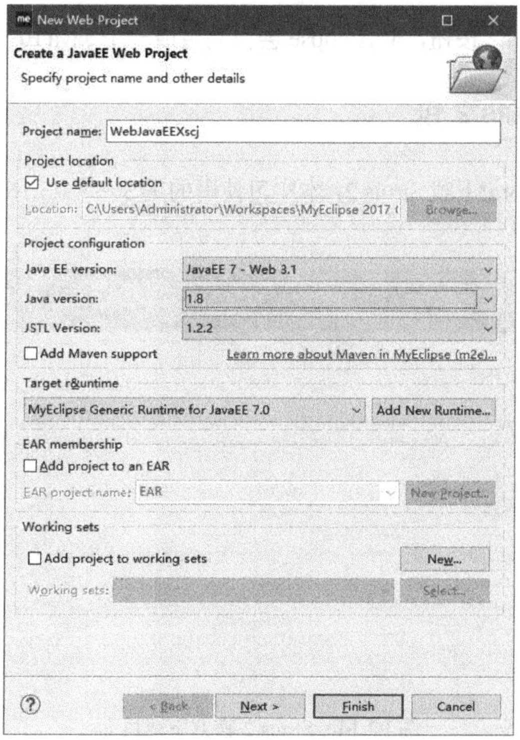

图 P2.12　创建 Java EE 项目

单击“Next”按钮继续，在“Web Module”页中勾选“Generate web.xml deployment descriptor”（自动生成项目的 web.xml 配置文件）；在“Configure Project Libraries”页中勾选“JavaEE 7.0 Generic Library”，同时取消选择“JSTL 1.2.2 Library”，如图 P2.13 所示。

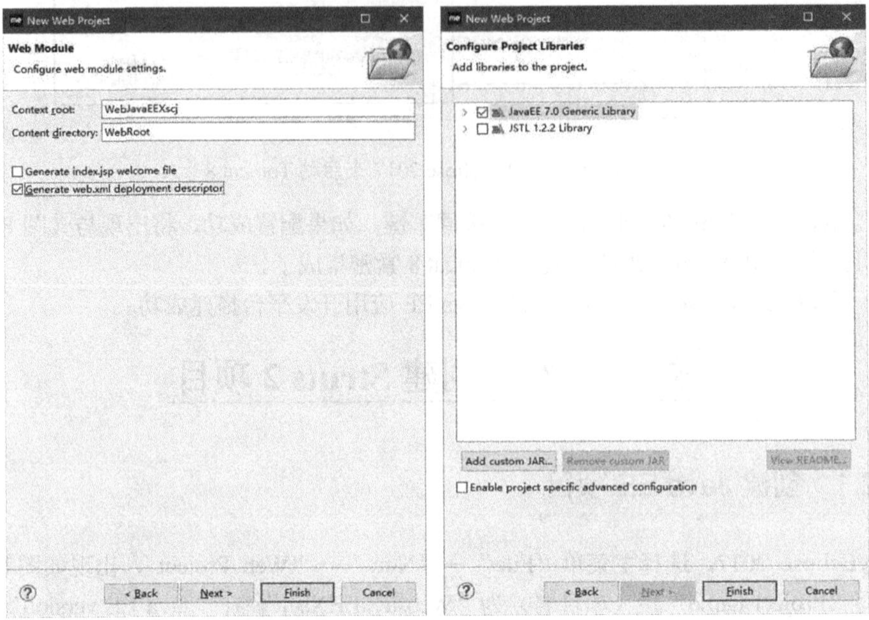

图 P2.13 项目设置

设置完成，单击“Finish”按钮，MyEclipse 会自动生成一个 Java EE 项目。

实习 2.2.2 加载 Struts 2 包

登录 http://struts.apache.org/下载 Struts 2，本实习使用的是 Struts 2.5.16，其官方下载页面如图 P2.14 所示。

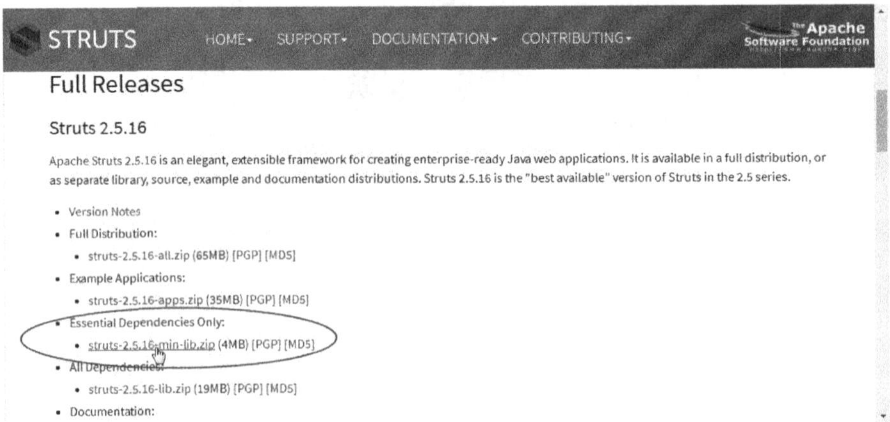

图 P2.14 Struts 2 官方下载页面

在大多数情况下，使用 Struts 2 的 Web 应用并非需要用到 Struts 2 的全部特性，故这里只下载其最小核心依赖库（大小仅为 4MB），单击页面中“Essential Dependencies Only”项下的“struts-2.5.16-min-lib.zip”链接即可。将下载获得的文件 struts-2.5.16-min-lib.zip 解压缩，在其目录 struts-2.5.16-min-lib\struts-2.5.16\lib 下看到有 8 个 jar 包，包括：

（1）Struts 2 的 4 个基本类库。

```
struts2-core-2.5.16.jar
ognl-3.1.15.jar
log4j-api-2.10.0.jar
freemarker-2.3.26-incubating.jar
```

（2）附加的 4 个库。

```
commons-io-2.5.jar
commons-lang3-3.6.jar
javassist-3.20.0-GA.jar
commons-fileupload-1.3.3.jar
```

将它们一起复制到项目的\WebRoot\WEB-INF\lib 路径下。在工作区视图中，右击项目名，从弹出菜单中选择“Refresh”选项进行刷新。打开项目树，展开“Web App Libraries”项可看到这 8 个 jar 包，如图 P2.15 所示，表明 Struts 2 加载成功了。

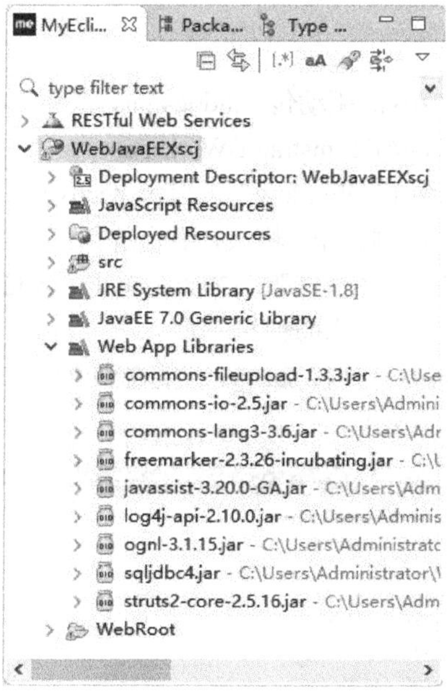

图 P2.15　Struts 2 加载成功

然后，在 WebRoot/WEB-INF 目录下配置 web.xml 文件，代码如下：

```
<?xml version="1.0" encoding="UTF-8"?>
<web-app id="WebApp_9" version="2.4"
    xmlns="http://java.sun.com/xml/ns/j2ee"
    xmlns:xsi="http://www.w3.org/2001/XMLSchema-instance"
    xsi:schemaLocation="http://java.sun.com/xml/ns/j2ee http://java.sun.com/xml/ns/j2ee/web-app_2_4.xsd">
  <filter>
      <filter-name>struts-prepare</filter-name>
      <filter-class>org.apache.struts2.dispatcher.filter.StrutsPrepareFilter</filter-class>
  </filter>
  <filter>
```

```
            <filter-name>struts-execute</filter-name>
            <filter-class>org.apache.struts2.dispatcher.filter.StrutsExecuteFilter</filter-class>
        </filter>
        <filter-mapping>
            <filter-name>struts-prepare</filter-name>
            <url-pattern>/*</url-pattern>
        </filter-mapping>
        <filter-mapping>
            <filter-name>struts-execute</filter-name>
            <url-pattern>/*</url-pattern>
        </filter-mapping>
         <display-name>WebJavaEEXscj</display-name>
        <welcome-file-list>
            <welcome-file>main.jsp</welcome-file>
        </welcome-file-list>
    </web-app>
```

实习 2.2.3 连接 SQL Server 2016

1．配置数据库驱动

从网上下载得到 SQL Server 2016 的驱动包 sqljdbc4.jar，将其存放在某个文件夹中（本实习是存盘在 MyEclipse 2017 的工作区 C:\Users\Administrator\Workspaces\MyEclipse 2017 CI 中）。

启动 MyEclipse 2017，选择主菜单“Window”→“Perspective”→“Open Perspective”→“Database Explorer”，打开 DB Browser（数据库浏览器）模式，右击选择菜单项“New…”，出现如图 P2.16 所示的窗口，在其中编辑 SQL Server 2016 的连接驱动参数，单击“Add JARs”按钮，选择事先准备好的 sqljdbc4.jar 包，单击“Test Driver”按钮测试连接。

完成后，在 DB Browser 中右击打开连接 sqlsrv，若能看到 PXSCJ 数据库中的表，就说明 MyEclipse 2017 已成功地与 SQL Server 2016 相连了。

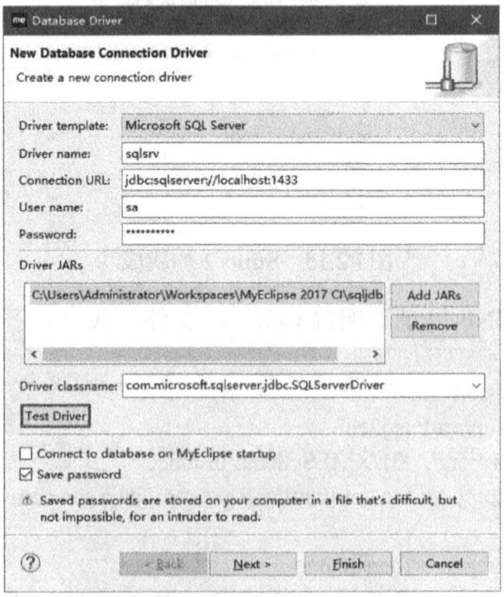

图 P2.16 配置数据库驱动

2. 编写 JDBC 驱动类

接下来编写用于连接 SQL Server 2016 的 Java 类（JDBC 驱动类），在项目 src 下建立 org.easybooks.xscj.jdbc 包，包下创建 SqlCon.java，代码如下：

```
package org.easybooks.xscj.jdbc;
import java.sql.*;
public class SqlCon {
	public static Connection myCon;	//连接对象（定义为“public static”便于程序随时获取和使用该连接）
	static {
		try {
			/**加载并注册 SQL Server 2016 的 JDBC 驱动*/
			Class.forName("com.microsoft.sqlserver.jdbc.SQLServerDriver");
			/**创建到 SQL Server 2016 的连接 */
			myCon = DriverManager.getConnection("jdbc:sqlserver://localhost:1433;databaseName=PXSCJ",
"sa", "njnu123456");
		}catch(Exception e){
			e.printStackTrace();
		}
	}
}
```

3. 构造值对象

为了能用 Java 面向对象方式访问数据库，要预先创建“学生”“成绩”的值对象，它们都位于 src 下 org.easybooks.xscj.vo 包中。

1）“学生”值对象

Student.java 构建“学生”的值对象，代码如下：

```
package org.easybooks.xscj.vo;
public class Student implements java.io.Serializable {
	private String xm;			//姓名
	private byte xb;			//性别
	private String cssj;			//出生日期
	private int kcs;			//已修课程数
	private byte[] zp;			//照片
	public Student() {}			//构造方法
	/**各属性的 getter/setter 方法*/
	/*xm（姓名）属性*/
	public String getXm() {			//getter 方法
		return this.xm;
	}
	public void setXm(String xm) {		//setter 方法
		this.xm = xm;
	}
						//省略其余属性的 getter/setter 方法
	…
}
```

Java 值对象是为实现对数据库面向对象的持久化访问而构造的，它有着固定的格式，包括：属性声明、构造方法及各个属性的 getter/setter 方法，其实质就是一个 JavaBean。值对象的属性成员变量一般要与数据库表的字段一一对应，这样便于将 Java 对象操作映射为对数据库表的操作。各属性的 getter/setter 方法书写形式类同，为节省篇幅，这里省略不写，详见本书提供的完整源代码。

2）“成绩”值对象

Score.java 构建“成绩”的值对象，代码如下：

```
package org.easybooks.xscj.vo;
public class Score implements java.io.Serializable {
        private String xm;                          //姓名
        private String kcm;                         //课程名
        private int cj;                             //成绩
        public Score() {}                           //构造方法
        /**各属性的 getter/setter 方法*/
        ...
}
```

实习 2.3　系统主页设计

实习 2.3.1　创建 JSP 环境

本系统主界面采用框架网页实现，下面先给出各前端网页的 html 源码。

1．启动页

启动页面为 index.html，代码如下：

```
<html>
<head>
        <meta http-equiv="Content-Type" content="text/html; charset=utf-8"/>
        <title>学生成绩管理系统</title>
</head>
<body topMargin="0" leftMargin="0" bottomMargin="0" rightMargin="0">
        <table width="675" border="0" align="center" cellpadding="0" cellspacing="0" style="width: 778px; ">
                <tr>
                        <td><img src="images/学生成绩管理系统.gif" width="790" height="97"></td>
                </tr>
                <tr>
                        <td><iframe src="main_frame.html" width="790" height="313"></iframe></td>
                </tr>
                <tr>
                        <td><img src="images/底端图片.gif" width="790" height="32"></td>
                </tr>
        </table>
</body>
</html>
```

页面分上、中、下三部分，其中上、下两部分都只是一张图片，中间部分为一框架页（加黑代码为源文件名），运行时可往框架页中加载具体的导航页和相应功能页面。

2．框架页

框架页为 main_frame.html，代码如下：

```
<html>
<frameset cols="217,*">
        <frame frameborder=0 src="http://localhost:8080/WebJavaEEXscj" name="frmleft" scrolling=
"no" noresize>
        <frame frameborder=0 src="body.html" name="frmmain" scrolling="no" noresize>
```

```
</frameset>
</html>
```

其中，加黑处“http://localhost:8080/WebJavaEEXscj”默认装载的是系统导航页 main.jsp（因在之前 web.xml 文件中已配置了<welcome-file-list>元素的<welcome-file>），页面装载后位于框架左区。框架右区则用于显示各个功能页面，初始默认为 body.html，代码如下：

```
<html>
<head>
    <meta http-equiv="Content-Type" content="text/html; charset=utf-8"/>
</head>
<body topMargin="0" leftMargin="0" bottomMargin="0" rightMargin="0">
    <img src="images/主页.gif" width="678" height="500">
</body>
</html>
```

这只是一个填充了背景图片的空白页，在运行时，系统会根据用户操作，往框架右区中动态加载不同功能的 JSP 页来替换该页。在项目\WebRoot 目录下创建 images 文件夹，放入用到的三幅图片资源：“学生成绩管理系统.gif”“底端图片.gif”“主页.gif”。右击项目名，从弹出的菜单中选择“Refresh”选项刷新。

实习 2.3.2　功能导航

本系统的导航页上有两个按钮，单击可分别进入“学生管理”“成绩管理”两个不同功能的界面，如图 P2.17 所示。

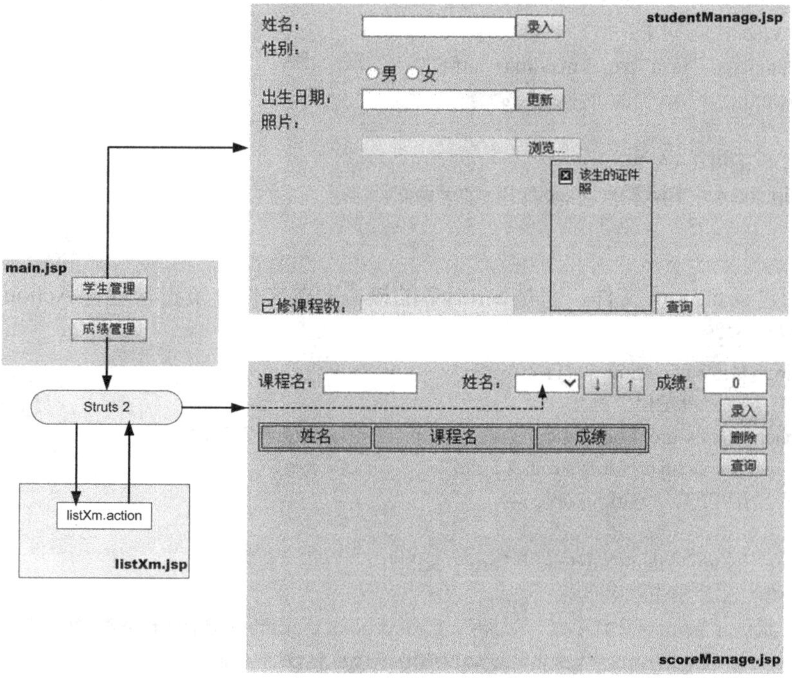

图 P2.17　功能导航

其中，“成绩管理”界面需要预先加载“姓名”下拉列表，可通过 listXm.jsp 页上的一个 Action（listXm）来实现，用户单击“成绩管理”按钮时就会触发这个 Action，在 Struts 2 控制下，调用相应的程序模块来实现加载功能，完成后再由 Struts 2 控制页面跳转到“成绩管理”功能界面（scoreManage.jsp）。

源文件 main.jsp 实现功能导航页面，代码如下：

```
<%@ page language="java" pageEncoding="gb2312"%>
<html>
<head>
    <title>功能选择</title>
</head>
<body bgcolor="D9DFAA">
    <table bgcolor="D9DFAA" width="200" height="85">
        <tr>
            <td align="center"><input type="button" value="学生管理" onclick="parent.frmmain.location
='studentManage.jsp'"></td>
        </tr>
        <tr>
            <td align="center"><input type="button" value="成绩管理" onclick="parent.frmmain.location
='listXm.jsp'"></td>
        </tr>
    </table>
</body>
</html>
```

加黑处是两个导航按钮分别要定位到的 JSP 源文件：studentManage.jsp 实现“学生管理”功能界面（具体内容将在稍后介绍），listXm.jsp 上安置一个 Action（listXm），它的功能是往“成绩管理”界面上的“姓名”下拉列表中加载所有学生的姓名。

编写 listXm.jsp 代码如下：

```
<%@ page language="java" pageEncoding="utf-8"%>
<%@ taglib prefix="s" uri="/struts-tags" %>
<html>
<body bgcolor="D9DFAA">
    <s:action name="listXm" executeResult="true"/>
</body>
</html>
```

在 src 下创建 struts.xml 文件，它是 Struts 2 的核心配置文件，负责管理各 Action 控制器到 JSP 页间的跳转，配置如下：

```
<?xml version="1.0" encoding="UTF-8" ?>
<!DOCTYPE struts PUBLIC
    "-//Apache Software Foundation//DTD Struts Configuration 2.5//EN"
    "http://struts.apache.org/dtds/struts-2.5.dtd">
<!-- START SNIPPET: xworkSample -->
<struts>
    <package name="default" extends="struts-default">
        <!-- 加载学生姓名 -->
        <action name="listXm" class="org.easybooks.xscj.action.StudentAction" method="listXm">
            <result name="result">scoreManage.jsp</result>
        </action>
    </package>
</struts>
<!-- END SNIPPET: xworkSample -->
```

配置文件中定义了 name 为 showAll 的 Action。当客户端发出 showAll.actionURL 请求时，Struts 2 会根据 class 属性调用相应 Action 类（这里是 org.easybooks.xscj.action 包中的 ScoreAction 类）。method 属性指定该类中有一个 showAll()方法，将常量 struts.enable.DynamicMethodInvocation 的值设为 true，Struts 2 就会自动调用此方法来处理用户的请求，处理完后该方法返回“result”字符串，请求被转发到/scoreManage.jsp 页（“成绩管理”界面）。

实习 2.3.3　部署项目

单击工具栏的 （Manage Deployments…）按钮，弹出“Manage Deployments”对话框，如图 P2.18 所示，在“Module”栏下拉列表中选择本项目名“WebJavaEEXscj”，此时右侧“Add...”按钮变为可用。

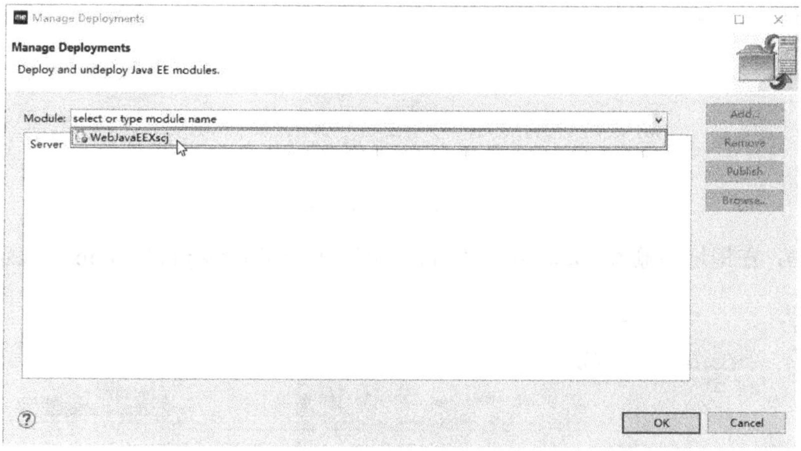

图 P2.18　选择要部署的项目模块

单击“Add...”按钮后，弹出“Deploy modules.”对话框，如图 P2.19 所示。

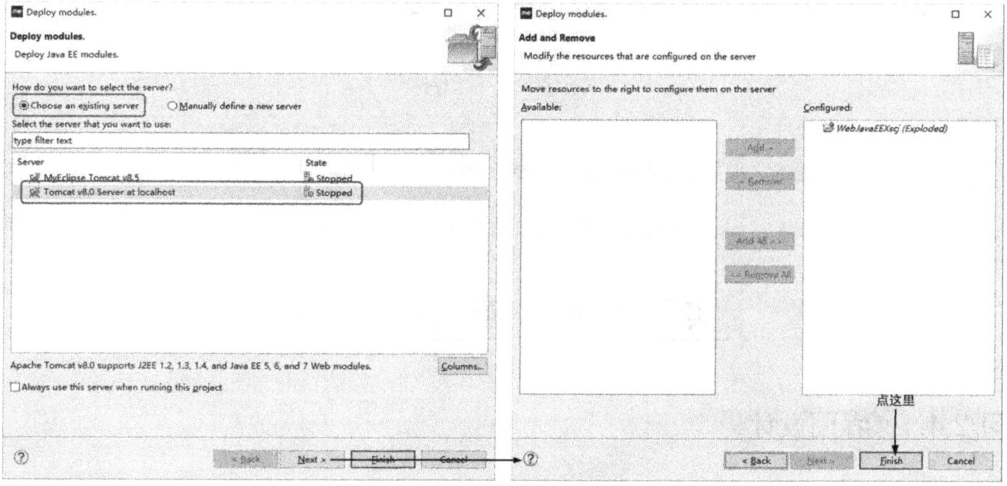

图 P2.19　选择目标服务器

在“Deploy modules.”页选择项目要部署到的目标服务器，选中上方的“Choose an existing server”选项，在列表里选择服务器“Tomcat v8.0 Server at localhost”；单击“Next”按钮进入“Add and Remove”

页，于该页上添加/移除要配置到服务器的其他资源，由于本实习仅有一个单独的项目，并无额外的资源需要配置，故直接单击底部的“Finish”按钮即可。

完成后回到“Manage Deployments”对话框，可以看到列表中多了“WebJavaEEXscj Exploded”一项，表明项目已成功地部署到 Tomcat 8 服务器上，如图 P2.20 所示，单击“OK”按钮确认。

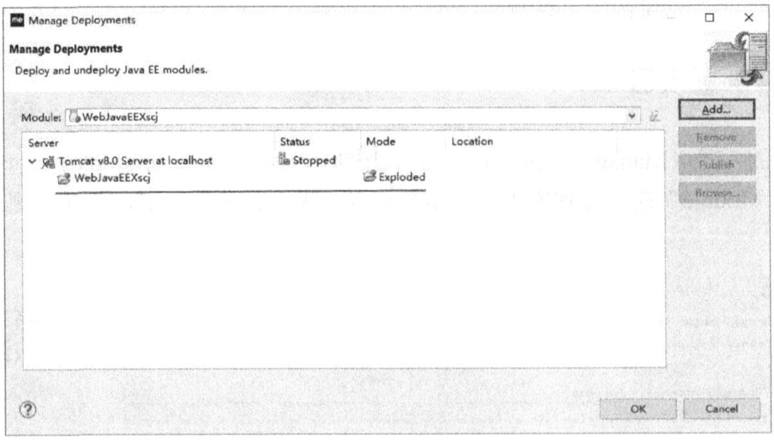

图 P2.20 部署成功

打开浏览器，在地址栏输入：http://localhost:8080/WebJavaEEXscj/index.html，显示如图 P2.21 所示的页面。

图 P2.21 “学生成绩管理系统”主页

实习 2.4 学生管理

实习 2.4.1 界面设计

“学生管理”功能界面，如图 P2.22 所示。

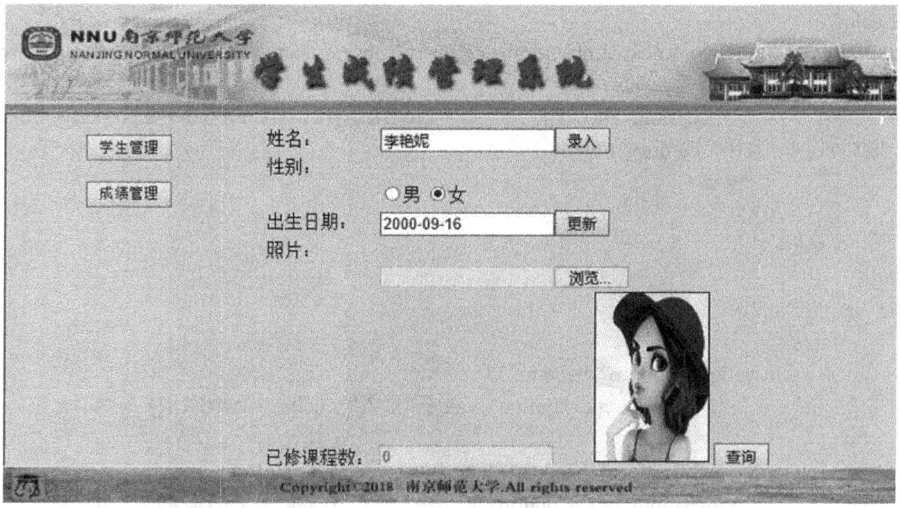

图 P2.22 “学生管理”功能界面

它由源文件 studentManage.jsp 实现，代码如下：

```
<%@ page language="java" pageEncoding="utf-8"%>
<%@ taglib prefix="s" uri="/struts-tags" %>
<html>
<body bgcolor="D9DFAA">
<s:set var="student" value="#request.student"/>
<s:form name="frm" method="post" enctype="multipart/form-data">
<table>
<tr>
	<td>
		<table>
			<tr>
				<td>姓名：</td>
				<td><input type="text" name="xm" value="<s:property value="#student.xm"/>"/></td>
			</tr>
			<tr>
				<td>性别：</td>
				<td><s:radio list="#{1:'男',0:'女'}" name="student.xb" value="#student.xb"/>
			</tr>
			<tr>
				<td>出生日期：</td>
				<td><input type="text" name="student.cssj" value="<s:property value="#student.cssj"/>" /></td>
			</tr>
			<tr>
				<td>照片：</td>
				<td><s:file name="filename" accept="image/*" size="30" onchange="document.all['image'].src=this.value;"/></td>
			</tr>
			<tr valign="bottom">
				<td>已修课程数：</td>
				<td>
					<input type="text" name="student.kcs" size="5" value="<s:property value="#stud
```

```
ent.kcs"/>" disabled/>
                                               &nb
sp;  
                                    <img alt="证件照" src="getImage.action?xm=<s:property value="#student.x
m"/>" width="80" height="110" border="1"/>
                              </td>
                        </tr>
                  </table>
            </td>
            <td valign="top">
                  <table>
                        <tr valign="bottom" height="35">
                              <td><input type="button" value="录入" onclick="addXs()"/></td>
                        </tr>
                        <tr valign="bottom" height="35">
                              <td><input type="button" value="删除" onclick="delXs()"/></td>
                        </tr>
                        <tr valign="bottom" height="35">
                              <td><input type="button" value="更新" onclick="uptXs()"/></td>
                        </tr>
                        <tr>
                              <td></td>
                        </tr>
                        <tr valign="bottom" height="170">
                              <td ><input type="button" value="查询" onclick="queXs()"/></td>
                        </tr>
                  </table>
            </td>
      </tr>
      </table>
      <s:property value="msg"/>
      </s:form>
      </body>
      </html>
      <script type="text/javascript">
      function addXs() {                                          //addXs()方法录入学生信息
            document.frm.action="addXs.action";                   //触发名为 addXs 的 Action
            document.frm.submit();
      }
      function delXs() {                                          //delXs()方法删除学生信息
            document.frm.action="delXs.action";                   //触发名为 delXs 的 Action
            document.frm.submit();
      }
      function uptXs() {                                          //uptXs()方法更新学生信息
            document.frm.action="uptXs.action";                   //触发名为 uptXs 的 Action
            document.frm.submit();
      }
      function queXs() {                                          //queXs()方法查询学生信息
            document.frm.action="queXs.action";                   //触发名为 queXs 的 Action
            document.frm.submit();
```

```
}
</script>
```

这里，在紧接着网页 html 代码之后定义有一段 JavaScript 脚本，当用户单击页面上不同按钮时会调用不同的 JavaScript 函数，这些函数分别触发其对应的 Action（加黑处）的功能。页面上控制器 getImage.action（已加黑）则用于实时显示当前学生的照片，实现代码在 StudentAction 类的 getImage() 方法中（稍后给出）。

实习 2.4.2 功能实现

1. 实现控制器

本实习的“学生管理”模块将对学生信息的增、删、改、查操作功能都统一在控制器 StudentAction 类中实现，其源文件 StudentAction.java 位于 src 下的 org.easybooks.xscj.action 包中，代码如下：

```
package org.easybooks.xscj.action;                            //Action 所在的包
/**导入所需的类和包*/
import org.easybooks.xscj.vo.*;
import org.easybooks.xscj.jdbc.*;
import java.io.*;
import java.util.*;
import com.opensymphony.xwork2.*;
import javax.servlet.http.HttpServletResponse;
import org.apache.struts2.ServletActionContext;
import javax.servlet.ServletOutputStream;
public class StudentAction extends ActionSupport {
    /** StudentAction 的属性声明*/
    private String xm;                                        //姓名
    private File filename;                                    //照片文件
    private Student student;                                  //学生值对象
    private String msg;                                       //操作结果的消息提示文字
    /**以下为 StudentAction 各属性的 getter/setter 方法*/
    ...
    public void refresh(Student student) {                    //用于在页面上回显学生信息的刷新方法
        Map request = (Map)ActionContext.getContext().get("request");
        request.put("student", student);                      //将刷新后新的学生信息放到请求中
    }

    public Student upload_ZP(Student student) throws Exception {    //用学生值对象获取上传的照片
        FileInputStream fs = new FileInputStream(getFilename());    //创建文件输入流
        byte[] data = new byte[fs.available()];               //定义字节数组
        fs.read(data);                                        //读取的照片数据存放在字节数组中
        student.setZp(data);                                  //给值对象设置照片值
        return student;
    }

    public String listXm() {                                  //初始加载所有学生的姓名和成绩
        StudentJdbc stuJ = new StudentJdbc();
        List<Student> stuList = stuJ.showName();              //通过业务逻辑对象的方法获取所有学生对象
        Map request = (Map)ActionContext.getContext().get("request");
        request.put("studentList", stuList);                  //存放在列表中
        ScoreJdbc scoJ = new ScoreJdbc();
```

```
        Score cj = new Score();
        cj.setXm("");
        cj.setKcm("");
        request.put("scoreList", scoJ.query_CJ(cj));                //通过业务逻辑对象查询所有学生的成绩
        return "result";
    }
    /** addXs()方法实现录入学生信息*/
    public String addXs() throws Exception {
        StudentJdbc stuJ = new StudentJdbc();
        Student xs = new Student();                                 //创建学生值对象
        xs.setXm(getXm());
        if(stuJ.query_XS(xs) != null) {                             //先检查 XS 表中是否已有该生的记录
            setMsg("该生的记录已存在。");
            return "result";
        }
        /*通过学生值对象收集表单数据*/
        xs.setXb(student.getXb());
        xs.setCssj(student.getCssj());
        if(stuJ.insert_XS(xs) != null) {                            //传给业务逻辑类以执行添加操作
            setMsg("录入成功！");
            if(getFilename() != null) refresh(upload_ZP(xs));       //如果有照片上传的情况
            else refresh(xs);                                       //刷新回显新录入的学生信息
        }
        return "result";
    }
    /** getImage()方法实现获取和显示当前学生照片*/
    public String getImage() throws Exception {
        HttpServletResponse response = ServletActionContext.getResponse();   //创建 Servlet 响应对象
        StudentJdbc stuJ = new StudentJdbc();                                //创建 JDBC 业务逻辑对象
        byte[] img = stuJ.get_Zp(getXm());                          //通过业务逻辑对象获取该生的照片
        response.setContentType("image/jpeg");                      //设置响应的内容类型
        ServletOutputStream os = response.getOutputStream();        //Servlet 获取输出流
        if(img != null && img.length != 0) {                        //如果存在照片数据
            for(int i = 0; i < img.length; i++) {
                os.write(img[i]);                                   //将照片数据写入输出流中
            }
            os.flush();
        }
        return NONE;
    }
    /** delXs()方法实现删除学生信息*/
    public String delXs() throws Exception {
        StudentJdbc stuJ = new StudentJdbc();                       //创建 JDBC 业务逻辑对象
        Student xs = new Student();                                 //创建学生值对象
        xs.setXm(getXm());                                          //通过值对象获取要删的学生姓名
        if(stuJ.delete_XS(xs)) {                                    //传给业务逻辑类以执行删除操作
            setMsg("学生 " + getXm() + "的记录已删。");
            xs.setXm("");
            refresh(xs);
        }
        return "result";
```

```
        }
        /** uptXs()方法实现更新学生信息*/
        public String uptXs() throws Exception {
            StudentJdbc stuJ = new StudentJdbc();                          //创建 JDBC 业务逻辑对象
            Student xs = new Student();                                    //创建学生值对象
            /*通过学生值对象收集表单数据*/
            xs.setXm(getXm());
            xs.setXb(student.getXb());
            xs.setCssj(student.getCssj());
            if(stuJ.update_XS(xs) != null) {                               //业务逻辑类执行更新操作
                setMsg("更新成功！");
                if(getFilename() != null) refresh(upload_ZP(xs));          //如果有照片上传的情况
                else refresh(xs);
            }
            return "result";
        }
        /** queXs()方法实现查询学生信息*/
        public String queXs() throws Exception {
            StudentJdbc stuJ = new StudentJdbc();                          //创建 JDBC 业务逻辑对象
            Student xs = new Student();                                    //创建学生值对象
            xs.setXm(getXm());                                      //通过值对象获取要查找的学生姓名
            if(stuJ.query_XS(xs) != null) {refresh(xs);}            //传给业务逻辑类以执行查询操作
            return "result";
        }
}
```

2. 实现业务逻辑

业务逻辑中的方法直接与 JDBC 接口打交道，以实现对 SQL Server 2016 的操作，它位于 org.easybooks.xscj.jdbc 包下，本实习中操作学生信息的业务逻辑都写在 StudentJdbc.java 中，代码如下：

```
package org.easybooks.xscj.jdbc;                               //业务逻辑类所在的包
/**导入所需的类和包*/
import org.easybooks.xscj.vo.*;
import java.sql.*;
import java.util.*;
public class StudentJdbc {
    private String mySql = "";
    private PreparedStatement myPsmt = null;                   //预处理 SQL 语句对象
    private ResultSet myRs = null;                             //结果集对象

    public List showName() {                                   //初始获取所有学生的姓名列表
        try {
            mySql = "select distinct(XM) from XS";
            myPsmt = SqlCon.myCon.prepareStatement(mySql);  //获取静态连接、预编译语句
            myRs = myPsmt.executeQuery();
            List studentList = new ArrayList();                //创建列表数据结构用于存放学生
            while(myRs.next()) {
                Student stu = new Student();
                stu.setXm(myRs.getString("XM"));
                studentList.add(stu);                          //往列表中添加学生
            }
            return studentList;                                //返回列表
```

```
        }catch(Exception e){return null;}
    }
    /**录入学生*/
    public Student insert_XS(Student student) {
        try {
            mySql = "insert into XS values(?,?,?,0,null)";    //录入操作的 SQL 语句
            myPsmt = SqlCon.myCon.prepareStatement(mySql);  //预编译语句
            /*下面开始收集学生数据参数*/
            myPsmt.setString(1, student.getXm());            //姓名
            myPsmt.setByte(2, student.getXb());              //性别
            myPsmt.setString(3, student.getCssj());          //出生时间
            myPsmt.execute();                                //执行语句
            return student;                                  //返回学生值对象给 StudentAction
        }catch(Exception e){return null;}
    }
    /**获取某个学生的照片*/
    public byte[] get_Zp(String name) {
        try {
            mySql = "select ZP from XS where XM ='" + name + "'";
            myPsmt = SqlCon.myCon.prepareStatement(mySql);  //获取静态连接、预编译语句
            myRs = myPsmt.executeQuery();                    //执行语句，返回所获得的学生照片
            if(myRs.next()) return myRs.getBytes("ZP");      //不为空表示有照片
            return null;
        }catch(Exception e){return null;}
    }
    /**删除学生*/
    public boolean delete_XS(Student student) {
        try {
            mySql = "delete from XS where XM ='" + student.getXm() + "'";
                                                  //SQL 语句从值对象中获取要删的学生姓名
            myPsmt = SqlCon.myCon.prepareStatement(mySql);  //预编译语句
            myPsmt.execute();                                //执行删除操作
            return true;                                     //返回 true 表示删除成功
        }catch(Exception e){return false;}
    }
    /**更新学生信息*/
    public Student update_XS(Student student) {
        try {
            mySql = "update XS set XM=?, XB=?, CSSJ=? where XM ='" + student.getXm() + "'";
                                                  //更新操作的 SQL 语句
            myPsmt = SqlCon.myCon.prepareStatement(mySql);  //预编译语句
            /*下面开始收集要更新的数据参数*/
            myPsmt.setString(1, student.getXm());            //姓名
            myPsmt.setByte(2, student.getXb());              //性别
            myPsmt.setString(3, student.getCssj());          //出生时间
            myPsmt.execute();                                //执行语句
            return student;                                  //返回值对象给 StudentAction
        }catch(Exception e){return null;}
    }
    /**查询学生*/
    public Student query_XS(Student student) {
```

```
        try {
            mySql = "select * from XS where XM ='" + student.getXm() + "'";
                                                  //SQL 语句从值对象中获取要查找的学生姓名
            myPsmt = SqlCon.myCon.prepareStatement(mySql);  //预编译语句
            myRs = myPsmt.executeQuery();                   //执行语句，返回所查询的学生信息
            if(myRs.next()) {                               //返回结果集不为空
                /*用学生值对象保存查到的学生各项信息*/
                student.setXm(myRs.getString("XM"));        //姓名
                student.setXb(myRs.getByte("XB"));          //性别
                student.setCssj(myRs.getString("CSSJ"));    //出生时间
                student.setKcs(myRs.getInt("KCS"));         //已修课程数
                student.setZp(myRs.getBytes("ZP"));         //照片
                return student;                             //返回学生值对象给 StudentAction
            }
            return null;
        }catch(Exception e){return null;}
    }
    /**更新照片*/
    public Student update_ZP(Student student) {
        try {
            mySql = "update XS set ZP=? where XM ='" + student.getXm() + "'";
                                                  //从值对象中获取要更新照片的学生姓名
            myPsmt = SqlCon.myCon.prepareStatement(mySql);  //预编译语句
            myPsmt.setBytes(1, student.getZp());            //通过学生值对象获取照片数据
            myPsmt.execute();                               //执行语句
            return student;                                 //返回学生值对象给 StudentAction
        }catch(Exception e){return null;}
    }
}
```

3. 配置 struts.xml

在 struts.xml 中加入如下代码：

```
<!-- 录入学生 -->
<action name="addXs" class="org.easybooks.xscj.action.StudentAction" method="addXs">
    <result name="result">studentManage.jsp</result>
</action>
<!-- 获取照片 -->
<action name="getImage" class="org.easybooks.xscj.action.StudentAction" method="getImage"/>
<!-- 删除学生 -->
<action name="delXs" class="org.easybooks.xscj.action.StudentAction" method="delXs">
    <result name="result">studentManage.jsp</result>
</action>
<!-- 更新学生 -->
<action name="uptXs" class="org.easybooks.xscj.action.StudentAction" method="uptXs">
    <result name="result">studentManage.jsp</result>
</action>
<!-- 查询学生 -->
<action name="queXs" class="org.easybooks.xscj.action.StudentAction" method="queXs">
    <result name="result">studentManage.jsp</result>
</action>
```

实习 2.5 成绩管理

实习 2.5.1 界面设计

“成绩管理”功能界面，如图 P2.23 所示。

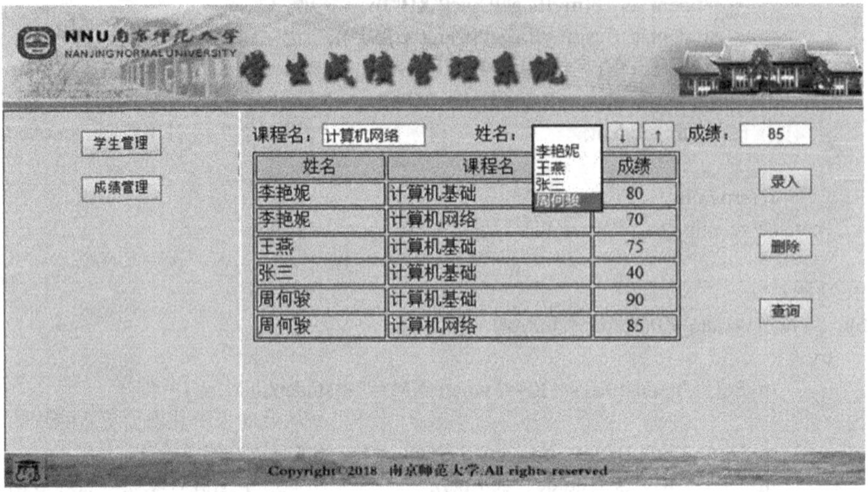

图 P2.23 “成绩管理”功能界面

它由源文件 scoreManage.jsp 实现，代码如下：

```
<%@ page language="java" pageEncoding="utf-8"%>
<%@ taglib prefix="s" uri="/struts-tags" %>
<html>
<body bgcolor="D9DFAA">
<s:set var="score" value="#request.score"/>
<s:form name="frm" method="post" enctype="multipart/form-data">
<table>
    <tr>
        <td>课程名：<input type="text" name="kcm" value="<s:property value="#score.kcm"/>" size="10" /> </td>
        <td>
            姓名：
            <!-- 以下 JS 代码是为了保证在页面刷新后，下拉列表中仍然保持着之前的选中项 -->
            <script type="text/javascript">
                function setCookie(name, value) {
                    var exp = new Date();
                    exp.setTime(exp.getTime() + 24 * 60 * 60 * 1000);
                    document.cookie = name + "=" + escape(value) + ";expires=" + exp.toGMTString();
                }
                function getCookie(name) {
                    var regExp = new RegExp("(^| )" + name + "=([^;]*)(;|$)");
                    var arr = document.cookie.match(regExp);
                    if(arr == null) {
                        return null;
```

```
                }
                return unescape(arr[2]);
            }
        </script>
        <select name="score.xm" id="select_1" onclick="setCookie('select_1',this.selectedIndex)">
            <option selected="selected"></option>
            <s:iterator var="stu" value="#request.studentList">
                <option value="<s:property value="#stu.xm"/>">
                    <s:property value="#stu.xm"/>
                </option>
            </s:iterator>
        </select>
        <script type="text/javascript">
            var selectedIndex = getCookie("select_1");
            if(selectedIndex != null) {
                document.getElementById("select_1").selectedIndex = selectedIndex;
            }
        </script>
        <input type="button" value=" ↓ "/>
        <input type="button" value=" ↑ "/>
         
    </td>
    <td>成绩：<input type="text" name="cj" style="text-align: center" size="5" value="0"/></td>
</tr>
<tr>
    <td rowspan="3" colspan="2">
        <table border="1" width="390">
            <tr bgcolor="#CCCCC0">
                <td align="center">姓名</td>
                <td align="center">课程名</td>
                <td align="center">成绩</td>
            </tr>
            <s:iterator value="#request.scoreList" var="score">
                <tr>
                    <td><s:property value="#score.xm"/> </td>
                    <td><s:property value="#score.kcm"/> </td>
                    <td align="center"><s:property value="#score.cj"/></td>
                </tr>
            </s:iterator>
        </table>
    </td>
    <td align="right"><input type="button" value="录入" onclick="addCj()"/></td>
</tr>
<tr>
    <td align="right"><input type="button" value="删除" onclick="delCj()"/></td>
</tr>
<tr>
    <td align="right"><input type="button" value="查询" onclick="queCj()"/></td>
</tr>
</table>
</s:form>
```

```
</body>
</html>
<script type="text/javascript">
function addCj() {                                          //addCj()方法录入学生成绩
      document.frm.action="addCj.action";                   //触发名为 addCj 的 Action
      document.frm.submit();
}
function delCj() {                                          //delCj()方法删除学生成绩
      document.frm.action="delCj.action";                   //触发名为 delCj 的 Action
      document.frm.submit();
}
function queCj() {                                          //queCj()方法查询学生成绩
      document.frm.action="queCj.action";                   //触发名为 queCj 的 Action
      document.frm.submit();
}
</script>
```

这里同样用 JavaScript 脚本函数实现在同一个页面上多个按钮各自触发不同 Action 的功能。

实习 2.5.2 功能实现

1. 实现控制器

本实习的“成绩管理”模块将对成绩记录的录入、删除和查询操作功能，都统一集中在控制器 ScoreAction 类中实现，其源文件 ScoreAction.java 也位于 src 下的 org.easybooks.xscj.action 包中，代码如下：

```
package org.easybooks.xscj.action;                          //Action 所在的包
/**导入所需的类和包*/
import org.easybooks.xscj.vo.*;
import org.easybooks.xscj.jdbc.*;
import java.util.*;
import com.opensymphony.xwork2.*;
public class ScoreAction extends ActionSupport {
      /** ScoreAction 的属性声明*/
      private String kcm;                                   //课程名
      private int cj;                                       //成绩
      private Score score;                                  //成绩值对象
      /**以下为 ScoreAction 各属性的 getter/setter 方法（略）*/
      …
      /** addCj()方法实现录入成绩*/
      public String addCj() throws Exception {
            ScoreJdbc scoJ = new ScoreJdbc();
            Score cj = new Score();                         //用成绩值对象存储和传递录入内容
            cj.setXm(score.getXm());
            cj.setKcm(getKcm());
            cj.setCj(getCj());
            scoJ.insert_CJ(cj);                             //传给业务逻辑类以执行录入操作
            cj.setXm("");
            cj.setKcm("");
            Map request = (Map)ActionContext.getContext().get("request");
            request.put("scoreList", scoJ.query_CJ(cj));    //实时查询回显操作结果
            return "result";
```

```
    }
    /** delCj()方法实现删除成绩*/
    public String delCj() throws Exception {
        ScoreJdbc scoJ = new ScoreJdbc();
        Score cj = new Score();                          //用成绩值对象传递操作内容
        cj.setXm(score.getXm());
        cj.setKcm(getKcm());
        cj.setCj(getCj());
        scoJ.delete_CJ(cj);                              //由业务逻辑类来执行删除操作
        cj.setXm("");
        cj.setKcm("");
        Map request = (Map)ActionContext.getContext().get("request");
        request.put("scoreList", scoJ.query_CJ(cj));     //实时查询回显操作结果
        return "result";
    }
    /** queCj()方法实现查询成绩*/
    public String queCj() {
        ScoreJdbc scoJ = new ScoreJdbc();
        Score cj = new Score();                          //用成绩值对象传递操作内容
        cj.setXm(score.getXm());
        cj.setKcm(getKcm());
        Map request = (Map)ActionContext.getContext().get("request");
        request.put("scoreList", scoJ.query_CJ(cj));     //业务逻辑类执行查询
        return "result";
    }
}
```

2. 实现业务逻辑

本实习中操作成绩记录的业务逻辑都写在 ScoreJdbc.java 中，代码如下：

```
package org.easybooks.xscj.jdbc;                         //业务逻辑类所在的包
/**导入所需的类和包*/
import org.easybooks.xscj.vo.*;
import java.sql.*;
import java.util.*;
public class ScoreJdbc {
    private String mySql = "";
    private CallableStatement myCsmt = null;             //可调用 SQL 语句对象
    private PreparedStatement myPsmt = null;             //预处理 SQL 语句对象
    private ResultSet myRs = null;                       //结果集对象
    /**录入成绩*/
    public boolean insert_CJ(Score score) {
        try {
            mySql = "DECLARE @rs char(20) EXEC CJ_AddDel_PROC ?, ?, ?, 1, @rs OUTPUT";
                                                         //调用存储过程 CJ_AddDel_PROC 录入成绩
            myPsmt = SqlCon.myCon.prepareStatement(mySql);     //预编译语句
            //给存储过程赋参数值
            myPsmt.setString(1, score.getXm());
            myPsmt.setString(2, score.getKcm());
            myPsmt.setInt(3, score.getCj());
            myPsmt.execute();                            //执行录入操作
            return true;
        }catch(Exception e){return false;}
```

```
    }
    /**删除成绩*/
    public boolean delete_CJ(Score score) {
        try {
            mySql = "DECLARE @rs char(20) EXECUTE CJ_AddDel_PROC ?, ?, ?, 2, @rs OUTP
UT";                                            //调用存储过程 CJ_AddDel_PROC 删除成绩
            myPsmt = SqlCon.myCon.prepareStatement(mySql);      //预编译语句
            //给存储过程赋参数值
            myPsmt.setString(1, score.getXm());
            myPsmt.setString(2, score.getKcm());
            myPsmt.setInt(3, score.getCj());
            myPsmt.execute();                            //执行删除操作
            return true;
        }catch(Exception e){return false;}
    }
    /**查询成绩*/
    public List query_CJ(Score score) {
        try {
            mySql = "{call CJ_View_PROC(?,?)}";          //调用存储过程 CJ_View_PROC 查询成绩
            myCsmt = SqlCon.myCon.prepareCall(mySql);     //预调用存储过程
            //给存储过程赋参数值
            myCsmt.setString(1, score.getXm());
            myCsmt.setString(2, score.getKcm());
            myCsmt.executeUpdate();                      //执行存储过程（生成视图）
            mySql = "select XM, KCM, CJ from CJ_VIEW"; //查询视图
            myPsmt = SqlCon.myCon.prepareStatement(mySql); //预编译语句
            myRs = myPsmt.executeQuery();                //执行查询返回结果集
            List scoreList = new ArrayList();
            while(myRs.next()) {                         //结果集不为空
                //根据结果集数据来构造成绩值对象
                Score sco = new Score();
                sco.setXm(myRs.getString("XM"));
                sco.setKcm(myRs.getString("KCM"));
                sco.setCj(myRs.getInt("CJ"));
                scoreList.add(sco);                      //值对象添加到成绩列表
            }
            return scoreList;                            //返回列表
        }catch(Exception e){return null;}
    }
}
```

3．配置 struts.xml

在 struts.xml 中加入如下代码：

```
    <!-- 录入成绩 -->
    <action name="addCj" class="org.easybooks.xscj.action.ScoreAction" method="addCj">
        <result name="result">listXm.jsp</result>
    </action>
    <!-- 删除成绩 -->
    <action name="delCj" class="org.easybooks.xscj.action.ScoreAction" method="delCj">
        <result name="result">listXm.jsp</result>
    </action>
    <!-- 查询成绩 -->
```

```
<action name="queCj" class="org.easybooks.xscj.action.ScoreAction" method="queCj">
    <result name="result">listXm.jsp</result>
</action>
```

至此，这个基于 Java EE 7（Struts 2）/SQL Server 2016 的“学生成绩管理系统”开发完成，用户还可以根据需要自行扩展其他的功能。

实习3 ASP.NET 4.x/SQL Server 2016 学生成绩管理系统

近年来，微软.NET 已成为与 PHP、Java EE 并驾齐驱的三大主流 Web 应用开发平台之一。本实习基于 ASP.NET 4.6、C#编程实现“学生成绩管理系统”，在界面开发中引入了流行的 Ajax 技术结合后台 Web 服务来改善提升用户的体验。开发工具用的是最新 Visual Studio 2017，仍以 SQL Server 2016 为数据库。

实习 3.1　创建 ASP.NET 项目

实习 3.1.1　ASP.NET 项目的建立

启动 Visual Studio 2017，选择“文件”→“新建”→“项目”，打开如图 P3.1 所示的“新建项目”对话框。在对话框左侧“已安装”树状列表中展开“模板”→“Visual C#”类型节点，选中“Web”→“先前版本”子节点，在对话框中间区域选中“ASP.NET 空网站”项，在下方“名称”栏中输入项目名“WebASPXscj”，“框架”下拉列表中选择“.NET Framework 4.6.1”选项。单击“确定”按钮即可创建一个 ASP.NET 项目。

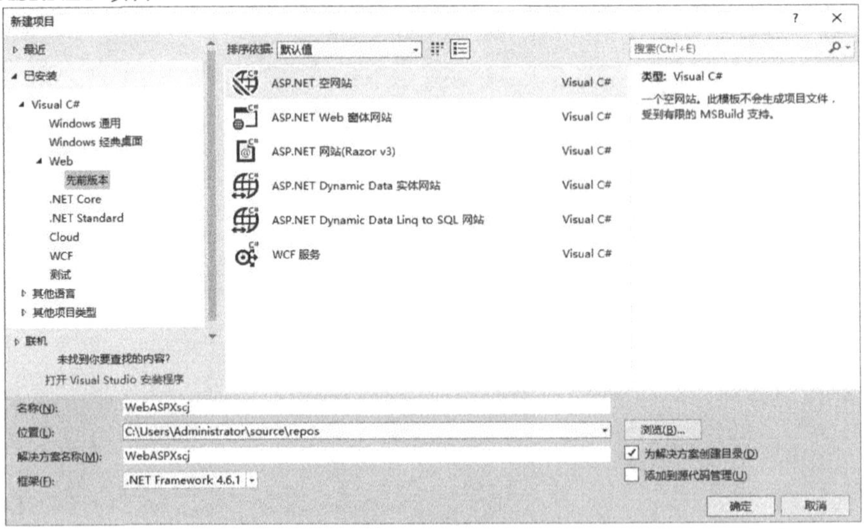

图 P3.1　创建 ASP.NET 项目

实习 3.1.2　ASP.NET 4 连接 SQL Server 2016

在“解决方案资源管理器”中展开项目“WebASPXscj”的树状目录，双击后打开配置文件“Web.config”，在其中配置<connectionStrings>节点利用“键/值”对存储数据库连接字符串，代码如下：

```
<?xml version="1.0" encoding="utf-8"?>
...
<configuration>
    <system.web>
      <compilation debug="true" targetFramework="4.6.1"/>
      <httpRuntime targetFramework="4.6.1"/>
    </system.web>
    <system.codedom>
        ...
    </system.codedom>
  <connectionStrings>
    <add name="SqlCon" connectionString="Data Source=.;Initial Catalog=PXSCJ;User ID=sa; Password=njnu123456" />
  </connectionStrings>
</configuration>
```

在编程时只需导入命名空间System.Configuration和System.Data.SqlClient即可编写连接、访问SQL Server 2016 数据库的代码。

实习 3.2　Ajax 技术应用

在实际的网站开发中，为避免反复刷新页面给前端用户使用造成困扰，现代网站一般都会运用 Ajax 技术，在用户请求的数据量不大（如用户名可用性验证、显示提示信息）时，仅仅更新页面上一小块区域的内容而不必刷新整个网页，后台采用 Web 服务与服务器实时地交互，大大提升了用户体验。本实习就以学生信息录入时对姓名重复性的检查为例，来演示这种技术。

实习 3.2.1　功能需求

“学生管理”对学生信息录入时，为避免录入数据库中已存在的学生信息，要先行对姓名进行检索，若与数据库中已有的学生重名则给出提示，为保证响应的实时性，要在无刷新情况下通过 Ajax 从 Web 服务中获取学生姓名的可用性信息。

如用户输入姓名“周何骏”，单击“验证”按钮，因数据库里已有学生周何骏的信息，故页面下方出现提示“该生的记录已存在”，“录入”按钮保持着不可用状态（阻止用户进一步操作），同时界面上回显出学生周何骏的信息，如图 P3.2 所示。

图 P3.2　Ajax 功能演示

实习 3.2.2 技术实现

前端页面上用目前最为流行的 JQuery 作为 Ajax 的实现框架库，与后台 Web 进行服务交互；Web 服务从 SQL Server 2016 数据库中检索姓名，若存在就将查询到的该生信息通过 Ajax 返回前端，若不存在，则返回空；前端根据 Web 服务返回的结果进行相应内容的呈现或提示。

1．前端 JQuery

（1）载入 JQuery 库

从网上下载得到 JQuery 库文件，本实习使用的是 JQuery 3.3（对应包名 jquery-3.3.1.min.js），在项目目录树下新建 js 文件夹，将 JQuery 包复制到该文件夹中，然后右击"js 文件夹"→"添加"→"现有项"，将 JQuery 载入，如图 P3.3 所示。

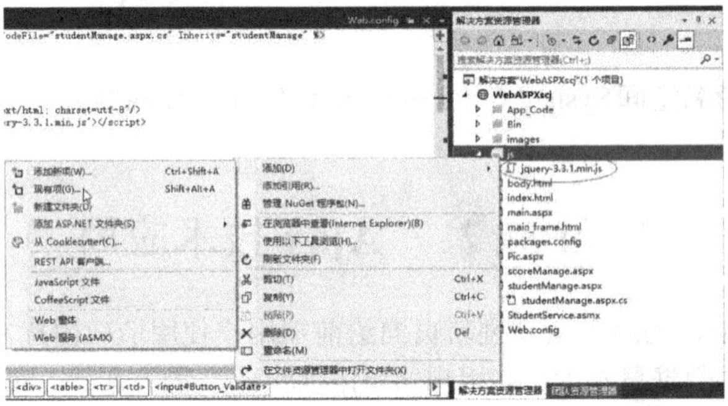

图 P3.3　往项目中载入 JQuery

（2）创建 Web 页

在"解决方案资源管理器"中，右击项目"WebASPXscj"→"添加"→"新建项"，弹出如图 P3.4 所示的"添加新项"对话框。

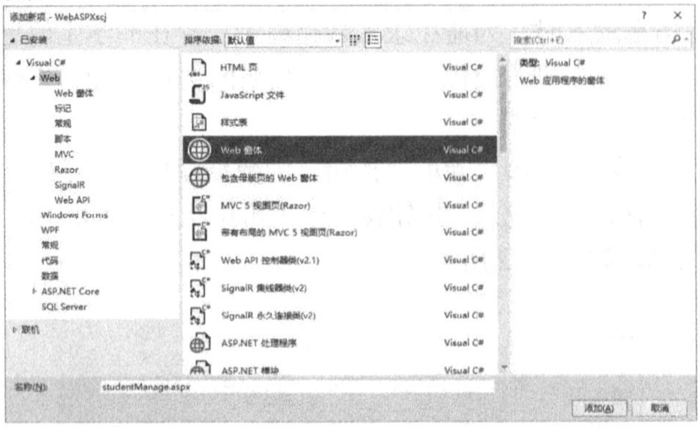

图 P3.4　新建 Web 窗体及其源文件

选中"Web 窗体"，在下方"名称"栏中输入"studentManage.aspx"，单击"添加"按钮，在项目中创建一个 ASP 文件（后面创建 ASP 源文件也都是同样的操作方式，不再赘述），该文件就是"学生管理"功能的页面文件。

在项目树状目录中双击 studentManage.aspx，单击中央设计区左下角"源"图标，编辑其页面源码。本节旨在介绍 Ajax 的应用，故这里仅列出与 Ajax 实现相关的 JQuery 代码（该页的完整代码详见实习 3.3.1），如下：

```
<%@ Page Language="C#" AutoEventWireup="true" CodeFile="studentManage.aspx.cs" Inherits="studentManage" %>
<!DOCTYPE html>
<html xmlns="http://www.w3.org/1999/xhtml">
<head runat="server">
    <meta http-equiv="Content-Type" content="text/html; charset=utf-8"/>
    <!--引入项目中的 JQuery 库，这样才能在页面上支持 JQuery 代码-->
    <script type="text/javascript" src="js/jquery-3.3.1.min.js"></script>
    <title>学生管理</title>
</head>
<body bgcolor="D9DFAA">
    <form id="form1" runat="server">
        <div>
        <table>
        <tr>
            <td>
                <asp:Label ID="Label1" runat="server" Text="姓名："></asp:Label>
            </td>
            <td>
                <asp:TextBox ID="TextBox_XM" runat="server"></asp:TextBox>
               <!--单击后触发 JS 的 button_ValidXs()方法-->
                <input id="Button_Validate" type="button" value="验证" onclick="button_ValidXs()" />
            </td>
            <td>
                <!--"录入"按钮初始要置为不可用-->
                <asp:Button ID="Button_AddXs" runat="server" Text="录入" OnClick="Button_AddXs_Click" Enabled="False" />
            </td>
        </tr>
            ...
        <tr>
            <td colspan="3">
                <!--显示提示信息的标签-->
                <asp:Label ID="Label_MSG" runat="server"></asp:Label>
            </td>
        </tr>
    </table>
        </div>
    </form>
    <script>
        function button_ValidXs() {
            var cname = $("#TextBox_XM").val();            //获取姓名
            query_XS(cname);                               //当前姓名传入 query_XS()方法
        }
        function query_XS(name) {                          //这是个 JQuery-Ajax 类型的方法
            $.ajax({
                type: 'post',                              //提交数据
                url: 'StudentService.asmx/query_XS',       //访问 Web 服务
                async: true,                               //异步方式
                data: { 'xm': name },                      //传入参数为 xm（姓名）
```

```
                success: function (result) {                          //后台执行成功返回前端处理
                    var cname = $(result).find('Xm').text();           //从返回 result 中提取出学生姓名
                    if (cname != "") {                                 //若提取姓名不为空则表示已存在该生
                        //对于数据库中已存在的学生，将其信息记录各字段解析出来回显至页面
                        $("#TextBox_XM").val(cname);                   //姓名
                        if ($(result).find('Xb').text() == 1)          //性别
                            $("#<%=RadioButtonList_XB.ClientID%>").find("input[type='radio']")[0].check
ed = true;
                        else
                            $("#<%=RadioButtonList_XB.ClientID%>").find("input[type='radio']")[1].check
ed = true;
                        $("#TextBox_CSSJ").val($(result).find('Cssj').text());    //出生时间
                        $("#TextBox_KCS").val($(result).find('Kcs').text());      //已修课程数
                        $("#Label_MSG").text($(result).find('Msg').text());       //提示信息
                    }
                    else {                                             //若提取姓名为空则表示该生不存在
                        $("#Label_MSG").text("");
                        $("#Button_AddXs").attr("disabled", false);    // "录入"按钮变为可用允许录入
                    }
                }, error: function () { }
            });
        }
    </script>
</body>
</html>
```

从页面上可以看到，Ajax 将请求提交给了一个名叫“StudentService”的 Web 服务，它对应的源文件名为 StudentService.asmx，请求数据被提交给了服务中的一个名为 query_XS 的方法，故上面 Ajax 的 URL 访问属性写为“url: 'StudentService.asmx/query_XS'”就是这个含义。

2. 后台 Web 服务

下面来实现这个 Web 服务，首先创建它，在“解决方案资源管理器”中，右击项目“WebASPXscj”→“添加”→“新建项”，在“添加新项”对话框中选中“Web 服务 (ASMX)”，在下方“名称”栏中输入“StudentService.asmx”，单击“添加”按钮创建 Web 服务，在 ASP.NET 平台上，每个 Web 服务一般都会对应一个.asmx 文件，其中指明了该 Web 服务源码文件所在的位置及其中的类。

创建后，默认在 App_Code 下生成该 Web 服务的源码文件，名称为 StudentService.cs，代码如下：

```
using System;
using System.Collections.Generic;
using System.Linq;
using System.Web;
using System.Web.Services;
using System.Data.SqlClient;        //用于连接数据库
using System.Data;                  //用于使用数据集
using System.Configuration;         //用于读取配置

/// <summary>
/// StudentService 的摘要说明
/// </summary>
[WebService(Namespace = "http://tempuri.org/")]
[WebServiceBinding(ConformsTo = WsiProfiles.BasicProfile1_1)]
//若要允许使用 ASP.NET Ajax 从脚本中调用此 Web 服务，请取消注释以下行
```

```
 [System.Web.Script.Services.ScriptService]

public class Student                          //学生类用于获取和传递一个学生记录各字段的信息
{
    public string Xm { get; set; }      //姓名
    public int Xb { get; set; }         //性别
    public string Cssj { get; set; }    //出生时间
    public int Kcs { get; set; }        //已修课程数
    public string Msg { get; set; }     //提示信息
}
public class StudentService : System.Web.Services.WebService
{
    private string myConstr = ConfigurationManager.ConnectionStrings["SqlCon"].ConnectionString;
                                                        //读取配置文件中的 SQL Server 连接配置
    private string mySql = "";                          //存放待执行的 SQL 语句
    private SqlConnection myCon = null;                 //SQL Server 连接对象
    private SqlDataReader myDr = null;                  //SQL Server 数据读取对象
    private SqlCommand myCmd = null;                    //SQL Server 命令对象

    public StudentService()
    {

        //如果使用设计的组件，请取消注释以下行
        //InitializeComponent();
    }

    [WebMethod]
    public string HelloWorld()
    {
        return "Hello World";
    }

    [WebMethod]                                         //此声明标识一个 Web 服务方法
    public Student query_XS(string xm)                  //这就是前端 Ajax 请求所访问的方法
    {
        try
        {
            mySql = "select XM, XB, CSSJ, KCS from XS where XM='" + xm + "'"; //检索学生
            myCon = new SqlConnection(myConstr);        //创建连接对象
            myCon.Open();                               //打开连接
            myCmd = new SqlCommand(mySql, myCon);       //创建命令对象
            myDr = myCmd.ExecuteReader();               //读取数据
            if (myDr.Read())                            //如果读取结果不为空（数据库已存在该学生）
            {
                /*读取该生记录的各个字段数据*/
                string name = myDr["XM"].ToString();
                int sex = bool.Parse(myDr["XB"].ToString()) ? 1 : 0;
                string birth = DateTime.Parse(myDr["CSSJ"].ToString()).ToString("yyyy-MM-dd");
                int num = int.Parse(myDr["KCS"].ToString());
                /*读取的数据包装入学生类中*/
                Student student = new Student()
```

```
                {
                    Xm = name,                          //姓名
                    Xb = sex,                           //性别
                    Cssj = birth,                       //出生时间
                    Kcs = num,                          //已修课程数
                    Msg = "该生的记录已存在。"          //提示信息
                };
                return student;                         //返回包装好的学生对象
            }
            return null;
        }
        catch
        {
            return null;
        }
        finally
        {
            if (myDr != null)                           //及时关闭并清空数据读取对象
            {
                myDr.Close();
                myDr = null;
            }
            if (myCon.State == ConnectionState.Open) myCon.Close();   //关闭连接
        }
    }
}
```

这样，通过 Ajax 与后台服务的互动，就实现了在无刷新情况下验证学生姓名是否重复的功能。

实习 3.3 学 生 管 理

实习 3.3.1 界面设计

“学生管理”功能界面，如图 P3.5 所示。

图 P3.5 “学生管理”功能界面

它由源文件 studentManage.aspx 实现，代码如下：

```
<%@ Page Language="C#" AutoEventWireup="true" CodeFile="studentManage.aspx.cs" Inherits="studentMan
age" %>
<!DOCTYPE html>
<html xmlns="http://www.w3.org/1999/xhtml">
<head runat="server">
    <meta http-equiv="Content-Type" content="text/html; charset=utf-8"/>
    <script type="text/javascript" src="js/jquery-3.3.1.min.js"></script>
    <title>学生管理</title>
</head>
<body bgcolor="D9DFAA">
    <form id="form1" runat="server">
        <div>
        <table>
        <tr>
            <td>
                <asp:Label ID="Label1" runat="server" Text="姓名："></asp:Label>
            </td>
            <td>
                <asp:TextBox ID="TextBox_XM" runat="server"></asp:TextBox>
                <input id="Button_Validate" type="button" value="验证" onclick="button_ValidXs()" />
            </td>
            <td>
                <asp:Button ID="Button_AddXs" runat="server" Text="录入" OnClick="Button_AddXs_Cli
ck" Enabled="False" />
            </td>
        </tr>
        <tr>
            <td>
                <asp:Label ID="Label2" runat="server" Text="性别："></asp:Label>
            </td>
            <td>
                <asp:RadioButtonList ID="RadioButtonList_XB" runat="server" Width="216px" RepeatDire
ction="Horizontal">
                    <asp:ListItem Selected="True" Value="True">男</asp:ListItem>
                    <asp:ListItem Value="False">女</asp:ListItem>
                </asp:RadioButtonList>
            </td>
            <td>
                <asp:Button ID="Button_DelXs" runat="server" Text="删除" OnClick="Button_DelXs_Clic
k" />
            </td>
        </tr>
        <tr valign="top">
            <td>
                <asp:Label ID="Label3" runat="server" Text="出生日期："></asp:Label>
            </td>
            <td>
                <asp:TextBox ID="TextBox_CSSJ" runat="server">2000-05-02</asp:TextBox>
            </td>
            <td>
```

```
                    <asp:Button ID="Button_UptXs" runat="server" Text="更新" OnClick="Button_UptXs_Clic
k" />
                </td>
            </tr>
            <tr>
                <td>
                    <asp:Label ID="Label4" runat="server" Text="照片："></asp:Label>
                </td>
                <td colspan="2">
                    <asp:FileUpload ID="FileUpload_Path" runat="server" Width="273px" />
                </td>
            </tr>
            <tr valign="bottom">
                <td>
                    <asp:Label ID="Label5" runat="server" Text="已修课程数："></asp:Label>
                </td>
                <td>
                    <asp:TextBox ID="TextBox_KCS" runat="server" Width="30px" style="text-align: center"
Enabled="False">0</asp:TextBox>
                                 
     
                    <asp:Image ID="Image_ZP" runat="server" Height="120px" Width="90px" BorderStyle="S
olid" BorderWidth="1px" />
                </td>
                <td>
                    <asp:Button ID="Button_QueXs" runat="server" Text="查询" OnClick="Button_QueXs_Cli
ck" />
                </td>
            </tr>
            <tr>
                <td colspan="3">
                    <asp:Label ID="Label_MSG" runat="server"></asp:Label>
                </td>
            </tr>
        </table>
            </div>
        </form>
        <!--以下为JQuery-Ajax代码，之前已经列出，此处略去-->
        ...
    </body>
    </html>
```

实习 3.3.2 功能实现

1. 基本操作功能

在项目树状目录中双击“studentManage.aspx”选项，单击“设计”图标切换到设计模式，双击其上各功能按钮进入各自的代码编辑区编写功能代码。本实习的“学生管理”模块包括对学生信息的录入、删除、更新、查询等基本操作，其程序代码集中于项目的 studentManage.aspx.cs 源文件中，现整体给出如下：

```
using System;
...
/**为使程序能访问 SQL Server 2016 数据库，要导入命名空间*/
using System.Data.SqlClient;
using System.Data;
using System.IO;
using System.Configuration;

public partial class studentManage : System.Web.UI.Page
{
    /**获取数据库连接字符串（位于项目 Web.config 文件中，见实习 3.1.2）*/
    private string myConstr = ConfigurationManager.ConnectionStrings["SqlCon"].C
onnectionString;
    private string mySql = "";
    private SqlConnection myCon = null;
    private SqlDataReader myDr = null;
    private SqlCommand myCmd = null;
    protected void Page_Load(object sender, EventArgs e)
    {
        myCon = new SqlConnection(myConstr);                //新建数据库连接对象
    }
    /**以下为各学生管理操作按钮的过程代码*/
    /*录入学生功能*/
    protected void Button_AddXs_Click(object sender, EventArgs e)
    {
        try
        {
            if (TextBox_XM.Text == "") return;
            mySql = "insert into XS values(@name,@sex,@birth,0,NULL)";      //设置 SQL 语句
            myCon.Open();                                    //打开连接
            myCmd = new SqlCommand(mySql, myCon);   //新建操作数据库的命令对象
            /*为命令添加参数*/
            myCmd.Parameters.Add("@name", SqlDbType.Char, 8).Value = TextBox_XM.Text.Trim();
                                                                            //姓名
            myCmd.Parameters.Add("@sex", SqlDbType.Bit).Value = RadioButtonList_XB.SelectedValue;
                                                                            //性别
            myCmd.Parameters.Add("@birth", SqlDbType.Date).Value = TextBox_CSSJ.Text.Trim();
                                                                            //出生日期
            myCmd.ExecuteNonQuery();                                        //执行 SQL 语句
            if (!string.IsNullOrEmpty(FileUpload_Path.FileName)) upload_ZP();      //如果选择了照片
            myCon.Close();
            Button_AddXs.Enabled = false;
            Button_QueXs_Click(null, null);                                 //查询后回显该生信息
            Label_MSG.Text = "录入成功！";
        }
        catch (Exception ex)
        {
            string errMsg = ex.ToString();
            int errLen = ex.ToString().Length;
            Label_MSG.Text = "发生故障！异常信息如下:\r\n" + errMsg.Substring(0, 150) + "..." + errMs
g.Substring(errLen - 15, 15);                                  //程序发生错误时要显示的信息
```

```
                return;
            }
            finally
            {
                if (myCon.State == ConnectionState.Open) myCon.Close();   //关闭连接
            }
        }
        /*删除学生功能*/
        protected void Button_DelXs_Click(object sender, EventArgs e)
        {
            try
            {
                mySql = "delete from XS where XM='" + TextBox_XM.Text + "'";    //设置删除的 SQL 语句
                myCon.Open();                                             //打开数据库连接
                myCmd = new SqlCommand(mySql, myCon);                     //新建操作数据库的命令对象
                myCmd.ExecuteNonQuery();                                  //执行 SQL 语句
                myCon.Close();                                            //关闭数据库连接
                Button_QueXs_Click(null, null);
                Label_MSG.Text = "学生 " + TextBox_XM.Text + "的记录已删。";
            }
            catch
            {
                return;
            }
            finally
            {
                if (myCon.State == ConnectionState.Open) myCon.Close();
            }
        }
        /*更新学生功能*/
        protected void Button_UptXs_Click(object sender, EventArgs e)
        {
            try
            {
                mySql = "update XS set XM='" + TextBox_XM.Text + "',XB='" + RadioButtonList_XB.Selec
tedValue + "',CSSJ='" + TextBox_CSSJ.Text.Trim() + "' where XM='" + Session["name"] + "'";
                                                                          //设置修改学生信息的 SQL 语句
                myCon.Open();                                             //打开数据库连接
                myCmd = new SqlCommand(mySql, myCon);                     //新建操作数据库的命令对象
                myCmd.ExecuteNonQuery();                                  //执行 SQL 语句
                if (!string.IsNullOrEmpty(FileUpload_Path.FileName)) upload_ZP();    //如果选择了照片
                myCon.Close();                                            //关闭数据库连接
                Button_QueXs_Click(null, null);                           //查询后回显该生信息
                Label_MSG.Text = "更新成功！";
            }
            catch
            {
                return;
            }
            finally
            {
```

```
            if (myCon.State == ConnectionState.Open) myCon.Close();
        }
    }
    /*查询学生功能*/
    protected void Button_QueXs_Click(object sender, EventArgs e)
    {
        try
        {
            //先在页面表单里载入默认值
            RadioButtonList_XB.SelectedValue = "True";
            TextBox_CSSJ.Text = DateTime.Parse("2000-05-02").ToString("yyyy-MM-dd");
            TextBox_KCS.Text = "0";
            Image_ZP.ImageUrl = "";
            mySql = "select XM, XB, CSSJ, KCS from XS where XM='" + TextBox_XM.Text + "'";
                                                            //设置查询 SQL 语句
            myCon.Open();                                   //打开数据库连接
            myCmd = new SqlCommand(mySql, myCon);           //新建操作数据库的命令对象
            myDr = myCmd.ExecuteReader();                   //读取数据
            if (myDr.Read())                                //读到的内容不为空（该生存在）
            {
                /*往界面表单中载入查询到的学生信息*/
                TextBox_XM.Text = myDr["XM"].ToString();
                if (Boolean.Parse(myDr["XB"].ToString())) RadioButtonList_XB.SelectedValue = "True";
                else RadioButtonList_XB.SelectedValue = "False";
                TextBox_CSSJ.Text= DateTime.Parse(myDr["CSSJ"].ToString()).ToString("yyyy-MM-dd");
                TextBox_KCS.Text = myDr["KCS"].ToString();
                Image_ZP.ImageUrl = "Pic.aspx?id=" + TextBox_XM.Text.Trim();  //载入学生照片
                Label_MSG.Text = "";
            }
            else
                TextBox_XM.Text = "";
            Session["name"] = TextBox_XM.Text;              //当前学生姓名存于会话中
        }
        catch
        {
            return;
        }
        finally
        {
            if (myDr != null)
            {
                myDr.Close();
                myDr = null;
            }
            if (myCon.State == ConnectionState.Open) myCon.Close();
        }
    }
    /*录入或更新学生信息时若选择了照片则调用此方法更新照片*/
    private void upload_ZP()
    {
        mySql = "update XS set ZP=@photo where XM='" + TextBox_XM.Text + "'";
```

```
            myCmd = new SqlCommand(mySql, myCon);
            //这里选择 Image 类型参数
            myCmd.Parameters.Add("@photo", SqlDbType.Image).Value = FileUpload_Path.FileBytes;
                                                                //把照片转换为字节流作为@photo 参数值
            myCmd.ExecuteNonQuery();
        }
    }
```

2．照片读取显示

学生信息内容中可能包含照片，为此需要专门编写一个页面，根据学生姓名从数据库中找出该生照片并且显示在页面上。

在项目中新建 Pic.aspx 页，打开 Pic.aspx.cs 文件，添加显示学生照片的代码如下：

```
using System;
...
/*添加命名空间*/
using System.Configuration;
using System.Data.SqlClient;
public partial class Pic : System.Web.UI.Page
{
    protected void Page_Load(object sender, EventArgs e)
    {
        if (!Page.IsPostBack)                           //判断是否第一次加载页面
        {
            byte[] picData;                             //以字节数组的方式存储获取的图片数据
            string id = Request.QueryString["id"];      //获取传入的参数
            if (!CheckParameter(id, out picData))       //参数验证
            {
                Response.Write("<script>alert('没有可以显示的照片。')</script>");
            }
            else
            {
                Response.ContentType = "application/octet-stream";      //设置页面的输出类型
                Response.BinaryWrite(picData);          //以二进制输出图片数据
                Response.End();                         //清空缓冲，停止页面执行
            }
        }
    }

    private bool CheckParameter(string id, out byte[] picData)
    {
        picData = null;
        if (string.IsNullOrEmpty(id))                   //判断传入参数是否为空
        {
            return false;
        }
        //从配置文件中获取连接字符串，此字符串也可以由数据源控件自动生成，将在下面的页面中介绍
        string connStr = ConfigurationManager.ConnectionStrings["SqlCon"].ConnectionString;
        SqlConnection conn = new SqlConnection(connStr);
        string query = string.Format("select ZP from XS where XM ='{0}'", id);
        SqlCommand cmd = new SqlCommand(query, conn);
        try
```

```
            {
                conn.Open();
                object data = cmd.ExecuteScalar();                  //根据参数获取数据
                if (Convert.IsDBNull(data) || data == null)         //如果照片字段为空或者无返回值
                {
                    return false;
                }
                else
                {
                    picData = (byte[])data;
                    return true;
                }
            }
            finally
            {
                conn.Close();                                       //关闭数据库连接
            }
        }
    }
```

当要在其他页面的 Image 控件上显示照片时，可以直接把 Image 控件的 ImageUrl 属性绑定到此页，如本实习的程序代码中就用语句：

```
Image_ZP.ImageUrl = "Pic.aspx?id=" + TextBox_XM.Text.Trim();
```

来显示对应姓名的学生照片。

实习 3.4　成 绩 管 理

实习 3.4.1　界面设计

“成绩管理”功能界面，如图 P3.6 所示。

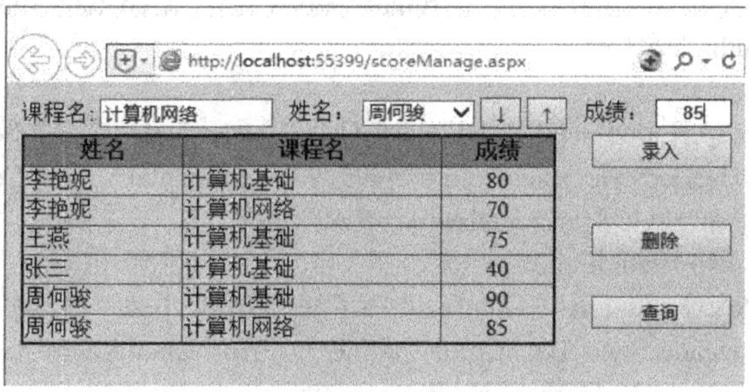

图 P3.6 “成绩管理”功能界面

它由源文件 scoreManage.aspx 实现，代码如下：

```
    <%@ Page Language="C#" AutoEventWireup="true" CodeFile="scoreManage.aspx.cs" Inherits="scoreManage"
%>
    <!DOCTYPE html>
    <html xmlns="http://www.w3.org/1999/xhtml">
    <head runat="server">
        <meta http-equiv="Content-Type" content="text/html; charset=utf-8"/>
```

```
        <title>成绩管理</title>
    </head>
    <body bgcolor="D9DFAA">
        <form id="form1" runat="server">
            <div>
                <table>
        <tr>
                <td>
                    <asp:Label ID="Label1" runat="server" Text="课程名:"></asp:Label>
                    <asp:TextBox ID="TextBox_KCM" runat="server" Width="120px"></asp:TextBox>
                     
            </td>
                <td>
                    <asp:Label ID="Label2" runat="server" Text="姓名: "></asp:Label>
                    <asp:DropDownList ID="DropDownList_XM" runat="server" Width="80px" DataSourceID="Sql
DataSource1" DataTextField="XM" DataValueField="XM" OnSelectedIndexChanged="DropDownList_XM_SelectedI
ndexChanged" OnTextChanged="DropDownList_XM_TextChanged">
                    </asp:DropDownList>
                      <asp:SqlDataSource ID="SqlDataSource1" runat="server" ConnectionString="<%$ Connection
Strings:PXSCJConnectionString %>" SelectCommand="SELECT [XM] FROM [XS]"></asp:SqlDataSource>
                      <asp:Button ID="Button_Dn" runat="server" Text="↓" OnClick="Button_Dn_Click" />
                    <asp:Button ID="Button_Up" runat="server" Text="↑" OnClick="Button_Up_Click" />
                     
                </td>
                <td>
                    <asp:Label ID="Label3" runat="server" Text="成绩: "></asp:Label>
                      <asp:TextBox ID="TextBox_CJ" runat="server" Width="50px" style="text-align: center">0</as
p:TextBox>
                </td>
        </tr>
        <tr valign="top">
                <td rowspan="3" colspan="2">
                    <asp:GridView ID="GridView1" runat="server" AutoGenerateColumns="False" Width="382px"
BorderStyle="Solid" BorderWidth="2px">
                        <Columns>
                            <asp:BoundField DataField="XM" HeaderText="姓名" SortExpression="XM">
                            <HeaderStyle BackColor="#999999" HorizontalAlign="Center" />
                            <ItemStyle HorizontalAlign="Left" />
                            </asp:BoundField>
                            <asp:BoundField DataField="KCM" HeaderText="课程名" SortExpression="KCM">
                            <HeaderStyle BackColor="#999999" HorizontalAlign="Center" />
                            <ItemStyle HorizontalAlign="Left" />
                            </asp:BoundField>
                            <asp:BoundField DataField="CJ" HeaderText="成绩" SortExpression="CJ">
                            <HeaderStyle BackColor="#999999" HorizontalAlign="Center" />
                            <ItemStyle HorizontalAlign="Center" />
                            </asp:BoundField>
                        </Columns>
                    </asp:GridView>
            </td>
                <td align="right">
```

```
                <asp:Button ID="Button_AddCj" runat="server" Text="录入" Width="100px" OnClick="Button_
AddCj_Click" />
            </td>
        </tr>
        <tr>
            <td align="right">
                <asp:Button ID="Button_DelCj" runat="server" Text="删除" Width="100px" OnClick="Button_
DelCj_Click" />
            </td>
        </tr>
        <tr>
            <td align="right">
                <asp:Button ID="Button_QueCj" runat="server" Text="查询" Width="100px" OnClick="Button_
QueCj_Click" />
            </td>
        </tr>
        <tr>
            <td colspan="3">
                <asp:Label ID="Label_MSG" runat="server"></asp:Label>
            </td>
        </tr>
    </table>
            </div>
        </form>
    </body>
    </html>
```

实习 3.4.2 功能实现

1. 姓名加载

“成绩管理”功能界面初始显示时，要往“姓名”下拉列表中预先加载所有学生的姓名，可通过为下拉列表 DropDownList 控件配置数据源来实现。

具体操作步骤如下：

（1）切换到 scoreManage.aspx 页的设计模式，选中其上的 DropDownList 控件，单击其右上角的 > 按钮，选择“新建数据源…”，打开如图 P3.7 所示的“数据源配置向导”对话框，选中“数据库”图标。

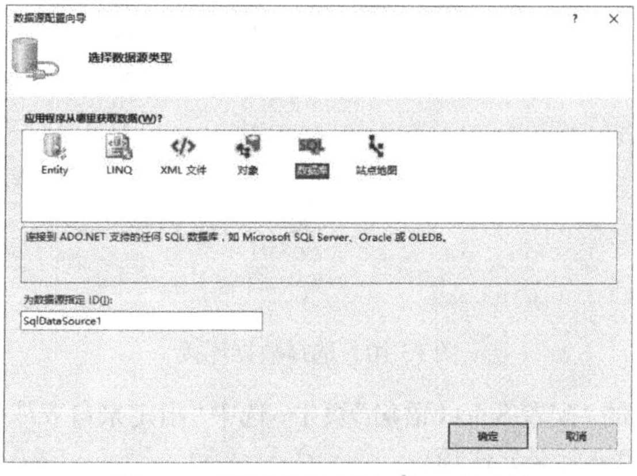

图 P3.7 “数据源配置向导”对话框

（2）单击“确定”按钮，弹出如图 P3.8 所示的“选择数据源”对话框；选择“Microsoft SQL Server”选项，单击“继续”按钮，在如图 P3.9 所示的“添加连接”对话框中设置数据连接参数。

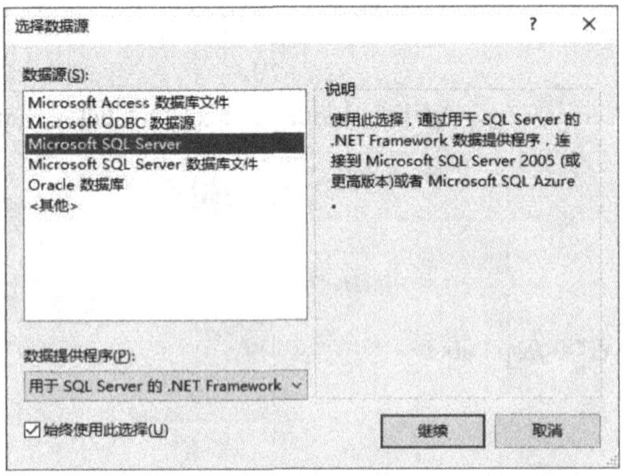

图 P3.8 “选择数据源”对话框

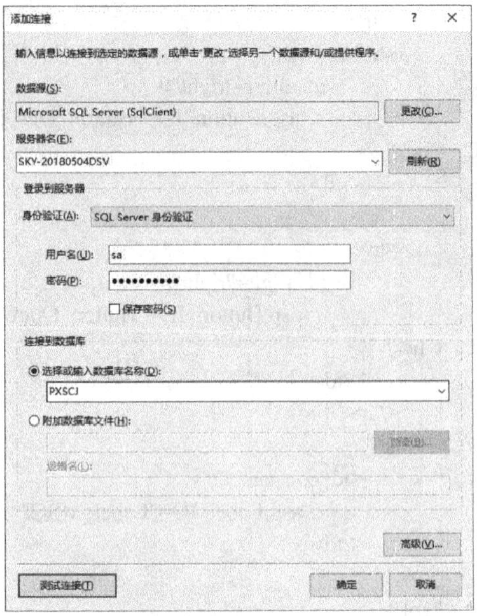

图 P3.9 设置数据连接参数

（3）在如图 P3.10 所示的“配置数据源”对话框中，选择刚刚设置的连接，单击“下一步”按钮，跟着向导往下走。

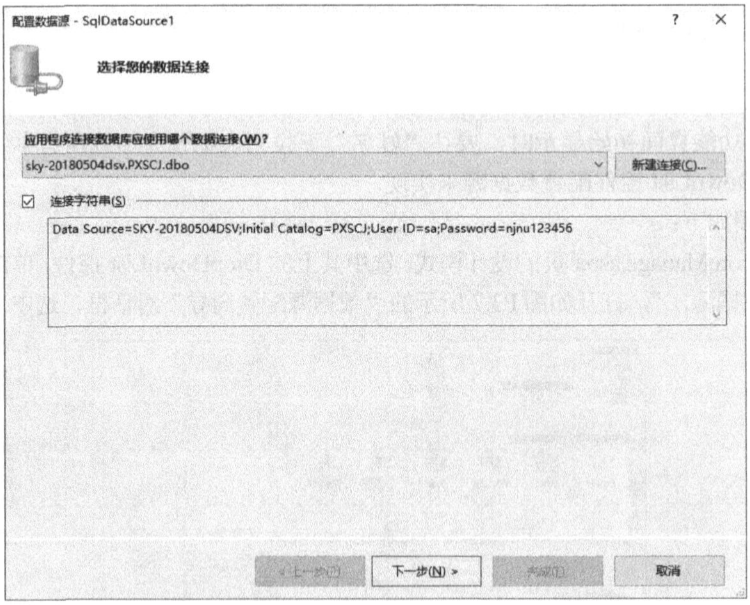

图 P3.10 选择数据连接

（4）在如图 P3.11 所示的“配置 Select 语句”页中，选中“指定来自表或视图的列”，其中选择“XS”选项，勾选“列”为“XM”（姓名）选项。

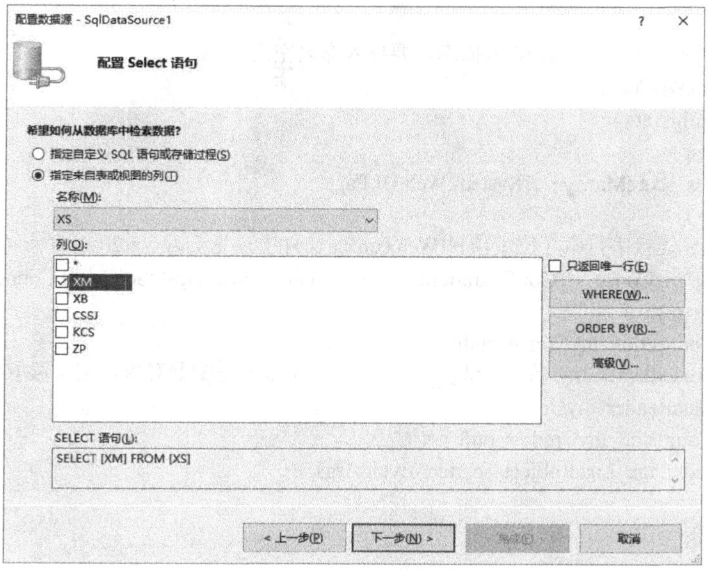

图 P3.11　配置 Select 语句

（5）最后，测试查询，如图 P3.12 所示，若能看到 XS 表中的所有学生姓名，就说明配置数据源成功。

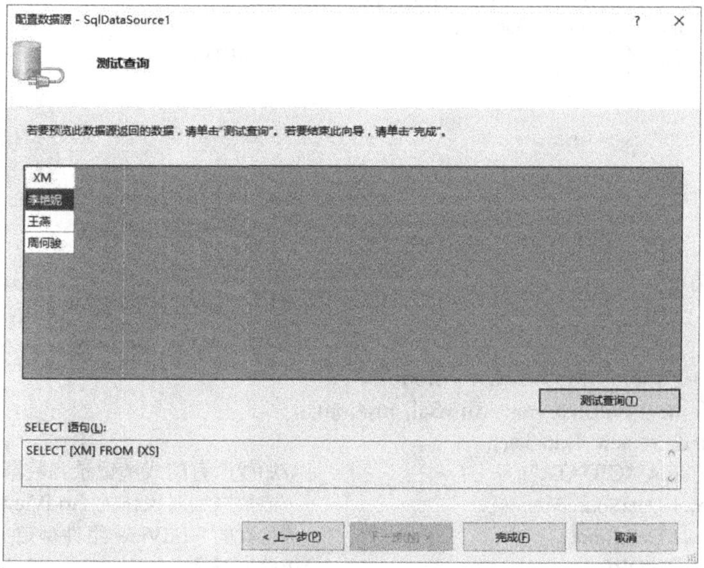

图 P3.12　配置数据源成功

完成后，就可以在页面显示时自动加载学生姓名的列表。

2．成绩记录的操作

在项目树状目录中双击“scoreManage.aspx”选项，单击“设计”图标切换到设计模式，双击其上各功能按钮进入各自的代码编辑区编写功能代码。本实习的“成绩管理”模块包括对学生成绩记录的录入、删除、查询等基本操作，其程序代码集中于项目的 scoreManage.aspx.cs 源文件中，现整体给出如下：

```
using System;
```

```
...
/**为使程序能访问 SQL Server 2016 数据库，要导入命名空间*/
using System.Data.SqlClient;
using System.Configuration;
using System.Data;
public partial class scoreManage : System.Web.UI.Page
{
    /**获取数据库连接字符串（位于项目 Web.config 文件中，见实习 3.1.2）*/
    private string myConstr = ConfigurationManager.ConnectionStrings["SqlCon"].ConnectionString;
    private string mySql = "";
    private SqlConnection myCon = null;
    private SqlDataAdapter myDa = null;              //数据适配器对象，用于读取数据集
    private SqlDataReader myDr = null;
    private SqlCommand myCmd = null;
    protected void Page_Load(object sender, EventArgs e)
    {
        try
        {
            myCon = new SqlConnection(myConstr);  //创建连接
            myCon.Open();                          //打开连接
            mySql = "declare xm_indicator cursor dynamic for select distinct(XM) from XS open xm_ind
icator";                                           //声明游标并打开，游标载入所有学生姓名
            myCmd = new SqlCommand(mySql, myCon);
            myCmd.ExecuteNonQuery();
            refresh();                             //页面刷新
        }
        catch
        {
            return;
        }
    }
    /*页面刷新方法*/
    private void refresh()
    {
        mySql = "select XM, KCM, CJ from CJ";
        myDa = new SqlDataAdapter(mySql, myCon);
        DataSet ds = new DataSet();
        myDa.Fill(ds, "CJDATA");                   //加载所有的成绩记录到数据集对象
        GridView1.DataSource = ds;                 //该数据集对象作为 GridView 的数据源
        GridView1.DataBind();                      //与页面 GridView 组件绑定
        adjust_CURSOR();                           //校准游标
    }
    /**以下为各成绩管理操作按钮的过程代码*/
    /*录入成绩功能*/
    protected void Button_AddCj_Click(object sender, EventArgs e)
    {
        try
        {
            string msg = exec_AddDelPROC(DropDownList_XM.Text.Trim(), TextBox_KCM.Text, int.Parse
(TextBox_CJ.Text), 1);                             //执行存储过程，最后一个参数为 1 表示录入操作
            Label_MSG.Text = msg;
```

```
        }
        catch
        {
            return;
        }
    }
    /*删除成绩功能*/
    protected void Button_DelCj_Click(object sender, EventArgs e)
    {
        try
        {
            string msg = exec_AddDelPROC(DropDownList_XM.Text.Trim(), TextBox_KCM.Text, int.Parse
(TextBox_CJ.Text), 2);                              //执行存储过程，最后一个参数为 2 表示删除操作
            Label_MSG.Text = msg;
        }
        catch
        {
            return;
        }
    }
    /*exec_AddDelPROC 方法封装了对存储过程的调用细节*/
    private string exec_AddDelPROC(string name, string course, int score, int op)
    {
        myCmd = new SqlCommand();                              //新建命令对象
        myCmd.Connection = myCon;
        myCmd.CommandType = CommandType.StoredProcedure;       //命令类型为存储过程
        myCmd.CommandText = "CJ_AddDel_PROC";                  //存储过程名
        SqlParameter sqlXm = myCmd.Parameters.Add("@xm", SqlDbType.Char, 8);
        sqlXm.Direction = ParameterDirection.Input;
        sqlXm.Value = name;                                    //第一个参数为姓名
        SqlParameter sqlKcm = myCmd.Parameters.Add("@kcm", SqlDbType.Char, 12);
        sqlKcm.Direction = ParameterDirection.Input;
        sqlKcm.Value = course;                                 //第二个参数为课程名
        SqlParameter sqlCj = myCmd.Parameters.Add("@cj", SqlDbType.Int);
        sqlCj.Direction = ParameterDirection.Input;
        sqlCj.Value = score;                                   //第三个参数为成绩
        SqlParameter sqlSel = myCmd.Parameters.Add("@SEL", SqlDbType.Int);
        sqlSel.Direction = ParameterDirection.Input;
        sqlSel.Value = op;                                     //第四个参数指明操作类型
        SqlParameter sqlRS = myCmd.Parameters.Add("@RS", SqlDbType.Char, 20);
        sqlRS.Direction = ParameterDirection.Output;           //输出参数返回执行结果
        myCmd.ExecuteNonQuery();
        refresh();
        return sqlRS.Value.ToString();                         //返回输出参数
    }
    /*查询成绩功能*/
    protected void Button_QueCj_Click(object sender, EventArgs e)
    {
        try
        {
            mySql = "EXEC CJ_View_PROC '" + DropDownList_XM.Text.Trim() + "','" + TextBox_KC
```

```
M.Text + "";                                              //执行存储过程 CJ_View_PROC
            myCmd = new SqlCommand(mySql, myCon);
            myCmd.ExecuteNonQuery();                      //执行后生成视图 CJ_VIEW
            mySql = "select XM, KCM, CJ from CJ_VIEW";    //查询视图
            myDa = new SqlDataAdapter(mySql, myCon);
            DataSet ds = new DataSet();
            myDa.Fill(ds, "CJVIEW");                      //视图内容载入数据集
            GridView1.DataSource = ds;
            GridView1.DataBind();                         //与页面上的网格组件绑定刷新
            Label_MSG.Text = "";
        }
        catch
        {
            return;
        }
    }
    //游标查找下一个学生
    protected void Button_Dn_Click(object sender, EventArgs e)
    {
        try
        {
            string curname = fetch_CURSOR("next");                   //游标后移一位
            if (curname == "") curname = fetch_CURSOR("first");      //若已是最后一个，则返回第一个
            DropDownList_XM.Text = curname;                          //选中当前姓名
        }
        catch
        {
            return;
        }
    }
    //游标查找上一个学生
    protected void Button_Up_Click(object sender, EventArgs e)
    {
        try
        {
            string curname = fetch_CURSOR("prior");                  //游标前移一位
            if (curname == "") curname = fetch_CURSOR("last");       //若已是首个，则返回最后一个
            DropDownList_XM.Text = curname;                          //选中当前姓名
        }
        catch
        {
            return;
        }
    }
    //根据位置调整游标
    private string fetch_CURSOR(string pos)
    {
        try
        {
            mySql = "fetch " + pos + " from xm_indicator";           //从特定位置获取学生姓名
            myCmd = new SqlCommand(mySql, myCon);
```

```
                myDr = myCmd.ExecuteReader();
                if (myDr.Read()) return myDr[0].ToString();            //获取的姓名以字符串返回
                return "";                                             //未取到则返回空
            }
            catch
            {
                return "";
            }
            finally
            {
                if (myDr != null)
                {
                    myDr.Close();
                    myDr = null;
                }
            }
        }
        //校准游标
        private void adjust_CURSOR()
        {
            try
            {
                mySql = "close xm_indicator open xm_indicator";        //先关闭再打开（重启）游标
                myCmd = new SqlCommand(mySql, myCon);
                myCmd.ExecuteNonQuery();
                string curname = fetch_CURSOR("first");                //游标指针重定位到第一个
                while (curname != DropDownList_XM.Text && curname != "") curname = fetch_CURSOR("
next");                                                  //若与当前下拉框选中的姓名不符，则继续匹配下一个
            }
            catch
            {
                return;
            }
        }
        //下拉框选择的姓名改变时，要重新校准游标
        protected void DropDownList_XM_SelectedIndexChanged(object sender, EventArgs e)
        {
            adjust_CURSOR();
        }
        //下拉框中的文字改变时，也要重新校准游标
        protected void DropDownList_XM_TextChanged(object sender, EventArgs e)
        {
            adjust_CURSOR();
        }
    }
```

至此，这个基于 ASP.NET 4.x/SQL Server 2016 的“学生成绩管理系统”开发完成。用户还可以根据需要自行扩展其他功能。

实习 4 Visual C# 2017/SQL Server 2016 学生成绩管理系统

微软的.NET 平台不仅可开发 Web 网站程序，也支持传统的 Windows 桌面应用开发。本实习基于.NET 4.6，以 Visual Studio 2017（VS 2017）为开发环境，用 C#语言实现“学生成绩管理系统”的桌面版，仍以 SQL Server 2016 为后台数据库。与之前不同的是，最终开发出来的系统是 C/S 模式的 Windows 桌面 GUI 应用程序。

实习 4.1 创建 Visual C#项目

启动 VS 2017，选择“文件”→“新建”→“项目”，打开如图 P4.1 所示的“新建项目”对话框。在对话框左侧“已安装”树状列表中展开“Visual C#”类型节点，选中“Windows 经典桌面”子节点，在对话框中间区域选中“Windows 窗体应用(.NET Framework)”项，在下方“名称”栏中输入项目名“WinCSXscj”，单击“确定”按钮即可。

图 P4.1 创建 Visual C#项目

实习 4.2 系统主界面设计

实习 4.2.1 总体布局

本系统是桌面窗体应用程序，其主界面总体布局分为三大块，如图 P4.2 所示。

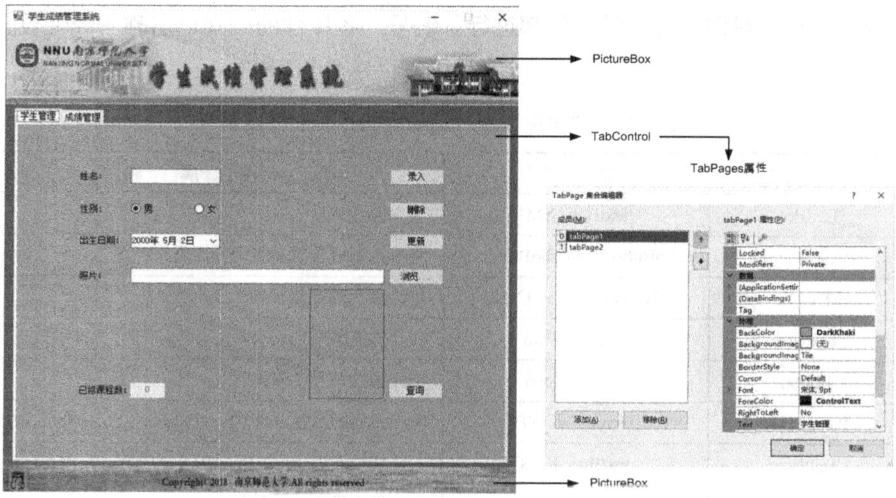

图 P4.2 “学生成绩管理系统”主界面总体布局

从图 P4.2 可见，整个主界面分上、中、下三部分，其中上、下两部分都只是一个 PictureBox（图片框）；中间部分为一 TabControl 控件，它可作为容器使用，包含多个可切换的 TabPage（选项页）。往上部 PictureBox 中加载图片“学生成绩管理系统.gif”；往下部 PictureBox 中加载“底端图片.gif”；设置 TabControl 控件的 TabPages 属性，在“TabPage 集合编辑器”对话框中添加两个选项页（tabPage1 和 tabPage2），将它们的 Text 属性分别设为“学生管理”“成绩管理”，运行程序时可通过单击相应的选项卡在这两个页面之间进行切换。

实习 4.2.2 详细设计

下面通过用鼠标从工具箱中拖曳控件的方式，分别设计“学生管理”“成绩管理”这两个不同功能选项页的界面。

1. “学生管理”选项页的界面

“学生管理”选项页的界面设计，如图 P4.3 所示。

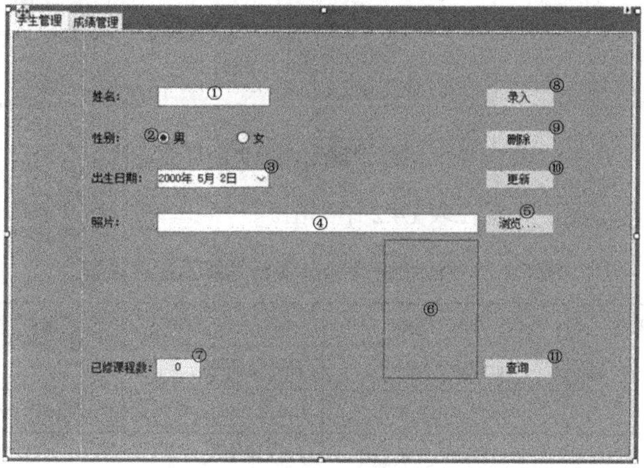

图 P4.3 “学生管理”选项页的界面设计

为便于说明，这里对图中的关键控件都进行了编号，各控件的类别、名称与属性设置在表 P4.1 中列出。

表 P4.1 “学生管理”选项页的界面控件设置

编 号	类 别	名 称	属 性
①	TextBox	textBox_XM	Text 值清空
②	RadioButton	radioButton_M/radioButton_F	两者的 Text 属性分别设为“男”“女”
③	DateTimePicker	dateTimePicker_CSSJ	初始值“2000 年 5 月 2 日”
④	TextBox	textBox_Path	Text 值清空
⑤	Button	button_Open	Text 属性设为“浏览…”
⑥	PictureBox	pictureBox_ZP	BorderStyle 属性设为“FixedSingle”；SizeMode 为“StretchImage”
⑦	TextBox	textBox_KCS	Text 属性设为“0”；ReadOnly 为“True”；TextAlign 为“Center”
⑧	Button	button_AddXs	Text 属性设为“录入”
⑨	Button	button_DelXs	Text 属性设为“删除”
⑩	Button	button_UptXs	Text 属性设为“更新”
⑪	Button	button_QueXs	Text 属性设为“查询”

2. “成绩管理”选项页的界面

“成绩管理”选项页的界面设计，如图 P4.4 所示。

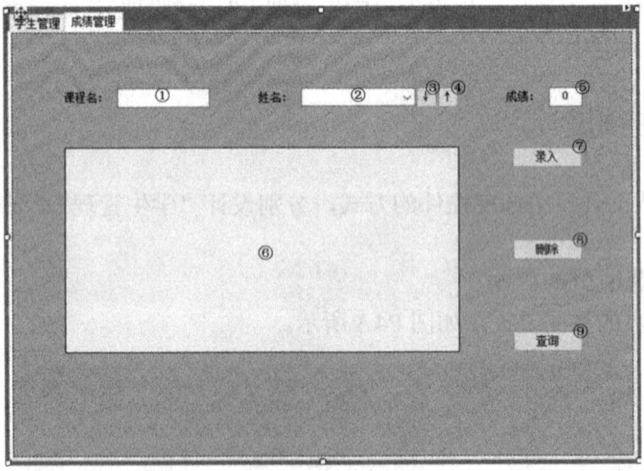

图 P4.4 “成绩管理”选项页的界面设计

各控件的类别、名称与属性设置在表 P4.2 中列出。

表 P4.2 “成绩管理”选项页的界面控件设置

编 号	类 别	名 称	属 性
①	TextBox	textBox_KCM	Text 值清空
②	ComboBox	comboBox_XM	DropDownStyle 属性设为 DropDown
③	Button	button_Dn	Text 属性设为“↓”
④	Button	button_Up	Text 属性设为“↑”

续表

编　号	类　别	名　称	属　性
⑤	TextBox	textBox_CJ	Text 属性设为“0”；TextAlign 为“Center”
⑥	DataGridView	dataGridView_CJView	AutoSizeColumnsMode 属性设为 Fill；RowHeadersVisible 为“False”
⑦	Button	button_AddCj	Text 属性设为“录入”
⑧	Button	button_DelCj	Text 属性设为“删除”
⑨	Button	button_QueCj	Text 属性设为“查询”

实习 4.3　学 生 管 理

实习 4.3.1　程序主体结构

“学生管理”功能的运行效果，如图 P4.5 所示。

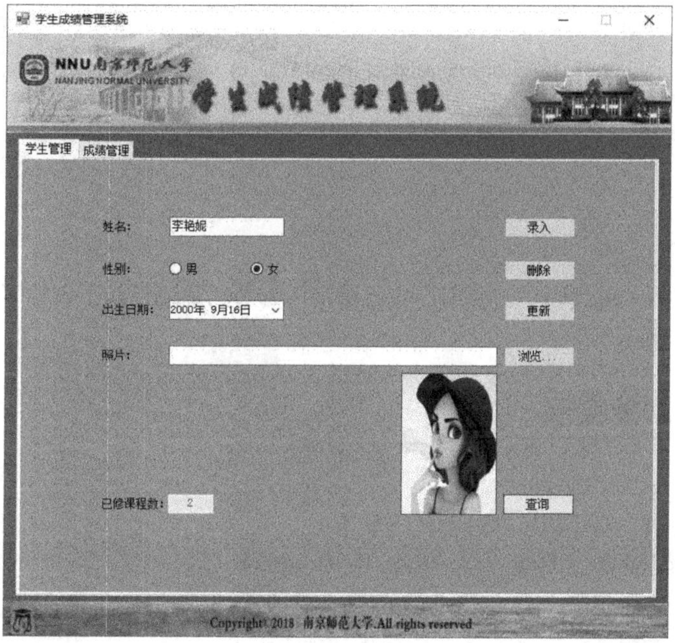

图 P4.5　“学生管理”功能的运行效果

本实习的全部程序代码都位于 Form1.cs 源文件中，鼠标双击界面上的按钮就会自动打开该文件的编辑窗，并定位到相应按钮事件过程的编辑区，用户只需编写过程代码即可实现特定的功能。为使用户有个总体印象，这里先给出 Form1.cs 中代码的主体结构，如下：

```
using System;
...
/**为使程序能够访问 SQL Server 2016 数据库，要导入以下命名空间*/
using System.Data.SqlClient;
using System.IO;

namespace WinCSXscj
```

```
{
    public partial class Form1 : Form
    {
        private string myConstr = "Data Source=.;Initial Catalog=PXSCJ;Integrated Securi
ty=True";
                                                                    //定义数据库连接字符串
        private string mySql = "";
        /**定义程序中将要用到的各个 ADO.NET 数据库对象*/
        private SqlConnection myCon = null;                         //连接对象
        private SqlDataAdapter myDa = null;                         //适配器对象
        private SqlDataReader myDr = null;                          //读取器对象
        private SqlCommand myCmd = null;                            //命令对象
        protected string filename = "";                             //存储照片的图片文件名
        protected string name = "";                                 //当前学生姓名
        public Form1()
        {
            InitializeComponent();
        }

        private void Form1_Load(object sender, EventArgs e)
        {
            ...                    //窗体初始化加载所要执行的语句
        }
          ...
    }
}
```

其中，加黑语句是关键代码，需要用户自己添加，为节约篇幅，以上省略了一些系统自动生成的代码。

实习 4.3.2 功能实现

1. 录入学生

双击“录入”按钮，编写其事件过程代码如下：

```
private void button_AddXs_Click(object sender, EventArgs e)
{
    try
    {
        if (textBox_XM.Text == "") return;
        if (query_XS())                                  //录入操作前要先检查该生记录是否已存在
        {
            myDr.Close();
            myDr = null;
            MessageBox.Show("该生的记录已存在。", "警告", MessageBoxButtons.OK, MessageBoxIcon.
Warning);
            return;
        }
        myDr.Close();
        myDr = null;
        mySql = "insert into XS values(@name,@sex,@birth,0,NULL)";          //设置录入的 SQL 语句
```

```
            myCmd = new SqlCommand(mySql, myCon);                    //创建操作数据库的命令对象
            //给录入的 SQL 语句设置添加参数
            myCmd.Parameters.Add("@name", SqlDbType.Char, 8).Value = textBox_XM.Text.Trim();
                                                                     //姓名
            myCmd.Parameters.Add("@sex", SqlDbType.Bit).Value = radioButton_M.Checked ? 1 : 0;
                                                                     //性别
            myCmd.Parameters.Add("@birth", SqlDbType.Date).Value = dateTimePicker_CSSJ.Value;
                                                                     //出生日期
            myCmd.ExecuteNonQuery();                                 //执行录入操作
            if (filename != "") upload_ZP();                         //如果选择了照片，也要录入
            MessageBox.Show("录入成功！", "提示", MessageBoxButtons.OK, MessageBoxIcon.Information);
            button_QueXs_Click(null, null);                          //查询后回显该生的信息
            refresh();                                               //刷新
        }
        catch(Exception ex)
        {
            string errMsg = ex.ToString();                           //将异常信息经过一定处理后显示
            int errLen = ex.ToString().Length;
            MessageBox.Show("发生故障！异常信息如下:\r\n" + errMsg.Substring(0, 150) + "..." + errMsg.Sub
string(errLen - 15, 15), "错误", MessageBoxButtons.OK, MessageBoxIcon.Error);
            return;
        }
    }
```

为避免用户录入重复的学生信息，执行录入操作前必须先检查数据库里是否已有该生的记录，用 query_XS()方法进行检查，该方法实际就是对某特定学生信息的查询，它在后面实现“查询”功能的时候还可以复用，故这里将它封装为一个方法以减少程序代码的冗余。

query_XS()方法代码如下：

```
    private bool query_XS()
    {
        mySql = "select * from XS where XM='" + textBox_XM.Text + "'";      //查询的 SQL 语句
        myCmd = new SqlCommand(mySql, myCon);                              //创建命令对象
        myDr = myCmd.ExecuteReader();                                      //执行查询读取操作
        if (myDr.Read()) return true;          //若读到的内容不为空，表示已存在该生，返回 true
        return false;                                                      //不存在返回 false
    }
```

由于用户在提交录入（以及更新）学生信息的时候，都有可能选择或不选照片，为使程序逻辑清晰，本实习将对照片的操作从主操作（录入或更新）中分离出来，单独封装为一个 upload_ZP()方法。

upload_ZP()方法代码如下：

```
    private void upload_ZP()
    {
        FileStream fs = new FileStream(filename, FileMode.Open, FileAccess.Read);
                                                                 //创建一个文件流并以读方式打开
        MemoryStream ms = new MemoryStream();                    //创建内存流
        byte[] data = new byte[fs.Length];                       //创建字节数组
        fs.Read(data, 0, (int)fs.Length);                //将照片内容以流的形式读到字节数组中
        mySql = "update XS set ZP=@photo where XM='" + textBox_XM.Text + "'";  //更新照片的 SQL 语句
        myCmd = new SqlCommand(mySql, myCon);
        myCmd.Parameters.Add("@photo", SqlDbType.Image).Value = data;  //字节数组作为 SQL 的照片参数
        myCmd.ExecuteNonQuery();                                 //执行更新
```

```
}
```

另外，还必须提供让用户浏览和选择照片上传的功能。双击“浏览”按钮，编写事件过程代码如下：

```
private void button_Open_Click(object sender, EventArgs e)
{
    try
    {
        openFileDialog_Img.InitialDirectory = Environment.GetFolderPath(Environment.SpecialFolder.MyPictures);        //对话框初始目录定位在 Windows 系统的图片文件夹
        openFileDialog_Img.Filter = "JPEG 图片|*.jpg|GIF 图片|*.gif|全部文件|*.*";
                                                                    //过滤显示图片文件的类型
        if (openFileDialog_Img.ShowDialog(this) == DialogResult.OK)
        {
            filename = openFileDialog_Img.FileName;                 //取得照片文件名
            textBox_Path.Text = filename;
            pictureBox_ZP.Image = Image.FromFile(filename);         //将所选照片显示在图片框
        }
    }
    catch
    {
        return;
    }
}
```

2．删除学生

双击“删除”按钮，编写其事件过程代码如下：

```
private void button_DelXs_Click(object sender, EventArgs e)
{
    try
    {
        if (!query_XS())                                        //若该生本就不存在，则无须删除
        {
            myDr.Close();
            myDr = null;
            return;
        }
        myDr.Close();
        myDr = null;
        mySql = "delete from XS where XM='" + textBox_XM.Text + "'";    //设置删除的 SQL 语句
        myCmd = new SqlCommand(mySql, myCon);
        myCmd.ExecuteNonQuery();                                //执行删除操作
        MessageBox.Show("学生 " + textBox_XM.Text + "的记录已删。", "提示", MessageBoxButtons.OK,
MessageBoxIcon.Information);
        button_QueXs_Click(null, null);                         //删除效果回显
        refresh();                                              //刷新
    }
    catch
    {
        return;
    }
}
```

这里复用了 query_XS()方法来检查学生的存在性。

3．更新学生

双击“更新”按钮，编写其事件过程代码如下：

```
private void button_UptXs_Click(object sender, EventArgs e)
{
    try
    {
        mySql = "update XS set XM='" + textBox_XM.Text + "',XB=" + (radioButton_M.Checked ? 1 :
0) + ",CSSJ='" + dateTimePicker_CSSJ.Value + "' where XM='" + name + "'";     //设置更新的 SQL 语句
        myCmd = new SqlCommand(mySql, myCon);
        myCmd.ExecuteNonQuery();                                                  //执行更新操作
        if (filename != "") upload_ZP();                             //若用户选择了照片还要更新照片
        MessageBox.Show("更新成功！", "提示", MessageBoxButtons.OK, MessageBoxIcon.Information);
        button_QueXs_Click(null, null);                                           //更新效果回显
        refresh();                                                                //刷新
    }
    catch
    {
        return;
    }
}
```

这里复用了 upload_ZP()方法来更新照片。

4．查询学生

双击“查询”按钮，编写其事件过程代码如下：

```
private void button_QueXs_Click(object sender, EventArgs e)
{
    try
    {
        /*查询前先将界面表单上的各个控件还原至默认的初始值*/
        radioButton_M.Checked = true;
        dateTimePicker_CSSJ.Value = DateTime.Parse("2000-05-02");
        textBox_Path.Text = "";
        textBox_KCS.Text = "0";
        if (pictureBox_ZP.Image != null)
        {
            pictureBox_ZP.Image.Dispose();
            pictureBox_ZP.Image = null;
        }
        if (query_XS())                                         //调用 query_XS()方法执行查询操作
        {
            textBox_XM.Text = myDr["XM"].ToString();                                  //姓名
            if (Boolean.Parse(myDr["XB"].ToString())) radioButton_M.Checked = true;
            else radioButton_F.Checked = true;                                        //性别
            dateTimePicker_CSSJ.Value = DateTime.Parse(myDr["CSSJ"].ToString());      //出生日期
            textBox_KCS.Text = myDr["KCS"].ToString();                                //已修课程数
            if (myDr["ZP"].ToString() != "")                                          //该生有照片
            {
                byte[] data = (byte[])myDr["ZP"];                        //将照片数据存于字节数组
                MemoryStream ms = new MemoryStream(data);                //将字节数组读进内存
                pictureBox_ZP.Image = Image.FromStream(ms);              //图片框显示内存的照片
```

```
                    ms.Close();
                }
            }
            else
                textBox_XM.Text = "";
            name = textBox_XM.Text;                                  //保存当前学生的姓名
        }
        catch
        {
            return;
        }
        finally
        {
            if (myDr != null)                                        //使用完及时关闭读取器
            {
                myDr.Close();
                myDr = null;
            }
        }
    }
```

可以看到，真正的查询操作之前已封装在 query_XS()中了，这里只须直接调用即可。另外，使用单击“查询”按钮本身的事件 button_QueXs_Click()也是一个方法，可用来实时刷新表单界面，之前在执行录入、删除和更新操作后都有调用它来回显当前操作的学生信息。

实习 4.4 成 绩 管 理

实习 4.4.1 姓名加载、成绩刷新

“成绩管理”功能的运行效果，如图 P4.6 所示。

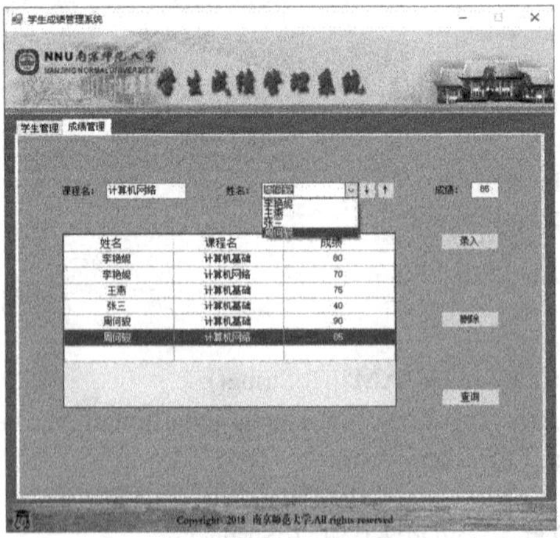

图 P4.6 “成绩管理”功能的运行效果

界面初始显示时，要往“姓名”下拉列表中预先加载所有学生的姓名，同时在下方数据网格中列表显示所有学生的课程成绩，这里通过一个界面刷新方法来实现。

refresh()方法实现刷新功能，代码如下：

```
private void refresh()
{
    mySql = "select XM As 姓名,KCM As 课程名,CJ As 成绩 from CJ";
                                                //查询所有成绩记录的 SQL 语句
    myDa = new SqlDataAdapter(mySql, myCon);
    DataSet ds = new DataSet();
    myDa.Fill(ds, "CJDATA");                    //查询结果用适配器载入数据集
    dataGridView_CJView.DataSource = ds.Tables["CJDATA"].DefaultView;
                                                //赋给网格控件的数据源显示
    mySql = "select distinct(XM) from XS";      //查询所有学生姓名的 SQL 语句
    myDa = new SqlDataAdapter(mySql, myCon);
    myDa.Fill(ds, "XMDATA");                    //姓名载入数据集
    comboBox_XM.Items.Clear();
    comboBox_XM.Text = "";
    for (int i = 0; i < ds.Tables["XMDATA"].Rows.Count; i++) comboBox_XM.Items.Add(ds.Tables["XMD
ATA"].Rows[i][0].ToString());                   //加载到下拉列表中
    comboBox_XM.SelectedIndex = 0;              //默认选中第一个（索引 0）姓名
    adjust_CURSOR();                            //校准游标
}
```

然后，在程序窗体初始加载的 Form1_Load()方法中调用上面的 refresh()方法即可。

Form1_Load()方法代码如下：

```
private void Form1_Load(object sender, EventArgs e)
{
    try
    {
        myCon = new SqlConnection(myConstr);    //创建数据库连接
        myCon.Open();                           //打开连接
        mySql = "declare xm_indicator cursor dynamic for select distinct(XM) from XS open xm_indicato
r";                                             //声明和打开游标
        myCmd = new SqlCommand(mySql, myCon);
        myCmd.ExecuteNonQuery();
        refresh();                              //调用刷新方法
    }
    catch
    {
        return;
    }
}
```

这个方法也就是程序一开始运行时执行的方法，其中除调用刷新方法外还声明了一个游标，该游标的作用是提供给用户上下翻动查看和选择姓名的功能，其具体的控制实现将在稍后给出。

在“学生管理”模块，由于录入、删除和更新学生信息时都可能造成数据库中学生姓名内容的改变，故在之前的每项功能操作完成后都要调用 refresh()方法刷新一次界面，以维持程序界面显示内容与数据库的同步。

实习 4.4.2　功能实现

1. 查询成绩

双击“查询”按钮，编写其事件过程代码如下：

```
    private void button_QueCj_Click(object sender, EventArgs e)
    {
        try
        {
            mySql = "EXEC CJ_View_PROC '" + comboBox_XM.Text.Trim() + "','" + textBox_KCM.Text +
"'";
                                                        //执行存储过程的 SQL 语句
            myCmd = new SqlCommand(mySql, myCon);
            myCmd.ExecuteNonQuery();                    //执行存储过程 CJ_View_PROC，生成视图
            mySql = "select XM As 姓名,KCM As 课程名,CJ As 成绩 from CJ_VIEW";
                                                        //查询视图的 SQL 语句
            myDa = new SqlDataAdapter(mySql, myCon);
            DataSet ds = new DataSet();
            myDa.Fill(ds, "CJVIEW");                    //查询结果载入数据集
            dataGridView_CJView.DataSource = ds.Tables["CJVIEW"].DefaultView;
                                                        //作为网格控件的数据源显示
        }
        catch
        {
            return;
        }
    }
```

2. 录入成绩

双击“录入”按钮，编写其事件过程代码如下：

```
    private void button_AddCj_Click(object sender, EventArgs e)
    {
        try
        {
            string msg = exec_AddDelPROC(comboBox_XM.Text.Trim(), textBox_KCM.Text, int.Parse(text
Box_CJ.Text), 1);
            MessageBox.Show(msg, "提示", MessageBoxButtons.OK, MessageBoxIcon.Information);
        }
        catch
        {
            return;
        }
    }
```

上面代码中直接调用 exec_AddDelPROC()方法，该方法执行存储过程来实现录入成绩的功能，它隐藏了为存储过程赋参数及执行的细节。返回值 msg 是存储过程执行后输出的字符串结果，表明执行的情况。

exec_AddDelPROC()方法代码如下：

```
    private string exec_AddDelPROC(string name,string course,int score,int op)
    {
        myCmd = new SqlCommand();                                   //创建命令对象
        myCmd.Connection = myCon;                                   //命令的连接参数
        myCmd.CommandType = CommandType.StoredProcedure;            //命令类型为存储过程
        myCmd.CommandText = "CJ_AddDel_PROC";                       //存储过程名
        SqlParameter sqlXm = myCmd.Parameters.Add("@xm", SqlDbType.Char, 8);
        sqlXm.Direction = ParameterDirection.Input;                 //第一个输入参数
        sqlXm.Value = name;                                         //学生姓名
        SqlParameter sqlKcm = myCmd.Parameters.Add("@kcm", SqlDbType.Char, 12);
```

```
    sqlKcm.Direction = ParameterDirection.Input;                        //第二个输入参数
    sqlKcm.Value = course;                                              //课程名
    SqlParameter sqlCj = myCmd.Parameters.Add("@cj", SqlDbType.Int);
    sqlCj.Direction = ParameterDirection.Input;                         //第三个输入参数
    sqlCj.Value = score;                                                //成绩
    SqlParameter sqlSel = myCmd.Parameters.Add("@SEL", SqlDbType.Int);
    sqlSel.Direction = ParameterDirection.Input;                        //第四个输入参数
    sqlSel.Value = op;                                                  //操作类型:1 表示录入
    SqlParameter sqlRS = myCmd.Parameters.Add("@RS", SqlDbType.Char, 20);
    sqlRS.Direction = ParameterDirection.Output;                        //输出参数（为字符串）
    myCmd.ExecuteNonQuery();                                            //执行存储过程
    refresh();                                                          //刷新
    return sqlRS.Value.ToString();                                 //返回表示执行结果的字符串
}
```

3. 删除成绩

双击“删除”按钮，编写其事件过程代码如下：

```
private void button_DelCj_Click(object sender, EventArgs e)
{
    try
    {
        string msg = exec_AddDelPROC(comboBox_XM.Text.Trim(), textBox_KCM.Text, int.Parse(textBox_
CJ.Text), 2);
        MessageBox.Show(msg, "提示", MessageBoxButtons.OK, MessageBoxIcon.Information);
    }
    catch
    {
        return;
    }
}
```

这里同样是调用 exec_AddDelPROC()方法，通过预先定义好的存储过程来实际执行删除操作，所不同的只是将存储过程表示操作类型的第四个输入参数改为 2，表示执行删除操作即可。

4. 游标控制

在程序的一开始加载窗体时声明创建了游标，下面给出程序中操纵控制游标的代码。

单击“↓”按钮实现游标向下翻动，事件代码如下：

```
private void button_Dn_Click(object sender, EventArgs e)
{
    try
    {
        string curname = fetch_CURSOR("next");                    //获取下一个姓名
        if (curname == "") curname = fetch_CURSOR("first");       //若已到末尾，则返回第一个姓名
        comboBox_XM.Text = curname;                               //选中游标所指的当前姓名
    }
    catch
    {
        return;
    }
}
```

单击“↑”按钮实现游标向上翻动，事件代码如下：

```
private void button_Up_Click(object sender, EventArgs e)
```

```
{
    try
    {
        string curname = fetch_CURSOR("prior");                    //获取上一个姓名
        if (curname == "") curname = fetch_CURSOR("last");         //若已是首个，则去掉最后一个姓名
        comboBox_XM.Text = curname;                                //选中游标所指的当前姓名
    }
    catch
    {
        return;
    }
}
```

在以上两个事件过程中，都反复调用了一个名叫 fetch_CURSOR()的方法，它用于获取游标特定索引位置的姓名。

fetch_CURSOR()方法代码如下：

```
private string fetch_CURSOR(string pos)
{
    try
    {
        mySql = "fetch" + pos + "from xm_indicator";          //SQL 语句获取游标指定索引位置的内容
        myCmd = new SqlCommand(mySql, myCon);
        myDr = myCmd.ExecuteReader();                          //执行读取操作
        if (myDr.Read()) return myDr[0].ToString();            //读取到内容不为空
        return "";
    }
    catch
    {
        return "";
    }
    finally
    {
        if (myDr != null)
        {
            myDr.Close();
            myDr = null;
        }
    }
}
```

在用户操作姓名列表使其中选项发生变化时，还需要及时地校准游标，使之与当前的选项状态同步，校准游标用 adjust_CURSOR()方法，代码如下：

```
private void adjust_CURSOR()
{
    try
    {
        mySql = "close xm_indicator open xm_indicator";
        myCmd = new SqlCommand(mySql, myCon);
        myCmd.ExecuteNonQuery();
        string curname = fetch_CURSOR("first");
        while (curname != comboBox_XM.Text && curname != "") curname = fetch_CURSOR("next");
    }
```

```
    catch
    {
        return;
    }
}
```

可以看到，所谓校准游标的方法就是：重启（先关闭再打开）游标，从游标的第一个索引位置开始遍历，直到找到与当前列表选中的选项相一致的游标索引位置即可。每当姓名下拉列表的选项或内容更改时，都要重新校准游标，代码如下：

```
private void comboBox_XM_SelectedIndexChanged(object sender, EventArgs e)
{
    adjust_CURSOR();
}

private void comboBox_XM_TextChanged(object sender, EventArgs e)
{
    adjust_CURSOR();
}
```

最后，在程序运行结束关闭窗体时，要记得释放游标所占用的资源，代码如下：

```
private void Form1_FormClosing(object sender, FormClosingEventArgs e)
{
    try
    {
        mySql = "close xm_indicator deallocate xm_indicator";        //关闭并清除游标的 SQL 语句
        myCmd = new SqlCommand(mySql, myCon);
        myCmd.ExecuteNonQuery();
        myCon.Close();                                                //关闭数据库连接
    }
    catch
    {
        return;
    }
}
```

至此，这个基于 Visual C# 2017/ SQL Server 2016 的“学生成绩管理系统”开发完成，用户还可以根据需要自行扩展其他功能。

实习 5　Python 3.x/SQL Server 2016 学生成绩管理系统

Python 是由荷兰人 Guido van Rossum 于 1989 年发明的一种免费开源、面向对象的计算机编程语言。Python 的语法简洁清晰，在设计之初就贯彻了“只用一种方法来做一件事”的原则，使其成为一门易读、易维护，并且被大量用户所欢迎的、用途广泛的语言。自诞生至今，它已逐渐广泛应用于系统管理任务的处理和 Web 编程中，近年来更是成为最热门的程序设计语言之一。在 IEEE 去年发布的编程语言排行榜中，Python 高居首位！Python 最擅长的领域是科学计算（能与著名的 MATLAB 相媲美），在一般应用软件开发中，Python 原生的功能略显简单，不过它具有丰富和强大的扩展库，支持很多第三方接口，实际应用中往往先用 Python 快速生成程序的原型（包括最终界面），然后再对其中有特别要求的模块改用其他更为合适的语言重写。为了方便读者更好地涉猎程序语言发展的前沿，本书特别增加了 Python 相关的内容，此次实习就使用 Python 语言来快速实现“学生成绩管理系统”的基本功能，通过 Python 来操作 SQL Server 2016 数据库。

实习 5.1　安装 Python 开发环境

本实习用的是最新版本即 Python 3.7，采用的开发工具为 PyCharm。为简单起见，将使用 Python 自带的 Tkinter 来制作“学生成绩管理系统”界面，用 pymsSQL 模块访问 SQL Server 2016 数据库。下面介绍开发环境的安装和配置方法。

实习 5.1.1　安装 Python 3.x

访问 Python 官网 https://www.python.org/downloads/windows/，选择与自己所用计算机操作系统匹配的 Python 版本，笔者的计算机是 Windows 10 专业版 64 位，故下载的安装包文件名为：python-3.7.0b4-amd64.exe，双击启动安装向导，如图 P5.1 所示。

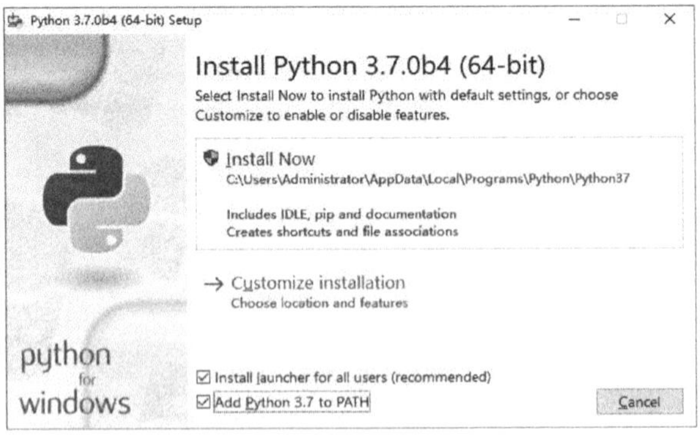

图 P5.1　Python 安装向导

勾选底部“Add Python 3.7 to PATH”复选框，单击“Install Now”按钮开始安装过程。稍候片刻，出现安装完成界面，单击“Close”按钮关闭，在 Windows“开始”菜单中有一系列 Python 相关的项，表示安装成功，如图 P5.2 所示。

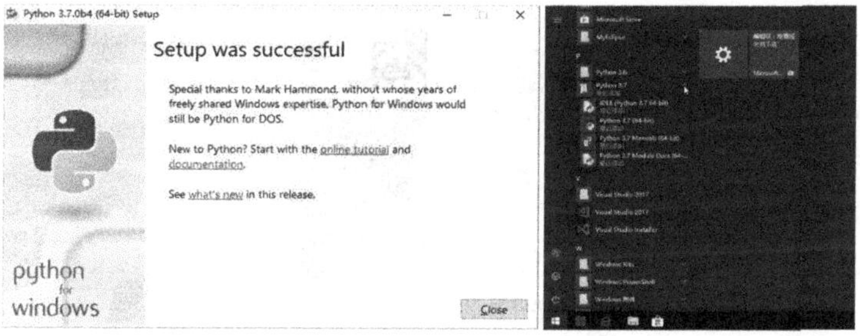

图 P5.2　Python 安装成功

实习 5.1.2　安装 PyCharm

PyCharm 是由 JetBrains 打造的一款 Python IDE（集成开发环境），带有一整套可以帮助用户在使用 Python 语言开发时提高效率的工具，比如调试、语法高亮、Project 管理、代码跳转、智能提示、自动完成、单元测试、版本控制等。此外，它还提供了一些高级功能，用于支持 Django 框架下的专业 Web 开发。本实习用的是今年 1 月发布的最新版本，下载得到的安装包文件名为：pycharm-professional-2018.1.3.exe，双击启动安装向导，如图 P5.3 所示。

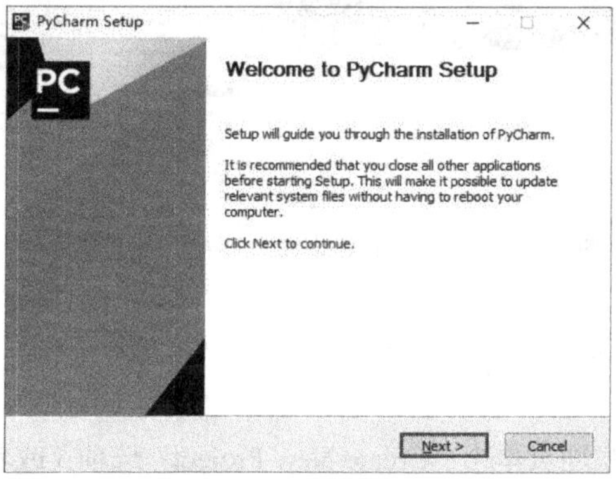

图 P5.3　PyCharm 安装向导

单击“Next”按钮进入下一步，安装路径保持默认，在向导的“Installation Options”页勾选“64-bit launcher”“.py”选项，如图 P5.4 所示。

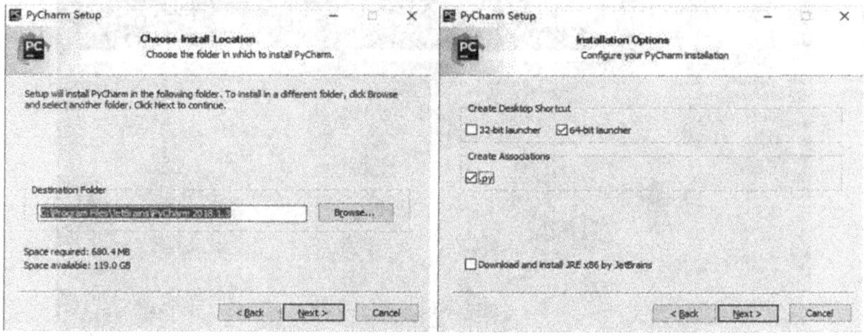

图 P5.4　配置安装路径及选项

接下来是配置安装后的启动快捷菜单（这里保持默认），单击“Install”按钮开始安装，稍候片刻，完成后勾选“Run PyCharm”选项，单击“Finish”按钮结束安装并启动 PyCharm，如图 P5.5 所示。

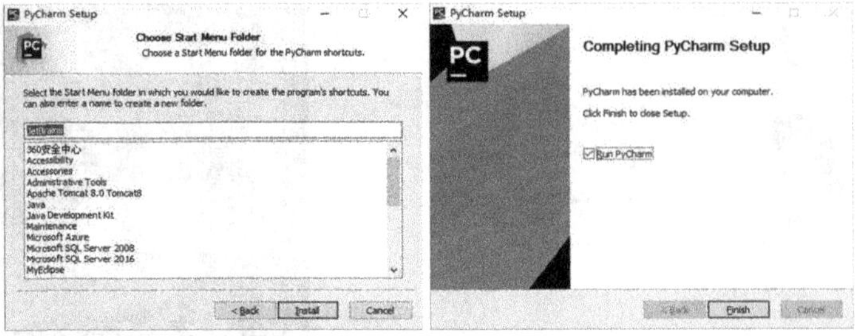

图 P5.5　PyCharm 安装完成

出现 PyCharm 启动画面，如图 P5.6 所示。初次使用 PyCharm 会询问是否导入旧的配置，选中“Do not import settings”单选按钮，单击“OK”按钮。用户还需要接受软件许可协议，单击“Accept”按钮就可以开始使用了。

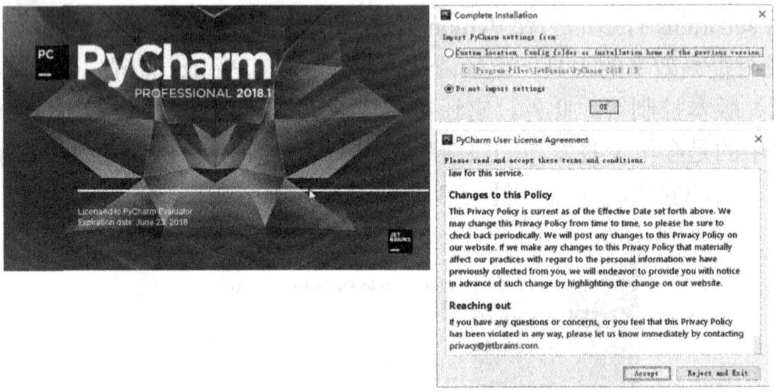

图 P5.6　PyCharm 启动画面及初次配置对话框

实习 5.1.3　PyCharm 使用入门

启动 PyCharm 后，在其欢迎页单击“Create New Project”选项（或者选择主菜单“File”→“New Project”）打开“New Project”对话框，指定项目的存放路径和名称，单击“Create”按钮就可以新建一个 Python 项目，如图 P5.7 所示。

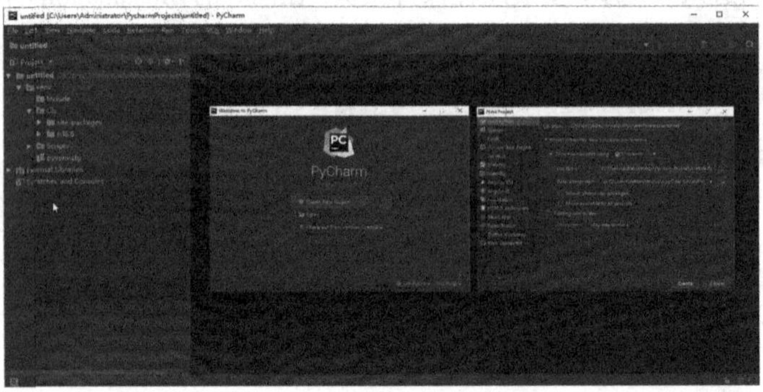

图 P5.7　创建 Python 项目

PyCharm 默认的界面风格是深灰色，用户还可以根据自己的需要更换界面风格，方法是：选择主菜单“File”→“Settings”，打开“Settings”对话框。在“Appearance & Behavior”→“Appearance”选项页选择主题 Theme 的内容为“IntelliJ”，就可以切换为较为清爽的浅色界面了，如图 P5.8 所示。

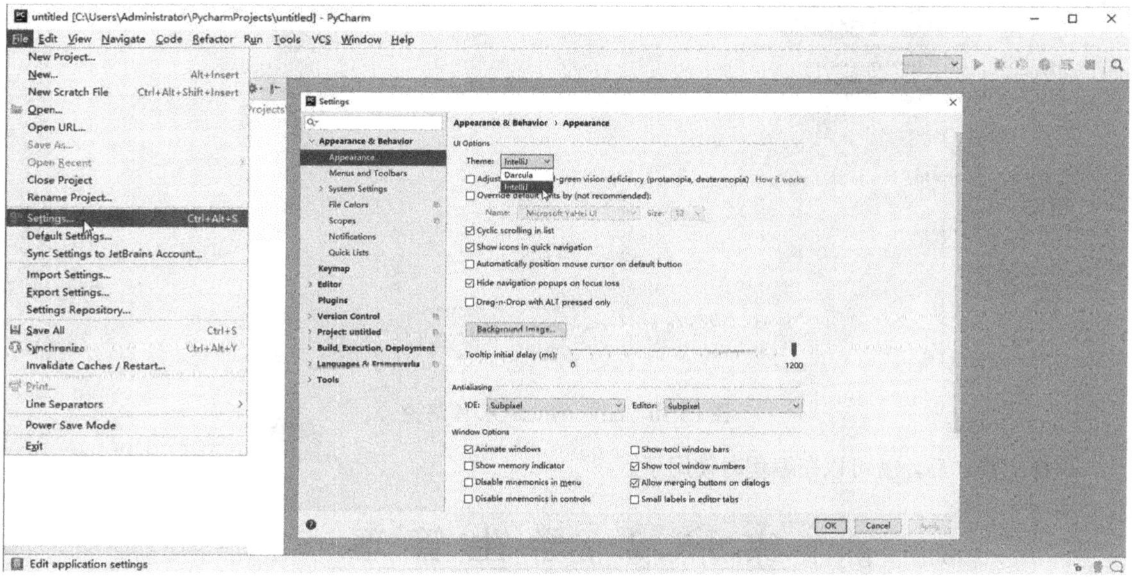

图 P5.8　自定义 PyCharm 界面风格

实习 5.1.4　安装 pymsSQL 库

由于“学生成绩管理系统”需要访问后台的 SQL Server 2016 数据库，而 Python 本身并不自带操作数据库的模块，而是全由第三方提供，需要单独安装才可使用。使用的 pymsSQL 库，是从 Python 非官方包下载站 https://www.lfd.uci.edu/~gohlke/pythonlibs/#pymssql 获得的，安装包文件名为：pymssql-2.1.4.dev5-cp37-cp37m-win_amd64.whl，存放在一个特定目录下，通过 Windows 命令进行安装，如图 P5.9 所示。

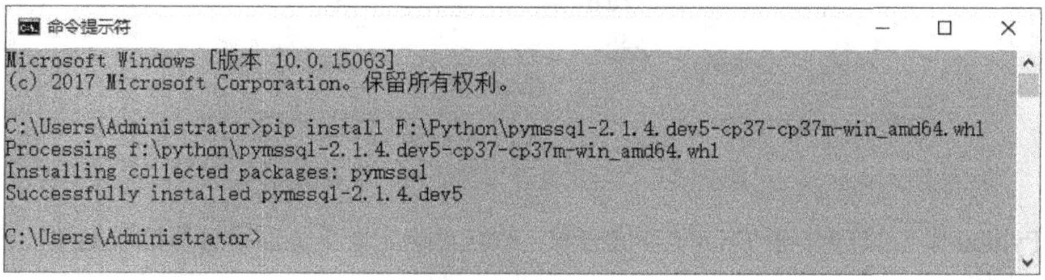

图 P5.9　安装 pymssql 库

安装成功后，为使开发工具 PyCharm 能识别到这个库，还须进行配置。启动 PyCharm，选择主菜单“File”→“Settings”，打开“Settings”对话框。在“Project Interpreter”选项页右边选择本地的 Python 安装路径，然后单击“OK”按钮即可，如图 P5.10 所示。

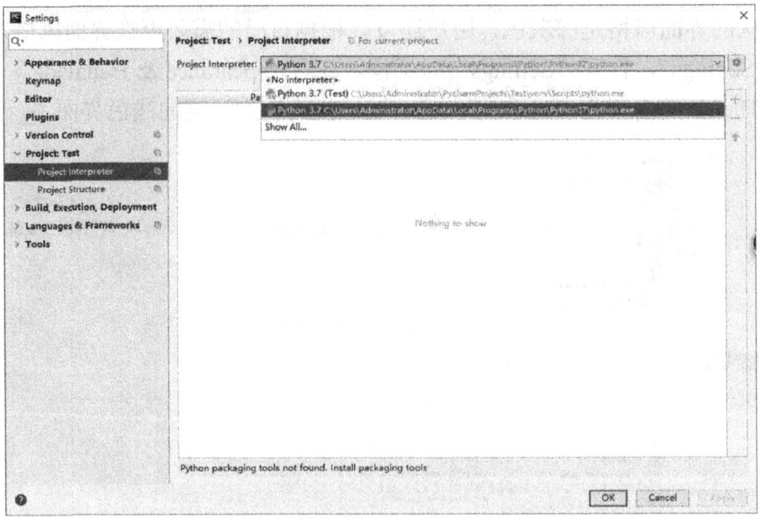

图 P5.10　配置 pymsSQL 库路径

这样配置之后，就可以在编程时使用了。

实习 5.2　学生管理

实习 5.2.1　界面设计

“学生管理”功能的运行效果，如图 P5.11 所示。

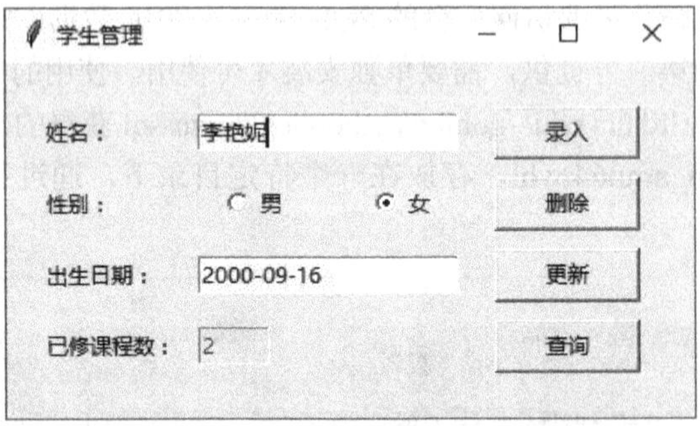

图 P5.11　“学生管理”功能的运行效果

由于 Python 原生的 GUI 库 Tkinter 功能有限，故这里学生表单界面设计得比较简单，未实现图片录入和显示功能。

实习 5.2.2　功能实现

“学生管理”模块的功能实现代码如下：

```
from tkinter import *                    # 导入 tkinter 模块的所有内容（1）
import tkinter.messagebox                # 使用消息对话框功能
import pymssql                           # 导入该库用于访问 SQL Server 2016 数据库
```

```
master = Tk()                              # 初始窗口声明（2）
master.title('学生管理')                    # 设置初始窗口标题
root = Frame(master)                       # 以初始窗口为对象生成整个程序的根模块
conn = pymssql.connect(host = 'localhost', user = 'sa', password = 'njnu123456', database = 'PXSCJ')
                                           # 指定数据库连接的各项参数
cur = conn.cursor()                        # 在当前连接上打开一个游标（便于之后对数据库操作）
root.pack(padx = 20, pady = 20)            # 简单的整体布局（3）
# 对界面表单的各个标签进行设置布局（4）
Label(root, text = '姓名：').grid(row = 0, column = 0, sticky = W)
Label(root, text = '性别：').grid(row = 1, column = 0, sticky = W)
Label(root, text = '出生日期：').grid(row = 2, column = 0, sticky = W)
Label(root, text = '已修课程数：').grid(row = 3, column = 0, sticky = W)
# 定义程序中要用到的变量
v1 = StringVar()
v2 = IntVar()
v3 = StringVar()
v4 = IntVar()
Entry(root, textvariable = v1).grid(row = 0, column = 1, columnspan = 2, padx = 10, pady = 5)
                                                                  # “姓名”文本框
Radiobutton(root, text = '男', variable = v2, value = 1).grid(row = 1, column = 1)
Radiobutton(root, text = '女', variable = v2, value = 0).grid(row = 1, column = 2)
                                                                  # “性别”单选按钮
Entry(root, textvariable = v3).grid(row = 2, column = 1, columnspan = 2, padx = 10, pady = 5)
                                                                  # “出生日期”文本框
Entry(root, textvariable = v4, width = 5, state='disabled').grid(row = 3, column = 1, columnspan = 2, sticky
= W, padx = 10, pady = 5)                                         # “已修课程数”文本框
def Init():                    # 初始化函数，用于给表单上各个控件赋初值
    v1.set('')                 # 姓名
    v2.set(1)                  # 性别
    v3.set('2000-05-02')       # 出生日期
    v4.set(0)                  # 已修课程数
def AddXs():                   # “录入学生”功能函数
    cur.executemany("INSERT INTO XS VALUES (%s,%d,%s,%d,NULL)", [(v1.get(),v2.get(),v3.get(),v4.get
())])                          # （5）
    conn.commit()              # （6）
    tkinter.messagebox.showwarning('提示', '录入成功')
    QueXs()
def DelXs():                   # “删除学生”功能函数
    cur.execute('DELETE FROM XS WHERE XM = %s', v1.get())
    conn.commit()
    tkinter.messagebox.showinfo('提示', '学生 %s 已删除' %v1.get())
    QueXs()
def UptXs():                   # “更新学生”功能函数
    cur.execute('UPDATE XS SET XB = %d, CSSJ = %s WHERE XM = %s', (v2.get(),v3.get(),v1.get()))
    conn.commit()
    tkinter.messagebox.showerror('提示', '更新成功')
    QueXs()
def QueXs():                   # “查询学生”功能函数
    cur.execute('SELECT * FROM XS WHERE XM = %s', v1.get())
    row = cur.fetchall()       # 获取查询结果集
    if(cur.rowcount != 0):
```

```
            v1.set(row[0][0])
            v2.set(row[0][1])
            v3.set(row[0][2])
            v4.set(row[0][3])
        else:
            Init()
    Button(root, text = '录入', width = 10, command = AddXs).grid(row = 0, column = 3, sticky = W, padx = 10, pady = 5)
    Button(root, text = '删除', width = 10, command = DelXs).grid(row = 1, column = 3, sticky = W, padx = 10, pady = 5)
    Button(root, text = '更新', width = 10, command = UptXs).grid(row = 2, column = 3, sticky = W, padx = 10, pady = 5)
    Button(root, text = '查询', width = 10, command = QueXs).grid(row = 3, column = 3, sticky = W, padx = 10, pady = 5)
    Init()
    mainloop()                    # 程序主循环开始
```

说明：

（1）Tkinter 模块（简称“Tk 接口”）是 Python 原生的标准 GUI 工具包的接口。它可以在大多数的 UNIX 平台下使用，同样也可以应用在 Windows 和 Macintosh 系统里。Tk8.0 的后续版本可以实现本地窗口风格，并能良好地运行在绝大多数平台中。

（2）每个 Tk 程序都要定义一个初始窗口，也就是程序运行的主窗口，它是其他控件的总容器，所有的控件都在它里面布局。

（3）padx：设置控件周围水平方向空白区域保留大小；pady：设置控件周围垂直方向空白区域保留大小。

（4）在使用 Tkinter 模块编写 GUI 界面时，经常使用 grid()进行布局管理。

grid()使用方法及主要参数：

① row=x, column=y：将控件放在 x 行、y 列的位置。说明：如果不指定参数，则默认从 0 开始。此处的行号和列号并不是像在坐标轴上一样严格，只代表一个上下左右的关系。

② columnspan：设置单元格横向跨越的列数，即控件占据的列数（宽度）；rowspan：设置单元格纵向跨越的行数，即控件占据的行数（高度）。

③ padx,pady：同（3）中参数的意义。

④ sticky：该选项指定控件在窗口中的对齐方式，默认的对齐方式是居中。可以选择的值有：N/S/E/W，分别代表上对齐/下对齐/左对齐/右对齐，可以单独使用 N/S/E/W，也可以上下和左右组合使用以达到不同的对齐效果。

（5）executemany()还支持一次插入多条记录，代码如下：

```
cur.executemany("INSERT INTO XS VALUES (%s,%d,%s,%d,NULL)", [
        (v01.get(),v02.get(),v03.get(),v04.get())
        ,(v11.get(),v12.get(),v13.get(),v14.get())
        ,(v21.get(),v22.get(),v23.get(),v24.get())
        , ...
        ,(vn1.get(),vn2.get(),vn3.get(),vn4.get())
])
```

其中，(v01,v02,v03,v04), (v11,v12,v13,v14),..., (vn1,vn2,vn3,vn4)分别对应每条记录的各个字段的变量。

（6）在 Python 中每执行一条 SQL 语句后，都必须调用 commit()来提交数据，保存执行的结果。

实习 5.3 成 绩 管 理

实习 5.3.1 界面设计

“成绩管理”功能的运行效果，如图 P5.12 所示。

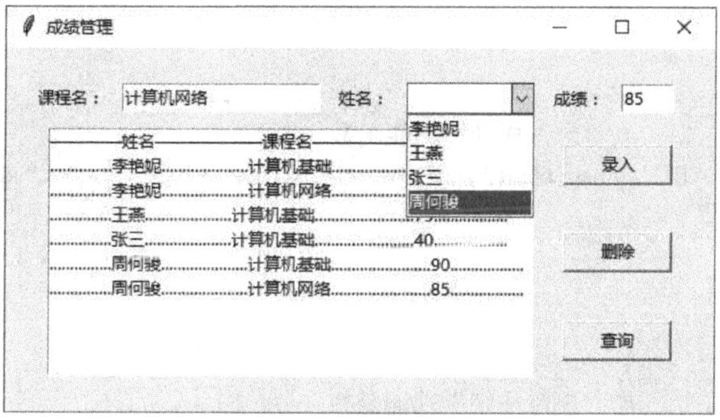

图 P5.12 “成绩管理”功能的运行效果

因 Tkinter 库无数据网格控件，故这里使用了列表 Listbox 来模拟网格显示数据的效果。

实习 5.3.2 功能实现

“成绩管理”模块的功能实现代码如下：

```
from tkinter import *                                   # 导入 Tkinter 模块
import tkinter.messagebox                               # 使用消息对话框功能
import tkinter.ttk                                      # 引入 Tkinter 中的 ttk 组件（1）
import pymssql                                          # 用于访问 SQL Server 2016 数据库
master = Tk()                                           # 初始窗口声明
master.title('成绩管理')                                 # 设置初始窗口标题
root = Frame(master)                                    # 生成程序的根模块
conn = pymssql.connect(host = 'localhost', user = 'sa', password = 'njnu123456', database = 'PXSCJ')
                                                        # 指定数据库连接的各项参数
cur = conn.cursor()                                     # 打开游标
root.pack(padx = 20, pady = 20)                         # 整体布局
# 开始设置布局
Label(root, text = '课程名：').grid(row = 0, column = 0, sticky = W)
Label(root, text = '姓名：').grid(row = 0, column = 2, sticky = W)
Label(root, text = '成绩：').grid(row = 0, column = 4, sticky = W)
# 定义变量
v1 = StringVar()
v2 = StringVar()
v3 = IntVar()
v4 = StringVar()
Entry(root, width = 20, textvariable = v1).grid(row = 0, column = 1, padx = 10, pady = 5)
                                                                # “课程名”文本框
cb = tkinter.ttk.Combobox(root, width = 10, textvariable = v2)  # “姓名”下拉列表框
```

```
    cb.grid(row = 0, column = 3, padx = 10, pady = 5)
    Entry(root, width = 5, textvariable = v3).grid(row = 0, column = 5, padx = 10, pady = 5)
                                                                      # “成绩”文本框
    lb = Listbox(root, width = 50, listvariable = v4)                 # （2）
    lb.grid(row = 1, column = 0, rowspan = 3, columnspan = 4, sticky = W, padx = 10, pady = 5)
    v5 = '———姓名——————课程名——————成绩—————'  # 模拟数据网格的表头标题
    v4.set(v5)
    def Init():                    # 初始化函数，用于加载数据库中所有学生的姓名
        cur.execute('SELECT distinct(XM) from XS')
        row = cur.fetchall()
        cb["values"] = row
        QueCj()
    def AddCj():                   # “录入成绩”功能函数
        cur.execute('DECLARE @msg char(20) EXEC CJ_AddDel_PROC %s,%s,%d,%d, @msg OUTPUT', (v2.
get(),v1.get(),v3.get(),1))
        conn.commit()
        v2.set('')
        v1.set('')
        QueCj()
    def DelCj():                   # “删除成绩”功能函数
        cur.execute('DECLARE @msg char(20) EXEC CJ_AddDel_PROC %s,%s,%d,%d, @msg OUTPUT', (v2.
get(),v1.get(),v3.get(),2))
        conn.commit()
        v2.set('')
        v1.set('')
        QueCj()
    def QueCj():                   # “查询成绩”功能函数
        cur.execute('EXEC CJ_View_PROC %s,%s', (v2.get(),v1.get()))
        conn.commit()
        cur.execute('select XM, KCM, CJ from CJ_VIEW')
        row = cur.fetchall()
        lb.delete(1, END)          # 先要将列表中原来旧的记录清除
        for i in range(cur.rowcount):
            lb.insert(END, '..............' + row[i][0] + '....................' + row[i][1] + '.......................' + str(row[i][2])
+ '.................')             # 添加记录的时候，各字段间填充'....................'以改善表格的显示外观
    Button(root, text = '录入', width = 10, command = AddCj).grid(row = 1, column = 4, columnspan = 2, sti
cky = W, padx = 10, pady = 5)
    Button(root, text = '删除', width = 10, command = DelCj).grid(row = 2, column = 4, columnspan = 2, stic
ky = W, padx = 10, pady = 5)
    Button(root, text = '查询', width = 10, command = QueCj).grid(row = 3, column = 4, columnspan = 2, sti
cky = W, padx = 10, pady = 5)
    Init()
    mainloop()                     # 程序主循环开始
```

说明：

（1）这里引入 ttk 是为了使用下拉列表控件来显示学生姓名。ttk 是 Python 对其自身 GUI 的一个扩充，使用 ttk 以后的组件，同 Windows 操作系统外观的一致性更高，看起来也会舒服很多。ttk 的很多组件同 Tkinter 标准控件都是相同的，在这种情况下，ttk 将覆盖 Tkinter 原来的组件，代之以 ttk 的新特性。

（2）该 Listbox 用于显示学生课程成绩的列表，它与前几个实习“成绩管理”界（页）面上的数

据网格控件的作用相同，只是功能相对简单得多，需要编写程序才能模拟出类似的效果。

至此，这个基于 Python 3.7/ SQL Server 2016 的“学生成绩管理系统”开发完成，由于使用的原生 GUI 库比较简单，所以能做出的功能十分有限。有兴趣的用户可以上网去寻找功能更为强大的第三方库，开发出界面更复杂功能更强的应用程序，本实习仅仅作为 Python 结合 SQL Server 2016 应用的一个入门演示案例。

第5部分　附　　录

附录 A　学生成绩（xscj）数据库表样本数据

表 A.1（a）　学生信息表（xsb）样本数据

学　号	姓　名	性　别	出生时间	专　业	总学分	备　注
191301	王林	男	1995-2-10	计算机	50	
191302	程明	男	1996-2-1	计算机	50	
191303	王燕	女	1994-10-6	计算机	50	
191304	韦严平	男	1995-8-26	计算机	50	
191306	李方方	男	1995-11-20	计算机	50	
191307	李明	男	1995-5-1	计算机	54	提前修完“数据结构”
191308	林一帆	男	1994-8-5	计算机	52	班长
191309	张强民	男	1994-8-11	计算机	50	
191310	张蔚	女	1996-7-22	计算机	50	三好生
191311	赵琳	女	1995-3-18	计算机	50	
191313	严红	女	1994-8-11	计算机	48	C++语言不及格，待补考
221301	王敏	男	1994-6-10	通信工程	42	
221302	王林	男	1994-1-29	通信工程	40	C++语言不及格，待补考
221303	王玉民	男	1995-3-26	通信工程	42	
221304	马琳琳	女	1995-2-10	通信工程	42	
221306	李计	男	1995-9-20	通信工程	42	
221310	李红庆	男	1994-5-1	通信工程	44	三好生
221316	孙祥欣	男	1994-3-19	通信工程	42	
221318	孙研	男	1995-10-9	通信工程	42	
221320	吴薇华	女	1995-3-18	通信工程	42	
221321	刘燕敏	女	1994-11-12	通信工程	42	
221341	罗林琳	女	1995-1-30	通信工程	50	准备转专业学习

表 A.1（b）　xsb（学生表）表结构

列　名	数据类型	长　度	是否可空	默认值	说　明
学号	定长字符型（char）	6	×	无	主键，前 2 位表示班级，中间 2 位为年级号，后 2 位为序号

续表

列　名	数据类型	长　度	是否可空	默认值	说　明
姓名	定长字符型（char）	8	×	无	
性别	位型（bit）	默认值	√	1	1：男；0：女
出生时间	日期型（date）	默认值	√	无	
专业	定长字符型（char）	12	√	无	
总学分	整数型（int）	默认值	√	0	
备注	不定长字符型（varchar）	500	√	无	

表A.2（a）　课程表（kcb）样本数据

课程号	课程名	开课学期	学　时	学　分
101	计算机基础	1	80	5
102	程序设计与语言	2	68	4
206	离散数学	4	68	4
208	数据结构	5	68	4
210	计算机原理	5	85	5
209	操作系统	6	68	4
212	数据库原理	7	68	4
301	计算机网络	7	51	3
302	软件工程	7	51	3

表A.2（b）　kcb（课程表）表结构

列　名	数据类型	长　度	是否可空	默认值	说　明
课程号	定长字符型（char）	3	×	无	主键
课程名	定长字符型（char）	16	×	无	
开课学期	整数型（tinyint）	1	√	1	范围为1～8
学时	整数型（tinyint）	1	√	0	
学分	整数型（tinyint）	1	×	0	范围为1～6

表A.3（a）　成绩表（cjb）样本数据

学　号	课程号	成　绩	学　号	课程号	成　绩	学　号	课程号	成　绩
191301	101	80	191304	206	65	191307	206	68
191301	102	78	191302	102	78	191308	101	85
191301	206	76	191302	206	78	191308	102	64
191303	101	62	191306	101	65	191308	206	87
191303	102	70	191306	102	71	191309	101	66
191303	206	81	191306	206	80	191309	102	83
191304	101	90	191307	101	78	191309	206	70
191304	102	84	191307	102	80	191310	101	95

续表

学　号	课程号	成　绩	学　号	课程号	成　绩	学　号	课程号	成　绩
191310	102	90	191313	102	79	221310	101	76
191310	206	89	191313	206	60	221316	101	81
191311	101	91	221301	101	80	221318	101	70
191311	102	70	221302	101	65	221320	101	82
191311	206	76	221303	101	87	221321	101	76
191313	101	63	221304	101	91	221341	101	90

表 A.3（b） cjb（成绩表）表结构

列　名	数据类型	长　度	是否可空	默认值	说　明
学号	定长字符型（char）	6	×	无	主键
课程号	定长字符型（char）	3	×	无	主键
成绩	整数型（int）	默认值	√	0	范围为 0～100